普通高等教育“十二五”规划教材

MIMO-OFDM 系统原理、应用及仿真

李　莉　编著

机 械 工 业 出 版 社

本书系统地阐述了下一代宽带移动通信两大核心技术（OFDM、MIMO）及两者联合技术 MIIMO-OFDM 的基本原理与关键技术。本书从无线信道与 MIMO 信道模型及 MIMO、MIMO-OFDM 系统容量入手，对 OFDM 系统与 MIMO-OFDM 系统的信道估计、峰值平均功率比（PAPR）、自适应比特及功率分配、同步技术、空时编码技术等进行了详细的阐述。本书中既有系统及相关技术的原理介绍、性能分析，又有生动的应用实例。本书内容新颖、系统性强，适用于通信工程及相关专业的本科生作为教材使用，并可作为相关专业的研究生、工程师和科研人员的参考书。

图书在版编目（CIP）数据

MIMO - OFDM 系统原理、应用及仿真/李莉编著. —北京：机械工业出版社，2014.2（2021.6 重印）
普通高等教育“十二五”规划教材
ISBN 978 - 7 - 111 - 45827 - 2

Ⅰ.①M… Ⅱ.①李… Ⅲ.①移动通信 - 通信系统 - 高等学校 - 教材 Ⅳ.① TN929.5

中国版本图书馆 CIP 数据核字（2014）第 027060 号

机械工业出版社（北京市百万庄大街 22 号　邮政编码 100037）
策划编辑：徐　凡　责任编辑：徐　凡　王　琪　路乙达
版式设计：霍永明　责任校对：李锦莉
封面设计：张　静　责任印制：常天培
北京捷迅佳彩印刷有限公司印刷
2021 年 6 月第 1 版 · 第 3 次印刷
184mm × 260mm · 16 印张 · 395 千字
标准书号：ISBN 978 - 7 - 111 - 45827 - 2
定价：45.00 元

电话服务　网络服务
客服电话：010-88361066　机 工 官 网：www.cmpbook.com
010-88379833　机 工 官 博：weibo.com/cmp1952
010-68326294　金 书 网：www.golden-book.com

机工教育服务网：www.cmpedu.com

前　言

2012年1月国际电信联盟正式制定了4G国际标准。我国在上海、杭州等地铺设了4G实验网，并开始4G网试运行。2013年12月4日工信部正式向三大运营商发布4G牌照。显然，我国4G时代已经到来。对于通信工程及相关专业的学生来说，走出校门时，4G技术应是他们的必备知识。

本书编写的目的是引导初学者入门，了解新一代移动通信的关键技术——MIMO技术、OFDM技术及MIMO-OFDM技术。本书按照先易后难、先简单后复杂的思路对MIMO系统相关技术、OFDM系统相关技术、MIMO-OFDM系统相关技术作了详尽的介绍。

OFDM技术起源于20世纪50年代，当时由于受实现技术的限制而未能引起广泛重视。随着DSP芯片技术的发展，大规模集成电路使FFT技术的实现不再是难以逾越的障碍，发射机和接收机振荡器的稳定性以及射频功率放大器的线性要求等因素也都得到了解决，自此，OFDM走上了通信的舞台，逐步迈入高速Modem和数字移动通信的领域。目前OFDM技术已应用于数字音频广播（DAB）、高清晰度数字电视（HDTV）、无线局域网（IEEE802.11，HyperLAN/2）、无线城域网（IEEE802.16）以及3GPP LTE等。正交频分复用由于其频谱利用率高、成本低等原因越来越受到人们的关注。随着人们对通信数据化、宽带化、个人化和移动化的需求，OFDM技术在综合无线接入领域将会得到越来越广泛的应用。

传统的无线通信系统是利用一个发送天线和一个接收天线的通信系统，即所谓的单输入单输出（SISO）天线系统，SISO天线系统在信道容量上具有一个不可突破的瓶颈——香农容量限制。多输入多输出（MIMO）系统作为未来宽带无线通信的关键技术，是实现充分利用空间资源以提高频谱效率的一个重要手段。它能够在不占有额外频谱带宽的前提下，有效地提高信道容量。基于MIMO的无线通信理论已成为当今研究的热点，MIMO技术和OFDM技术已成为先进无线传输技术的两大基石，MIMO技术和OFDM技术的结合将打开一条实现未来无线数据高速、可靠传输的光明途径。

编写一本适合初学者的门槛较低的教材是作者编著本书的初衷。作者参考了国内外的专著和文献资料，也借助了作者本人多年的在该领域的研究，编写了这本关注4G核心技术的书籍，希望能为广大的MIMO技术和OFDM技术的初学者提供帮助。

在本书的编写过程中，得到了吉林大学通信工程学院通信系数字信号处理课程组和通信原理课程组教师的大力支持与热情帮助，在此特别感谢课程组的各位老师。赵晓晖教授对本书的编写和进一步修改提出了宝贵的指导意见，并对本书进行了审核，在此表示诚挚的感谢。

本书共分10章，第1章介绍移动通信的发展和MIMO、OFDM技术的发展；第2章介绍无线信道与MIMO信道，包括信道建模与常用信道模型；第3章介绍OFDM系统基础知识；第4章介绍MIMO系统、MIMO-OFDM系统的容量；第5章介绍OFDM系统与MIMO-OFDM系统的信道估计问题；第6章介绍OFDM系统与MIMO-OFDM系统的峰值平均功率比问题；

第7章介绍OFDM系统自适应功率分配问题；第8章介绍OFDM系统同步问题；第9章介绍MIMO-OFDM系统的编码技术；第10章介绍OFDM系统与MIMO-OFDM系统的应用。

由于学识有限，书中不妥之处在所难免，希望读者不吝赐教。

编著者

目　　录

第1章　绪　论

1.1　移动通信概述

1.1.1　移动通信发展历史

当今的社会已经进入了一个信息化的社会，没有信息的交流和传递，人们就无法适应现代化的快节奏的生活和工作。人们期望随时随地、及时可靠地进行信息交流，提高工作效率和经济效益。

移动通信可以说从无线电发明之日就产生了。1897 年，马可尼所完成的无线通信实验就是在固定站与一艘拖船之间进行的。而蜂窝移动通信是在 20 世纪 70 年代中期以后逐步发展起来的。移动通信综合利用了有线、无线的传输方式，为人们提供了一种快速便捷的通信手段。由于电子技术，尤其是半导体、集成电路及计算机技术的发展，以及市场的推动，使物美价廉、轻便可靠、性能优越的移动通信设备成为可能。现代的移动通信发展至今，主要经历了三代，第四代移动通信在 2012 年紧锣密鼓地制定 4G 标准、铺设 4G 试验网并试运行，向三大运营商发牌照后已正式走入人们的生活。

第一阶段是模拟蜂窝移动通信网，时间是 20 世纪 70 年代中期至 80 年代中期。1978 年，美国贝尔实验室研制成功高级移动电话系统（AMPS），建成了蜂窝移动通信系统。而其他工业化国家也相继开发出蜂窝式移动通信网。这一阶段相对于以前的移动通信系统，最重要的突破是贝尔实验室在 20 世纪 70 年代提出的蜂窝网概念。蜂窝网，即小区制，由于实现了频率复用，大大提高了系统容量。

第一代移动通信系统的典型代表是美国的 AMPS 和后来改进型 TACS，以及 NMT 和 NTT 等。AMPS（高级移动电话系统）使用模拟蜂窝传输 800MHz 频带，在北美、南美和部分环太平洋国家广泛使用；TACS（总接入通信系统）使用 900MHz 频带，分 ETACS（欧洲）和 NTACS（日本）两种版本，英国和部分亚州国家（如日本）广泛使用此标准。

第一代移动通信系统的主要特点是采用频分复用，语音信号为模拟调制，每隔 30kHz/25kHz 有一个模拟用户信道。第一代移动通信系统在商业上取得了巨大的成功，但是其弊端也日渐显露出来。第一代移动通信系统的主要缺点是：

①频谱利用率低；

②业务种类有限；

③无高速数据业务；

④保密性差、易被窃听和盗号；

⑤设备成本高；

⑥体积大、重量大。

为了解决模拟系统中存在的上述根本性技术缺陷，数字移动通信技术应运而生，并且发展起来。这就是以 GSM 和 IS-95 为代表的第二代移动通信系统，时间是从 20 世纪 80 年代中期开始。欧洲首先推出了泛欧数字移动通信网（GSM）的体系。随后，美国和日本也制定了各自的数字移动通信体制。数字移动通信相对于模拟移动通信，提高了频谱利用率，支持多种业务服务，并与 ISDN 等兼容。第二代移动通信系统以传输话音和低速率数据业务为目的，因此，又称为窄带数字通信系统。第二代数字蜂窝移动通信系统的典型代表是欧洲的 GSM 系统、美国的 DAMPS 系统和 IS-95。

（1）GSM（全球移动通信系统）发源于欧洲，它是作为全球数字蜂窝通信的 DMA 标准而设计的，支持 64kbit/s 的数据速率，可与 ISDN 互连。GSM 目前有 3 种不同的频率范围，分别是 GSM900（又称为 GSM），使用 900MHz 频带，为国际最常见的系统；GSM1800（又称为 PCN 或 DCS1800），使用 1800MHz 频带，采用的国家包括法国、德国、英国、俄罗斯等；GSM1900（又称为 PCS、PCS1900 或 DCS1900），采用的国家包括美国、加拿大。GSM 采用 FDD 双工方式和 TDMA 多址方式，每载频支持 8 个信道，信号带宽 200kHz。GSM 标准体制较为完善，技术相对成熟，不足之处是相对于模拟系统容量增加不多，无法和模拟系统兼容。

（2）DAMPS（先进的数字移动电话系统）也称 IS-54（北美数字蜂窝），使用 800MHz 频带，是两种北美数字蜂窝标准中推出较早的一种，指定使用 TDMA 多址方式。

（3）IS-95 是另一种北美数字蜂窝标准，使用 800MHz 或 1900MHz 频带，指定使用 CDMA 多址方式，已成为美国 PCS（个人通信系统）网的首选技术。

表 1-1 列出了常用的第二代移动通信系统的简介。

表 1-1 第二代移动通信系统简介

	cdmaOne IS-95	GSM DCS-1900	NADC IS-54/IS-136	PACS
上行链路频率	824～849MHz（美国蜂窝系统）1850～1910MHz（美国 PCS）	890～915MHz（欧洲）1850～1910MHz（美国 PCS）	824～849MHz（欧洲蜂窝系统）1850～1910MHz（美国 PCS）	1850～1910MHz（美国 PCS）
下行链路频率	869～894MHz（美国蜂窝系统）1930～1990MHz（美国 PCS）	935～960MHz（欧洲）1930～1990MHz（美国 PCS）	864～894MHz（欧洲蜂窝系统）1930～1990MHz（美国 PCS）	1930～1990MHz（美国 PCS）
双工方式	FDD	FDD	FDD	FDD
多址方式	CDMA	TDMA	TDMA	TDMA
调制	采用正交扩频 BPSK	GMSK(BT = 0.3)	π/4 DQPSK	π/4 DQPSK
载波间隔	1.25MHz	200kHz	30kHz	300kHz
信道数据速率	1.2288Mcps	270.833kbit/s	48.6kbit/s	384kbit/s
每载波的语音和控制信道个数	64	8	3	8（当采用 16kbit/s 声码器时，为 16）
语音编码	码激励线性预测(CELP)13kbit/s 改进的可变速率编译码器(EVRC)8kbit/s	残留脉冲激励长期预测(RPE-LTP) 13kbit/s	矢量求和激励线性预测编码器(VSELP) 7.95kbit/s	自适应差分脉冲编码调制(ADPCM) 32kbit/s

由于第二代移动通信以传输话音和低速率数据业务为目的，从 1996 年开始，为了解决中速数据传输问题，又出现了 2.5 代的移动通信系统，如 GPRS 和 IS-95B。移动通信现在主要提供的服务仍然是语音服务以及低速率数据服务。由于网络的发展，数据和多媒体通信的发展势头很快，所以，第三代移动通信的目标就是移动宽带多媒体通信。从发展前景看，由于自有的技术优势，CDMA 技术已经成为第三代移动通信的核心技术。

1.1.2 第三代移动通信系统

与第一代模拟移动通信和第二代数字移动通信相比，第三代移动通信是覆盖全球的多媒体移动通信。它的主要的特点之一是可实现全球漫游，使任意时间、任意地点、任意人之间的交流成为可能。

国际电信联盟（ITU）在 2000 年 5 月确定 W-CDMA、CDMA2000 和 TD-SCDMA 三大主流无线接口标准，写入 3G 技术指导性文件《2000 年国际移动通信计划》（简称 IMT-2000）。CDMA 是 Code Division Multiple Access（码分多址）的缩写，是第三代移动通信系统的技术基础。

W-CDMA 是欧洲提出的宽带 CDMA 技术，这套系统能够架设在现有的 GSM 网络上，对于系统提供商而言可以较轻易地过渡，而 GSM 系统相当普及的亚洲对这套技术的接受度也相当高。该标准提出了 GSM（2G）→GPRS→ EDGE →WCDMA 的演进策略。

CDMA2000 是由窄带 CDMA 技术发展而来的宽带 CDMA 技术，也称 CDMA Multi-Carrier。这套系统是从窄频 CDMAOne 数字标准衍生出来的，可以从原有的 CDMAOne 结构直接升级到 3G，建设成本低廉。但目前使用 CDMA 的地区只有中国、日本、韩国和北美国家，所以 CDMA2000 的支持者不如 W-CDMA 多。该标准提出了从 CDMA IS95（2G）→CDMA 20001 × →CDMA20003 ×（3G）的演进策略。CDMA20003 × 与 CDMA20001 × 的主要区别在于应用了多路载波技术，通过采用三载波使带宽提高。

TD-SCDMA，全称为 Time Division-Synchronous CDMA（时分同步 CDMA），是由中国大陆独自制定的 3G 标准。1999 年 6 月 29 日，中国原邮电部电信科学技术研究院（大唐电信）向国际电信联盟提出。该标准将智能无线、同步 CDMA 和软件无线电等当今国际领先技术融于其中，在频谱利用率、对业务支持具有灵活性及成本低等的独特优势。该标准提出不经过 2.5G 的中间环节，直接向 3G 过渡，非常适用于 GSM 系统向 3G 升级。

2007 年 10 月 19 日，由国际电信联盟在日内瓦举行的无线通信全体会议上，经过多数国家的投票通过，WiMAX 正式被批准成为继 WCDMA、CDMA2000 和 TD-SCDMA 之后的第四个全球 3G 标准。WiMAX 的全名是微波存取全球互通（Wouldwide Interoperability for Microwave Access），又称为 802.16 无线局域网，是一种为企业和家庭用户提供“最后一英里”的宽带无线连接方案。将此技术与需要授权或免授权的微波设备相结合之后，由于成本较低，将扩大宽带无线市场，提高企业与服务供应商的认知度。

表 1-2 给出了三种 3G 标准的主要技术特性。

表 1-2　三种 3G 标准的主要技术特性

三种 3G 标准 / 主要技术特性	WCDMA	CDMA 2000	TD-SCDMA
信道间隔	5MHz	1.25MHz	1.6MHz

（续）

主要技术特性＼三种3G标准	WCDMA	CDMA 2000	TD-SCDMA
接入方式	单载波带宽直接系列扩频 CDMA 多址接入	单载波直接序列扩频 CDMA 多址接入	时分同步 + CDMA 多址接入
双工方式	FDD	FDD	TDD
码片数率	3.84Mcps	1.2288Mcps	1.28Mcps
基站同步方式	异步（不需 GSPS）同步为可选择	同步（需 GPS）	同步（主从同步，需 GPS）
调制方式	QPSK（向前）BPSK（向后）	QPSK（向前）BPSK（向后）	QPSK（向前）BPSK（向后）
帧长	10ms	20ms	10ms
切换	软切换、频间切换，与 GSM 间的切换	软切换、频间切换，与 IS-95B 间切换	接力切换、频间切换，与 GSM 间的切换
语音编码	自适应多速率	可变速率	可变速率
功率控制	内环、外环，速率 1500Hz	内环，外环，速率为 800Hz	内环、外环
可变数据速率	最高为 2.048Mbit/s	1×最高 308kbit/s，1×EV 可支持 2.4Mbit/s	最高为 2.048Mbit/s
业务特性	适合于对称业务，如话音、交互式实时数据业务	适合于对称业务，如话音、交互式实时数据业务	尤其适合不对称业务

1.1.3 第四代移动通信系统

就在 3G 通信技术正处于酝酿之中时，更高的技术应用已经在实验室进行研发。因此在人们期待第三代移动通信系统所带来的优质服务的同时，第四代移动通信系统的最新技术也在实验室悄然进行当中。随着全球范围内第三代移动通信系统逐步进入实际应用阶段，第四代移动通信系统的发展及演进问题以及其在发展过程中可能面临的困难和挑战已成为当前研究的热点。

经 ITU 认可的 3G 标准有 WCDMA、CDMA2000 和 TD-SCDMA。虽然 3G 和 2G 相比，有很多优点，但是 3G 还是存在着很多不尽人意的地方，如 3G 缺乏全球统一的标准，3G 所采用的语音交换架构仍承袭了 2G 系统的电路交换，而不是纯 IP 的方式，3G 的业务提供和业务管理不够灵活，流媒体、视频的应用不尽如人意，3G 的高速数据传输不成熟，接入速率有限，安全方面存在算法过多、认证协议容易被攻击等安全缺陷。伴随着无线技术的种类越来越多，迫切需要将这些无线技术整合到一个统一的网络环境中去，这就是正在形成的超三代移动通信系统（B3G 通信系统）和未来的 4G 通信系统。B3G 和 4G 通信系统将是未来提供宽带接入、全球无缝漫游和无处不在的数据、语音业务等方面的最合适和最好的技术。

2012 年 1 月 18 日，国际电信联盟在 2012 年无线电通信全会上，正式审议通过将 LTE-Advanced 和 WirelessMAN-Advanced（802.16m）技术规范确立为 IMT-Advanced（俗称“4G”）国际标准，中国主导制定的 TD-LTE-Advanced 和 FDD-LTE-Advance 同时并列成为 4G 国际标准。

LTE-Advanced 是 LTE（Long Term Evolution）的演进，它满足 ITU-R 的 IMT-Advanced 技术征集的需求，不仅是3GPP 形成欧洲 IMT-Advanced 技术提案的一个重要来源，还是一个后向兼容的技术，完全兼容 LTE。LTE 项目是 3G 的演进，它改进并增强了 3G 的空中接入技术，采用 OFDM 和 MIMO 作为其无线网络演进的唯一标准。主要特点是在 20MHz 频谱带宽下能够提供下行 100Mbit/s 与上行 50Mbit/s 的峰值速率，相对于 3G 网络大大地提高了小区的容量，同时将网络延迟大大降低。严格地讲，LTE 为 3.9G 移动互联网技术，由 LTE 演进而来的 LTE-Advanced 为 4G 标准。LTE-Advanced 包含 TDD 和 FDD 两种制式，其中 TD-SCDMA 能够进化到 TDD 制式，而 WCDMA 网络能够进化到 FDD 制式。LTE-Advanced 的相关特性如下：

①带宽为 100MHz；

②峰值速率为下行 1Gbit/s，上行 500Mbit/s；

③峰值频谱效率为下行 30bit/s/Hz，上行 15bit/s/Hz；

④针对室内环境进行优化；

⑤有效支持新频段和大带宽应用；

⑥峰值速率大幅提高，频谱效率有限的改进。

WirelessMAN-Advanced 是 WiMAX 的升级版（即 IEEE 802.16m 标准）；最高可以提供 1Gbit/s 无线传输速率，还将兼容未来的 4G 无线网络。在漫游模式或高效率/强信号模式下提供 1Gbit/s 的下行速率。该标准还支持高移动模式，能够提供 1Gbit/s 速率。WirelessMAN-Advanced 的优势如下：

①提高网络覆盖，改建链路预算；

②提高频谱效率；

③提高数据和 VOIP 容量；

④低时延并且 QoS 增强；

⑤节省功耗。

第四代移动通信系统是多功能集成的宽带移动通信系统，在业务上、功能上、频带上都与第三代系统不同，会在不同的固定和无线平台及跨越不同频带的网络运行中提供无线服务，比第三代移动通信更接近于个人通信。第四代移动通信技术可把上网速度提高到超过第三代移动技术 50 倍，可实现三维图像高质量传输。4G 移动通信技术的信息传输级数要比 3G 移动通信技术的信息传输级数高一个等级。第四代移动电话不仅音质清晰，而且能进行高清晰度的图像传输，用途会十分广泛。在容量方面，4G 可在 FDMA、TDMA、CDMA 的基础上引入空分多址接入（SDMA），容量达到 3G 的 5 ~ 10 倍。

1.2 MIMO 系统概述

传统的无线通信系统是采用一个发送天线和一个接收天线的通信系统，即所谓的单输入单输出（SISO）天线系统。SISO 天线系统在信道容量上具有一个通信上不可突破的瓶颈——香农容量限制。不管采用哪种调制技术、编码策略或其他方法，无线信道总是给无线通信工程带来了一个实际的物理限制。在单天线系统中，提高信道容量的方法有 4 种：一是设置更多的基站，二是拓宽带宽；三是加大系统的发射功率，四是采用分集技术。增设基站意味着采用更多的蜂窝，虽然可以大大提高系统的容量，但是代价昂贵；加大频带宽度可能带来现行系统非常大的兼容性问题；加大系统发射功率可能引起人的健康状况的变化，在硬件设计上也带来了很大的难度；近年来，为了提高系统容量，主要通过在接收端使用多元天线来获得接收分集，其发送天线仍然采用一个阵元，这就是单输入多输出（SIMO 系统）。为减少接收端特别是移动终端的处理复杂度和体积，也将把接收分集处理技术平移到发送端，发送天线采用阵列结构而接收天线采用单天线结构，这就是等价的多输入单输出（MISO）系统。进而，收发两端同时采用阵列天线的系统就是多输入多输出（MIMO）系统。

MIMO 系统能够充分利用信号的所有空时频域的特性，具有如下特点。

（1）利用或减轻多径衰落。MIMO 技术能够充分采用多径的各种发射/合成技术，提高通信系统的性能。

（2）消除共道干扰。MIMO 系统能够采用自适应波束形成技术或多用户检测技术对共道干扰进行有效抑制或消除。

（3）提高频谱利用率、提高发射效率、减小发射功率、减小空间电磁干扰及增大系统容量。由于阵列天线可以降低共道干扰和多径衰落的影响，因而在一定的 SINR（信号与干扰加噪声比，简称信干噪比）条件下可以降低误码率，或者在一定的误码率下可以降低检测所需要的信干噪比。MIMO 系统能够抑制或消除共道干扰以及码间干扰（ISI），同时利用分集技术提高接收信号的信干噪比，因此基站和移动终端的发射功率可以得到一定程度的降低，同时减小空间电磁干扰的影响、延长移动终端电池使用时间、减小对生态环境的影响、降低系统对功率控制精度和器件要求。

MIMO 技术的主要优点可以概括成以下几点。

（1）频谱效率高。MIMO 技术能够在不增加额外功率或者带宽的前提下增加容量，即提供空分复用增益。通过在不同的发射天线上传输不同的数据流，在特定信道条件下，使系统容量与 $\min\{M, N\}$ 呈线性增长。

（2）覆盖范围广。对所有天线阵元上的接收信号进行相干合并，可以获得天线阵元或者波束成型增益，它正比于接收天线的数量。通过增加接收端的信噪比，MIMO 技术可以扩大 WLAN 的覆盖范围。

（3）功耗低。采用发射波束成型等方法可以获得较低的功率消耗。

（4）链路可靠性高。采用多天线可以增加空间分集以对抗多径衰落。发射分集技术，如空时编码技术、发射波束成型等是对抗信道衰落和提高系统容量及链路可靠性的新技术之一。

从 1998 年开始，随着 Telatar、Foschini 以及 Rayleigh 等人的脚步，国内外著名的通信研究机构和学者对 MIMO 技术开始了大量的深入研究。很多电子与通信领域的国际学术刊物出版了关于 MIMO 无线通信的专辑等。此外，在近几年的国际通信与信号处理相关领域的学术会议将 MIMO 无线通信列为一个重要的主题。总结近几年来关于 MIMO 技术的研究可以发现，MIMO 技术研究的内容主要包括 4 个方面：

①MIMO 衰落信道的测量和建模方法；

②MIMO 信道容量的分析；

③基于 MIMO 的接收机的空时编/译码方法；

④基于 MIMO 的接收机关键技术，如信道估计、均衡、多用户检测等。

目前ITU和3GPP已制定了在3G和B3G移动通信中使用MIMO技术的有关标准。3G标准中的WCDMA和CDMA2000方案均使用了MIMO技术，例如WCDMA方案中，各信道都可使用基于空时编码的开环发送分集技术（TSTD）。而专用物理信道（DPCH）和下行共享信道（PDSCH）可利用闭环TSTD技术。CDMA2000方案中，通过空时扩频和正交发射分集可获得更大的空时分集增益，基站还可根据移动台的反馈信息来选择信道条件较好的天线发送信息。对于3G，MIMO及其相关的技术可以看成是用于提高数据流量、系统性能和频谱效率方面的有力补充，目前在移动通信产业界具有很强的吸引力。与此相关的技术包括自适应调制和编码、混合ARQ（自动重发请求）和快速蜂窝选择等。由于MIMO技术能够在不增加带宽的情况下成倍提高通信系统的容量和频谱利用率，因此，无论哪种B3G方案基本上都采用了MIMO的设计理念，从而可大大提高通信系统的传输性能。

由于MIMO技术在通信距离、吞吐量和可靠性方面较单天线技术具有明显的优势，因此，无线局域网、无线城域网和移动电话的制造商都乐于在设备中采用MIMO技术。目前MIMO技术在支持IEEE802.11n标准的无线局域网中已得到了具体应用。在无线城域网方面，IEEE与1999年成立了IEEE802.16工作组，基于MIMO和OFDM（正交频分复用）技术，先后发布了802.16、802.16a、802.16d、802.16e等系列标准。目前IEEE802.16系列芯片已全部推出，通信距离可达50km，数据传输速率最高可到75Mbit/s，基本能满足城域网的性能需求。

1.3 OFDM系统概述

OFDM（Orthogonal Frequency Division Multiplexing，正交频分复用）是一种特殊的多载波传输方案，可以看作是一种调制技术，也可以看作是一种复用技术。多载波传输把数据流分解成若干子比特流，这样每个子数据流将具有低得多的比特速率，用这样低的比特速率形成的低速率多状态符号再去调制相应的子载波，就构成多个低速率符号并行发送的传输系统。和传统的频分复用（FDM）多载波调制技术相比，OFDM的特点是各子载波相互正交，所以扩频调制后的频谱可以相互重叠，不但减小了子载波间的相互干扰，还大大提高了频谱利用率。

OFDM技术得到广泛应用的主要原因在于：

（1）OFDM可以有效地对抗多径传播所造成的符号间干扰（ISC），其实现复杂度比采用均衡器的单载波系统小很多。OFDM技术的主要思想就是在频域内将所给信道分成多个正交子信道，将待传的数据分到各个子信道并行传输，这样，尽管总信道是非平坦的（具有频率选择性），但是每个子信道是相对平坦的，因此就可以有效地对抗频率选择性衰落，大大消除符号间干扰。另外，OFDM可由IFFT、FFT来实现，因此其复杂度不大。

（2）在变化相对较慢的信道上，OFDM系统可以根据每个子载波的信噪比（SNR）来优化分配每个子载波上传送的信息比特，从而大大提高系统传输信息的容量。

（3）OFDM系统可以有效对抗窄带干扰，因为这种干扰仅仅影响OFDM系统的一小部分子载波。

与传统的单载波传输系统相比，OFDM系统的主要缺点在于：

（1）OFDM对于载波频率偏移和定时误差的敏感程度比单载波系统要高。

对于无线通信来说，无线信道存在时变性。无线信道时变性的具体体现之一就是多普勒频移，多普勒频移与载波频率以及移动台的移动速度都呈正比。多普勒扩展会导致频率发生弥散，使信号发生畸变。从频域上看，信号失真会随发送信道的多普勒展宽的增加而加剧。因而传输中存在的频率偏移会使 OFDM 系统子载波之间的正交性遭到破坏。然而，对于要求子载波严格同步的 OFDM 系统来说，载波的频率偏移所带来的影响会更加严重，如果不采取措施对这种信道间干扰（ICI）加以克服，系统的性能很难得到改善。

（2）OFDM 系统中的信号存在较高的峰值平均功率比（Peak to Average Power Ratio，PAPR），使得它对放大器的线性要求很高。

多载波传输系统的输出是多个子信道信号的叠加，因此当多个信号的相位一致时，所得到的叠加信号的瞬时功率就会远远高于信号的平均功率，导致较大的 PAPR。这就对发射机内放大器的线性度提出了很高的要求，因此可能带来信号畸变，使信号的频谱发生变化，从而导致各个子信道间的正交性遭到破坏，产生干扰，使系统的性能恶化。

目前，OFDM 系统研究的主要内容包括以下几方面。

1. 时域和频率同步

OFDM 系统对定时和频率偏移敏感，特别是实际应用中与 FDMA、TDMA 和 CDMA 等多址方式结合使用时，时域和频率同步显得尤为重要。与其他数字通信系统一样，同步分为捕捉和跟踪两个阶段。在下行链路中，基站向各个移动终端广播发送同步信号，所以，下行链路同步相对简单，较易实现。在上行链路中，来自不同移动终端的信号必须同步到达基站，才能保证子载波间的正交性。基站根据各移动终端发来的子载波携带信息进行时域和频域同步信息的提取，再由基站发回移动终端，以便让移动终端进行同步。具体实现时，同步将分为时域同步和频域同步，也可以时域和频域同时进行同步。

2. 信道估计

在 OFDM 系统中，信道估计器的设计主要有两个问题：一是导频信息的选择（由于无线信道常常是衰落信道，需要不断对信道进行跟踪，因此导频信息必须不断地传送），二是复杂度较低和导频跟踪能力良好的信道估计器的设计。在实际设计中，导频信息的选择和最佳估计器的设计通常又是相互关联的，因为估计器的性能与导频信息的传输方式有关。

3. 信道编码和交织

采用信道编码和交织是提高数字通信系统性能的常用方法。对于衰落信道中随机错误，可采用信道编码；对于突发错误，可采用交织技术。通常同时采用这两种技术，以进一步改善整个系统性能。在 OFDM 系统中，其结构特性为在子载波间进行编码创造了机会，形成 COFDM 方式。编码方式可以是分组码、卷积码等多种，其中卷积码的效果要比分组码好。

4. 降低峰值平均功率比

由于 OFDM 信号是由一系列子信道叠加起来的，所以很容易造成较大的 PAPR。峰值平均功率比比较大的 OFDM 信号通过功率放大器时会有很大的频谱扩展和带内失真。但是由于出现大的 PAPR 的概率并不大，可以把具有大的 PAPR 值的 OFDM 信号去掉。但是把具有大的 PAPR 值的 OFDM 信号去掉会影响信号的性能，所以采用的技术必须保证这样的影响尽量小。一般通过以下技术可以减小 PAPR。

（1）信号失真技术。采用剪切技术、峰值窗口去除技术或峰值删除技术使峰值振幅简单地去除。

（2）编码技术。采用专门的前向纠错码会使产生非常大的 PAPR 的 OFDM 符号去除。

（3）扰码技术。采用扰码技术，使生成的 OFDM 的互相关性尽量为零，从而使 OFDM 的 PAPR 减小。扰码技术可以对生成的 OFDM 信号的相位进行重置，典型的有部分传输序列（PTS）和选择性映射（SLM）。

5. 均衡

在一般的衰落环境下，OFDM 系统中均衡不是有效改善系统性能的方法。因为均衡的实质是补偿多径信道引起的 ISI，而 OFDM 技术本身已经利用了多径信道的分集特性，因此在一般情况下，OFDM 系统就不必在做均衡了。在高度散射的信道中，信道记忆长度很长，循环前缀（Cyclic Prefix，CP）的长度必须很长，才能够使 ISI 尽量不出现。但是，CP 长度过长必然导致能量大量损失，尤其对子载波数量不是很大的系统。这时，可以考虑加均衡器以使 CP 的长度适当减小，即通过增加系统的复杂度换取系统频带利用率的提高。

OFDM 最早起源于 20 世纪 50 年代中期，在 60 年代就形成了使用并行数据传输和频分复用的概念。1970 年 1 月首次公开发表了有关 OFDM 的专利。1971 年，Weinstein 和 Ebert 把离散傅里叶变换（DFT）应用到并行传输系统中，作为调制和解调过程的一部分。这样就不再利用带通滤波器，而是经过基带处理就可以实现 FDM。而且，在完成 FDM 的过程中，不再要求使用子载波振荡器组以及相干解调器，可以完全依靠执行快速傅里叶变换（FFT）的硬件来实施。

自从 20 世纪 80 年代以来，OFDM 已经在数字音频广播（DAB）、数字视频广播（DVB）、基于 IEEE802.11 标准的无线本地局域网（WLAN）以及有线电话网上基于现有铜双绞线的非对称高比特率数字用户线技术（如 ADSL）中得到应用。其中大都利用了 OFDM 可以有效地消除信号多径传播所造成 ISI 的这一特征。

此外，OFDM 还易于结合空时编码、分集、干扰（包括 ISI 和 ICI）抑制以及智能天线等技术，最大限度地提高物理层信息传输的可靠性。如果再结合自适应调制、自适应编码以及动态子载波分配、动态比特分配算法等技术，可以使其性能进一步得到优化。

1.4 MIMO-OFDM 系统概述

MIMO 和 OFDM 技术能够解决带宽效率和多径衰落。OFDM 通过将频率选择性多径衰落信道在频域内转换为平坦信道，减小了多径衰落的影响，而 MIMO 技术能够在空间中产生独立的并行信道同时传输多路数据流，在不增加系统带宽的情况下增加频谱效率，有效地提高了系统的传输速率。这样，将 MIMO 和 OFDM 两种技术相结合，就能达到两种效果：一种是实现很高的数据传输速率，另一种是通过分集实现很强的可靠性。

从理论上来说，作为高速无线局域网核心的 OFDM 技术，只要适当选择各载波的带宽和采用纠错编码技术，多径衰落对系统的影响可以完全消除。因此如果没有功率和带宽的限制，可以用 OFDM 技术实现任何传输速率，而其他技术就不具备这种特性。如采用其他技术，当数据传输速率增加到某一数值时，信道的频率选择性衰落会占据主导地位，此时无论怎样增加发射功率，也得不到改善，这正是 OFDM 技术适用于高速无线局域网的原因。而 MIMO 系统虽然在一定程度上可以利用传播中的多径分量（也就是说 MIMO 可以抗多径衰落），但是对于频率选择性深衰落，MIMO 系统依然是无能为力。而 MIMO 和 OFDM 技术的结合可以很好地解决以上的问题。

利用 OFDM 技术把频率选择性深衰落信道转换为多个子载波的平坦衰落信道；利用 MIMO 技术在不增加带宽的条件下，成倍地提高通信系统的容量和频谱利用率。研究表明，在衰落信道环境下，OFDM 系统非常适合使用 MIMO 技术来提高容量。

MIMO-OFDM 技术是结合 OFDM 和 MIMO 技术而得到的一种新技术。它利用了时间、频率和空间 3 种分集技术，使无线系统对噪声、干扰、多径的容限大大增加。而且，当信道情况好时，可以使用空间复用的编码方式，成倍提高传输速率。MIMO 和 OFDM 技术作为未来 B3G 的核心技术，两者相结合在提高无线链路的有效性和可靠性方面具有巨大潜力。

MIMO-OFDM 研究的主要内容有：

①空时或空频编译码；

②帧同步和载波频偏估计；

③采样时钟的同步和细载波频偏的纠正；

④信道估计。

1.5 本书结构

本书共有 10 章，每章主要内容简述如下。

第 1 章 绪论。首先，介绍了移动通信发展简史，简要介绍了 1G、2G、3G 以及 4G 的发展过程及典型系统性能；然后，介绍了 MIMO 系统、OFDM 系统以及 MIMO-OFDM 系统的概念、特点、存在的不足以及目前的应用。

第 2 章 无线信道与 MIMO 信道。首先，介绍了无线信道的大尺度衰落、阴影衰落及多径衰落（无线信道的一个重要特点是多径传播，它使接收信号相互重叠，产生 ISI），本章对多径衰落进行了详细的阐述。接着，讨论了无线信道的时变性与多普勒频移，分析了无线信道的选择性衰落，包括时间选择性衰落、频率选择性衰落以及空间选择性衰落。对无线通信中涉及较多的概率分布——瑞利分布与莱斯分布（广义瑞利分布）进行了介绍。然后，本章对 MIMO 信道模型与相关情形下的 MIMO 信道模型进行了描述。MIMO 技术在后 3G 和 4G 中有着广泛应用。对于 MIMO 信道的描述是 MIMO 系统中不可分割的部分。最后，本章给出了典型多径信道实例仿真，主要包括指数衰减信道、滤波器白噪声信道及频率选择性衰落信道。

第 3 章 OFDM 系统基本原理。首先，本章介绍了本书关键技术之一——OFDM 系统的基本原理，包括 OFDM 系统的基本模型、OFDM 信号的保护间隔和循环前缀、OFDM 信号的带外功率辐射以及加窗技术、OFDM 系统的参数选择，并给出一个较为完整的 OFDM 系统；最后，给出了仿真实例程序，仿真程序中包括 OFDM 信号的产生与解调、循环前缀与循环后缀的添加与加窗，信道考虑了加性高斯白噪声信道。

第 4 章 MIMO-OFDM 系统的容量。介绍了另外两种关键技术——MIMO 技术与 MIMO-OFDM 技术的容量，包括容量公式的推导与仿真。首先，介绍了在非频率选择性信道下，发射端已知信道状态信息与未知信道状态信息两种情形时的 MIMO 系统容量。在此基础之上，介绍了在两种情形下的频率选择性信道 MIMO 系统的容量。然后，推导了 MIMO-OFDM 系统的容量公式，并且信道和系统参数对 MIMO-OFDM 系统的容量影响进行了分析。最后，本章给出了在不同情形下 MIMO 系统的容量仿真。

第 5 章 MIMO-OFDM 系统的信道估计。首先，介绍了经典的信道估计算法——LS 信道估计算法与 LMMSE 信道估计算法。在此基础之上，介绍了 OFDM 系统 3 种信道估计算法，包括基于训练序列的 OFDM 系统信道估计算法、基于非块状导频的 OFDM 系统信道估计算法以及基于 DFT 的信道估计算法。然后，在 5.4 节介绍了 MIMO-OFDM 系统的基本原理，并就基于导频和训练序列两种方法对 MIMO-OFDM 系统信道估计进行了分析。最后，本章给出了基于导频的 MIMO-OFDM 系统信道估计仿真实例。

第 6 章 MIMO-OFDM 系统峰值平均功率比。首先，介绍了 OFDM 以及 MIMO-OFDM 信号的 PAPR 概念，并分析了过采样对 OFDM 信号 PAPR 的影响以及 PAPR 对 OFDM 系统设计的影响。在此基础之上，介绍了 OFDM 系统 PAPR 减小方法，包括信号的预畸变方法、编码方法以及概率类技术，重点介绍了概率类技术中的 SLM 方法和 PTS 方法。然后，在 6.4 节，对 MIMO-OFDM 系统的 PAPR 减小方法进行了探讨。最后，本章给出了剪切法、SLM 法以及 PTS 法对 OFDM 系统 PAPR 减小的仿真程序。

第 7 章 OFDM 系统自适应技术。首先，介绍了无线信道经典的功率分配算法——注水算法，在此基础上介绍了几种常用的 OFDM 系统自适应算法，包括迭代注水功率分配（IW-FP）算法、Hughes-Hartogs 算法、Chow 算法以及 Fischer 算法。在 7.4 节简要介绍了多用户自适应比特、调制和功率联合分配算法。最后，给出了仿真实例，包括 Chow 算法仿真、Fischer 算法仿真以及 Hughes-Hartogs 算法仿真。

第 8 章 OFDM 系统的同步问题。首先，介绍了 OFDM 系统同步的分类，主要分为符号定时同步、样值定时同步、样值频率同步以及载波同步；然后，探讨了同步误差对 OFDM 系统性能的影响，包括符号定时同步误差、样值间隔偏差、样值定时偏差、载波频率偏移对 OFDM 系统影响；最后，进一步地介绍了 OFDM 系统中的各种同步算法。

第 9 章 MIMO-OFDM 系统的编码技术。首先，介绍了 OFDM 系统的编码技术，主要包括分组编码、卷积码、交织编码以及 Turbo 码在 OFDM 系统中的应用；然后，在介绍空时编码的基础上，介绍了 MIMO-OFDM 系统的编码技术，包括 MIMO-OFDM 系统的空时编码与空频编码。

第 10 章 MIMO-OFDM 系统的应用。首先，介绍了 OFDM 系统在数字音频广播（DAB）、数字视频广播（DVB）、IEEE 802.11 中的应用；然后，介绍了 MB- OFDM 系统在 UWB 中的应用；最后，介绍了 MIMO-OFDM 系统在多模光纤中的应用。

第2章　无线信道与MIMO信道

2.1　引言

信道是通信系统必不可少的组成部分，其特性对于信号传输有很大的影响。根据传输媒介的不同，通信信道可分为有线信道与无线信道。有线信道是平稳的和可预测的，而无线信道是随机的，因此，无线信道相对于有线信道传输环境复杂。无线信道中电波的传播通常不是单一路径，而是许多路径众多反射波的合成。由于多径的存在，使无线信道的描述、分析变得复杂，通常要考虑因多径带来的衰落问题。当考虑快速移动的无线信道时，还要考虑多普勒频移问题。当考虑地形、建筑物的遮蔽对通信的影响时，还需考虑“阴影效应”问题。

在无线移动通信系统中，多径衰落现象广泛存在。由于不同传播路径之间存在相互干扰、频谱资源有限，用户数目又越来越多，如何提高移动通信系统的通信系统容量始终是移动通信发展中的焦点问题。为了解决这一问题，一方面要开辟和启用新的频段，另一方面要研究各种新技术和新措施。

传统的无线通信系统是采用一个发射天线和一个接收天线的通信系统，即所谓的单输入单输出（SISO）系统。SISO天线系统在信道容量上具有一个通信上不可突破的瓶颈——香农容量限制。不管采用哪种调制方式、编码策略或方法，无线信道总是给无线通信工程做了一个实际的物理限制。提高单天线系统信道容量的方法有设置更多的基站、拓宽带宽及加大系统的发射功率。无论是设置更多的基站还是拓宽信道带宽，提高无线通信系统容量代价都是十分昂贵的；加大系统发射功率可能引起人的健康状况的变化，对硬件设计者来说也是非常困难的。

提高无线通信系统容量的另一方法是使用分集技术。近年来，通过在接收端使用多元阵列天线来获得接收分集，其发射端仍采用一个阵元，这就是所谓的单输入多输出（SIMO）系统。为了减小接收端特别是移动终端处理的复杂度和体积，可以考虑将接收分集处理技术平移到发送端，发送天线采用阵列结构而接收天线采用单天线结构，这就是等价的多输入单输出（MISO）系统。SIMO和MISO技术的进一步发展就自然产生了收发两端同时采用阵列天线的系统——MIMO系统。MIMO系统的容量突破了香农容量限制，相对于SISO系统，MIMO系统容量有着大幅度提高，其容量可以随接收天线数量呈比例增长。通常，多径要引起衰落，因而被视为有害因素，然而研究结果表明，对于MIMO系统来说，多径可以作为一个有利因素加以利用。

符号间干扰是数字通信系统中不可回避的主要问题之一。OFDM技术可以将高速传输的数码流转换为若干个低速并行的数码流进行传输，使得宽带频率选择性信道可以转换为若干平衰落子信道，低速的数码流的码元间隔相对高速的数码流的码元间隔大，因而提高了系统的抗码间干扰的能力。

无论是利用多径传播来提高MIMO系统的容量，还是以压缩信号所占有带宽来提高频谱的利用率，这些措施都是与传输信道环境有密切联系的，所以在研究 MIMO 和 OFDM 无线移动通信系统之前，首先要讨论无线移动通信信道传输模型。

刻画和建立无线移动通信信道模型对于无线移动通信系统实际性能的预测、系统仿真及设计都具有重要的作用。对于 SISO 无线移动通信系统信道，一般可分为大尺度衰落信道模型和小尺度衰落信道模型。从 SISO 信道研究向 MIMO 信道推进的关键在于 MIMO 信道空间特性的刻画和建模。

2.2 无线信道

与有线信道相比，无线信道中电波传播所经历的传输环境要复杂许多。这是因为其传输过程中会受到移动台和基站之间的复杂地形影响，使信号产生反射、折射和绕射等现象，再加之相对运动和空间环境等影响，使得移动台与基站之间的无线信道多变并且难以控制。信号通过无线信道时，会遭受各种衰落的影响。一般来说，接收信号的功率可以表达为

$$P(\boldsymbol{d}) = |\boldsymbol{d}|^{-m}S(\boldsymbol{d})R(\boldsymbol{d}) \tag{2-1}$$

式中，$\boldsymbol{d}$ 表示移动台与基站的距离矢量；$|\boldsymbol{d}|$表示移动台与基站的距离。

根据式（2-1），无线信道对信号的影响可以分为以下 3 种。

（1）电波在自由空间内的传播损耗$|\boldsymbol{d}|^{-m}$，也被称作大尺度衰落。其中，m 取值一般为 2 ~4。

（2）阴影衰落 $S(\boldsymbol{d})$。由于传播环境的地形起伏、建筑物和其他障碍物对地波的阻塞或遮蔽而引发的衰落，被称作中等尺度衰落。

（3）多径衰落 $R(\boldsymbol{d})$。由于无线电波在空间传播会存在反射、绕射、衍射等，因此造成信号可以经过多条路径到达接收端，而每个信号分量的时延、衰落和相位都不相同，因此在接收端对多个信号分量叠加时，会造成同相增大、异相减小的现象。这也被称作小尺度衰落。

此外，由于移动台的运动，还会使得无线信道呈现出时变性，其中一种具体表现就是会出现多普勒频移。

2.2.1 大尺度衰落与阴影衰落

无线电波在自由空间内传输，其信号功率会随着传播距离的增加而减小，这会对数据速率以及系统的性能带来不利影响。最简单的大尺度路径损耗的模型可以表示为

$$L = \frac{\overline{P}_{\mathrm{r}}}{P_{\mathrm{t}}} = K\frac{1}{|\boldsymbol{d}|^{m}} \tag{2-2}$$

式中，P_{t} 表示本地平均发射信号功率；$\overline{P}_{\mathrm{r}}$ 表示接收功率。

由式（2-2）可以得到平均的信噪比（SNR）为

$$SNR = \frac{\overline{P}_{\mathrm{r}}}{P_{\mathrm{n}}} = K\frac{P_{\mathrm{t}}}{|\boldsymbol{d}|^{m}}\frac{1}{N_0 B} \tag{2-3}$$

式中，N_0 是单边噪声功率谱密度；B 是信道带宽；K 是独立于距离、功率和带宽的常数。

如果为保证可靠接收，要求 $SNR \geqslant SNR_0$，其中 SNR_0 表示信噪比门限，则路径损耗会给比特速率带来限制，即

$$B \leqslant \frac{KP_{\mathrm{t}}}{|\boldsymbol{d}|^{m} N_0 SNR_0} \tag{2-4}$$

以及对信号的覆盖范围也会带来限制，即

$$|\boldsymbol{d}| \leqslant \left(\frac{KP_{\mathrm{t}}}{N_0 BSNR_0}\right)^{\frac{1}{m}} \tag{2-5}$$

可见，如果不采用其他特殊的技术，则数据的符号速率以及电波的传播范围都会受到很大的限制。尽管如此，在一般的蜂窝系统中，由于小区的规模相对较小，这种大尺度衰落对移动通信系统的影响并不需要单独加以考虑。

电磁波在空间传播时会受到地形起伏、高大建筑物的阻挡，在这些障碍物后面会产生电磁场的阴影，造成场强中值的变化，从而引起衰落，被称作阴影衰落。对某一固定点来说，其自由空间路径损耗可以认为是确定的，因此阴影衰落就是在空域上给路径损耗加了一个随机的变化，其结果就是使大尺度衰落呈现出一定程度的随机性。与多径衰落相比，阴影衰落是一种宏观衰落，是以较大的空间尺度来衡量的，其衰落特性符合对数正态分布，其中接收信号的局部场强中值变化的幅度取决于信号频率和障碍物状况，高频信号比低频信号更加容易穿透障碍物，而低频信号比高频信号具备更强的绕射能力。

路径损耗与阴影衰落合并在一起反映了无线信道在大尺度上对传输信号的影响，可以合称为大尺度衰落，因为这种衰落对信号的影响反映为信号随传播距离的增加而缓慢起伏变化，所以也称为慢衰落。小尺度衰落又称为快衰落，它反映了无线信号在较短距离或时间之内的快速变换特性。如果说大尺度衰落特性决定接收端能否接收到信号，那么小尺度衰落特性就决定了接收端能否正确有效地接收信号。小尺度衰落对信号的传输质量有关键性的影响，因此其决定着传输技术的选择和数字接收机的设计。路径损耗和阴影衰落主要影响到无线区域的覆盖，通过合理的设计就可以消除不利影响。

MIMO 信道和其他移动信道一样都具有以上介绍的各种衰落特性。由于 MIMO 系统的研究主要关注于各种信道编码方式、信道容量、信道估计算法以及接收机设计等新技术的研究，因此对信道特性的研究比较关注小尺度衰落特性，故 MIMO 信道模型仍然属于小尺度衰落模型。下面主要针对无线信道的多径衰落和时变性加以讨论。

2.2.2 多径衰落

无线移动信道的主要特征就是多径传播，即接收机所接收到的信号是通过不同的直射、反射、折射等路径到达接收机。由于电波通过各个路径的距离不同，因而各条路径中发射波的到达时间、相位都不相同，不同相位的多个信号在接收端叠加，如果同相叠加则使信号幅度增强，而反相叠加则会削弱信号幅度，这样接收信号的幅度将会发生急剧变化而产生快衰落。

从理论上讲，从发送端到接收端有无穷多个传播路径，然而在实际中，可识别的传播路径是有限的。这些路径中信号到达时间的分布用时延分布（τ）参数来描述，用 $\tau_{\max}$ 表示可识别路径中信号到达时间的最大间隔，即最大时延扩展。由于时延扩展，接收信号中一个符号的波形会扩展到其他符号当中，造成 ISI。为了避免产生 ISI，应该令符号宽度要远远大于无线信道的最大时延扩展，或者符号速率要小于最大时延扩展的倒数。

在无线通信环境中，发射机发出的信号经过不同的路径到达接收机，在某一选定观察时

间 t_1，信道的冲激响应可以表示为多径响应的和，即

$$h(\tau) = \sum_{i=1}^{L} a_i \delta(\tau - \tau_i) \qquad \tau_1 \leqslant \tau_2 \leqslant \tau_3 \leqslant \cdots \leqslant \tau_L \tag{2-6}$$

式中，L 是所有传播路径的数目；a_i 和 τ_i 是每路信号的强度和到达时间。

对式（2-6）进行傅里叶变换得到信道多径环境下的频率响应（传输函数），即

$$H(\omega) = \int_{-\infty}^{\infty} h(\tau) \mathrm{e}^{-\mathrm{j}\omega\tau} \mathrm{d}\tau = \sum_{i=1}^{L} a_i \mathrm{e}^{-\mathrm{j}\omega\tau_i} \tag{2-7}$$

设发射信号为 $s(t)$，则接收到的信号是经多径传播后的总和，即

$$y(t) = \sum_{i=1}^{L} a_i s(t - \tau_i) \qquad \tau_1 \leqslant \tau_2 \leqslant \tau_3 \leqslant \cdots \leqslant \tau_L \tag{2-8}$$

若发射信号 $s(t) = \mathrm{e}^{\mathrm{j}\omega t}$，则接收到的信号为

$$y(t) = \sum_{i=1}^{L} a_i \mathrm{e}^{\mathrm{j}\omega(t-\tau_i)} = H(\omega) \mathrm{e}^{\mathrm{j}\omega t} \tag{2-9}$$

注意，接收到的信号 $y(t)$ 仍然是和原始信号 $s(t)$ 有相同角频率的周期信号。因此，信号 $s(t)$ 在时不变多径条件下传播时没有发生频率失真。然而，信号的幅度发生了变化，接收信号幅度为 $|H(\omega)|$，是角频率 ω 的函数，接收信号的相位为 $\arg[H(\omega)]$，也是角频率 ω 的函数。

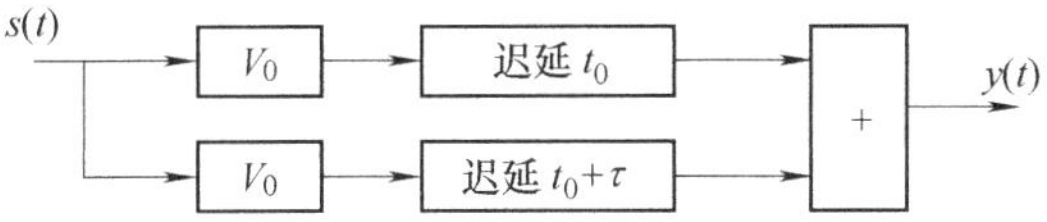

图 2-1　两径信道示意图

下面以两径信道为例，介绍多径信道的频率特性。图 2-1 为两径信道示意图，在这个两径信道中，假设两径经历了同样的衰减，两径信道的相对时延差为 τ。

信道输入、输出关系为

$$y(t) = V_0 s(t - t_0) + V_0 s(t - t_0 - \tau)$$

传输函数的频域表示式为

$$Y(\omega) = V_0 s(\omega) \mathrm{e}^{-\mathrm{j}\omega t_0} + V_0 s(\omega) \mathrm{e}^{-\mathrm{j}\omega(t_0+\tau)}$$

则两径信道传输函数为

$$H(\omega) = V_0 \mathrm{e}^{-\mathrm{j}\omega t_0}(1 + \mathrm{e}^{-\mathrm{j}\omega\tau}) = 2V_0 \mathrm{e}^{-\mathrm{j}\omega t_0} \mathrm{e}^{-\mathrm{j}\frac{\omega\tau}{2}} \cos\frac{\omega\tau}{2}$$

传输函数的幅频特性为

$$\left| H(\omega) \right| = \left| 2V_0 \cos\frac{\omega\tau}{2} \right| \tag{2-10}$$

两径信道传输函数的幅频特性曲线如图 2-2 所示。

由图 2-2 可见，两径传播信道的幅频特性依赖于 $|\cos\omega\tau/2|$。这就是说，对于不同的频率，两径传播信道有不同的衰减。当 $\omega = 2n\pi/\tau$（n 为整数）时，信道有利于信号的传输；当 $\omega = (2n+1)\pi/\tau$（n 为整数）时，信道衰减很大，不利于信号的传输。另外，相对时延差 τ 一般是随时间变化的，故传输特性零点与峰值在频率轴上的位置也是随时间

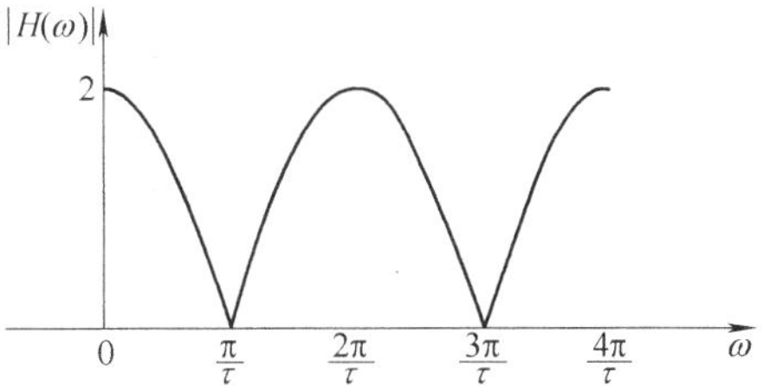

图 2-2　两径信道传输函数的幅频特性曲线

变化的。显然，当一个传输信号波形的带宽约宽于 $1/\tau(t)$ 时[$\tau(t)$ 表示时变的相对时延差]，传输信号波形的频谱将产生畸变。这种畸变就是由所谓的频率选择性衰落所引起的。

上述概念可以推广到多径传播中去，显然这时的传输特性要复杂得多，但是出现的频率选择性衰落的基本规律是相同的，即频率选择性依赖于相对时延差。图 2-3 为 7 径信道的频率特性的仿真图。仿真中信号经 7 条不同路径到达时的幅度和时间是随机选择的。从图中可以看出，接收信号的幅度随角频率变化而改变。在某些频率，7 条路径到达的信号互相干扰抵消，只产生很小的幅度 $|H(\omega)|$；在某些频率，7 条路径到达的信号互相叠加，产生较大的幅度 $|H(\omega)|$。如果发射信号有固定的功率谱密度，那么在 $|H(\omega)|$ 较小时信道输出的信号就小些，在 $|H(\omega)|$ 较大时信道输出的信号就大些，因此，信道的频率选择性衰落，会引起信号的频率选择性衰落。

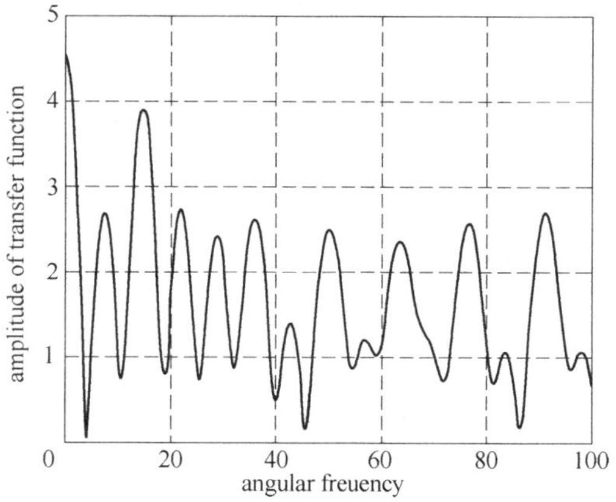

图 2-3　多径衰落与频率的关系曲线

多径传播时的相对时延差（简称多径时延差）可以用方均根时延扩展（关于多径时延差更加详细的描述可参见 2.2.4 节）来表征。设方均根时延扩展为 σ_τ，则有

$$B_c \approx \frac{1}{\sigma_\tau} \tag{2-11}$$

即为相邻传播零点的频率间隔。这个频率间隔通常称为多径传播媒介的相关带宽。如果传输信号的频谱宽于 B_c，则该信号将产生明显的频率选择性衰落。由此看出，为了不引起明显的频率选择性衰落，传输信号的带宽必须小于多径传输媒介的相关带宽 B_c。

一般地说，数字信号传输时希望有较高的传输速率，而较高的传输速率对应有较宽的信号带宽。因此，数字信号在多径媒介中传输时，容易因存在频率选择性衰落而引起严重的码间干扰。为了减小码间干扰的影响，通常要限制数字信号的传输速率。

应当指出，从信道的角度看，当相对时延差比较大时，如图 2-2 所示的信道被称为频率选择性信道；当相对时延差较小时，由于两径信道的幅频特性的过零点之间的间距非常大，信道可近似看作非频率选择性信道。

在短波电离层反射信道、超短波及微波对流层散射信道和移动通信信道等无线信道中，由于上述传输媒介性质的随机变化和电磁场信号因多径传输而随机变化，因此，这些信道的模型应该属于随参信道模型。

2.2.3　无线信道的时变性与多普勒频移

当移动台在运动中进行通信时，接收信号的频率会发生变化，称为多普勒效应，这是任何波动过程都具有的特性。

信道的时变性是指信道特性是随时间而变化的，即在不同时刻发送相同的信号，在接收端收到的信号是不相同的。时变性在移动通信系统中的具体体现之一就是多普勒频移（Doppler Shift），即单一频率信号经过时变衰落信道之后会呈现为具有一定带宽的信号，又称为信道的频率弥散性。

可以用以下现象来解释多谱勒频移和移动源之间的关系。当救护车、警车或者消防车从身边疾驰而过时，它们发出的声音随着车辆驶来而变的尖锐，随着车辆远去而变的低沉，这种忽高忽低的变化来自于声波的多谱勒频移。当车辆接近时，警报器发出的声波被压缩传向收听者，波与波之间的间隔减小了，这就表现为频率的升高；当车辆远去时，声波相对于收听者来说是延展了，表现为频率的减小。依此类推，移动物体上发出的无线电波也会表现出多谱勒频移现象，朝向观察者的运动物体发出的无线电波被压缩了，频率看起来是升高的；相反，远离观察者的运动物体发出的无线电波因被延展而表现为频率降低。

多普勒效应引起的附加频率偏移称为多普勒频移，可以用下式表示：

$$\Delta f = \frac{f_c v}{c}\cos\theta = f_d \cos\theta \tag{2-12}$$

式中，f_c 表示载波频率；c 表示光速；v 表示移动台和观察者之间的相对运动速度；f_d 表示最大多普勒频移$\left(f_d = \frac{f_c v}{c}\right)$；$\theta$ 表示运动方向和电磁波的夹角。

从式（2-12）可以看到，多普勒频移与载波频率和移动台相对运动速度呈正比。

当移动台向入射波方向移动时，则多普勒频移为正，即移动台接收到的信号频率会增大；当移动台背向入射波方向运动时，则多普勒频移为负，即移动台接收到的信号频率会减小。由于存在多普勒频移，所以当单一频率信号 f_0 到达接收端时，其频谱不再是位于频率轴 $\pm f_0$ 处的 δ 函数，而是分布在（$f_0 - f_d$，$f_0 + f_d$）内的一定宽度的频谱。

从时域来看，与多普勒频移相关的另一个概念就是相关时间，即

$$T_c = \frac{1}{f_d} \tag{2-13}$$

相关时间是信道冲激响应维持不变的时间间隔的统计平均值。换句话说，相关时间就是指一段时间间隔，在此间隔内，两个到达信号有很强的幅度相关性。如果基带信号带宽的倒数（一般指符号宽度）大于无线信道的相关时间，那么信号的波形就可能会发生变化，造成信号的畸变，产生时间选择性衰落（也称为快衰落）；反之，如果符号宽度小于无线信道的相关时间，则认为是非时间选择性衰落（也称为慢衰落）。

信号源向不同角度发出的信号经不同路径从不同的角度到达观察者，到达信号的多谱勒频移是各不相同的。如果接收机、发射机和环境条件是时不变的，式（2-6）的信道响应也是时不变的，就是说在不同的观察时间，信道的冲激响应是保持不变的。如果接收机、发射机或环境是移动的，式（2-6）代表的信道响应就取决于观察时间，可以写为

$$h(t,\tau) = \sum_{i=1}^{L(t)} a_i(t)\delta[\tau - \tau_i(t)] \tag{2-14}$$

式中，$L(t)$是可识别多径数目；$a_i(t)$和$\tau_i(t)$是每条路径到达信号的幅度和时延。

式（2-14）中有两个时间量，t 代表观察时间，τ 代表多径到达时间。如果仅考虑多谱勒效应，式（2-14）可以写为

$$h(t,\tau) \approx \sum_{i=1}^{L} a_i\delta(\tau - \tau_i)\mathrm{e}^{\mathrm{j}\omega_i t} \tag{2-15}$$

式中，$\omega_i = 2\pi f_i$，$|f_i| \leqslant f_d$ 是第 i 径的多谱勒角频移。

式（2-15）关于时间 τ 的傅里叶变换可以写为

$$H(t,\omega) \approx \sum_{i=1}^{L} a_i \mathrm{e}^{-\mathrm{j}(\omega\tau_i-\omega_i t)} \tag{2-16}$$

若发射信号 $s(t)=\mathrm{e}^{\mathrm{j}\omega t}$，则接收信号为

$$y(t)=H(t,\omega)\mathrm{e}^{\mathrm{j}\omega t}$$

多谱勒角频移 ω_i 会使接收信号的频谱扩展。时域周期信号 $\mathrm{e}^{\mathrm{j}\omega t}$在信源端只有一条谱线 $\omega=2\pi f$，然而接收到的信号变为

$$H(t,\omega)\mathrm{e}^{\mathrm{j}\omega t} \approx \sum_{i=1}^{L} a_i \mathrm{e}^{-\mathrm{j}(\omega\tau_i-\omega_i t)}\mathrm{e}^{\mathrm{j}\omega t} = \sum_{i=1}^{L} a_i \mathrm{e}^{-\mathrm{j}\omega\tau_i}\mathrm{e}^{\mathrm{j}(\omega+\omega_i)t} \tag{2-17}$$

它有 L 条谱线，分别位于 $\omega+\omega_i$，其中 $i=1$，2，…，L。当 L 数值巨大时，这些谱线分布于 $[\omega-\omega_{\mathrm{d}}，\omega+\omega_{\mathrm{d}}]$，其中 $\omega_{\mathrm{d}}=2\pi f_{\mathrm{d}}$。

2.2.4 选择性衰落

在 2.2.2 节与 2.2.3 节提到频率选择性衰落和时间选择性衰落，这是无线通信信道非常重要的特征，本节将进一步阐述选择性衰落。

由于移动通信信道的多径、移动台的运动和不同的散射环境，使得移动信道在时间上、频率上和角度上产生了色散，从而信号经过信道后分别形成了频率选择性衰落、时间选择性衰落和空间选择性衰落，也分别产生了时延扩展、多普勒扩展和角度扩展，这三种扩展分别对应三组相关参数——相关带宽、相关时间和相关距离。

这三组扩展特性和相关特性同时存在，且互不排斥，都可用包络相关函数来确定。包络相关函数定义为

$$\rho(\Delta f,\Delta t,\Delta z)=\frac{\langle r_1 r_2\rangle-\langle r_1\rangle\langle r_2\rangle}{\sqrt{[\langle r_1^2\rangle-\langle r_1\rangle^2][\langle r_2^2\rangle-\langle r_2\rangle^2]}} \tag{2-18}$$

$$\Delta f=|f_1-f_2|,\Delta t=|t_1-t_2|,\Delta z=|z_1-z_2|$$

式中，$\langle\cdot\rangle$ 表示集平均，也就是统计平均；r_1 表示在频率为 f_1、时间为 t_1、空间位置为 z_1 处的接收信号包络；r_2 表示在频率为 f_2、时间为 t_2、空间位置为 z_2 处的接收信号包络。

下面分别讨论这三种特性。

1. 多径（时延）扩展——频率选择性衰落

信号的多径传播会导致时延扩展，其结果是发生符号间干扰，体现在频域就是频率选择性衰落，即信号在不同频率上遭受的衰落是不同的。描述无线信道多径效应的两个重要参数是时延扩展和相关带宽（或称相干带宽）。

依据不同的定义，时延扩展有最大时延扩展 $\tau_{\max}$、平均附加时延扩展 $\bar{\tau}$、方均根时延扩展（RMS 时延扩展）σ_τ 等多种参数描述方法。

最大时延扩展是第一个到达接收天线的信号分量与最后一个到达的信号分量之间的时间差，即

$$\tau_{\max}=\tau_{N-1}-\tau_0 \tag{2-19}$$

这里假设信道共有 N 条路径，并按照时延从小到大的顺序排列各路径，即 τ_0 和 τ_{N-1}分别是最小和最大的路径时延。

平均附加时延扩展$\bar{\tau}$、方均根时延扩展 σ_τ 是与功率延迟分布（PDP）$P(\tau)$有关的参数。

$P(\tau)$是一个基于固定时延参考量 τ_0 的附加时延 τ 的函数，通过对本地的瞬时功率延迟分布取平均而得到。功率延迟分布可能是时间上取平均，也可能是接收机移动时空间上取平均。

平均附加时延扩展$\bar{\tau}$是功率延时分布的一阶中心距，定义为

$$\bar{\tau} = \frac{\sum_k a_k^2 \tau_k}{\sum_k a_k^2} = \frac{\sum_k P(\tau_k)\tau_k}{\sum_k P(\tau_k)} \tag{2-20}$$

式中，a_k 为第 k 条路径的衰减因子；$P(\tau_k)$为在时延 τ_k 上路径衰落的相对功率。

方均根时延扩展 σ_τ 是功率延迟分布的二阶中心距的平方根，定义为

$$\sigma_\tau = \sqrt{E(\tau^2) - (\bar{\tau})^2} \tag{2-21}$$

式中

$$E(\tau^2) = \frac{\sum_k a_k^2 \tau_k^2}{\sum_k a_k^2} = \frac{\sum_k P(\tau_k)\tau_k^2}{\sum_k P(\tau_k)}$$

相关带宽 B_c 表示包络相关度为某一特定值时的信号带宽。也就是说，当两个频率分量的频率间隔小于相关带宽 B_c 时，它们具有很大的幅度相关性；反之，当两个频率分量的频率间隔大于相关带宽 B_c，它们具有很小的幅度相关性。时延扩展是由反射及散射传播路径引起的现象，而相关带宽 B_c 是从方均根时延扩展得出的一个确定关系值。

当相关带宽 B_c 定义包络相关系数为 0.5 时，即

$$\rho(B_c, 0, 0) = 0.5 \tag{2-22}$$

可以得到相关带宽 B_c 的表示式

$$B_c = \frac{1}{2\pi\sigma_\tau} \tag{2-23}$$

当相关带宽 B_c 定义包络相关系数为 0.9 时，可以得到相关带宽 B_c 的表达式为

$$B_c = \frac{1}{50\sigma_\tau} \tag{2-24}$$

在市区传播环境下，传统尺寸小区的时延扩展一般认为是 2μs，则相关带宽大约为 80kHz。在实际环境中，由于信号包络的相关系数并不是随信号之间的频率间隔单调递减的，有时随频率间隔增加，包络的相关系数会出现振荡的情况。在这种情况下，就把随频率间隔增加的包络相关系数第一次到达 0.5 时的这个频率间隔认为是相关带宽。

从频域看，如果多径信道的相关带宽小于发送信号的带宽，则该信道特性会导致接收信号波形产生频率选择性衰落，即某些频率成分的信号幅值得到加强，而另外一些频率成分的信号幅值则受到衰减。在这种情况下，信道冲激响应具有多径时延扩展，其值大于发送信号波形带宽的倒数。此时，接收信号中包含经历了不同衰减和时延的多径波形的叠加，因而接收信号产生了失真。频率选择性衰落是由信道对发送信号的时间色散引起的，它导致了数字信号传输过程中会出现 ISI。

反之，如果多径信道的相关带宽大于发送信号的带宽，则接收信号经历平坦衰落，或频率非选择性衰落。在平坦衰落情形下，信道的多径结构使发送信号的频谱特性在接收机内仍能保持不变。但是，多径效应导致信道增益的起伏，使接收信道的强度随时间变化。在平坦

衰落信道中，发射信号带宽的倒数远大于信道的多径时延扩展，因此，信道的冲激响应可近似看作是一个冲激函数（δ 函数）。典型的平坦衰落信道会引起深度衰落，在深度衰落期间需要增加 20dB 或 30dB 的发送功率，以获得较低的误码率。

图 2-4 所示的是多径（时延）扩展的衰落分类树。

2. 多普勒扩展（时变性）——时间选择性衰落

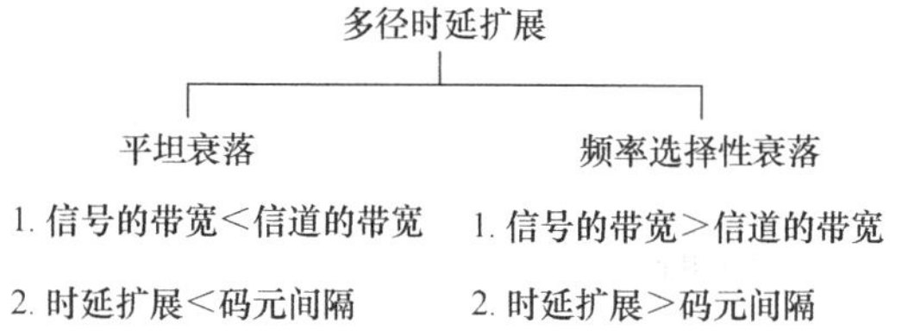

图 2-4　多径（时延）扩展的衰落分类树

时延扩展与相关带宽是用于描述信道时间扩散特性的两个参数，然而它们并未提供描述信道时变特性的信息。这种时变特性或是由移动台与基站之间的相对运动引起的，或者是由信道路径中物体的运动引起的。多普勒扩展和相关时间（或称相干时间）是描述小尺度传播模型中信道频率色散和时变特性的两个参数。

当信道时变时，这种信道具有时间选择性衰落。时间选择性衰落会造成信号失真，这是由于发送信号还在传输的过程中，传输信道的特征已经发生了变化。信号尾端时的信道的特性与信号前端时的信道特性已经发生了变化。由于移动台的运动，出现了多普勒频移现象，也就是频率色散，使得信道是时变的。

如果信号持续的时间比较短，在这个比较短的持续时间内，信道的特性还没有发生比较显著的变化，时间选择性衰落并不明显；当信号的持续时间进一步增加，信道的特性在信号的持续时间内发生了比较显著的变化时就会使信号产生失真。信号的失真随着信号的持续时间的延长而增加。发生频率色散时所对应的最小信号持续时间与最大多普勒频率呈反比关系。

2.2.3 节中已经介绍了由于移动台的运动产生了多普勒频移，从而产生多普勒扩展。用来描述多普勒扩展的参数有平均多普勒频移$\overline{B}$和多普勒扩展 B_D，它们都与多普勒功率谱密度（DPSD）$s(f)$ 有关。因为不同的入射角产生不同的多普勒频移，所以所有的散射（反射）分量的叠加就形成了连续的多普勒功率谱密度 $s(f)$。

平均多普勒频移$\overline{B}$是多普勒功率谱密度 $s(f)$ 的一阶中心距(均值)，多普勒扩展 B_D 是多普勒功率谱密度 $s(f)$ 的二阶中心距的平方根（标准差）。B_D 是谱展宽的一个测量值，它是移动无线信道的时间变化率的一种量度。当发送频率为 f_c 的正弦信号时，接收的信号谱即多普勒频率在 $f_c-f_d \sim f_c+f_d$ 之间变化。多普勒扩展 B_D 依赖于最大多普勒频移 f_d 和多普勒功率谱密度 $s(f)$。

注意到，如果基带信号带宽 B_s 远大于 B_D，即 $B_s >> B_D$，则在接收机端可忽略多普勒扩展的影响。

假设散射体在角度［0，2π］内服从均匀分布，则垂直电场的基带功率谱将具有以下形式：

$$s(f)=\frac{3\sigma}{2\pi f_d}\left[1-\left(\frac{f-f_c}{f_d}\right)^2\right]^{-\frac{1}{2}} \qquad f_c-f_d<f<f_c+f_d \tag{2-25}$$

式中，$f_d=v/\lambda$ 为最大多普勒频移（v 为移动用户的车速，λ 为波长）；f_c 为载频；σ 为各向同性的天线接收到的平均信号功率。

由式（2-25）描述的多普勒谱常称为经典谱。图 2-5 为 $f_d=91\text{Hz}$、$\sigma=1$、$f_c=0$ 的经典多普勒功率谱曲线。

当存在一个很强的直射路径信号时，上面定义的谱需要修正一个附加量，变成

$$s(f)+D\delta(f-f_{\mathrm{D}}) \tag{2-26}$$

式中，D 为直射路径的能量与散射路径的能量之比；f_{D} 为直射路径的多普勒频移（它取决于基站和移动用户之间的相对速度）。

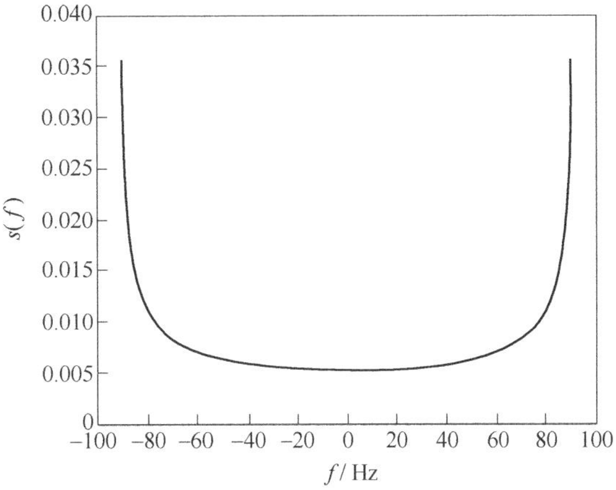

图 2-5　经典多普勒功率谱曲线

相关时间是信道冲激响应保证一定相关度的时间间隔。在相关时间内，信号经历的衰落具有很大的相关性。也就是说，如果基带信号的带宽倒数大于信道相关时间，那么传输中基带信号受到的衰落就会发生变化，导致接收信号失真。

与用相关带宽来表征信号发生明显衰落的带宽一样，这里用信道的相关时间来表征信号发生明显衰落的信号的持续时间。信号包络相关度为 0.5 时，即

$$\rho(0,T_{\mathrm{c}},0)=0.5 \tag{2-27}$$

可得相关时间为

$$T_{\mathrm{c}}\approx\frac{9}{16\pi f_{\mathrm{d}}} \tag{2-28}$$

如果基带信号的符号周期 T_{s} 大于信道的相关时间 T_{c}（$T_{\mathrm{s}}>T_{\mathrm{c}}$），则在基带信号的传输过程中信道可能会发生改变，导致接收信号发生失真，产生时间选择性衰落，故也称快衰落；如果基带信号的符号周期 T_{s} 小于信道的相关时间 T_{c}（$T_{\mathrm{s}}<T_{\mathrm{c}}$），则在基带信号的传输过程中信道不会发生改变，也不会产生时间选择性衰落，故也称为慢衰落。

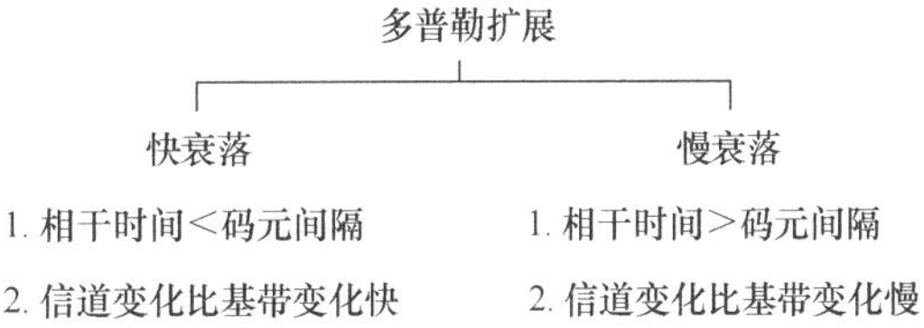

图 2-6　多普勒扩展的衰落分类树

多普勒扩展（时间选择性衰落）与快衰落、慢衰落之间的关系如图 2-6 所示的衰落分类树。

图 2-7 汇总了多径参数与接收信号衰落类型之间的关系。注意快衰落和慢衰落关注的是信道的时间变化率和发射信号之间的关系，并不涉及传播路径损失模型。

3. 角度扩展——空间选择性衰落

由于无线通信中移动台和基站周围的散射环境不同，使得多天线系统中不同位置的天线经历的衰落不同，从而产生角度色散，即空间选择性衰落。因此，随着智能天线和多输入多输出（MIMO）系统的引入，信道信息从原来的二维——时间、频率，扩充到包含时间、频率、空间的三维信息，充分利用了诸如到达角（AOA）之类的空间角度的信息。因此，与单天线的研究不同，在多天线的研究中，不仅需要了解无线信道的衰落、时延等变量的统计特性，还必须了解有关角度的统计特性，如到达角度和离开角度等，正是因为这些角度因素而引发了空间选择性衰落。角度扩展和相关距离是描述空间选择性的两个主要参数。

接收端的角度扩展指的是多径信号到达天线阵列的到达角的扩展。同样，发射端的角度

扩展指的是由多径的反射和散射引起的到达角的展宽。在某些情况下，一路径的到达角（或发射角）与路径时延是统计相关的。角度扩展给出接收信号主要能量的角度范围，产生空间选择性衰落，亦即信号幅值与天线的空间位置有关。

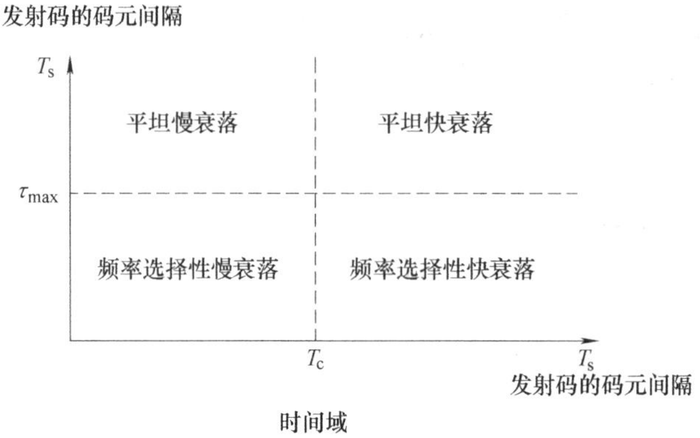

a) 衰落与码元间隔的关系

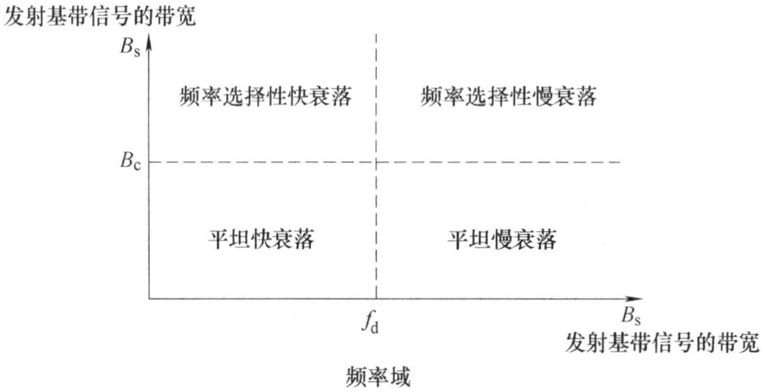

b) 衰落与基带信号带宽的关系

图 2-7　信号衰落与信道参数的关系

相关距离 D_c 定义为两根天线上的信道冲激响应保持一定相关时的最大空间距离。在相关距离内，信号经历的衰落具有很大的相关性，它是空间自相关函数的特有参数，为衡量空间信号随空间相关矩阵的变化提供了更普遍的方法。在相关矩阵内，可以认为空间传输函数是平坦的。也就是说，如果天线阵元放置的空间距离比相关距离小很多，信道就是非空间选择性信道。

当相关系数 $\rho(0,\ 0,\ D_c)=0.5$ 时，相关距离为

$$D_c=\frac{0.187}{\Delta\cos\theta} \tag{2-29}$$

式中，Δ 为角度扩展（AS）；θ 为到达角（AOA）。

相关距离 D_c 除了与角度扩展有关外，还与来波到达角有关。这就是说，在天线的到达角相同的情况下，角度扩展越大，不同天线接收到的信号之间的相关性就越小，信号的空间选择性就越严重；反之，角度扩展越小，不同天线接收到的信号之间的相关性就越大。同

样，在角度扩展相同的情况下，信号的到达角越大，不同天线接收到的信号之间的相关性越大；信号的到达角越小，不同天线接收到的信号之间的相关性越小。并且，随着天线间隔的增加，天线之间的相关性呈减小的趋势。因此，为了保证相邻两根天线经历的衰落不相干，在低散射环境下的天线间隔要比在高散射环境下的天线间隔大一些。

在蜂窝式通信环境中存在的路径数目取决于发射带宽和载波频率。对宏单元的测试表明，GSM 系统（载频 900MHz，带宽 200kHz）中有多达 6～12 条的传输路径。

表 2-1 给出了蜂窝通信中时延扩展、多普勒扩展和角度扩展的典型值。

表 2-1　蜂窝通信中时延扩展、多普勒扩展和角度扩展的典型值

环境	时延扩展/μs	多普勒扩展/Hz	角度扩展/（°）
平坦的农村（宏单元）	0.5	190	1
城市（宏单元）	5	120	20
丘陵（宏单元）	20	190	30
林荫路（微单元）	0.3	10	120
室内（微单元）	0.1	5	360

2.2.5　瑞利分布与莱斯分布

小尺度衰落信道包络一般服从瑞利分布或莱斯分布。在无线移动通信系统中，瑞利衰落分布是常用于平坦衰落信号或独立多径分量接收中包络的时变统计特性的衰落模型；莱斯衰落分布是由在瑞利衰落分布基础上存在一条直视路径的影响造成的。

1. 瑞利（Rayleigh）分布统计模型

当发射机和接收机之间相对运动时，多径信道的时变性使得接收波形的同相分量和正交分量之和也是时变的。当多径数大于 6 时，根据中心极限定理，同相分量和正交分量都服从均值为 0、方差为 σ^2 的高斯分布，并且具有相同功率谱密度和自相关函数的随机过程。接收波形的包络服从瑞利分布，相位服从 $-\pi \sim \pi$ 之间的均匀分布。

瑞利分布的概率密度函数为

$$f(a)=\frac{a}{\sigma^2}\exp\left(-\frac{a^2}{2\sigma^2}\right) \tag{2-30}$$

式中，a 为接收波形的包络。

均值为

$$a_{\text{mean}}=E(a)=\int_0^{\infty}ap(a)\,\mathrm{d}a=\sigma\sqrt{2/\pi}=1.2533\sigma \tag{2-31}$$

方差为

$$\sigma_a^2=E(a^2)-E^2(a)=\int_0^{\infty}a^2p(a)\,\mathrm{d}a-\sigma^2\frac{\pi}{2}=0.4292\sigma^2 \tag{2-32}$$

对式（2-30）中的概率密度函数进行归一化，即使平均信号功率 $E(a^2)$ 为单位值，则归一化的概率分布为

$$p(a)=\begin{cases}2a\mathrm{e}^{-a^2} & a\geqslant 0\\ 0 & a<0\end{cases}$$

则均值和方差为 $m_a=0.8862$，${\sigma_a}^2=0.2416$。

归一化瑞利分布的概率密度函数（PDF）如图 2-8 所示。

2. 莱斯（Rician）衰落信道

当接收信号中有视距传播的直达波信号时，视距信号成为主接收信号分量，同时还有不同角度随机到达的反射信号叠加在主信号分量上，这时的接收信号就呈现为莱斯（Rician）分布，甚至为高斯分布。但当主信号减弱达到与其他多径信号分量的功率一样，即没有视距信号时，混合信号的包络又服从瑞利分布。所以，在接收信号中没有主信号分量时，莱斯分布就转变为瑞利分布。

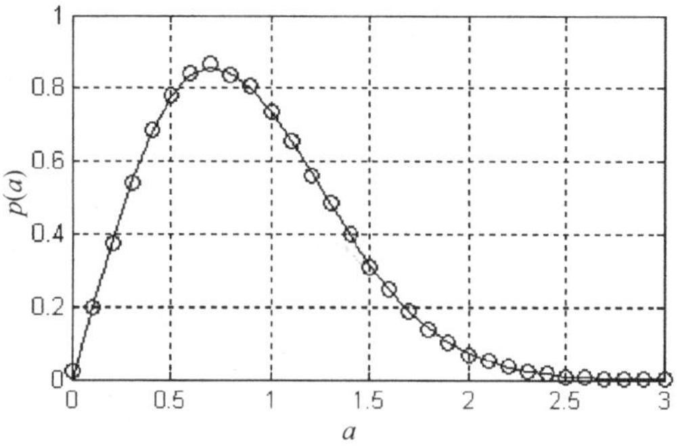

图 2-8　归一化瑞利分布的概率密度函数

莱斯分布的概率密度表示为

$$p\ (a)\ =\begin{cases}\dfrac{a}{\sigma^2}\exp\left(-\dfrac{(a^2+A^2)}{2\sigma^2}\right)I_0\left(\dfrac{aA}{\sigma^2}\right) & a\geqslant 0\\ 0 & a<0\end{cases}\tag{2-33}$$

式中，A 是直达信号的最高幅度，$I_0(\cdot)$是零阶修正的第一类贝塞尔函数。显然，若不存在直达路径（即 $A=0$），则莱斯概率密度函数式（2-33）退化为 Rayleigh 概率密度函数式（2-30）。贝塞尔分布常用参数 K 来描述$\left(\text{其中 } K=\dfrac{A^2}{2\sigma^2}\right)$，定义为直达信号与散射信号功率之比，称为莱斯因子。

莱斯因子完全决定了莱斯分布。当 $K\to 0$ 时，莱斯分布变为瑞利分布。很明显，强直射波的存在使得接收信号包络从瑞利分布变为莱斯分布。当直射波进一步增强到 $K>>1$ 时，莱斯分布将向高斯分布趋近。

图 2-9 为莱斯分布衰落信道，可以看出，当没有直射波（即 $K\to 0$）时，莱斯分布即为瑞利分布。随着莱斯因子的增加，莱斯分布逐渐向高斯分布过渡，当 $K=-40\text{dB}$ 时，莱斯分布和瑞利分布非常接近；当 $K=0\text{dB}$ 时，为莱斯分布状况；当 $K=15\text{dB}$ 时，莱斯分布接近高斯分布。

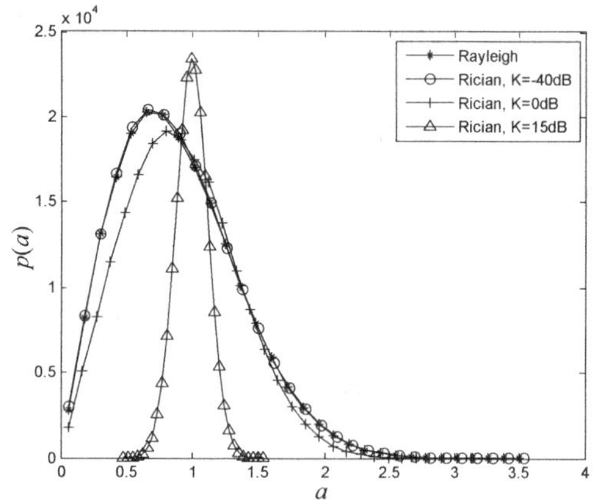

图 2-9　莱斯分布衰落信道

莱斯衰落通常发生在郊区的陆地移动通信信道和卫星信道。

2.3 常用多径信道计算机仿真模型

计算机仿真是改进无线通信系统的基本工具。多径信道仿真器能够在预期信道条件较宽泛的前提下，提供精确且可控制的评价系统性能的方法。常用的衰落信道仿真是指数衰减信道模型、滤波白噪声模型及抽头延时线仿真模型等。

2.3.1 指数衰减信道模型

指数衰减信道模型是最常用的室内信道模型。在指数衰减信道模型中，信道的平均功率随着信道时延呈指数规律衰减。其功率时延表达式如式（2-34）所示：

$$P(\tau)=\frac{1}{\tau_d}e^{-\tau/\tau_d} \tag{2-34}$$

式中，τ_d 是确定功率延迟分布（PDP）的唯一参数。

图 2-10 为典型指数衰减信道的 PDP 曲线。众所皆知，这是一个非常适合室内信道环境的信道模型。在指数衰减信道模型中，平均时延与方均根时延相等，即 $\tau_d=\bar{\tau}=\sigma_\tau$，并且最大时延扩展为

$$\tau_{max}=-\tau_d \ln A \tag{2-35}$$

式中，$A=P(\tau_{max})/P(0)=\exp(-\tau_{max}/\tau_d)$ 是最大时延扩展路径（也就是最后一个不可忽略路径）功率与第一条路径功率的比值。

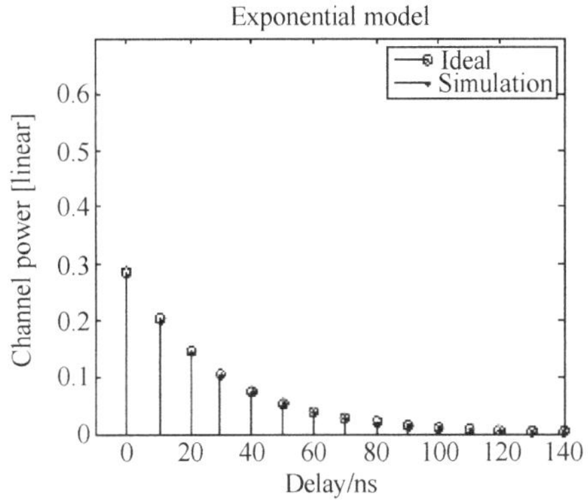

图 2-10 指数衰减信道的 PDP 曲线

式（2-34）可以写为离散时间模型，如式（2-36）所示：

$$P(n)=\frac{1}{\sigma_\tau}e^{-nT_s/\sigma_\tau} \quad n=0,1,\cdots,n_{max} \tag{2-36}$$

式中，n 为离散时间序号，$n_{max}=\lceil \tau_{max}/T_s \rceil$。

式(2-36)的 PDP 总功率为

$$P_{total}=\sum_{n=0}^{n_{max}}P(n)=\frac{1}{\sigma_\tau}\cdot\frac{1-e^{-(n_{max}+1)T_s/\sigma_\tau}}{1-e^{-T_s/\sigma_\tau}} \tag{2-37}$$

为了归一化式（2-37）所示总功率为 1，修改式（2-36）为

$$P(n)=P(0)e^{-nT_s/\sigma_\tau} \qquad n=0,1,\cdots,n_{max} \tag{2-38}$$

式中，$P(0)$为第一个路径功率，由式（2-37）和式（2-38）可知，$P(0)=1/(P_{tatal}\sigma_\tau)$。

IEEE802.11b 工作组采用指数衰减信道模型来描述 2.4GHz 室内 IEEE802.11 信道，它的 PDP 服从式（2-34）。IEE802.11 信道的脉冲响应可以用 FIR 滤波器的输出信号描述。FIR 滤波器的每一抽头系数建模为独立复高斯随机变量，其功率服从指数的 PDP。假设信道为采样间隔信道（即信道每一径时延为采样间隔的整数倍)，其最大路径序号由式（2-39）确定，即

$$n_{max}=\lceil 10\sigma_\tau/T_s \rceil \tag{2-39}$$

假设第 n 径信道功率均值为零、方差为 $\sigma_n^2/2$，则其冲激响应为

$$h_n=Z_1+jZ_2 \qquad n=0,\ \cdots,\ n_{max} \tag{2-40}$$

式中，Z_1 和 Z_2 为独立同分布高斯［服从 $N(0,\ \sigma_n^2/2)$］随机变量。

相对于指数衰减信道模型中最大时延扩展定义为最小不可忽略径时延，在 IEEE802.11 信道模型中，最大时延扩展定义为 RMS 时延扩展的 10 倍。此时，信道每一径功率为

$$\sigma_n^2=\sigma_0^2 e^{-nT_s/\sigma_\tau} \tag{2-41}$$

式中，σ_0^2 为第一径的功率。为了归一化接收平均功率，则有

$$\sigma_0^2 = \frac{1 - e^{-T_s/\sigma_\tau}}{1 - e^{-(n_{max}+1)T_s/\sigma_\tau}} \tag{2-42}$$

图 2-11 为 IEEE802. 11 信道模型。

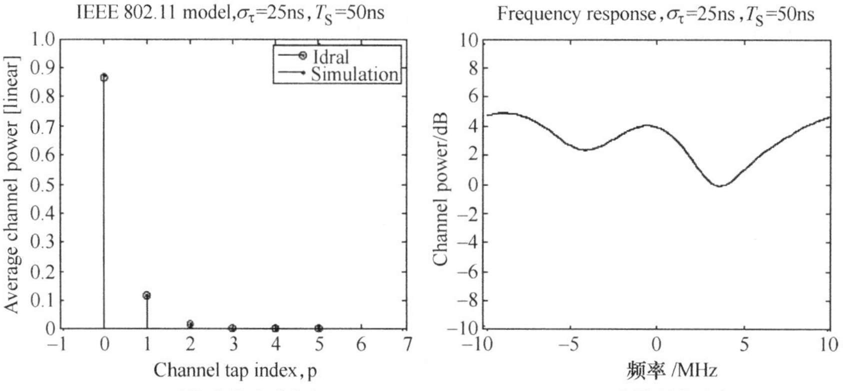

a) 平均功率时延分布　　b) 信道频率响应

图 2-11　IEEE802. 11 信道模型

2. 3. 2　滤波白噪声模型

加性高斯白噪声（AWGN）信道模型是常用的最简单信道模型。在这个模型中，接收信号是发送信号与高斯噪声的叠加。这个信道模型有很重要的理论和实践价值，并且对于很多通信信道［如卫星信道、深空（Deep-space）信道］，是一个精确的模型。然而，在众多通信系统中，信道还遭受 AWGN 之外的干扰，对于这些信道，简单的 AWGN 模型是不适用的。

户外信道模型几乎都用多普勒谱表征。如利用最常用的户外模型——滤波白燥声（Filtered White Gaussian Noise，FWGN）模型可以实现不同类型多普勒谱。FWGN 模型是最好的户外模型之一。Clarke/Gans 模型是一种基本的 FWGN 模型。

Clarke/Gans 模型是以假设围绕基站的散射物均匀分布为前提的。如图 2-12 所示，在 Clake/Gans 模型中有两个支路，一个为实部，另一个为虚部。在每一个支路，首先在频域产生一个复高斯白噪声，然后用多普勒滤波器对白噪声进行滤波，最后通过 IFFT 模块将多普勒频移高斯白噪声转换为时域信号。由于 IFFT 模块的输出必须是实信号，因此，它的输入信号必须是共轭对称的。将两路输出按如图 2-12 所示的方式，一个做实部，一个相移 -90°后做虚部，两者组合在一起就可以产生一个瑞利衰落信道。

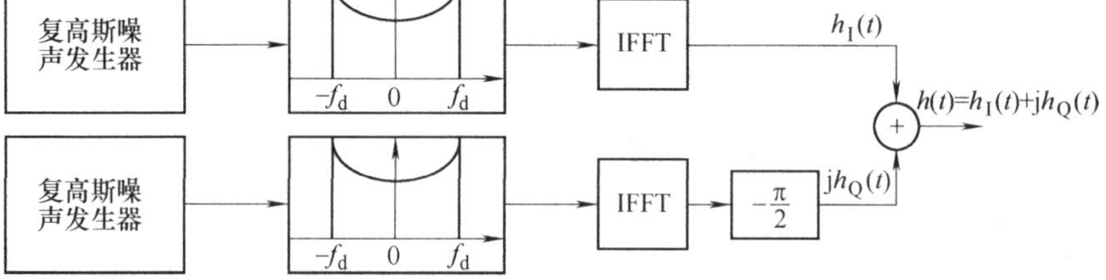

图 2-12　Clarke/Gans 模型框图

Clarke/Gans 模型是基本的 FWGN 模型，依靠不同的多普勒滤波器可以在时域或频域得到改进的 FWGN 模型。

图 2-13 显示了最大多普勒频率 $f_d = 100\text{Hz}$ 且采样间隔为 $T_s = 50\mu s$ 的非频率选择性衰落的时域特性。从图 2-13 可以看出，信道包络呈瑞利衰落，相位呈均匀分布。

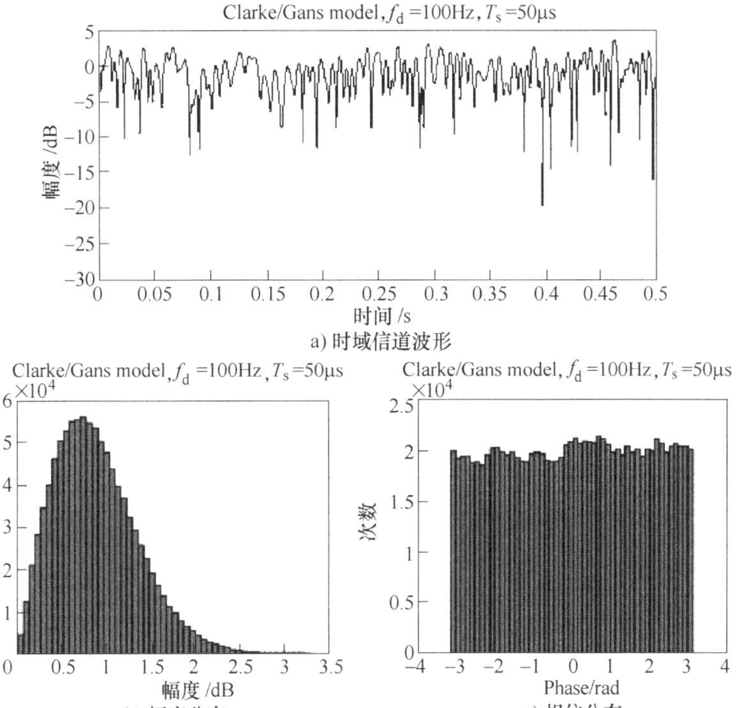

a) 时域信道波形

b) 幅度分布　　c) 相位分布

图 2-13　Clarke/Gans 时变信道模型

滤波白噪声方法是一种通过在同相与正交支路同时对高斯噪声进行低通滤波来构造衰落信道的一种计算机仿真方法。当高斯噪声为零均值时，信道仿真器产生的衰落为瑞利衰落。

滤波白噪声模型产生的多径信道是非频率选择性信道。利用 Jakes 信道模型也可以产生非频率选择性信道，关于 Jakes 信道模型可以参考其他书籍。

2.3.3　频率选择性衰落信道仿真

功率延迟分布（PDP）是描述频率选择性衰落多径信道的必要手段。ITU-R 和 COST207 模型是诸多 PDP 模型中的典型代表，这两个模型给出了在不同典型环境下的功率时延谱。表 2-2 ~ 表 2-5 给出了典型城市地区和山区地形的 PDP。

表 2-2　ITU-R 模型 PDP

序号	步行 A		步行 B		车载 A		车载 B		多普勒谱
	相对延时 /ns	平均功率 /dB	相对延时 /ns	平均功率 /dB	相对延时 /ns	平均功率 /dB	相对延时 /ns	平均功率 /dB	
1	0	0.0	0	0.0	0	0.0	0	-2.5	典型
2	110	-9.7	200	-0.9	310	-1.0	300	0.0	典型
3	190	-19.2	800	-4.9	710	-9.0	8900	-12.8	典型
4	410	-22.8	1200	-8.0	1090	-10.0	12900	-10.0	典型
5			2300	-7.8	1730	-15.0	17100	-25.2	典型
6			3700	-23.9	2510	-20.0	20000	-16.0	典型

表 2-3　COST207（简化 TU，简化 BU）模型的 PDP

序号	典型城市（TU）			乡村（BU）		
	相对时延/μs	平均功率	多普勒谱	相对时延/μs	平均功率	多普勒谱
1	0	0.189	典型	0.0	0.164	典型
2	0.2	0.379	典型	0.3	0.293	典型
3	0.5	0.239	典型	1.0	0.147	高斯 1 型
4	1.6	0.095	高斯 1 型	1.6	0.094	高斯 1 型
5	2.3	0.061	高斯 2 型	5.0	0.185	高斯 2 型
6	5.0	0.037	高斯 2 型	6.6	0.117	高斯 2 型

表 2-4　COST207 模型的 PDP

序号	典型城市（TU）			乡村（BU）		
	相对时延/μs	平均功率	多普勒谱	相对时延/μs	平均功率	多普勒谱
1	0.0	0.092	典型	0.0	0.033	典型
2	0.1	0.115	典型	0.1	0.089	典型
3	0.3	0.231	典型	0.3	0.141	典型
4	0.5	0.127	典型	0.7	0.194	高斯 1 型
5	0.8	0.115	高斯 1 型	1.6	0.114	高斯 1 型
6	1.1	0.074	高斯 1 型	2.2	0.052	高斯 2 型
7	1.3	0.046	高斯 1 型	3.1	0.035	高斯 2 型
8	1.7	0.074	高斯 1 型	5.0	0.140	高斯 2 型
9	2.3	0.051	高斯 2 型	6.0	0.136	高斯 2 型
10	3.1	0.032	高斯 2 型	7.2	0.041	高斯 2 型
11	3.2	0.018	高斯 2 型	8.1	0.019	高斯 2 型
12	5.0	0.025	高斯 2 型	10.0	0.006	高斯 2 型

表 2-5　COST207 模型（RA）的 PDP

典型城市（TU）		乡村（BU）	
相对时延/μs	相对平均功率/dB	相对时延/μs	相对平均功率/dB
0	-3	0	0
0.2	0	0.2	-2
0.6	-2	0.4	-4
1.6	-6	0.6	-7
2.4	-8	15	-6
5.0	-10	17.2	-12

抽头延迟线（Tapped Delay Line，TDL）模型通常被用于频率选择性多径衰落信道的实现。图 2-14 为基于 TDL 的频率选择性信道模型。

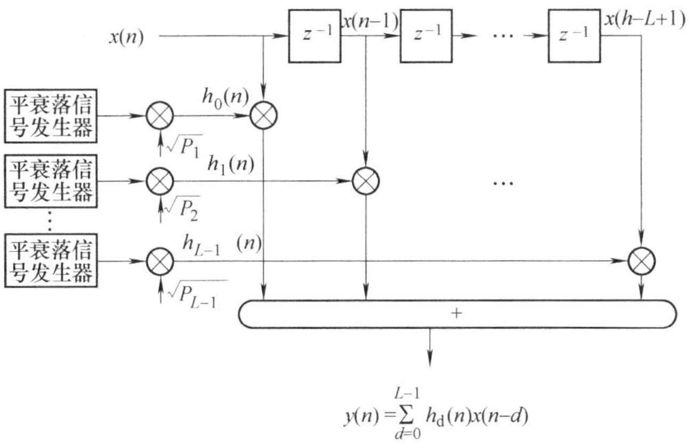

图 2-14　基于 TDL 的频率选择性信道模型

图 2-14 中采用多个非频率选择性衰落信号发生器（可以利用 FWGN 模型或 Jakes 模型实现），这些信号发生器彼此独立且平均功率为 1W。独立平坦衰落信号发生器的输出与每个支路的功率相乘产生 TDL 模型的系数。图 2-14 实际上是一个 FIR 滤波器，其输出为

$$y(n) = \sum_{l=0}^{L-1} h_l(n)x(n-l) \tag{2-43}$$

式中，L 为 FIR 滤波器的支路数，也就是多径信道的可识别径数。

图 2-14 中，每个支路时延都为采样周期 T_s 的整数倍。如果支路时延不是采样周期 T_s 的整数倍，图 2-14 所示实现方式就需要调整。

由于表 2-2 ~ 表 2-5 给出的几种信道的 PDP 是在特定环境（如微蜂窝或室内）下实际测量得到的，通常不可能与采样周期的整数倍相吻合。在这种情况下，为了进行离散时间信道仿真，必须对 PDP 进行调整。例如，通过过采样强制使支路时延为采样周期的整数倍，但是这样对 FIR 滤波器来说，抽头过多。取而代之，通常采用抽头系数内插、抽头延时取整或抽头系数再采样来简化 FIR 滤波器的实现。进行调整后，信道特性（如 RMS 时延扩展）不会改变。下面以抽头延时取整法为例，介绍如何利用 FIR 滤波器实现频率选择性信道仿真。

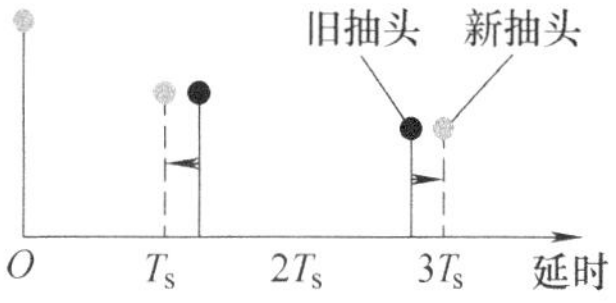

图 2-15　利用抽头延时取整法的抽头调整示意图

抽头延时取整法就是移动支路时延到最接近的采样周期的整数倍。图 2-15 为利用抽头延时取整法进行抽头调整的示意图。在这种方法中，新的抽头时延可以表示为

$$t_d' = \mathrm{floor}(t_d/T_s + 0.5)T_s \tag{2-44}$$

式中，t_d 为信道支路时延。

2.4　MIMO 无线信道

MIMO 系统在基站和移动端都采用了天线阵列，可为移动通信系统带来更大的系统容量，更好地保障通信质量以及提供更高的频率利用率。MIMO 系统能够在不增加频谱资源和天线发射功率的前提下，提供未来移动通信系统所需要的大容量高速率传输。当发射功率和

传输带宽固定时，MIMO 系统的最大容量或容量上限将随天线数目的增加而增加，可以提高无线信道的容量。这是因为，MIMO 技术能够将发射和接收分集技术合并，通过多天线的配置来充分利用信号的空间资源，从而达到提高系统容量的目的。此外，在移动通信系统中，多径传播通常需要引起衰落，因此常常被视为有害因素。而研究表明，对于 MIMO 系统来说，多径可以作为一个有利因素加以利用。

2.4.1 MIMO 信道模型

假设发送端有 N_T 个天线，接收端有 N_R 个天线，MIMO 系统原理框图如图 2-16 所示。

在发送端天线阵列上的信号表示为

$$\boldsymbol{x}(t)=[x_1(t),x_2(t),\cdots,x_{N_T}(t)]^T$$

式中，符号 $[\ ]^T$ 表示矢量或矩阵的转置；$x_i(t)$ 表示发送端第 i 根天线发送的信号。

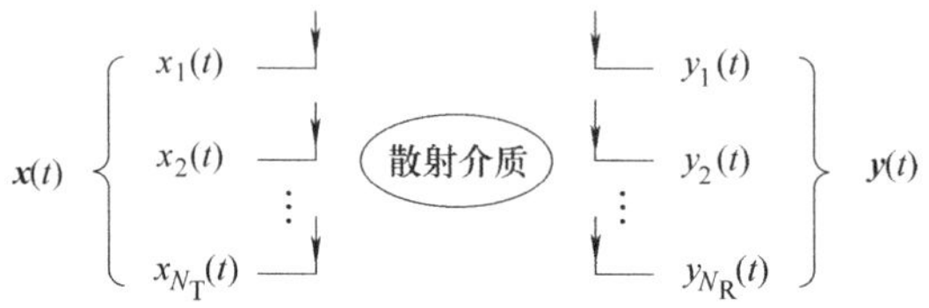

图 2-16 MIMO 系统原理框图

在接收端天线阵列的信号为

$$\boldsymbol{y}(t)=[y_1(t),y_2(t),\cdots,y_{N_R}(t)]^T$$

式中，$y_j(t)$ 表示接收端第 j 根天线接收的信号。

1. 非频率选择性信道模型

在非频率选择性衰落情况下，由于各对天线间的子信道可以等效成一个瑞利衰落的子信道，所以，MIMO 信道模型相对比较简单。

此时，MIMO 信道模型中的各个子信道可以建立为

$$h_{j,i}(t,\tau)=h_{j,i}(t)\delta(\tau-\tau_0) \tag{2-45}$$

式中，$i=1$，…，N_T；$j=1$，…，N_R。$|h_{j,i}(t)|$ 服从瑞利分布。

若 MIMO 信道矩阵表示为

$$\boldsymbol{H}=\begin{bmatrix} h_{11} & h_{12} & \cdots & h_{1N_T} \\ h_{21} & h_{22} & \cdots & h_{2N_T} \\ \vdots & \vdots & \ddots & \vdots \\ h_{N_R1} & h_{N_R2} & \cdots & h_{N_RN_T} \end{bmatrix}_{N_R\times N_T} \tag{2-46}$$

则对应的系统模型为

$$\boldsymbol{Y}=\boldsymbol{HX}+\boldsymbol{N} \tag{2-47}$$

式中，$\boldsymbol{N}$ 为零均值的高斯白噪声矩阵。

2. 频率选择性信道模型

在频率选择性信道下，MIMO 信道的信道矩阵可以表示为

$$\boldsymbol{H}(\tau)=\sum_{l=1}^{L}\boldsymbol{H}^l\delta(\tau-\tau_l) \tag{2-48}$$

式中，$\boldsymbol{H}(\tau)\in C_{N_R\times N_T}$，且

$$\boldsymbol{H}^l=\begin{bmatrix} h_{11}^l & \cdots & h_{1N_T}^l \\ \vdots & \ddots & \vdots \\ h_{N_R1}^l & \cdots & h_{N_RN_T}^l \end{bmatrix}_{N_R\times N_T} \tag{2-49}$$

式中，$\boldsymbol{H}^l$ 为一个复数矩阵，它描述了在时延为 τ 时所考虑的两个天线阵列之间的线性变换；$h_{j,i}^l$ 为第 i 根发送天线到第 j 根接收天线的复传输系数。

式（2-48）表示的是一个简单的抽头延时模型，不过在这里 L 个时延的信道系数是用矩阵来表示的。信道输出矢量 $\boldsymbol{y}(t)$ 和信道输入矢量 $\boldsymbol{x}(t)$ 之间的关系可以表示为

$$\boldsymbol{y}(t) = \int \boldsymbol{H}(\tau)\boldsymbol{x}(t-\tau)\mathrm{d}\tau \tag{2-50}$$

上述 MIMO 信道模型可以看成是单输入单输出信道标准模型的推广，主要的差别是该信道模型的抽头系数不再是一个简单的标量，而是一个矩阵，矩阵的大小与 MIMO 系统两端的天线数有关。

对式（2-50）采样，频率选择性 MIMO 信道的离散模型为

$$\boldsymbol{y}_n = \sum_{l=0}^{L-1} \boldsymbol{H}^l x_{n-l} + \boldsymbol{n}_n \tag{2-51}$$

式中，$\boldsymbol{n}_n$ 为零均值高斯白噪声矩阵。

在 MIMO 信道分析和估计中，可以采用式（2-51）以简化计算。

2.4.2 MIMO 相关信道

在 MIMO 系统中，描述信道的模型比 SISO 系统的信道模型要复杂得多。自 Telatar 和 Foschni 发表有关 MIMO 系统信道容量的文章以来，广大研究人员就开始了对此信道特性的探索，包括实际测量和理论建模，到目前为止还远未停止。这关系到 MIMO 系统理论上的巨大容量在实际中的具体实现问题，能否实现以及如何实现。为此，目前建立了许许多多的空时信道模型。归纳起来，大致可分为两大类型，即确定性的空时信道模型和随机性的空时信道模型。在确定性的模型中，两种有代表性的模型是双向信道模型和射线跟踪模型；而在随机性的模型中，以相关模型和基于空间或几何结构的模型居多，其次还有带参数模型和散射模型等。本小节主要介绍 MIMO 相关信道模型。

引起 MIMO 系统无线信道之间存在相关性的原因很多，一般有天线之间存在相关性、子信道之间存在相关性和多径之间存在相关性等原因。通常在实际的无线信道中，多径之间的相关性都比较小，在仿真建模当中一般认为多径信号之间是相互独立的，这样的设定可以简化建模的复杂度。子信道之间的相关性是指一个发射天线到一个接收天线之间的无线信道同另一对收发天线之间的无线信道存在着相关性，而这种相关性主要是由于天线之间存在相关性引起的。因此在考察 MIMO 系统信道的相关性时，主要就着眼于天线之间的相关性来考虑。

对典型的城区环境进行研究，设移动台（发射端）被许多散射体包围，基站（接收端）天线附近不存在本地散射物，基站天线阵列位于本地散射物之上，这样使得在基站观察到的功率方位谱（PAS）被限制在相对窄的波束内。在这些给定的条件下，又假定 PAS 服从偶整数的升余弦高斯函数和拉普拉斯函数分布，推导出了空间相关函数表达式。

在以上的条件下，得到基站的第 i_1 根和第 i_2 根天线之间的相关系数如下：

$$\rho_{i_1,i_2}^{\mathrm{BS}} = \langle |h_{j,i_1}^{l_1}|^2, |h_{j,i_2}^{l_2}|^2 \rangle \tag{2-52}$$

式中，假定了基站端的相关系数与移动台的天线无关，只要移动台的所有天线靠得较近，且每根天线具有相同的辐射模式，则这个假设是合理的。因为从这些天线发射出去的电波到达

基站周围相同的散射体上，在基站端产生相同的 PAS，也将产生相同的空间相关函数。

从移动台端观察的空间功率相关函数中，假定移动台被许多本地散射物包围，由于相距半个波长以上的两根天线，在实际中可以认为是不相关的，因此有

$$\rho_{j_1,j_2}^{\text{MS}} = \langle |h_{j_1,i}^{l_1}|^2, \ |h_{j_2,i}^{l_2}|^2 \rangle \approx 0 \qquad j_1 \neq j_2 \tag{2-53}$$

然而有实验结果表明，在某些情况下，例如当移动台位于室内环境中，相距半个波长的两根天线可能是高度相关的。针对这种情况，对移动台天线阵列所有可能的方位角求平均的近似空间相关函数表达式进行了推导，该表达式是方位角扩散 λ 的函数，$\lambda \in [0, 1]$。当 $\lambda = 0$ 时，对应于信号只来自于一个明确的方向；当 $\lambda = 1$ 时，PAS 在方向角 $[0, 2\pi]$ 范围内均匀分布。由于移动台周围的环境一般是非稳定的，在移动台天线阵列的所有方向上求平均的结果被认为是非常有用的。

根据式（2-52）和式（2-53），分别定义基站和移动台的两个对称相关矩阵如下：

$$\boldsymbol{R}^{\text{BS}} = \begin{bmatrix} \rho_{11}^{\text{BS}} & \rho_{12}^{\text{BS}} & \cdots & \rho_{1N_\text{T}}^{\text{BS}} \\ \rho_{21}^{\text{BS}} & \rho_{22}^{\text{BS}} & \cdots & \rho_{2N_\text{T}}^{\text{BS}} \\ \vdots & \vdots & \ddots & \vdots \\ \rho_{N_\text{T}1}^{\text{BS}} & \rho_{N_\text{T}2}^{\text{BS}} & \cdots & \rho_{N_\text{T}N_\text{T}}^{\text{BS}} \end{bmatrix}_{N_\text{T} \times N_\text{T}} \tag{2-54}$$

$$\boldsymbol{R}^{\text{MS}} = \begin{bmatrix} \rho_{11}^{\text{MS}} & \rho_{12}^{\text{MS}} & \cdots & \rho_{1N_\text{R}}^{\text{MS}} \\ \rho_{21}^{\text{MS}} & \rho_{22}^{\text{MS}} & \cdots & \rho_{2N_\text{R}}^{\text{MS}} \\ \vdots & \vdots & \ddots & \vdots \\ \rho_{N_\text{R}1}^{\text{MS}} & \rho_{N_\text{R}2}^{\text{MS}} & \cdots & \rho_{N_\text{R}N_\text{R}}^{\text{MS}} \end{bmatrix}_{N_\text{R} \times N_\text{R}} \tag{2-55}$$

然而基站和移动台的空间相关函数并没有提供足够的信息来求得矩阵 $\boldsymbol{H}^l$，因此需要确定连接两组不同天线之间的两个传输系数的相关性，即

$$\rho_{i_2j_2}^{i_1j_1} = \langle |h_{j_1i_1}^{l_1}|^2, \ |h_{j_2i_2}^{l_2}|^2 \rangle \qquad i_1 \neq i_2, \ j_1 \neq j_2 \tag{2-56}$$

只要式（2-52）和式（2-53）分别与 i 和 j 独立，从理论上可以证明

$$\rho_{i_2j_2}^{i_1j_1} = \rho_{i_1i_2}^{\text{MS}} \rho_{j_2j_2}^{\text{BS}} \tag{2-57}$$

式（2-56）和式（2-57）中，将 MIMO 子信道间的相关性在接收端和发射端分离，即由天线 j_1 和天线 i_1 构成的子信道与由天线 j_2 和 i_2 组成的另一个子信道间的相关性，只与发射天线对 j_1 和 j_2 之间的相关性以及接收天线对 i_1 和 i_2 之间的相关性有关。

这样，对于整个矩阵 $\boldsymbol{H}$ 来说，有如下相关函数表达式：

$$\text{cov}(vec(\boldsymbol{H})) = E(vec(H)vec^{\text{T}}(\boldsymbol{H})) = \boldsymbol{R}^{\text{BS}} \otimes \boldsymbol{R}^{\text{MS}} \tag{2-58}$$

这就是目前使用最广泛的 Kronecker 相干模型，式中的 $vec(\cdot)$ 为矢量化算子，将矩阵的各列叠置而形成矢量的操作；$\otimes$ 为 Kronecker 运算符。

从统计特性相同的角度出发，可将相关信道 $\boldsymbol{H}$ 表示为

$$\boldsymbol{H} = (\boldsymbol{R}^{\text{BS}})^{1/2} \boldsymbol{H}_\text{w} (\boldsymbol{R}^{\text{MS}})^{1/2} \tag{2-59}$$

式中，$\boldsymbol{H}_\text{w}$ 为独立同分布的复高斯矩阵。

2.5 仿真实例

实例 2-1 瑞利分布与莱斯分布

程序功能：绘制瑞利分布曲线与莱斯分布曲线。

程序名称：Example2 _ 1. m。

程序代码：

```
clear, clf
N = 200000; %产生 200000 个信道系数供统计使用
level = 30; %统计区间被划分的分数
K _ dB = [ -40 0 15];%莱斯因子为 -40dB、0dB、15dB
gss = ['k - *'; 'k - o'; 'k - +';'k -^'];%绘制曲线的颜色、线线与标志符号
% 瑞利模型
Rayleigh _ ch = Ray _ model(N);%调用 Ray _ model 子程序,产生瑞利分布幅度系数
[temp,x] = hist(abs(Rayleigh _ ch(1,:)),level);%统计数据分布
plot(x,temp,gss(1,:))
hold on
%莱斯模型
for i = 1:length(K _ dB);%对不同莱斯因子进行信道模型仿真
Rician _ ch(i,:) = Ric _ model(K _ dB(i),N);%调用 Ric _ model 产生莱斯分布幅度系数
[temp x] = hist(abs(Rician _ ch(i,:)),level);%统计数据分布
plot(x,temp,gss(i+1,:))
end
xlabel('x'), ylabel('Occurrence')
legend('Rayleigh','Rician, K = -40dB','Rician, K = 0dB','Rician, K = 15dB')
%瑞利信道模型子程序,子程序程序名称:Ray _ model. m
function H = Ray _ model(L)
% 输入参数:L 为仿真信道个数,为 200000
% 输出参数:H 为返回瑞利信道矩阵
H = (randn(1,L) + j * randn(1,L))/sqrt(2);
%产生实部为高斯分布、虚部为高斯分布、包络为瑞利分布的信道系数。实部功率为 1/2,
%虚部功率为 1/2,因此该行指令返回单位功率或称归一化功率的瑞利信道幅度系数
%莱斯信道模型子程序,子程序程序名称:Ric _ model. m
function H = Ric _ model(K _ dB,L)
% 输入参数 : K _ dB 为莱斯因子,L 为仿真信道个数
% 输出参数 H: 返回莱斯信道矩阵
K = 10^(K _ dB/10);%将 dB 值描述的莱斯因子转换为幅度值
H = sqrt(K/(K+1)) + sqrt(1/(K+1)) * Ray _ model(L);
%产生莱斯信道幅度系数。莱斯信道模型中包含视距通信,收发之间有直通路径
```

程序仿真结果如图 2-9 所示。

实例 2-2　两径信道与指数信道模型

程序功能:产生一个两径信道和一个指数衰减的多径信道。

程序名称:Example2 _ 2。

程序代码:

```
clear, clf
scale = 1e - 9;          % 纳秒量级
Ts = 10 * scale;         % 采样时间间隔为 10ns,在这个程序中这个量也为指数信道路径
                           间隔
t _ rms = 30 * scale;    % RMS 时延扩展为 30ns
num _ ch = 10000;        % 仿真信道个数
% 两径信道模型
% 产生并绘制理想的两径信道模型和瑞利分布两径信道模型
pow _ 2 = [0.5 0.5]; delay _ 2 = [0 t _ rms * 2]/scale;
% 给出理想两径信道功率均为 0.5W,时延为 0 和 60ns
H _ 2  =  [Ray _ model(num _ ch); Ray _ model(num _ ch)].'* diag(sqrt(pow _ 2));
% 产生瑞利两径信道幅度系数。通过调用子程序 Ray _ model 产生归一化功率的瑞利两
% 径信道幅度系数
avg _ pow _ h _ 2  =  mean(H _ 2. * conj(H _ 2));
% 计算瑞利分布两径信道每一径的平均功率。在这里可以看到上一条语句中
% diag(sqrt(pow _ 2))的作用。当通过对幅度系数进行 HH* 运算计算功率时,
% sqrt(pow _ 2)可以使每一径的功率为 pow _ 2,即每一径的功率为 0.5W
subplot(121)
stem(delay _ 2,pow _ 2,'ko'), hold on,stem(delay _ 2,avg _ pow _ h _ 2,'k.');
xlabel('Delay[ns]'), ylabel('Channel Power[linear]');
title('2 - ray Model');
legend('Ideal','Simulation'); axis([ -10 140 0 0.7]);
% 指数信道模型
% 产生并绘制理想的指数信道模型和瑞利分布的指数信道模型
pow _ e = exp _ PDP(t _ rms,Ts); % 通过调用 exp _ PDP 子程序,计算理想指数信道每一
                                 % 径上的功率
delay _ e = [0:length(pow _ e) - 1] * Ts/scale;% 计算指数信道每一径的时延,单位为 ns
for i = 1:length(pow _ e)
H _ e(:,i) = Ray _ model(num _ ch).'* sqrt(pow _ e(i));
end
% 计算瑞利分布的指数信道幅度系数。通过调用 Ray _ model 产生归一化功率的瑞利分
% 布幅度系数,sqrt(pow _ e(i))的作用类似于 diag(sqrt(pow _ 2))
avg _ pow _ h _ e  =  mean(H _ e. * conj(H _ e));% 计算瑞利分布指数信道的平均功率。
% 由于 sqrt(pow _ e(i))的存在,瑞利分布指数信道每一径的平均功率也为 pow _ e(i),
```

```
% 即与理想指数信道每一径功率相同
subplot(122)
stem(delay_e,pow_e,'ko'), hold on, stem(delay_e,avg_pow_h_e,'k.');
xlabel('Delay[ns]'), ylabel('Channel Power[linear]');
title('Exponential Model');
axis([-10 140 0 0.7])
legend('Ideal','Simulation')
% 瑞利信道模型子程序,子程序程序名称:Ray_model.m
function H = Ray_model(L)
H = (randn(1,L) + j * randn(1,L))/sqrt(2);
% 指数信道 PDP 子程序,子程序名称:exp_PDP.m
function PDP = exp_PDP(tau_d,Ts,A_dB,norm_flag)
% 输入参数:
% tau_d : RMS 时延扩展,单位为 s
% Ts : 采样时间间隔,在这里也为指数信道路径间隔,单位为 s
% A_dB : 最小不可忽略径,单位为 dB
% norm_flag : 标准化标志
% 输出参数:
% PDP : 输出指数信道 PDP 矢量
if nargin<4, norm_flag=1;
end % 判断子程序调用参数个数,小于4,则
% norm_flag=1
if nargin<3, A_dB = -20;
end % 判断子程序调用参数个数,小于4,则 A_dB = -20。
    % 由于主程序中调用该子程序时只有两个参数,所以上两条语句实际是幅值
% norm_flag=1 和 A_dB = -20
sigma_tau=tau_d;
A=10^(A_dB/10);
lmax=ceil(-tau_d*log(A)/Ts); % 计算最大路径序号,参见式(2-35)
% 以下参见式(2-37)
if norm_flag
p0=((1-exp(-(lmax+1)*Ts/sigma_tau))/(1-exp(-Ts/sigma_tau)))/30;
else p0=1/sigma_tau; % 计算式(2-38)中的 P(0)
end
% 指数信道 PDP
l=0:lmax;
PDP = p0*exp(-l*Ts/sigma_tau); % 参见式(2-38)
```

程序仿真结果如图 2-17 所示。

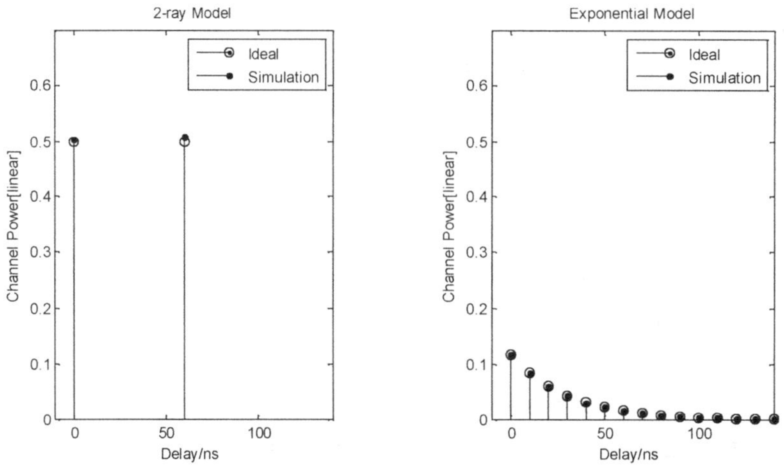

a)理想两径信通和瑞利两径信道的PDP曲线　b)离散指数信息和瑞利指数信道的PDP曲线

图 2-17　两径信道模型与指数信道模型及其 PDP 曲线

实例 2-3　IEEE802.11 信道 PDP 与频谱分布

程序功能:实现 IEEE802.11 信道仿真,画出 IEEE802.11 信道的 PDP 曲线与频谱图。

程序名称:Example2_3.m。

程序代码:

```
clear, clf
scale = 1e -9; % 纳秒量级
Ts = 50 * scale; % 采样时间间隔,50ns
t_rms = 25 * scale; % RMS 时延扩展,25ns
num_ch = 10000; % 信道数
N = 128; % FFT 长度
PDP = IEEE802_11_model(t_rms, Ts);% 调用 IEEE802_11_model 子程序,计算
                                  % IEEE802.11信道的 PDP
for k = 1:length(PDP)
h(:,k) = Ray_model(num_ch).* sqrt(PDP(k));
avg_pow_h(k) = mean(h(:,k).* conj(h(:,k)));
end
H = fft(h(1,:),N);
subplot(121)
stem([0:length(PDP) -1],PDP,'ko'), hold on,
stem([0:length(PDP) -1],avg_pow_h,'k.');
xlabel('channel tap index, p'), ylabel('Average Channel Power[linear]');
title('IEEE 802.11 Model, \sigma_\tau =25ns, T_S =50ns');
legend('Ideal','Simulation');
axis([ -1 7 0 1]);
```

```
subplot(122)
plot([ -N/2 +1:N/2]/N/Ts/1e6,10 * log10(H. * conj(H)),'k -');
xlabel('Frequency[MHz]'), ylabel('Channel power[dB]')
title('Frequency response, \sigma _\tau =25ns, T _ S =50ns')
% IEEE 802.11 信道模型 PDP 产生子程序,子程序名称:IEEE802 _ 11 _ model.m
function PDP = IEEE802 _ 11 _ model(sigma _ t,Ts)
% 输入参数:
% sigma _ t : RMS 时延扩展
% Ts : 采样时间间隔
% 输出参数:
% PDP : IEEE 802.11 信道 PDP 矩阵
lmax = ceil(10 * sigma _ t/Ts); % 计算最大路径序号,参见式(2-39)
sigma02 = (1 - exp( - Ts/sigma _ t))/(1 - exp( - (lmax +1) * Ts/sigma _ t));
                                                      %参见式(2-42)
l =0:lmax; PDP = sigma02 * exp( -l * Ts/sigma _ t); % 参见式(2-41)
```

仿真结果如图 2-11 所示。

实例 2-4 滤波白噪声模型

程序功能:产生滤波白噪声信道模型,画出信道幅度系数及其包络的概率密度函数与相位的概率密度函数。

程序名称:Example2 _ 4. m。

程序代码:

```
clear, clf
fm =100;% 最大多普勒频率
scale =1e -6; % 微秒量级
ts _ mu =50; ts =ts _ mu * scale; fs =1/ts; % 采样时间与采样频率
Nd =1e6; % 采样个数
% 获得复信道系数
[h,Nfft,Nifft,doppler _ coeff] = FWGN _ model(fm,fs,Nd);
subplot(211)
plot([1:Nd] * ts,10 * log10(abs(h)))% 画信道幅度系数
str = sprintf('Clarke/Gan Model, f _ m = %d[Hz], T _ s = %d[us]',fm,ts _ mu);
title(str), axis([0 0.5 -30 5])
subplot(223)
hist(abs(h),50)% 画信道包络概率密度函数,包络一维概率密度函数呈瑞利分布
subplot(224)
hist(angle(h),50)% 画信道相位概率密度函数,相位一维概率密度函数呈均匀分布
% 滤波白噪声信道子程序 (Clarke/Gan 模型),子程序名称:FWGN _ model.m
function [h,Nfft,Nifft,doppler _ coeff] =FWGN _ model(fm,fs,N)
% 输入参数: fm 为最大多普勒频率,fs 为采样频率,N 为采样个数
```

```
% 输出参数: h 为复信道系数
Nfft = 2^nextpow2(2 * fm/fs * N);
Nifft = ceil(Nfft * fs/(2 * fm));
% 产生独立的复高斯随机过程,参见图 2-12
GI = randn(1,Nfft); GQ = randn(1,Nfft);
% 求实信号的 FFT,以获得 Hermitian 对称
CGI = fft(GI); CGQ = fft(GQ);% 将高斯随机过程转换到频域
% 多普勒谱产生, 仿真多普勒滤波器
doppler_coeff = Doppler_spectrum(fm,Nfft);
% 将转换到频域的高斯过程加入到多普勒滤波器,频域内乘积
f_CGI = CGI. * sqrt(doppler_coeff); f_CGQ = CGQ. * sqrt(doppler_coeff);
% 补零,使多普勒滤波器输出数据长度为 Nifft,以备求 ifft
Filtered_CGI = [f_CGI(1:Nfft/2) zeros(1,Nifft - Nfft) f_CGI(Nfft/2 +1:Nfft)];
Filtered_CGQ = [f_CGQ(1:Nfft/2) zeros(1,Nifft - Nfft) f_CGQ(Nfft/2 +1:Nfft)];
% 求 ifft,将多普勒滤波器输出频域信号转换到时域
hI = ifft(Filtered_CGI); hQ = ifft(Filtered_CGQ);
% 计算实部的平方加虚部的平方开平方,即呈瑞利分布的包络
rayEnvelope = sqrt(abs(hI). ^2 + abs(hQ). ^2);
% 计算包络的方均根值
rayRMS = sqrt(mean(rayEnvelope(1:N). * rayEnvelope(1:N)));
% 图 2-12 最终输出的 Clarke/Gan 模型信道冲激响应
h = complex(real(hI(1:N)), -real(hQ(1:N)))/rayRMS;
% 多普勒谱子程序,子程序名称:Doppler_spectrum. m
% 对经典多普勒谱的仿真,参见式(2-25)
function y = Doppler_spectrum(fd,Nfft)
% 输入参数: fd 为最大多普勒频移,Nfft 为频域样值点个数
% 输出参数: y 返回多普勒谱
df = 2 * fd/Nfft; % 计算频率间隔
% 计算 f =0 时多普勒谱
f(1) = 0; y(1) = 1.5/(pi * fd);
% 计算其他频率多普勒谱。计算多普勒谱从第 2 个样值到 Nfft/2 个样值以及第
% Nfft/2 +2 个样值到第 Nfft 个样值
for i = 2:Nfft/2,
f(i) = (i -1) * df; % 根据频率序号及频率间隔计算频率
y([i Nfft - i +2]) = 1.5/(pi * fd * sqrt(1 - (f(i)/fd)^2));
% 计算式(2-25),注意 randn 产生的高斯噪声方差为 1
end
% 计算多普勒谱的 Nfft/2 +1 点样值。用四点样值构成多项式,之后求出多项式在
% Nfft/2 +1 点的样值。
```

```
nFitPoints = 3 ; kk = [Nfft/2 - nFitPoints:Nfft/2];% 四点样值序号为 Nfft/2 - 3 到 Nfft/2
polyFreq = polyfit(f(kk),y(kk),nFitPoints);% 构成多项式
y((Nfft/2) + 1) = polyval(polyFreq,f(Nfft/2) + df);% 从多项式求 Nfft/2 点值
```

仿真结果如图 2-13 所示。

2.6 本章小结

本章首先介绍了无线信道特性，着重分析了无线信道的重要特性——多径传播。信道分单径信道与多径信道，多径信道通常会带来频率选择性衰落。在多径信道下，输入信道的信号与输出信道的信号及信道冲激响应三者之间满足卷积的关系，也就是说输出信号为输入信号与信道冲激响应的卷积。

计算机仿真是目前对通信系统性能分析的重要手段。信道建模是通信系统分析不可分割的组成部分。本章对多径信道的计算机仿真模型进行了介绍，着重研究指数衰减模型、滤波器白噪声模型和频率选择性衰落信道模型。频率选择性衰落信道模型借助功率延迟分布描述多径信道，是目前在无线协议中使用最多的多径模型。

MIMO 技术与 MIMO-OFDM 技术在 B3G 与 4G 中得到了广泛的应用。本章介绍了在多发多收的情况下，无线信道的描述方法分频率选择性衰落与非频率选择性衰落两种状况，并且介绍了当发送天线之间、接收天线之间具有相关性时的信道描述方法。

思 考 题

1. 什么是大尺度衰落？什么是阴影衰落？什么是多径衰落？
2. 什么是频率选择性衰落？什么是非频率选择性衰落？
3. 什么是多普勒频移？什么是最大多普勒频移？画出经典多普勒功率谱示意图。
4. 什么是平衰落？
5. 什么是相干时间？什么是相干带宽？
6. 举例说明常用的多径信道计算机仿真模型有哪些，最好例举 3 种以上。
7. 什么是时延扩展？什么是最大时延扩展？
8. 在视距通信中，小尺度衰落信道包络服从什么分布？在非视距通信中，小尺度衰落信道包络服从什么分布？
9. 在非频率选择性信道下如何描述信道输入与输出信号之间的关系？在频率选择性信道下如何描述信道输入与输出信号之间的关系？
10. 在非频率选择性信道下如何描述 MIMO 系统信道？在频率选择性信道下如何描述 MIMO 系统信道？
11. 在非频率选择性信道下如何描述 MIMO 信道输入与输出信号之间的关系？在频率选择性信道下如何描述 MIMO 信道输入与输出信号之间的关系？

习 题

1. 以两径信道为例分析多径信道的时域与频域特性，画出频谱图。假设

（1）两径衰减均为 1，两径时延为 1ms、1.1ms；

（2）两径衰减为 1、0.5，两径时延为 1ms、1.1ms；

（3）两径衰减均为 1，两径时延为 1ms、1.01ms；

（4）两径衰减均为 1，两径时延为 1ms、1.001ms；

（5）两径衰减均为 1，两径时延为 1ms、1.0001ms。

2. 画出 $f_d = 50\text{Hz}$、$\sigma = 1$、$f_c = 1\text{MHz}$ 的经典多普勒功率谱曲线。

3. 画出抽头延迟线多径信道模型框图。

4. 画出 Clarke/Gans 模型框图，说明其仿真瑞利衰落信道的原理。

5. 编制程序实现多径信道仿真。信道为三径信道，三径信道的时延为 0ns、50ns、100ns，功率为 0.8W、0.8W、0.5W。产生并绘制理想的三径信道模型和瑞利分布三径信道模型。

6. 编制程序产生并绘制 RMS 时延扩展为 20ns、采样时间间隔为 5ns 的指数信道 PDP。

第3章　OFDM 系统基本原理

3.1　引言

数字调制系统有单载波调制系统与多载波调制系统之分。单载波调制系统在数据传输速率不太高、多径干扰不是特别严重时，通过使用合适的均衡算法可使系统正常工作。但是对于宽带数据业务来说，由于数据传输速率较高，时延扩展造成数据符号间的相互重叠，从而产生符号间干扰（ISI），这对均衡提出了更高的要求，需要引入非常复杂的均衡算法，实现比较困难。

多载波调制（Multicarrier Modulation）采用多个载波信号。它把数据流分解为若干个子数据流，从而使子数据流具有低得多的传输速率，利用这些数据分别去调制若干个载波。所以，在多载波调制信道中，数据传输速率相对较低，码元周期延长，只要时延扩展与码元周期相比小于一定的比值，就不会造成 ISI。

多载波技术本质上是一种频分复用技术。传统的频分复用将频带分为若干个不相重叠的子频带来传输并行的数据流，在接收端用一组滤波器来分离各个子信道。这种方法的优点是简单、直接，但是频谱的利用率低，子信道之间要留有保护频带，而且在频分路数 N 较大时多个滤波器的实现使系统复杂化。多载波调制可以通过多种技术途径来实现，如多音实现（Multitone Realization）、正交多载波调制或称正交频分复用（Orthogonal Frequency Division Multiplexing，DFDM）、MC-CDMA 和编码 MCM（Coded MCM）。其中，OFDM 可以抵抗多径干扰，是当前研究的一个热点。

OFDM 技术有以下优点。

（1）把高速率数据流通过串并转换，使得每个子载波上的数据符号持续长度相对增加，从而有效地减少由于无线信道的时间弥散所带来的 ISI，减小了接收机内均衡的复杂度，有时甚至可以不采用均衡器，而仅仅通过采用插入循环前缀的方法消除 ISI 的不利影响。

（2）传统的频分多路传输方法是将频带分为若干互不相交的子频带来并行传输数据流，各个子信道之间要保留足够的保护频带。而 OFDM 系统由于各个子载波之间存在正交性，允许子信道的频谱相互重叠，因此与常规的频分复用系统相比，OFDM 系统可以最大限度地利用频谱资源。当子载波个数很大时，系统的频谱利用率趋于 2Bd/Hz。

（3）各个子信道的正交调制和解调可以通过采用离散傅里叶反变换（IDFT）和离散傅里叶变换（DFT）的方法实现。在子载波数很大的系统中，可以通过采用快速傅里叶变换（FFT）来实现。而随着大规模集成电路技术与 DSP 技术的发展，快速傅里叶反变换（IF-FT）与 FFT 都是非常容易实现的。

（4）无线数据业务一般存在非对称性，即下行链路的数据传输量要大于上行链路中的数据传输量，这就要求物理层支持非对称高速率数据传输，OFDM 系统可以通过使用不同数量的子信道来实现上行链路和下行链路中不同的传输速率。

（5）OFDM 易于和其他多种接入方法结合使用，构成 OFDMA 系统，其中包括多载波码分多址 MC-CDMA、跳频 OFDM 以及 OFDM-TDMA 等，使得多个用户可以同时利用 OFDM 技术进行信息的传输。

（6）在变化相对较慢的信道上，OFDM 系统可以根据每个子载波的信噪比来优化分配每个子载波上传送的信息比特，从而大大提高系统传输信息的容量。

（7）OFDM 可以有效地对抗窄带干扰，因为这种干扰仅仅影响系统的一小部分子载波。

OFDM 系统由于存在多个正交的子载波，而且其输出信号是多个子信道的叠加，因此与单载波调制系统相比，存在如下缺点。

（1）易受频率偏差的影响。由于子信道的频谱相互覆盖，这就对它们之间的正交性提出了严格的要求。由于无线信道的时变性，在传输过程中出现的无线信号频谱偏移或发射机与接收机本地振荡器之间存在的频率偏差，都会使 OFDM 系统子载波之间的正交性遭到破坏，导致子信道间干扰（ICI）。这种对频率偏差的敏感性是 OFDM 系统的主要缺点之一。

（2）存在较高的峰值平均功率比。多载波调制系统的输出是多个子信道信号的叠加，因此如果多个信号的相位一致，所得到的叠加信号的瞬时功率就会远远高于信号的平均功率，导致较大的峰值平均功率比（PAPR）。这就对发射机内放大器的线性提出了很高的要求，因此可能带来信号畸变，使信号的频谱发生变化，从而导致各个子信道间的正交性遭到破坏，产生干扰，使系统的性能恶化。

3.2 OFDM 系统的基本模型

3.2.1 OFDM 系统的调制和解调

OFDM 是一种特殊的多载波传输方案，它可以被看作一种调制技术，也可以被看作一种复用技术。

OFDM 系统基本模型框图如 3-1 所示。

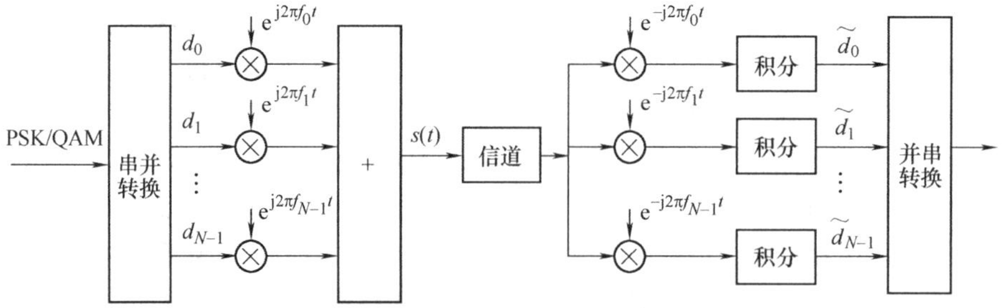

图 3-1　OFDM 系统基本模型框图

图 3-1 中串并转换将串行传输的数据变为并行传输的数据。当子载波数为 N 时，将串行数据变为 N 个一组的并行数据。d_0，d_1，…，d_{N-1} 即为经过相移键控（PSK）或者正交幅度调制（QAM）星座映射后的一组并行数据，它对载频为 f_0，f_1，…，f_{N-1} 的 N 个子载波进行调制，得到一个 OFDM 符号 $s(t)$。假设一个 OFDM 符号的持续时间（也称为 OFDM 符号周期）为 T，且 $f_i = f_c + i/T$（其中 $i = 0$，1，…，$N-1$，f_c 为载波频率）。

当 f_c 不为零时，一个频带 OFDM 符号时间表示式为

$$s(t)=\begin{cases}\sum_{i=0}^{N-1} d_i\exp[\mathrm{j}2\pi f_i(t-t_s)] & t_s\leqslant t\leqslant t_s+T\\ 0 & t<t_s \quad \Lambda \quad t>t_s+T\end{cases} \tag{3-1}$$

式中，t_s 为一个 OFDM 符号的时间起点，在图 3-1 中假设 $t_s=0$；d_i 为分配给每个子信道的数据符号。

式（3-1）也可以写为

$$s(t)=\left[\sum_{i=0}^{N-1} d_i\exp[\mathrm{j}2\pi f_i(t-t_s)]\right]\mathrm{rect}(t-t_s-T/2) \tag{3-2}$$

当 f_c 为零时，一个基带 OFDM 符号时间表示式为

$$s(t)=\begin{cases}\sum_{i=0}^{N-1} d_i\exp\left(\mathrm{j}2\pi\frac{i}{T}(t-t_s)\right) & t_s\leqslant t\leqslant t_s+T\\ 0 & t<t_s \quad \Lambda \quad t>t_s+T\end{cases} \tag{3-3}$$

式（3-3）也可以写为

$$s(t)=\left\{\sum_{i=0}^{N-1} d_i\exp\left[\mathrm{j}2\pi\frac{i}{T}(t-t_s)\right]\right\}\mathrm{rect}(t-t_s-T/2) \tag{3-4}$$

式中，$s(t)$的实部和虚部分别对应于 OFDM 符号的同相（In-phase）分量和正交（Quadrature-phase）分量。在实际系统中可以分别与相应子载波的 cos 分量和 sin 分量相乘，构成最终的子信道信号和合成的 OFDM 信号。在接收端，将接收到的同相分量和正交分量合成数据信息，完成子载波的解调。

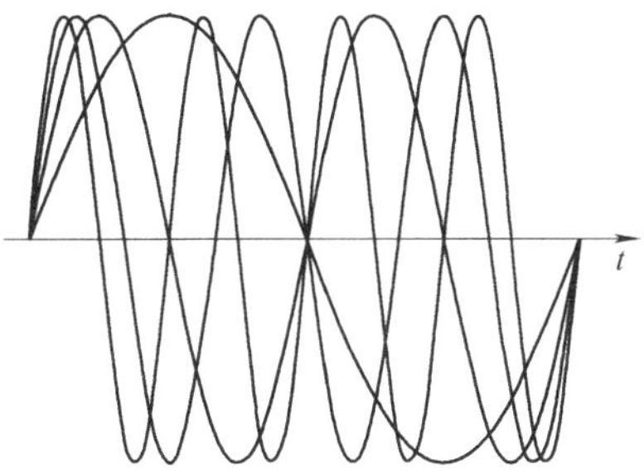

图 3-2　OFDM 符号内包括 4 个子载波的情况

图 3-2 所示为在一个 OFDM 符号内包含 4 个子载波的实例。图中，所有子载波的幅值和相位都是相同的。但在实际应用中，被数据符号调制后，每个子载波的幅度和相位未必是相同的。正交频分复用要求，每个子载波在一个 OFDM 符号周期内都包含整数倍个周期，而且各个相邻的子载波之间相差一个周期。这样就可以满足子载波之间的正交性。

这种子载波之间的正交性也可以从频域角度来解释。图 3-3 为一个 6 个子载波的 OFDM 符号的频谱示意图。由式（3-2）和式（3-4），每个 OFDM 符号在其周期 T 内包括多个非零的子载波。因此 OFDM 符号的频谱可以看作是宽度为 T 的矩形脉冲信号的频谱与一组位于各个子载波频率上的 δ 函数的卷积。矩形脉冲的频谱幅值为 sinc（fT）函数，这种函数的零点出现在频率为 $1/T$ 整数倍的位置上，如图 3-3 所示。图中给出了相互叠加的各个子信道内经过矩形波形形成得到符号的 sinc 函数频谱。在每个子载波频率最大值处，所有其他子信道的频谱值恰好为零。

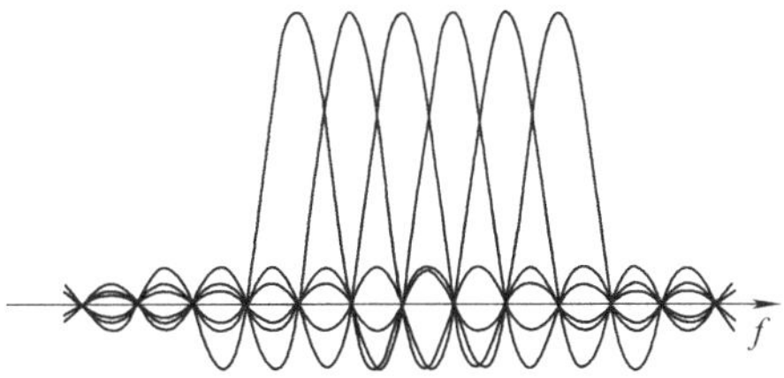

图 3-3　OFDM 系统中子信道符号的频谱示意图

由图 3-3 可见，一个 OFDM 信号的频谱对于

各个子载波是相互重叠的，和传统的 FDM 相比，OFDM 的频带利用率要高得多。图 3-4 为传统 FDM 频谱与 OFDM 频谱带宽比较示意图，由图可以看出 OFDM 带宽的节省情况。

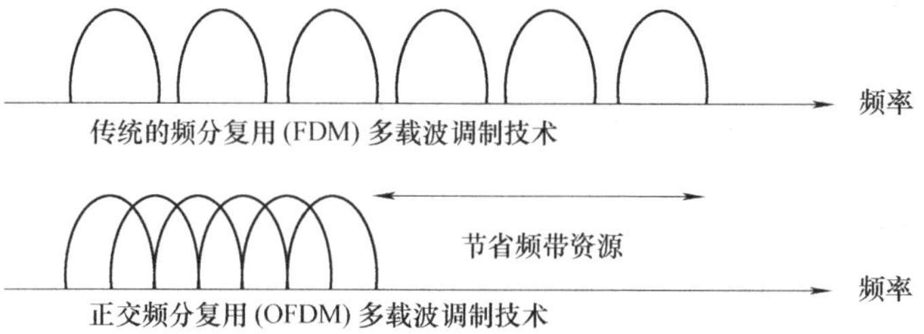

图 3-4　FDM 与 OFDM 带宽利用率的比较

要求 OFDM 信号各个子载波之间正交的目的是为了在接收端能够正确恢复发送数据信号。例如对式（3-4）中的第 k 个子载波进行解调，在接收端一个 OFDM 符号 $s(t)$ 先与第 k 个子载波的本地载波进行相乘后，再在时间长度 T 内进行积分，即

$$\begin{aligned}\hat{d}_k &= \frac{1}{T}\int_{t_s}^{t_s+T}\exp\left(-\mathrm{j}2\pi\frac{k}{T}(t-t_s)\right)\sum_{i=0}^{N-1}d_i\exp\left(\mathrm{j}2\pi\frac{i}{T}(t-t_s)\right)\mathrm{d}t\\ &= \frac{1}{T}\sum_{i=0}^{N-1}d_i\int_{t_s}^{t_s+T}\exp\left(\mathrm{j}2\pi\frac{i-k}{T}(t-t_s)\right)\mathrm{d}t\end{aligned} \tag{3-5}$$

当 OFDM 信号各个子载波之间满足正交时，即有

$$\frac{1}{T}\int_0^T\exp(\mathrm{j}\omega_n t)\exp(\mathrm{j}\omega_m t)\,\mathrm{d}t = \begin{cases}1 & m=n\\ 0 & m\neq n\end{cases} \tag{3-6}$$

将式（3-6）应用于式（3-5），得

$$\hat{d}_k = d_k \tag{3-7}$$

由式（3-7）可以看出，依赖 OFDM 符号子载波之间的正交性，对第 k 个子载波进行解调可以恢复出期望信号。

3.2.2　OFDM 系统的 DFT/FFT 实现

图 3-1 所示的 OFDM 系统框图中，在发送端和接收端，为了调制和解调需要有 e 指数信号作为子载波。在最早的 OFDM 系统中，这些 e 指数信号是由同频（各个子载波频率）的正弦信号和余弦信号合成的。一方面由于在一个 OFDM 系统中存在大量的振荡器，另一方面为了使得 OFDM 系统正常工作，正弦振荡器和余弦振荡器产生的信号要严格正交，这个实现起来难度很大，故极大地限制了 OFDM 系统应用和发展。直至 1971 年，Weinstein 和 Ebert 提出了用离散傅里叶变换（DFT）和快速傅里叶变换（FFT）技术来等效实现多个调制解调器的功能。这个思想极大地简化了原始的 OFDM 系统并促进了 OFDM 技术的应用。目前，通过定制和半定制半导体技术可以实现上千路的 FFT 计算，这使 OFDM 技术得到了更为广泛的关注，这也正是本节所要讨论的基于 DFT 和 FFT 的 OFDM 系统基本思想。

对于 N 比较大的系统来说，式（3-4）中的 OFDM 复等效基带信号可以采用离散傅里叶反变换（IDFT）方法来实现。为了叙述的简介，可以令式（3-4）中的 $t_s=0$，并且忽略矩形函数，对信号 $s(t)$ 以 T/N 的速率进行采样，即令 $t=kT/N$（$k=0,\ 1,\ \cdots,\ N-1$），可以

得到

$$s_k = s(kT/N) = \sum_{i=0}^{N-1} d_i \exp\left(\mathrm{j}\frac{2\pi ik}{N}\right) \quad 0 \leqslant k \leqslant N-1 \tag{3-8}$$

可以看到 s_k 等效为对 d_i 进行 IDFT 运算。同样，在接收端，为了恢复出原始的数据符号 d_i，可以对 s_k 进行反变换，即 DFT 得到

$$d_i = \sum_{k=0}^{N-1} s_k \exp\left(-\mathrm{j}\frac{2\pi ik}{N}\right) \quad 0 \leqslant i \leqslant N-1 \tag{3-9}$$

根据上述分析可以看出，OFDM 系统的调制和解调可以分别由 IDFT/DFT 来代替。通过 N 点 IDFT 运算，把频域数据符号 d_i 转换为时域数据符号 s_k，经过射频载波调制之后，发送到无线信道中。其中每一个 IDFT 输出的数据符号 s_k 都是由所有子载波信号经过叠加而生成的，即对连续的多个经过调制的子载波的叠加信号进行采样得到。

在 OFDM 系统的实际应用中，可以采用更加方便快捷的快速傅里叶变换（如 FFT/IFFT）。N 点 IDFT 运算需要 N^2 次复数乘法（为了方便，只比较复数乘法的运算量），而 IFFT 可以显著地降低运算的复杂度。对于常用的基 2IFFT 算法来说，其复数乘法的次数仅为（$N/2$）$\log_2 N$。以 16 点的变换为例，IDFT 和 IFFT 中所需要的乘法数量分别是 256 和 32 次，而随着子载波个数 N 的增加，这种算法复杂度之间的差距也越明显，IDFT 的计算复杂度会随 N 增加而呈现二次方增长，IFFT 的计算复杂度的增加速度只是稍微快于线性变化。对于子载波数量非常大的 OFDM 系统来说，可以进一步采用基 4IFFT 算法。

3.3 保护间隔和循环前缀

应用 OFDM 的一个最主要原因是它可以有效地对抗多径时延扩展。OFDM 系统把输入的数据流串并到 N 个并行的子信道中，使得每一个用于调制子载波的数据符号周期可以扩大为原始数据符号周期的 N 倍，因此时延扩展与符号周期的比值也同样降低 N 倍。为了最大限度地消除 OFDM 符号之间的干扰，在相邻两个 OFDM 符号之间插入保护间隔（Guard Interval，GI），保护间隔的长度 T_g 要大于无线信道中的最大时延扩展，这样一个符号的多径分量就不会对下一个符号造成干扰。图 3-5 为加入保护间隔对 ISI 改善示意图。由图 3-5a 可见，在发送端将一个一个 OFDM 符号串行发送后，在接收端接收的 OFDM 符号是发送 OFDM 符号和多径信道时域冲激响应的卷积，因此，在接收端 OFDM 的符号时间较发送端略长一点，增加的时间长度和多径信道的最大时延有关。在图 3-5a 中，由于多径传输带来了 OFDM 的符号间干扰。为了解决这个问题，在发送端将 OFDM 符号加长，加长部分用斜线阴影表示，如图 3-5b 所示。此时，经多径信道后，尽管加长的 OFDM 符号有相互的干扰，但有用的数据符号不再出错。显然为了保证不出现 ISI，要求保护间隔大于等于多径信道的最大时延扩展。

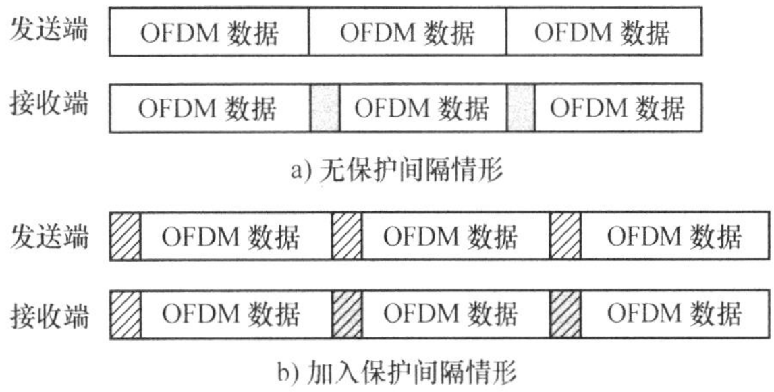

图 3-5　有无保护间隔对 ISI 的影响

在保护间隔时间内可以不插入任何

信号，即是一段空白的传输时段（也就是说在保护间隔内传输一串零数据）。但这样会破坏子载波之间的正交性，带来子载波之间的干扰（ICI）。之所以采用零数据作为循环前缀会带来 ICI，是因为 OFDM 信号要求在 FFT 积分时间内，对所有的子载波来说都应该是完整的周期。当采用零数据作为循环前缀时，因多径时延，就可能使得在一个 FFT 积分时间内，各个子载波不再是完整周期，因此，正交性被破坏，带来 ICI。图 3-6 描述了因多径时延，零数据保护间隔对子载波之间造成的干扰。由于每个 OFDM 符号中都包括所有的非零子载波信号，而且也同时会出现该 OFDM 符号的时延信号，因此图 3-6 中给出了第一子载波和第二子载波的时延信号。从图中可以看到，由于在 FFT 运算时间内，第一子载波与带有时延的第二子载波之间的周期个数之差不再是整数，所以当接收机试图对第一子载波进行解调时，第二子载波会对此造成干扰。同样，当接收机对第二子载波进行解调时，也会存在来自第一子载波的干扰。

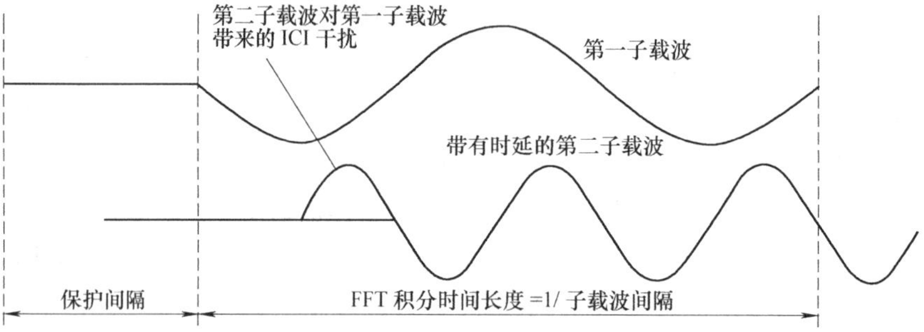

图 3-6　因多径时延，零数据保护间隔对子载波之间造成的干扰

为此，通常解决方法是将每个 OFDM 符号的后 T_g 时间中的样值复制到 OFDM 符号的前面，形成前缀。图 3-7 显示了用循环前缀作为保护间隔的情况。图中，N_{FFT}个欲发送的有用数据频域数据经 IFFT 后得到 N_{FFT}个时域数据（对应时间为 T_{FFT}），将 N_{FFT}个时域数据的后 N_g 个数据（对应时间为 T_g）复制，作为保护间隔放置在 N_{FFT}个时域数据前面构成一个 OFDM 符号（一个 OFDM 符号样值个数为 $N=N_{FFT}+N_g$，对应时间为 $T=T_{FFT}+T_g$）。如果是连续的 OFDM 符号，就直接按时间选取循环前缀，而不是按样值的个数。由于在保护间隔内不再是零数据，即便是多径时延后，在 FFT 周期内各个子载波都是完整的周期，因此可以消除 ICI。

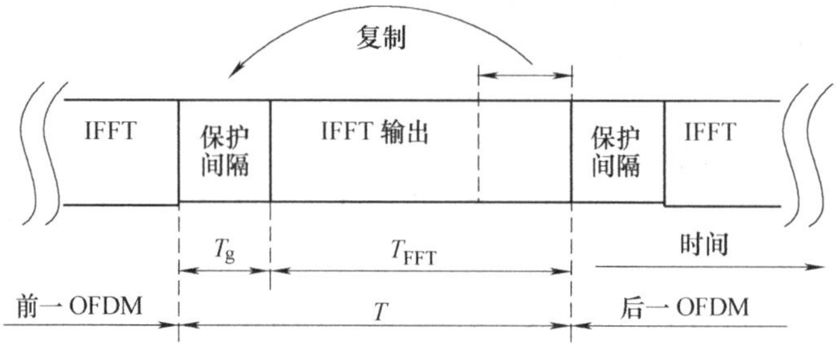

图 3-7　加入循环前缀作为保护间隔的 OFDM 符号

OFDM 系统加入保护间隔后，会带来信息速率和功率的损失，其中功率损失可以定义为

$$v_{\text{guard}} = 10\log_{10}\left(\frac{T_{\text{g}}}{T} + 1\right) \tag{3-10}$$

当保护间隔占到20%时，信息速率损失为20%，功率损失不超过1dB。但由于插入保护间隔可以消除ISI和ICI造成的影响，因此，信息速率和功率的损失代价是值得的。另外，保护间隔的加入使系统输出、输入与冲激响应之间的线性卷积可转化为循环卷积，从而简化计算，使接收机实现的复杂度大大降低。

加入循环前缀后的一个OFDM系统框图如图3-8所示。

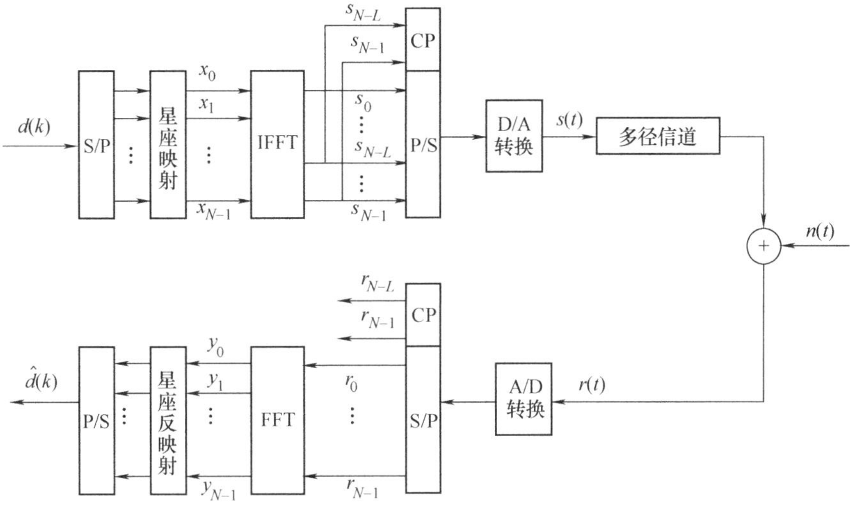

图3-8 带循环前缀的一个OFDM系统框图

图3-8中$d(k)$为欲发送数据流，它可能是二进制、四进制或十六进制数据，根据星座映射方式，若采用2PSK则$d(k)$应为二进制，若采用4PSK星座映射则$d(k)$为四进制数据，若采用16QAM则$d(k)$为十六进制数据。这些多进制数据可以是从二进制数据转换而来的。$d(k)$经串并转换后得到N个并行的数据$\{x_0, x_1, \cdots, x_{N-1}\}$，这些数据可以看作是频域内的$N$个数据，经IFFT后得到一组时域数据$\{s_0, s_1, \cdots, s_{N-1}\}$即为一个OFDM符号，在一个OFDM符号上加入循环前缀后得到带循环前缀的OFDM符号，这个带循环前缀的OFDM符号经并串转换及D/A转换后在无线多径信道上传输。在接收端，进行相反的工作，A/D转换、并/串转换、去循环前缀、FFT、星座反映射；最后，把并行码转换为串行码，得到还原后的数据。

3.4 带外功率辐射以及加窗技术

假设$t_s = 0$，可以得到功率归一化的OFDM信号的时域表达式（复包络），即

$$s(t) = \frac{1}{\sqrt{N}}\sum_{i=0}^{N-1} d_i \exp(\mathrm{j}2\pi f_i t)\,\mathrm{rect}(t - T/2) \tag{3-11}$$

式中，$\frac{1}{\sqrt{N}}$是功率归一化因子。

OFDM 符号的频域表示，即 OFDM 符号的功率谱密度 $|s(f)|^2$ 为 N 个子载波上的信号的功率谱密度之和为

$$|s(f)|^2 = \frac{1}{\sqrt{N}}\sum_{i=0}^{N-1} |d_i T\mathrm{Sa}[(\pi(f-f_i)T]|^2$$

由于 OFDM 符号每个子载波的功率谱大致呈采样函数形状，旁瓣的振荡衰减比较慢，所以导致 OFDM 符号的整个功率谱带外辐射比较大。

图 3-9 中给出了 $N=16$ 的 OFDM 信号的功率谱密度图。纵坐标为归一化的功率谱密度，单位为 dB，横坐标为归一化频率 fT。图中给出了当各子载波具有相同的发送功率时的 OFDM 符号，图中的打点线为第一调制子载波 f_0 的功率谱密度，其他各子载波的功率谱为将第一调制子载波 f_1 的功率谱密度依次在频率上进行 $1/T$ 位移得到的，所有 N 个子载波的功率谱密度构成以实线绘出 OFDM 符号的功率谱密度。从图 3-9 可见，当 N 增大时，在频率 $fT \in [-0.5, 0.5]$ 内幅频特性会更加平坦，边缘会更陡峭，因此能逼近理想的低通滤波特性。为了便于比较，在图中给出了 BPSK 的归一化功率谱密度曲线。

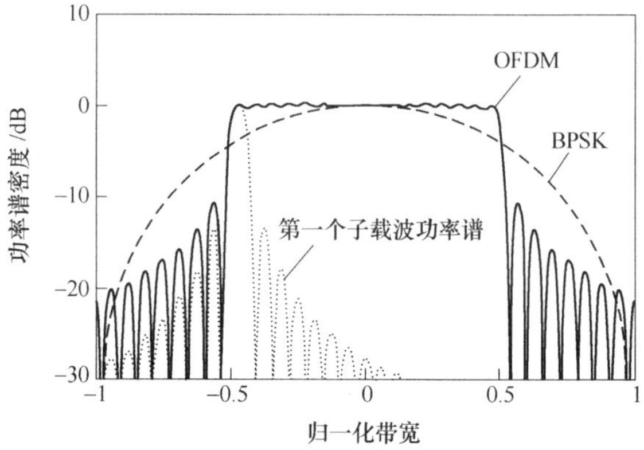

图 3-9　OFDM 信号的功率谱密度图

根据 OFDM 符号的功率谱密度，其带外功率谱密度衰减比较慢，即带外辐射功率比较大。随着子载波数量的增加，由于每个子载波功率谱密度主瓣和旁瓣变窄（也就是说它们下降的陡度增加），所以 OFDM 符号功率谱密度的下降速度会逐渐增加。但即使是在 256 个子载波的情况下，其 −40dB 带宽仍然会是 −3dB 带宽的 4 倍，如图 3-10 所示。

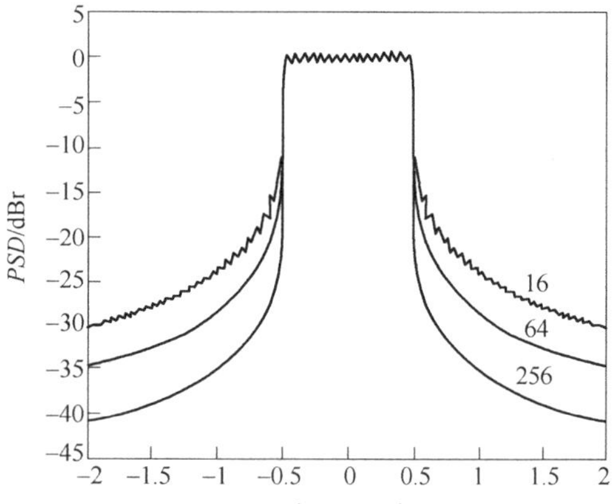

图 3-10　子载波个数为 16、64 和 256 的 OFDM 系统的 PSD

为了让带宽之外的功率谱密度下降得更快，通常采用两种方法，即时域加窗和频域滤波。

对 OFDM 符号采用时域加窗意味着：令每个 OFDM 符号周期边缘的幅度值不再像矩形信号那样边缘陡峭，而是逐渐过渡到零。通常采用的窗函数有升余弦函数、改进的升余弦函数、高斯窗函数等。

升余弦窗函数定义如下：

$$w(t)=\begin{cases}0.5+0.5\cos[\pi+t\pi/(\beta T)] & 0\leqslant t\leqslant \beta T\\ 1.0 & \beta T\leqslant t\leqslant T\\ 0.5+0.5\cos[(t-T)\pi/(\beta T)] & T\leqslant t\leqslant (1+\beta)T\end{cases} \tag{3-12}$$

式中，T 表示加窗前的符号长度，而加窗后符号的长度应该为 $(1+\beta)T$，从而允许在相邻

符号之间存在有相互覆盖的区域。经过加窗处理后的 OFDM 符号如图 3-11 所示。

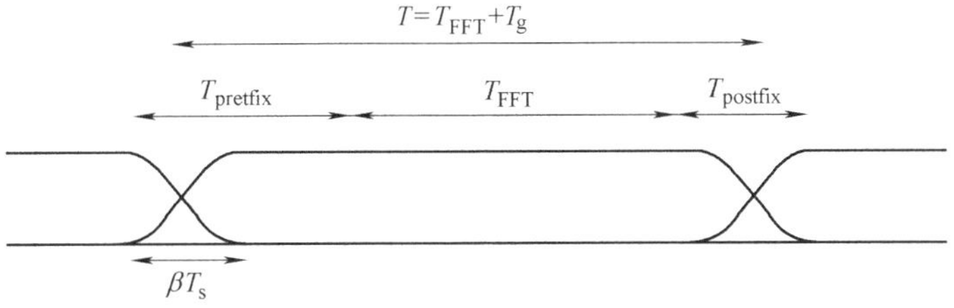

图 3-11　经过加窗处理后的 OFDM 符号示意图

实际上一个 OFDM 符号的形成可以遵循以下过程：首先，在 N_c（假设欲发送的有用数据个数）个经过数字调制（或称为星座映射）的符号后面补零，构成 N_{FFT}个输入样值序列；然后；进行 IFFT 运算，IFFT 输出的最后 T_{prefix}个样值被插入到 OFDM 符号的最前面，而且 IFFT 输出的最前面 $T_{postfix}$个样值被插入到 OFDM 符号的最后面；最后，OFDM 符号与升余弦窗函数时域相乘。由于将 OFDM 符号时域乘上了升余弦窗，则在频域内为 OFDM 符号的谱与升余弦窗的谱的卷积，因而改变了 OFDM 信号的谱，适当选择滚降系数 β 使得系统带宽之外的功率可以快速下降。

图 3-12 给出了在 128 个子载波的情况下，有不同滚降系数 β 的升余弦窗函数时 OFDM 符号的功率谱密度。可以看到，滚降系数为 0.025 的升余弦函数可以大大地降低带外辐射功率，而在时域内由于滚降系数 β 所造成的信号叠加只占符号周期的 2.5%。从图 3-12 中还可以得到，β 值越大，带外辐射功率下降得越快，但同时也会降低 OFDM 符号对时延扩展的容忍程度。例如，即使时延信号的长度没有超过保护间隔长度 T_g，但由于滚降系数 β 的存在，使得非恒定信号幅度部分有可能落入到 FFT 的时间长度 T_{FFT}之内，而由式（3-6）可以得知，只有各个子载波的幅度以及相位在 FFT 周期 T_{FFT}内保持恒定，才会保证子载波之间的正交性，所以滚降系数 β 的存在可能带来 ICI 和 ISI，使得保护间隔的有效长度由原来的 T_g 减小到现在的 βT。

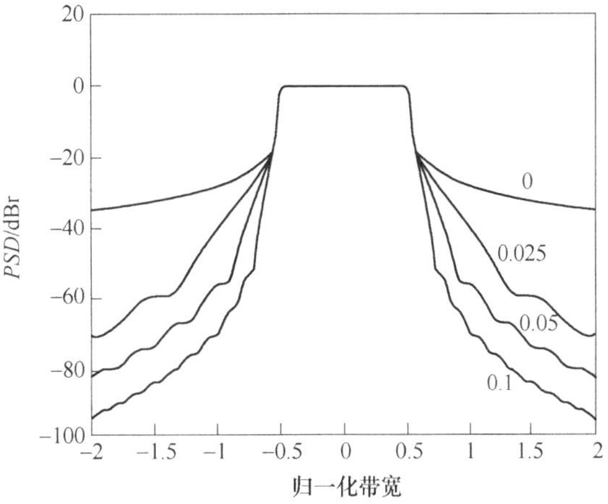

图 3-12　滚降系数分别为 0（矩形函数）、0.025、0.05 和 0.1 的升余弦窗函数对 OFDM 系统功率谱密度的影响

3.5　OFDM 系统的参数选择

各种 OFDM 参数的选择就是需要在多项要求冲突中进行折中。通常在 OFDM 系统中，需要确定的参数有符号周期、保护间隔、子载波数量。这些参数的选择取决于给定信道的带宽、时延扩展及对系统提出的信息传输速率。一般按照以下步骤来确定 OFDM 系统的各参数。

（1）确定保护间隔。根据经验，一般选择保护间隔的时间长度为时延扩展均方根值的2~4倍。

（2）选择符号周期。一个OFDM符号总的时间长度由保护间隔和有用符号持续时间（简称符号周期）构成。考虑到加入保护间隔所带来的速码率损失及信噪比损失，希望OFDM符号周期长度要远远大于保护间隔的长度。但是符号周期又不可能任意大，否则OFDM系统中要包括更多的子载波数，从而导致子载波间隔相应减小，系统的实现复杂度增加，而且还加大系统的峰值平均功率比，同时使系统对频率偏差更加敏感。因此在实际系统中，对上述各项要求进行折中考虑，一般选择符号周期长度至少是保护间隔长度的5倍。可以计算在符号周期为保护间隔5倍的情况下，因插入保护比特所造成的信噪比损失有1dB左右。

（3）确定子载波数量。子载波数量可以直接利用 -3dB 带宽除以子载波间隔（即去掉保护间隔之后的符号周期的倒数）得到。或者，可以利用所要求的传输速率除以每个子信道中的传输速率来确定子载波数量。每个子信道中传输速率由调制类型、编码速率以及符号速率来确定。

下面通过一个实例，来说明如何确定OFDM系统的参数，要求设计系统满足如下条件：

传输速率	25Mbit/s
可容忍的时延扩展	200ns
带宽	<18MHz

200ns的时延扩展就意味着保护间隔的有效取值应该为800ns。选择OFDM符号周期长度为保护间隔的6倍，即 $6\times800\text{ns}=4.8\mu\text{s}$。子载波间隔取 $4.8\mu\text{s}-0.8\mu\text{s}=4\mu\text{s}$ 的倒数，即250kHz。为了判断所需要的子载波个数，需要观察所要求的传输速率与OFDM符号速率的比值，即每个符号需要传送 $\dfrac{25\text{Mbit/s}}{1/4.8\mu\text{s}}=120\text{bit}$。为了完成这一点，可以作如下选择：一是利用16QAM和码率为1/2的编码方法，这样每个子载波可以携带2bit的有用信息，因此，需要60个子载波来满足每个符号120bit的传输速率；二是利用QPSK和码率为3/4的编码方法，这样每个子载波可以携带1.5bit的有用信息，因此需要80个子载波来传输。然而80个子载波就意味着带宽为 $80\times250\text{kHz}=20\text{MHz}$，大于给定的带宽要求。因此，为了满足带宽的要求，子载波数量不能大于72，因此第一种采用16QAM和60个子载波的方法可以满足上述要求，而且还可以利用64点的FFT/IFFT来实现，剩余4个子载波补零，用于FFT/IFFT的过采样。

另外，一个影响参数选择的问题就是要求在FFT/IFFT运算时间内和符号间隔内的采样数量必须要为整数。例如在上述的实例当中，希望在FFT/IFFT间隔内正好有64个采样，以保持子载波之间的正交性。这样采样速率就可以达到 $64/4\mu\text{s}=16\text{MHz}$。然而在 $4.8\mu\text{s}$ 内，这一给定的采样速率不能保证采样数量为整数。唯一的解决方法就是稍微改变上述参数，以满足采样数量为整数的要求。例如每符号的采样速率可以被设定为78，即采样速率为 $78/4.8\mu\text{s}=16.25\text{MHz}$，这样FFT/IFFT运算时间长度就变为 $64/16.25\text{MHz}=3.9385\mu\text{s}$，因此保护间隔和子载波间隔都稍微大于FFT/IFFT运算时间长度为 $4\mu\text{s}$ 时的情况，分别为 $861.5\mu\text{s}$ 和253kHz。

3.6 一个完整的 OFDM 系统

一个基于 DFT/FFT 的完整 OFDM 系统框图如图 3-13 所示。在该系统框图中，考虑了基本 OFDM 系统的发送和接收，另外还考虑了同步及信道估计等问题。

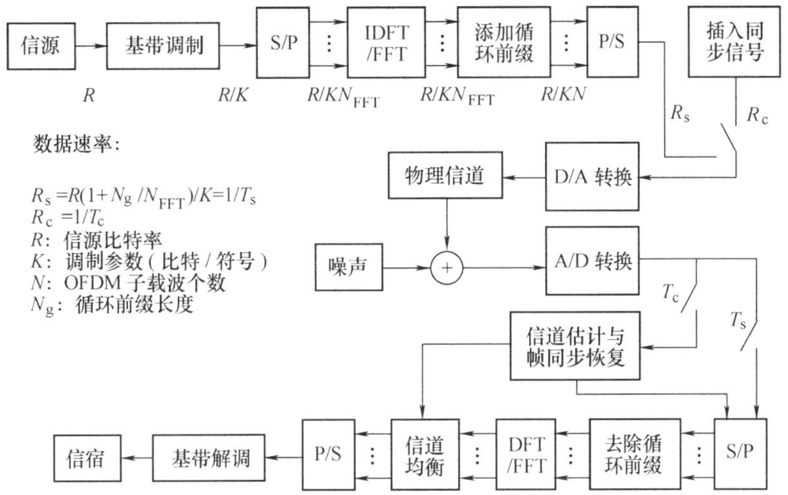

图 3-13　一个基于 DFT/FFT 的完整 OFDM 系统框图

在图 3-13 中，考虑到 IDFT/IFFT 的功能是将频域样值转换为时域样值，因此，可以理解在发送端 IDFT/IFFT 之前信号是频域的，其后信号为时域的；在接收端，DFT/FFT 之前为时域信号，经 DFT/FFT 转换后，信号为频域值。假设信源发出的为二进制数据，信源比特率为 R。由二进制信源来的输入数据先经过基带调制（或称为星座映射），映射为某种复数符号。例如，如果采用 A 方式的 QPSK 映射，那么 2 位二进制比特映射成 $\{+1 \quad -1 \quad +j \quad -j\}$ 中的一个；如果采用 A 方式的 BPSK 映射，那么每个比特映射成 $\{+1 \quad -1\}$ 中的一个。若用 M 表示映射后信号的进制数，则星座映射后数据的数码率为 $R/\log_2 M = R/K$，$K=\log_2 M$ 为映射后每个符号携带的比特数。

由于 IDFT/IFFT 为并行运算器，假设 IDFT/IFFT 的长度为 N_{FFT}，则需要 N_{FFT} 个星座映射后的数据才可进行 IDFT/IFFT 运算。因此，为了进行 IDFT/IFFT 运算，要进行 S/P 变换。星座映射后的复数符号经过 S/P 变换后变为 N_{FFT} 个一组的并行数据，为 IDFT/IFFT 处理作准备。S/P 变换后数码率为 R/KN_{FFT}。N_{FFT} 个并行数据经过 IDFT/IFFT 处理得到一个 OFDM 符号，这个过程实际上就是多载波调制的离散实现。如前所述，IDFT/IFFT 运算器之前的数据可以理解为频域数据，那么，S/P 变换实现了将高数码率（R/K）的串行数据变为低速码率（R/KN_{FFT}）的并行数据，每一个并行数据在 OFDM 信道平衰落的子载波上以低速码率传输。

假设循环前缀的样值个数为 N_g，对 IDFT 或 IFFT 后的数据加上循环前缀后样值个数为 $N=N_{\mathrm{FFT}}+N_g$，经添加循环前缀后数码率为 R/KN，此时并行数据个数为 N。这 N 个并行数据经 P/S 变换为串行数据，串行数据的数据码率为 $R_s = R(1+N_g/N_{\mathrm{FFT}})/K = 1/T_s$，这是 OFDM 系统的数据码率（当然是未考虑同步等）。显然，为了消除多径带来的 ISI 与 ICI，加入了循环前缀，但是要付出数码率代价。P/S 变换后串行数据合并同步码后经 A/D 转换器及天线发送。

在接收端，数据经历的过程与上述过程相逆，但是接收端要比发送端复杂，多了定时、信道估计等部分。

图 3-13 所示基于 DFT/FFT 的 OFDM 系统框图适用于 IDFT 或 IFFT 输入序列满足共轭对称情形，此时 IDFT 或 IFFT 输出信号为实信号。当 DFT 或 IFFT 输出端为复数时，也就是对于复数 OFDM 基带信号，通常分 I、Q 两个信道分别发送 OFDM 信号的实部和虚部。

OFDM 调制器的输出产生了一个基带信号，将此基带信号与所需传输的频率进行混频操作，应用图 3-14 所示的模拟技术或者图 3-15 所示的数字上变频器可完成。两种技术虽然完成同样的操作，但是由于数字调制技术提高了处理 I、Q 信道之间的匹配性和数字 IQ 调制器相位的准确性，将会更加精确。

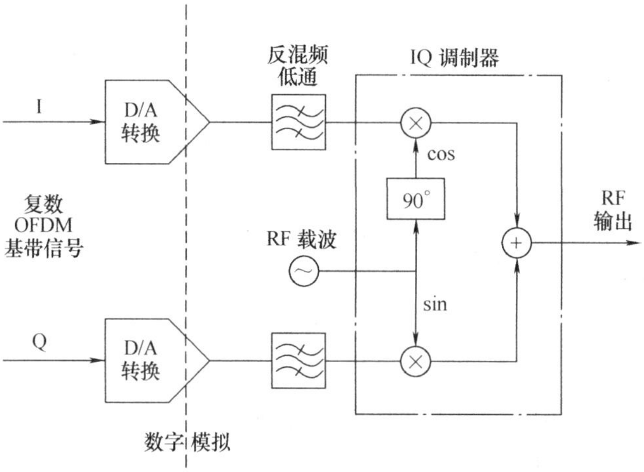

图 3-14　OFDM 系统的模拟混频器

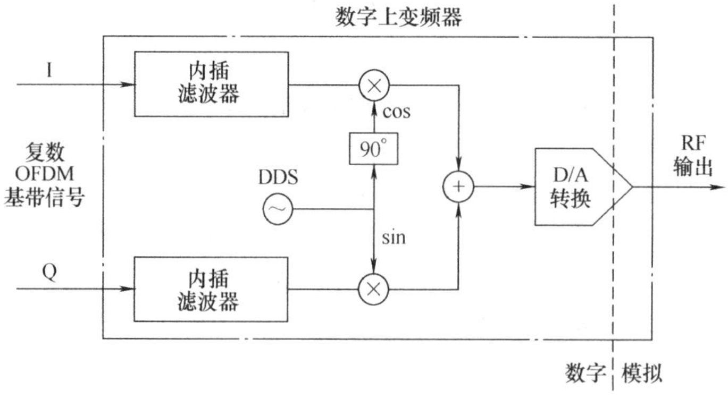

图 3-15　OFDM 系统的数字混频器

3.7　仿真实例

实例 3-1　OFDM 信号的产生与解调

程序功能

（1）通过对 OFDM 信号各个子载波赋共轭对称的数据产生一个实 OFDM 符号。

（2）给 OFDM 符号加循环前缀与循环后缀。

（3）给 OFDM 符号加窗。在程序中加入的是升余弦窗，可以通过改变升余弦窗的滚降系数，观察加入不同升余弦窗对 OFDM 信号频谱的影响。

（4）信道采用加性高斯白噪声信道。可以通过改变信噪比改变信道环境，从而在接收端通过误码率或星座图观察信道对 OFDM 信号传输的影响。

（5）去除循环前缀与循环后缀，对 OFDM 信号进行解调。

程序名称：Example3_1.m。

程序代码：

```
clear all;
close all;
carrier_count = 200;
%这个程序中 OFDM 子载波个数为 512,其中 400 即 carrier_count * 2 为数据符号,其余
%赋 0 值
symbols_per_carrier = 20;
%每个子载波上的符号数,在这里即为 OFDM 符号的个数
bits_per_symbol = 4;
%OFDM 符号的每个子载波上传输的比特数。4bit 通常采用 16QAM 调制
IFFT_bin_length = 512;%FFT 长度,也即一个 OFDM 符号的子载波个数
PrefixRatio = 1/4;
%循环前缀的比值,即循环前缀与 OFDM 符号长度的比值,通常在 1/6 ~ 1/4 之间
GI = PrefixRatio * IFFT_bin_length ;%保护间隔的长度,这里为 128
beta = 1/32;%升余弦窗的滚降系数
GIP = beta * (IFFT_bin_length + GI);%循环后缀的长度,这里为 20
SNR = 30; %本程序考虑加性高斯白噪声信道,这里信噪比为 30dB
%=============OFDM 信号产生=============
baseband_out_length = carrier_count * symbols_per_carrier * bits_per_symbol;
%计算传输数据总的比特数,为 200 × 20 × 4bit = 16000bit。16000bit 的构成为 20 个
%OFDM 符号,每个 OFDM 符号 200 个子载波,每个子载波传输 4bit 信息
carriers = (1:carrier_count) + (floor(IFFT_bin_length/4) - floor(carrier_count/2));
%计算 OFDM 符号子载波的序号,carriers 中存放的序号是 29 ~ 228
conjugate_carriers = IFFT_bin_length - carriers + 2;
%计算 OFDM 符号子载波的序号,conjugate_carriers 中存放的序号是 282 ~ 481
rand('twister',0);
baseband_out = round(rand(1,baseband_out_length));
%产生 16000bit 待传输的二进制比特流。这里存放的是发送的二进制信号与后面解调后
%的二进制信号比较,可以计算误码率。
%16QAM 调制并绘制星座图
complex_carrier_matrix = qam16(baseband_out);
```

```
%调用子程序 qam16 进行 16QAM 调制。将 baseband _ out 中的二进制比特流,每 4bit 转
%换为一个 16QAM 信号,即将二进制比特流每 4bit 转换为 -3 -3j、-3 +3j、3 -3j、3 +3j、
% -1 -3j、-1 +3j、1 -3j、1 +3j、-3 -j、-3 +j、3 -j、3 +j、-1 -j、-1 +j、1 -j、1 +j 中
%的一个。转换后 complex _ carrier _ matrix 为 1 ×4000 矩阵
complex _ carrier _ matrix = reshape…
(complex _ carrier _ matrix ',carrier _ count,symbols _ per _ carrier)';
%转换 complex _ carrier _ matrix 中的数据为 carrier _ count * symbols _ per _ carrier 矩阵,
%这里为 20 ×200 矩阵
figure(1);
plot(complex _ carrier _ matrix,'* r');% 绘制 16QAM 星座图
axis([ -4, 4, -4, 4]);
title('16QAM 调制后星座图');
grid on
%IFFT,即进行 OFDM 调制
IFFT _ modulation = zeros(symbols _ per _ carrier,IFFT _ bin _ length);
%将 symbols _ per _ carrier * IFFT _ bin _ length 矩阵赋 0 值,这里将 20 ×512 矩阵赋 0 值。
%这里 512 是 IFFT 的长度,也是 OFDM 符号的子载波个数
IFFT _ modulation(:,carriers ) = complex _ carrier _ matrix ;
%将 20 ×200 的 complex _ carrier _ matrix 的数据赋给 IFFT _ modulation 的第 29 ~228 列,
%即给 512 个子载波中的 29 ~229 个子载波赋值
IFFT _ modulation(:,conjugate _ carriers ) = conj(complex _ carrier _ matrix);
%将 20 ×200 的 complex _ carrier _ matrix 的数据赋给 512 个子载波中的第 282 ~481 个子
%载波这段程序构造了 512 个子载波的 OFDM 符号,并且各个子载波上的数据是共轭对
%称的。这样做的目的是经过 IFFT 后形成的 OFDM 符号均为实数。另外,在 512 个子载
%波中,仅有 400 个子载波为数据,其余为 0 值,相当于补零。补零的目的是通常 IFFT 的
%长度应该为 2 的整数次幂
signal _ after _ IFFT = ifft(IFFT _ modulation,IFFT _ bin _ length,2);
%IFFT 实现 OFDM 调制
time _ wave _ matrix = signal _ after _ IFFT;
figure(2);
plot(0:IFFT _ bin _ length -1,time _ wave _ matrix(2,:));
%画一个 OFDM 信号的时域表现
axis([0, 512, -0.4, 0.4]);
grid on;
ylabel('Amplitude');
xlabel('Time');
title('OFDM Time Signal, One Symbol Period');
%添加循环前缀与循环后缀
XX = zeros(symbols _ per _ carrier,IFFT _ bin _ length + GI + GIP);
```

```
%IFFT_bin_length + GI + GIP 为 OFDM、循环前缀、循环后缀长度之和
for k = 1:symbols_per_carrier;
  for i = 1:IFFT_bin_length;
    XX(k,i + GI) = signal_after_IFFT(k,i);
  end
  for i = 1:GI;
    XX(k,i) = signal_after_IFFT(k,i + IFFT_bin_length - GI);
%添加循环前缀
  end
  for j = 1:GIP;
    XX(k,IFFT_bin_length + GI + j) = signal_after_IFFT(k,j);
%添加循环后缀
  end
end
time_wave_matrix_cp = XX;%带循环前缀与循环后缀的 OFDM 符号
figure(3);
plot(0:length(time_wave_matrix_cp) - 1,time_wave_matrix_cp(2,:));
%画带循环前缀与循环后缀的 OFDM 信号的时域波形
axis([0, 600, -0.3, 0.3]);
grid on;
ylabel('Amplitude');
xlabel('Time');
title('OFDM Time Signal with CP, One Symbol Period');
%OFDM 符号加窗
windowed_time_wave_matrix_cp = zeros(1,IFFT_bin_length + GI + GIP);
for i = 1:symbols_per_carrier
windowed_time_wave_matrix_cp(i,:) = ...
real(time_wave_matrix_cp(i,:)).* rcoswindow(beta,IFFT_bin_length + GI)';
%调用 rcoswindow 产生升余弦窗,对带循环前缀与循环后缀的 OFDM 符号加窗
end
figure(4);
plot(0:IFFT_bin_length - 1 + GI + GIP,windowed_time_wave_matrix_cp(2,:));
%画加窗后的 OFDM 符号
axis([0, 700, -0.2, 0.2]);
grid on;
ylabel('Amplitude');
xlabel('Time');
title('OFDM Time Signal Apply a Window , One Symbol Period');
%生成发送信号,并串转换
```

```
windowed_Tx_data=zeros(1,symbols_per_carrier*(IFFT_bin_length+GI)+GIP);
%注意并串转换后数据的长度为 symbols_per_carrier*(IFFT_bin_length+GI)+GIP,
%这里考虑了循环前缀与循环后缀的重叠相加
windowed_Tx_data(1:IFFT_bin_length+GI+GIP)=...
windowed_time_wave_matrix_cp(1,:);
%赋第一个加窗带循环前缀后缀的 OFDM 符号至 windowed_Tx_data,即发送串行数据
for i = 1:symbols_per_carrier-1 ;
windowed_Tx_data((IFFT_bin_length+GI)*i+1:(IFFT_bin_length+GI)*...
(i+1)+GIP)=windowed_time_wave_matrix_cp(i+1,:);
%并串转换,循环前缀与循环后缀重叠相加
end
Tx_data_withoutwindow=reshape(time_wave_matrix_cp',...
(symbols_per_carrier)*(IFFT_bin_length+GI+GIP),1)';
%不加窗数据并串转换
Tx_data=reshape(windowed_time_wave_matrix_cp',(symbols_per_carrier)*...
(IFFT_bin_length+GI+GIP),1)';
%加窗数据,但按照循环前缀与循环后缀不重叠相加进行并串转换。此时数据长度为
(symbols_per_carrier)*(IFFT_bin_length+GI+GIP)
temp_time1 = (symbols_per_carrier)*(IFFT_bin_length+GI+GIP);
%加窗,循环前缀与循环后缀不重叠数据长度,即为发送的总数据比特数
figure (5)
subplot(2,1,1);
plot(0:temp_time1-1,Tx_data );
%画循环前缀与循环后缀不重叠相加 OFDM 信号的时域波形
grid on
ylabel('Amplitude (volts)')
xlabel('Time (samples)')
title('OFDM Time Signal')
temp_time2 =symbols_per_carrier*(IFFT_bin_length+GI)+GIP;
%加窗,循环前缀与循环后缀重叠相加数据长度
subplot(2,1,2);
plot(0:temp_time2-1,windowed_Tx_data);
%画循环前缀与循环后缀重叠相加 OFDM 信号的时域波形
grid on
ylabel('Amplitude (volts)')
xlabel('Time (samples)')
title('OFDM Time Signal')
%未加窗发送信号频谱
%对发送数据分段,分段计算频谱,取平均作为 OFDM 信号的频谱
```

```
symbols_per_average = ceil(symbols_per_carrier/5);
avg_temp_time = (IFFT_bin_length+GI+GIP)*symbols_per_average;
averages = floor(temp_time1/avg_temp_time);
%将发送数据分5段,每段数据长度为avg_temp_time
average_fft(1:avg_temp_time) = 0;% 存放平均后的OFDM信号的谱,先置零
for a = 0:(averages-1)
   subset_ofdm =Tx_data_withoutwindow(((a*avg_temp_time)+1):((a+1)...
*avg_temp_time));%分段
subset_ofdm_f = abs(fft(subset_ofdm));% 对分段后的OFDM信号计算频谱
average_fft = average_fft + (subset_ofdm_f/averages);% 取平均
end
average_fft_log = 20*log10(average_fft);%求对数平均谱
figure (6)
plot((0:(avg_temp_time-1))/avg_temp_time, average_fft_log);
% 画未加窗OFDM符号对数平均谱
hold on
grid on
axis([0 0.5 -20 max(average_fft_log)])
ylabel('Magnitude (dB)')
xlabel('Normalized Frequency (0.5 = fs/2)')
title('OFDM Signal Spectrum')
%计算加窗OFDM信号的频谱
%这段程序与上段程序类似,不同之处在于这段程序是对加窗OFDM信号进行分段计算
%频谱,再取平均
symbols_per_average = ceil(symbols_per_carrier/5);
avg_temp_time = (IFFT_bin_length+GI+GIP)*symbols_per_average;
averages = floor(temp_time1/avg_temp_time);
%将发送数据分5段,每段数据长度为avg_temp_time
average_fft(1:avg_temp_time) = 0;%存放平均后的OFDM信号的谱,先置零
for a = 0:(averages-1)
   subset_ofdm = Tx_data(((a*avg_temp_time)+1):...
((a+1)*avg_temp_time));%分段
   subset_ofdm_f = abs(fft(subset_ofdm));% 对分段后的OFDM信号计算频谱
   average_fft = average_fft + (subset_ofdm_f/averages);% 取平均
end
average_fft_log = 20*log10(average_fft);%求对数平均谱
subplot(2,1,2)
plot((0:(avg_temp_time-1))/avg_temp_time, average_fft_log);
% 画加窗OFDM信号对数平均谱
```

```
hold on
grid on
axis([0 0.5  -20 max(average_fft_log)])
ylabel('Magnitude (dB)')
xlabel('Normalized Frequency (0.5 = fs/2)')
title('Windowed OFDM Signal Spectrum')
%===========经过加性高斯白噪声信道========
Tx_signal_power = var(windowed_Tx_data);% 计算信号功率
linear_SNR=10^(SNR/10);% 转换对数信噪比为线性幅度值
noise_sigma=Tx_signal_power/linear_SNR;%计算噪声功率,也就是方差
noise_scale_factor = sqrt(noise_sigma);% 计算标准差
noise=randn(1,((symbols_per_carrier)*(IFFT_bin_length+GI))+GIP)*noise_
scale_factor;% 产生功率为 noise_scale_factor 高斯噪声
Rx_data=windowed_Tx_data +noise;
%在发送数据上加噪声,相当于 OFDM 信号经过加性高斯白噪声信道
%=============OFDM 信号解调====
Rx_data_matrix=zeros(symbols_per_carrier,IFFT_bin_length+GI+GIP);%存放并
行的接收数据
for i=1:symbols_per_carrier;
   Rx_data_matrix(i,:)=Rx_data(1,(i-1)*(IFFT_bin_length+GI)
      +1:i*(IFFT_bin_length+GI)+GIP);% 串并变换
end
Rx_data_complex_matrix=Rx_data_matrix(:,GI+1:GI+IFFT_bin_length);
% 去掉循环前缀与循环后缀,取出 OFDM 符号传输的数据
Y1=fft(Rx_data_complex_matrix,IFFT_bin_length,2);
% 求 FFT,即 OFDM 信号解调
Rx_carriers=Y1(:,carriers);
% 取出 carriers 序号对应的子载波上的发送数据,去掉加入的零及共轭对称部分
Rx_phase =angle(Rx_carriers);% 计算接收信号的相位特性
Rx_mag = abs(Rx_carriers);% 计算接收信号的幅度特性
[M, N]=pol2cart(Rx_phase, Rx_mag);%转换极坐标数据为直角坐标数据
Rx_complex_carrier_matrix = complex(M, N);%两个直角坐标的实数据为构成复数据
figure(7);
plot(Rx_complex_carrier_matrix,'*r');%画接收信号的星座图
axis([-4, 4, -4, 4]);
title('SNR=30dB 接收数据星座图');
grid on
%16QAM 解调
Rx_serial_complex_symbols = reshape(Rx_complex_carrier_matrix',...
```

```
  size(Rx_complex_carrier_matrix,1) * size(Rx_complex_carrier_matrix,2),1)';
%将矩阵 Rx_complex_carrier_matrix 转换为 1 的数组
Rx_decoded_binary_symbols = demoduqam16(Rx_serial_complex_symbols);
%进行 16QAM 解调
baseband_in = Rx_decoded_binary_symbols;
%将解调恢复的二进制信号存放在 baseband_in
%误码率计算
bit_errors = find(baseband_in ~ = baseband_out);
%解调恢复的二进制信号与发送二进制信号比较,查找误码
bit_error_count = size(bit_errors, 2);%计算误码个数
ber = bit_error_count/baseband_out_length;%计算误码率
%16QAM 调制子程序,子程序名称:qam16. m
%将二进制数目流转换为 16QAM 信号
function [complex_qam_data] = qam16(bitdata)
%输入参数:bitdata 为二进制数码流
%输出参数:complex_qam_data 为 16QAM 复信号
X1 = reshape(bitdata,4,length(bitdata)/4)';%将二进制数码流以 4 比特分段
d = 1;
%转换 4 比特二进制码为十进制码 1 ~ 16,生成 mapping 映射表中的索引
for i = 1:length(bitdata)/4;
for j = 1:4
  X1(i,j) = X1(i,j) * (2^(4 - j));
end
  source(i,1) = 1 + sum(X1(i,:));
end
%16QAM 映射表,该表中存放的是 16 对,每对两个实数,标识星座位置
mapping = [ -3 * d  3 * d; -d  3 * d;d  3 * d;3 * d  3 * d; -3 * d  d; -d  d; d  d;
3 * d  d; -3 * d  -d; -d  -d; d  -d;3 * d  -d; -3 * d  -3 * d; -d  -3 * d; d
 -3 * d;3 * d  -3 * d];
for i = 1:length(bitdata)/4
  qam_data(i,:) = mapping(source(i),:);%数据映射
end
complex_qam_data = complex(qam_data(:,1),qam_data(:,2));
%组合为复数形式,形成 16QAM 信号
%窗函数子程序,子程序名称:rcoswindow. m
function [rcosw] = rcoswindow(beta, Ts)
%输入参数:beta 为升余弦窗滚降系数,Ts 为 IFFT 长度加循环前缀长度
t = 0:(1 + beta) * Ts;
rcosw = zeros(1,(1 + beta) * Ts);
```

```
%计算升余弦窗,共有三部分
for i = 1:beta * Ts;
  rcosw(i) =0.5 +0.5 * cos(pi +  t(i) * pi/(beta * Ts));%计算升余弦窗第一部分
end
rcosw(beta * Ts + 1:Ts) = 1;%计算升余弦窗第二部分
for j = Ts + 1:(1 + beta) * Ts + 1;
  rcosw(j - 1) =0.5 +0.5 * cos((t(j) - Ts) * pi/(beta * Ts));
%计算升余弦窗第三部分
end
rcosw = rcosw ';% 转换为列矢量
%16QAM 信号的解调子程序,子程序名称:demoduqam16. m
%转换 16QAM 信号为二进制信号
function [demodu _ bit _ symble] = demoduqam16(Rx _ serial _ complex _ symbols)
%输入参数:Rx _ serial _ complex _ symbols 为接收端接收到的复 16QAM 信号
%输出参数:demodu _ bit _ symble 为二进制数码流
complex _ symbols = reshape(Rx _ serial _ complex _ symbols,length(Rx _ serial _ complex _
symbols),1);
d = 1;
mapping = [ -3 * d   3 * d; -d   3 * d;d   3 * d;3 * d   3 * d;  -3 * d   d;  -d   d;d...
d;3 * d d; -3 * d  -d;  -d  -d;  d  -d; 3 * d  -d; -3 * d  -3 * d;  -d  -3 * d;  d...
 -3 * d; 3 * d  -3 * d];
complex _ mapping = complex(mapping( : ,1),mapping( : ,2));
%将数据映射表转换为 16QAM 信号,即 3 组合为复数
for i = 1:length(Rx _ serial _ complex _ symbols);
  for j = 1:16;
    metrics(j) = abs(complex _ symbols(i,1) - complex _ mapping(j,1));
  end
    [min _ metric decode _ symble(i)] = min(metrics) ;
%将接收数据与标准 16QAM 信号比，找到差最小的，将其对应恢复成标准的 16QAM
信号
end
decode _ bit _ symble = de2bi((decode _ symble - 1)',' left - msb ');
%16QAM 转为二进制
demodu _ bit _ symble = reshape(decode _ bit _ symble ',...
1,length(Rx _ serial _ complex _ symbols) * 4);%转换为一行
```

仿真结果如下：

（1）发送端发送 16QAM 信号星座图，如图 3-16 所示。

（2）OFDM 信号时域波形，如图 3-17 所示。

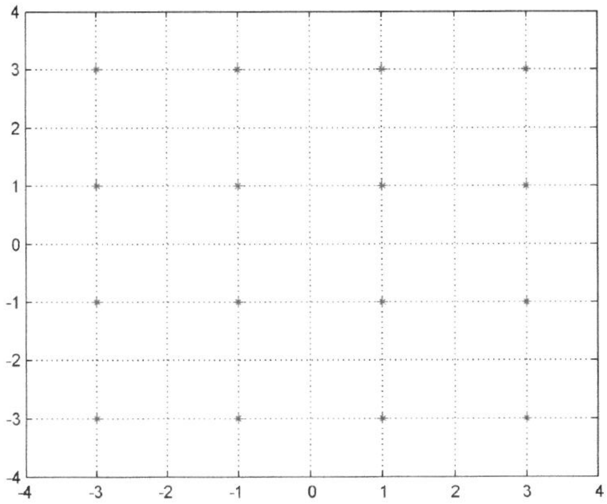

图 3-16　发送 16QAM 信号星座图

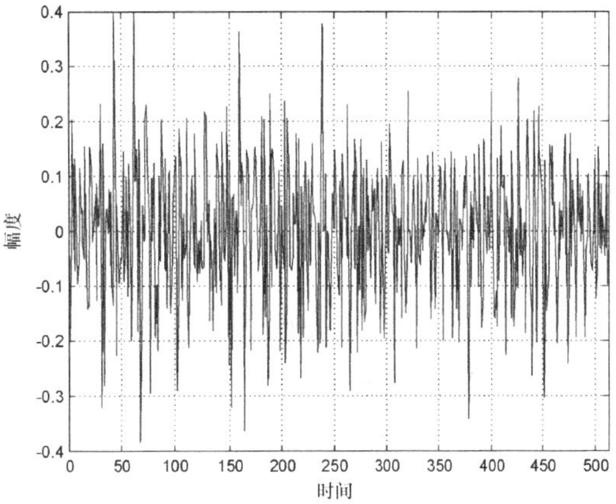

图 3-17　一个周期的 OFDM 信号时域波形

（3）带循环前缀与后缀的 OFDM 符号时域波形图，如图 3-18 所示。
（4）加窗的带循环前缀与后缀的 OFDM 信号时域波形，如图 3-19 所示。

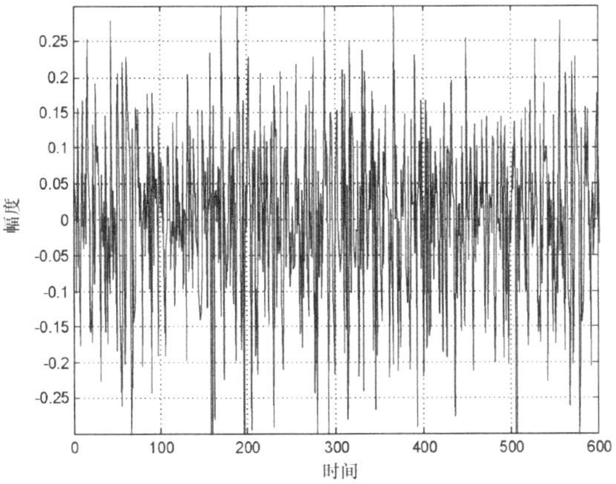

图 3-18　带循环前缀与后缀的一个周期的 OFDM 信号时域波形

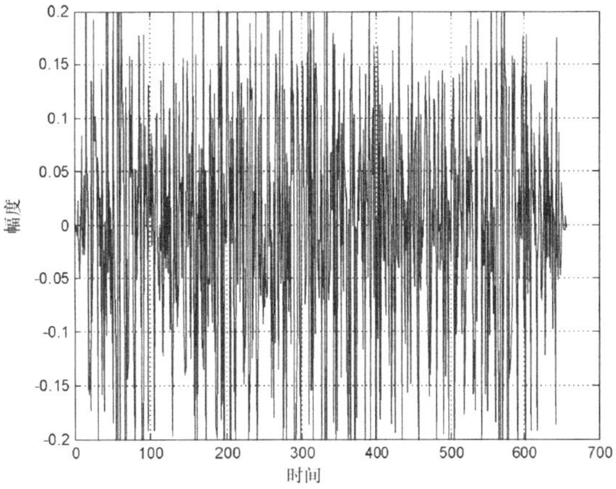

图 3-19　加窗的带循环前缀与后缀的一个周期的 OFDM 信号时域波形图

（5）循环前缀与循环后缀叠加与不叠加 OFDM 信号时域波形图，如图 3-20 所示。
（6）加窗与不加窗的 OFDM 信号频谱，如图 3-21 所示。
由频谱可以看出加窗对带外辐射的抑制。
（7）解调后的 16QAM 信号星座图，如图 3-22、图 3-23、图 3-24 所示。
（8）误码率曲线仿真，如图 3-25 所示。

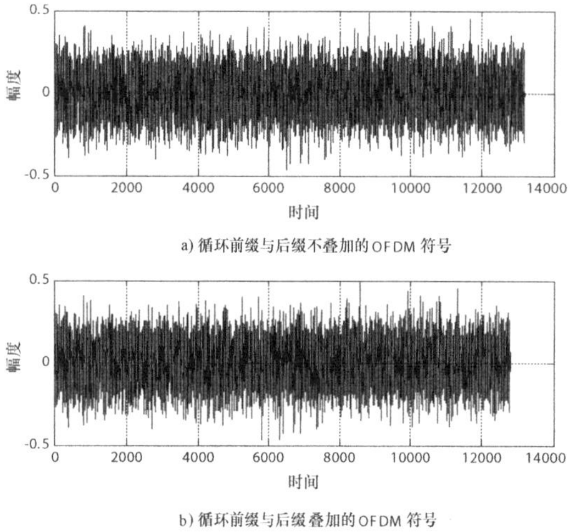

a) 循环前缀与后缀不叠加的OFDM符号

b) 循环前缀与后缀叠加的OFDM符号

图 3-20 循环前缀与循环后缀不叠加与循环前缀与循环后缀叠加 OFDM 信号时域波形图

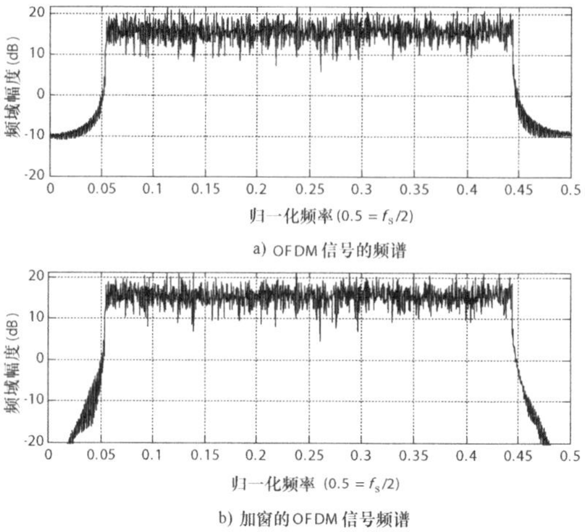

a) OFDM信号的频谱

b) 加窗的OFDM信号频谱

图 3-21 OFDM 信号频域与加窗的 OFDM 信号频谱

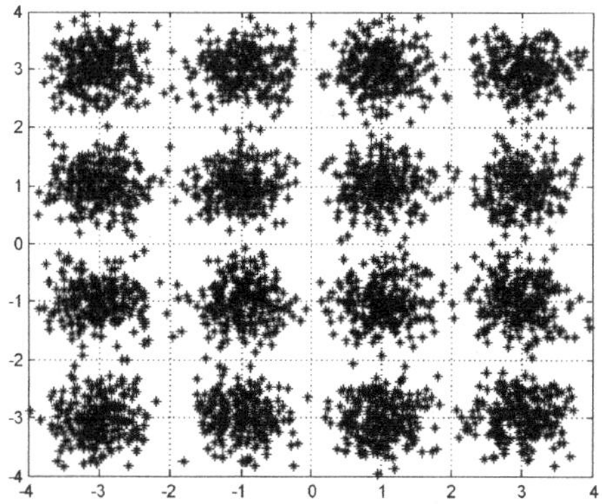

图 3-22 *SNR* = 15dB 接收数据星座图

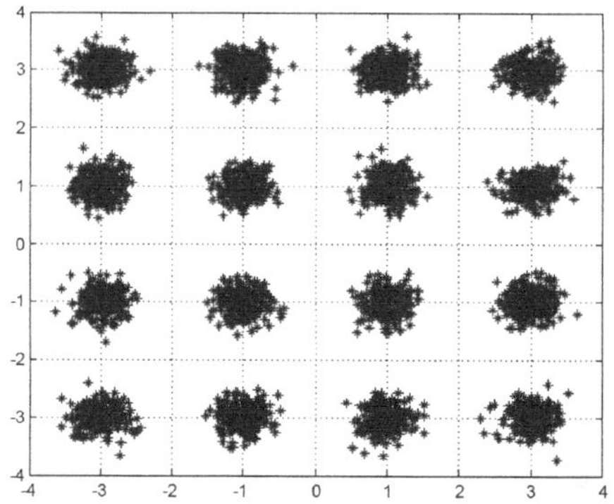

图 3-23 *SNR* = 20dB 接收数据星座图

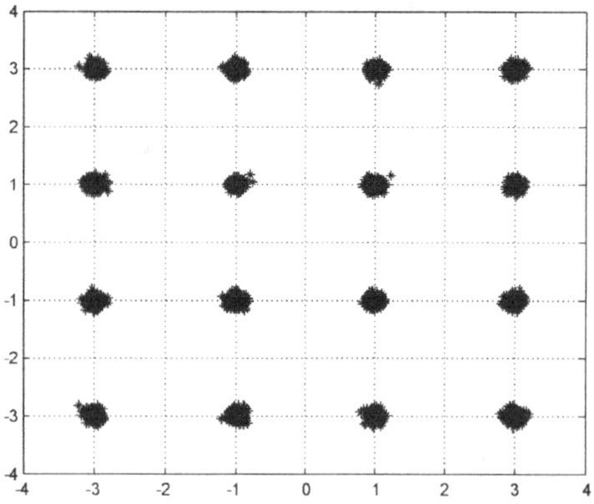

图 3-24 *SNR* = 30dB 接收数据星座图

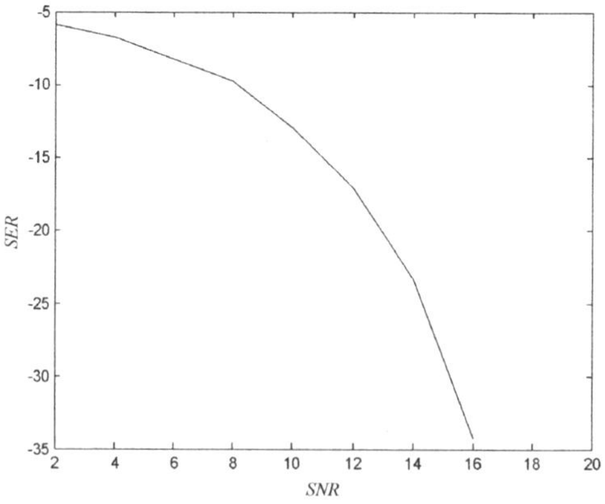

图 3-25 误码率曲线

3.8 本章小结

本章讲述了 OFDM 系统的基本原理。OFDM 系统最基本的特征是并行传输、正交重叠频谱和循环前缀。OFDM 系统把给定的频带分成多个子频带，各个子频带用相互正交的载频传输数据，这样高速串行的数据流就被以较低的码速率分配到各个子频带上并行传输。本章首先介绍了 OFDM 系统的基本概念，从时域与频域两个角度给出了正交的含义，比较了 FDM 与 OFDM 在频率利用率上的差异，然后介绍了 OFDM 系统调制与解调的原理。调制后的 OFDM 信号为各个子载波信号的叠加，其时域采样信号正好满足 IFFT 的关系式，所以 OFDM 信号的调制可用 IFFT 来快速实现，IFFT 保证了各个子载波之间的正交性。为了克服多径效应，在 OFDM 系统中对 OFDM 符号加入了保护间隔。加保护间隔不是 OFDM 系统特有的，无线通信中为了克服多径效应都会采用这种方法。采用循环前缀作为保护间隔是针对 OFDM 系统的各个子载波之间需要保持正交性设计的，因此 OFDM 系统可以有效地避免 ISI（符号间干扰）和 ICI（子载波间干扰）。本章还介绍了 OFDM 信号的带外辐射以及通过加不同滚降系数的升余弦窗对 OFDM 信号带外功率衰减影响。OFDM 系统的子载波数、带宽、每个子载波上的比特数以及每个子载波上采用的调制方式等是 OFDM 系统设计时涉及的主要参数，本章介绍了在系统给定、信道特性给定的条件下如何进行 OFDM 系统参数的选择。为了能够从整体上理解 OFDM 系统，本章给出了一个较为完整 OFDM 系统框架。在本章的最后，给出了 OFDM 系统的仿真程序。程序中包括星座映射、OFDM 调制、循环前缀、循环后缀、加窗、OFDM 解调。通过本程序可以看到发送端 OFDM 信号的时域波形、频谱图、星座图、不同信噪比下的 OFDM 解调后的星座图，并且通过本程序可以得到加性高斯白噪声信道下的不同信噪比下的误码率曲线。

思 考 题

1. 在时域内如何描述 OFDM 信号的正交性？在频域内如何描述 OFDM 信号的正交性？画出时域与频域的波形示意图。
2. 什么是保护间隔？什么是循环前缀？
3. 简要说明保护间隔的作用。
4. 简要说明循环前缀的作用。
5. 什么是 OFDM 信号的带外功率辐射？分析其产生的机理。
6. 什么是加窗技术？简要说明加窗的作用。
7. 说明升余弦窗滚降系数对 OFDM 信号功率谱密度的影响。
8. 说明图 3-1 中积分器的作用。
9. 说明图 3-13 中发送端的 S/P 与 P/S 作用，并说明为什么在发送端要加入 S/P 与 P/S。
10. 说明保护间隔与 OFDM 符号周期之间的比例关系，并计算加入保护间隔带来的速码率损失。

习 题

1. 试画出 OFDM 系统调制与解调框图，并推导其调制与解调原理。
2. 设比特率为 20MHz、最大时延扩展为 250ns、系统带宽 $<$20MHz，试确定 OFDM 系统传输方案。
3. 试解释基于 DFT/FFT 的 OFDM 系统框图工作原理。
4. 编程绘制采用 4PSK 调制时发送端星座图。
5. 编程绘制采用 4PSK 调制、信噪比为 10dB 的加性高斯白噪声信道下的接收端 OFDM 信号的星座图。
6. 编程绘制采用 4PSK 调制时误码率随信噪比变化曲线。

第4章　MIMO-OFDM 系统的容量

4.1　引言

散射丰富的无线环境中，MIMO 系统在不增加系统带宽和发射功率的情况下，能够利用多天线来抑制信道衰落，成倍地提高通信系统的容量。这是因为相对于单天线系统来说，多天线系统在理论上实现了多个并行并相互独立的信道，其中每个信道都可以达到单天线时的最大信道容量。此外，MIMO 还可以利用收发之间的多条独立传输路径获得分集增益。理论研究表明，在接收天线数大于发射天线数的情况下，MIMO 系统容量随发射天线数的增加而线性增长。相对于传统的 SISO 系统，MIMO 系统容量的提高是相当可观的。

4.2　非频率选择性信道下 MIMO 系统容量

4.2.1　MIMO 系统容量推导

典型的 MIMO 系统示意图如图 2-16 所示。在平坦衰落即非频率选择性衰落条件下，收发端均采用了阵列天线。假设发射端有 N_T 个天线，接收端有 N_R 个天线，构成了一个（N_T，N_R）的 MIMO 无线系统。在非频率选择性衰落条件下，MIMO 系统信号输入、输出关系可以用下列矢量形式描述：

$$\boldsymbol{y}=\sqrt{\frac{E_s}{N_T}}\boldsymbol{H}\boldsymbol{s}+\boldsymbol{n} \tag{4-1}$$

式中，$\boldsymbol{y}=[y_1\quad y_2\cdots\quad y_{N_R}]^T$ 是 $N_R\times1$ 的接收信号矢量；$\boldsymbol{s}=[s_1\quad s_2\cdots\quad s_{N_T}]^T$ 是 $N_T\times1$ 的发射信号矢量，且 $\boldsymbol{R}_{ss}=\varepsilon\{\boldsymbol{s}\boldsymbol{s}^H\}$，$\mathrm{Tr}(\boldsymbol{R}_{ss})=N_T$，$\boldsymbol{R}_{ss}$是发送信号 $\boldsymbol{s}$ 的自相关矩阵，$\mathrm{Tr}(\boldsymbol{R}_{ss})$是 $\boldsymbol{R}_{ss}$ 对角线上的各个元素的和，在 $\boldsymbol{R}_{ss}$对角线上的每个元素的物理含义是各个天线上发送信号 $\boldsymbol{s}$ 的功率，$\mathrm{Tr}(\boldsymbol{R}_{ss})=N_T$ 约束在每个天线上的发送信号 $\boldsymbol{s}$ 的平均功率为单位功率，故 N_T 个天线上发送信号 $\boldsymbol{s}$ 的功率总和为 N_T；$\boldsymbol{n}=[n_1\quad n_2\cdots\quad n_{N_R}]$ 是 $N_R\times1$ 的零均值循环对称复高斯随机矢量；$\boldsymbol{H}$ 即式（2-46）描述的 MIMO 系统的信道矩阵；E_s 为发送端一个符号周期的平均能量。

$\sqrt{E_s/N_T}\boldsymbol{s}$ 为每个天线上最终的发射信号，对于 $\sqrt{E_s/N_T}\boldsymbol{s}$ 来说每个天线发送功率为 E_s/N_T。在式（4-1）加系数 $\sqrt{E_s/N_T}$的目的就是对发送信号 $\boldsymbol{s}$ 的功率归一化。

在信息论中，香农信道容量 C 定义为接收信号矢量 $\boldsymbol{y}$ 与发送信号矢量 $\boldsymbol{s}$ 之间的最大互信息量，即

$$C=\max_{f(\boldsymbol{s})}I(\boldsymbol{s};\boldsymbol{y}) \tag{4-2}$$

式中，$f(\boldsymbol{s})$是矢量 $\boldsymbol{s}$ 的概率密度函数。$I(\boldsymbol{s};\boldsymbol{y})$是矢量 $\boldsymbol{s}$ 和 $\boldsymbol{y}$ 之间的互信息量，并且有

$$I(\boldsymbol{s};\boldsymbol{y})=H(\boldsymbol{y})-H(\boldsymbol{y}/\boldsymbol{s}) \tag{4-3}$$

式中，$H(\boldsymbol{y})$是矢量$\boldsymbol{y}$的差分平均信息量（差分熵）；$H(\boldsymbol{y}/\boldsymbol{s})$是给定输入矢量$\boldsymbol{s}$的输出矢量$\boldsymbol{y}$的条件差分熵。

假设$\boldsymbol{y}$和$\boldsymbol{s}$是统计独立的，则$H(\boldsymbol{y}/\boldsymbol{s})=H(\boldsymbol{n})$，所以有

$$I(\boldsymbol{s};\boldsymbol{y})=H(\boldsymbol{y})-H(\boldsymbol{n}) \tag{4-4}$$

显然，由于$H(\boldsymbol{n})$是常数，为了使得$I(\boldsymbol{s};\boldsymbol{y})$最大，只需要$H(\boldsymbol{y})$最大。对一个复随机矢量，当且仅当它是一个循环对称复高斯随机矢量时，它才具有最大的差分熵。因此，为了$H(\boldsymbol{y})$最大，则需要$\boldsymbol{y}$为零均值循环对称复高斯随机矢量。

给出差分熵信号相关函数之间的关系为

$$H(\boldsymbol{n})=\log_2[\det(\pi eN\sigma^2 I_{N_R})] \quad \text{bit/s/Hz} \tag{4-5}$$

$$H(\boldsymbol{y})=\log_2[\det(\pi e\boldsymbol{R}_{yy})] \quad \text{bit/s/Hz} \tag{4-6}$$

其中

$$\boldsymbol{R}_{yy}=\varepsilon\{\boldsymbol{y}\boldsymbol{y}^H\}=\frac{E_s}{N_T}\boldsymbol{H}\boldsymbol{R}_{ss}\boldsymbol{H}^H+N_0\boldsymbol{I}_{N_R} \tag{4-7}$$

$I(\boldsymbol{s};\boldsymbol{y})$成为

$$I(\boldsymbol{s};\boldsymbol{y})=\log_2\det\left(\boldsymbol{I}_{N_R}+\frac{E_s}{N_TN_0}\boldsymbol{H}\boldsymbol{R}_{ss}\boldsymbol{H}^H\right) \quad \text{bit/s/Hz} \tag{4-8}$$

最后，确定信道 MIMO 系统的容量为

$$C=\max_{\mathrm{Tr}(\boldsymbol{R}_{ss})=N_T}\log_2\det\left(\boldsymbol{I}_{N_R}+\frac{E_s}{N_TN_0}\boldsymbol{H}\boldsymbol{R}_{ss}\boldsymbol{H}^H\right) \quad \text{bit/s/Hz} \tag{4-9}$$

下面从发送端未知信道状态信息和已知信道状态信息两个角度来分析信道状态信息对 MIMO 系统容量的影响。

4.2.2 发送端未知信道状态信息 MIMO 系统容量

在发送端未知信道状态信息的条件下，矢量$\boldsymbol{s}$是统计独立的（也就是，$\boldsymbol{R}_{ss}=\boldsymbol{I}_{N_T}$），这意味着信号是独立的，在发送端各天线上功率是等功率分配的，则容量为

$$C=\log_2\det\left(\boldsymbol{I}_{N_R}+\frac{E_s}{N_TN_0}\boldsymbol{H}\boldsymbol{H}^H\right) \tag{4-10}$$

要注意这个不是香农容量，当已知信道状态信息时，可以得到比$\boldsymbol{R}_{ss}=\boldsymbol{I}_{N_T}$情形更大的容量。尽管如此，作为容量仍然经常提及式（4-10）。$\boldsymbol{H}\boldsymbol{H}^H$是一个$N_R\times N_R$半正定 Hermitian 矩阵。对$\boldsymbol{H}\boldsymbol{H}^H$进行奇异值分解$\boldsymbol{H}\boldsymbol{H}^H=\boldsymbol{Q}\boldsymbol{\Lambda}\boldsymbol{Q}^H$，其中$\boldsymbol{Q}$是$N_R\times N_R$的矩阵，并且$\boldsymbol{Q}^H\boldsymbol{Q}=\boldsymbol{Q}\boldsymbol{Q}^H=\boldsymbol{I}_{N_R}$，$\Lambda=\mathrm{diag}\{\lambda_1 \quad \lambda_2\cdots\lambda_{N_R}\}$，其中$\lambda_i\geqslant 0$。假设奇异值按$\lambda_i\geqslant\lambda_{i+1}$排序，那么有

$$\lambda_i=\begin{cases}\sigma_i^2 & i=1,\ 2,\ \cdots,\ r\\ 0 & i=r,\ r+1,\ \cdots,\ N_R\end{cases}$$

其中，σ_i是对$\boldsymbol{H}=\boldsymbol{U}\boldsymbol{\Sigma}\boldsymbol{V}^H$进行奇异值分解得到的奇异值，并且$\boldsymbol{\Sigma}=\mathrm{diag}\{\sigma_1 \quad \sigma_2 \quad \cdots\sigma_r\}$，则 MIMO 信道容量可以给出

$$C=\log_2\det\left(\boldsymbol{I}_{N_R}+\frac{E_s}{N_TN_0}\boldsymbol{Q}\boldsymbol{\Lambda}\boldsymbol{Q}^H\right) \tag{4-11}$$

利用对 $m \times n$ 维矩阵 $\boldsymbol{A}$ 和 $n \times m$ 维矩阵 $\boldsymbol{B}$ 的矩阵运算 $\det(\boldsymbol{I}_m + \boldsymbol{AB}) = \det(\boldsymbol{I}_n + \boldsymbol{BA})$ 和 $\boldsymbol{Q}^{\mathrm{H}}\boldsymbol{Q} = \boldsymbol{I}_{N_{\mathrm{R}}}$，将式简化为

$$C = \log_2 \det\left(\boldsymbol{I}_{N_{\mathrm{R}}} + \frac{E_{\mathrm{s}}}{N_{\mathrm{T}}N_0}\boldsymbol{\Lambda}\right)$$

或

$$C = \sum_{i=1}^{r} \log_2\left(1 + \frac{E_{\mathrm{s}}}{N_{\mathrm{T}}N_0}\lambda_i\right) \tag{4-12}$$

式中，r 为信道的秩；$\lambda_i (i=1, 2, \cdots, r)$ 是 $\boldsymbol{HH}^{\mathrm{H}}$ 的正特征值。

式（4-12）表明 MIMO 信道的容量是 r 个功率增益为 λ_i（$i=1, 2, \cdots, r$）、发送功率为 $E_{\mathrm{s}}/N_{\mathrm{T}}$ 的 SISO 信道容量的和。这意味着在发送端和接收端使用多天线技术开辟了在发送端和接收端之间的多个数据通道。由于不知道信道的状态信息，在各个数据通道上分配了相同的功率。

定义 $\boldsymbol{H}$ 的 2 范数 $\|\boldsymbol{H}\|_{\mathrm{F}}^2 = \mathrm{Tr}(\boldsymbol{HH}^{\mathrm{H}}) = \sum_{i=1}^{N_{\mathrm{R}}}\sum_{j=1}^{N_{\mathrm{T}}} |h_{i,j}|^2$，这个范数描述了信道的总功率增益。

另外，$\|\boldsymbol{H}\|_{\mathrm{F}}^2 = \sum_{i=1}^{N_{\mathrm{R}}}\lambda_i$，其中 λ_i（$i=1, 2, \cdots, N_{\mathrm{R}}$）是 $\boldsymbol{HH}^{\mathrm{H}}$ 的奇异值。限制总功率为 $\|\boldsymbol{H}\|_{\mathrm{F}}^2 = \beta$，如果信道矩阵的秩为 $N_{\mathrm{T}} = N_{\mathrm{R}} = N$，那么当 $\lambda_i = \lambda_j = \beta/N(i, j=1, 2, \cdots, N)$ 时，式（4-12）的容量为最大。为了获得最大的容量，$\boldsymbol{HH}^{\mathrm{H}} = \boldsymbol{H}^{\mathrm{H}}\boldsymbol{H} = (\beta/N)\boldsymbol{I}_N$，也就是信道矩阵 $\boldsymbol{H}$ 是正交的，则容量为

$$C = N\log_2\left(1 + \frac{\beta E_{\mathrm{s}}}{N_0 N^2}\right)$$

如果 $\boldsymbol{H}$ 在对角线上均为 1，那么 $\|\boldsymbol{H}\|_{\mathrm{F}}^2 = N^2$，并且有

$$C = N\log_2\left(1 + \frac{E_{\mathrm{s}}}{N_0}\right)$$

因此，正交 MIMO 信道的容量是标量（SISO 信道）容量的 N 倍。

4.2.3 发送端已知信道状态信息 MIMO 系统容量

在发送端可以依靠各种方法获得信道的状态信息。采用所谓的注水算法，将不同的发送功率分配到不同的发送天线，可以提高 MIMO 信道容量。注水算法功率分配的原则是给信道特性好的天线多分配功率，给信道特性差的天线少分配功率。这是一个最优的功率分配算法。

1. 注水算法

当在发送端已知 MIMO 信道的状态信息时，注水原理在条件好的信道上多分配功率，在条件差的信道上少分配功率或者不分配功率，从而使得 MIMO 信道容量最大。

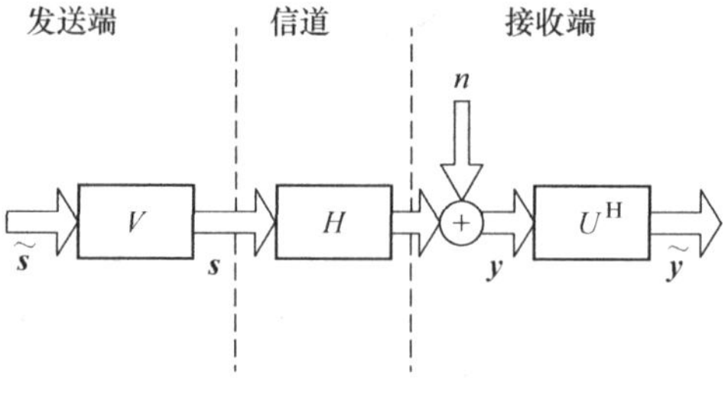

图 4-1　在发送端已知信道信息时信道分解示意图

当在发送端已知信道状态信息时，对 $\boldsymbol{H}$ 进行奇异值分解（SVD），得到的信道分解示意图如图 4-1 所示。假设发射信号为 $r \times 1$（r 为信道

矩阵 $\boldsymbol{H}$ 的秩）维 ZMCSCG 信号 $\tilde{\boldsymbol{s}}$。由图可以看出，发送矢量在发送前乘以矩阵 $\boldsymbol{V}$（$\boldsymbol{V}$ 通过对 $\boldsymbol{H}=\boldsymbol{U\Sigma V}^{\mathrm{H}}$ 奇异值分解得到），在接收端，接收信号乘以 $\boldsymbol{U}^{\mathrm{H}}$。

$$\boldsymbol{H}=\boldsymbol{U\Sigma V}^{\mathrm{H}} \tag{4-13}$$

式中，$\boldsymbol{\Sigma}$ 为 $N_{\mathrm{R}}\times N_{\mathrm{T}}$ 非负对角矩阵；$\boldsymbol{U}$ 和 $\boldsymbol{V}$ 分别是 $N_{\mathrm{R}}\times N_{\mathrm{R}}$ 和 $N_{\mathrm{T}}\times N_{\mathrm{T}}$ 的酉矩阵。则有 $\boldsymbol{UU}^{\mathrm{H}}=\boldsymbol{I}_{N_{\mathrm{R}}}$和 $\boldsymbol{VV}^{\mathrm{H}}=\boldsymbol{I}_{N_{\mathrm{T}}}$，其中 $\boldsymbol{I}_{N_{\mathrm{R}}}$、$\boldsymbol{I}_{N_{\mathrm{T}}}$分别是 $N_{\mathrm{R}}\times N_{\mathrm{R}}$ 和 $N_{\mathrm{T}}\times N_{\mathrm{T}}$ 的单位矩阵，从而得到输入输出关系为

$$\tilde{\boldsymbol{y}}=\sqrt{\frac{E_{\mathrm{s}}}{N_{\mathrm{T}}}}\boldsymbol{U}^{\mathrm{H}}\boldsymbol{HV}\tilde{\boldsymbol{s}}+\boldsymbol{U}^{\mathrm{H}}\boldsymbol{n}=\sqrt{\frac{E_{\mathrm{s}}}{N_{\mathrm{T}}}}\boldsymbol{\Sigma}\tilde{\boldsymbol{s}}+\tilde{\boldsymbol{n}} \tag{4-14}$$

式中，$\tilde{\boldsymbol{y}}$是接收信号矩阵；$\tilde{\boldsymbol{n}}$是 $r\times 1$ 为 ZMCSCG 噪声矢量，其方差矩阵为 $\boldsymbol{\varepsilon}\{\tilde{\boldsymbol{n}}\tilde{\boldsymbol{n}}^{\mathrm{H}}\}=N_0\boldsymbol{I}_r$，发送功率满足 $\boldsymbol{\varepsilon}\{\tilde{\boldsymbol{s}}\tilde{\boldsymbol{s}}\}=N_{\mathrm{T}}$。

此时 $\boldsymbol{H}$ 已分解成为图 4-2 所示的 r 个并行子信道，有

$$\tilde{y}_i=\sqrt{\frac{E_{\mathrm{s}}}{N_{\mathrm{T}}}}\sqrt{\boldsymbol{\lambda}_i}\tilde{s}_i+\tilde{n}_i \qquad i=1,\ 2,\ \cdots r$$

则 MIMO 信道的容量可以为 r 个独立并行的 SISO 信道容量之和，即

$$C=\sum_{i=1}^{r}\log_2\left(1+\frac{E_{\mathrm{s}}\gamma_i}{N_{\mathrm{T}}N_0}\boldsymbol{\lambda}_i\right) \tag{4-15}$$

$\gamma_i=\boldsymbol{\varepsilon}\{|s_i|^2\}$（$i=1,\ 2,\ \cdots,\ r$）是第 i 个子信道上的发送功率，并且$\sum_{i=1}^{r}\gamma_i=N_{\mathrm{T}}$。

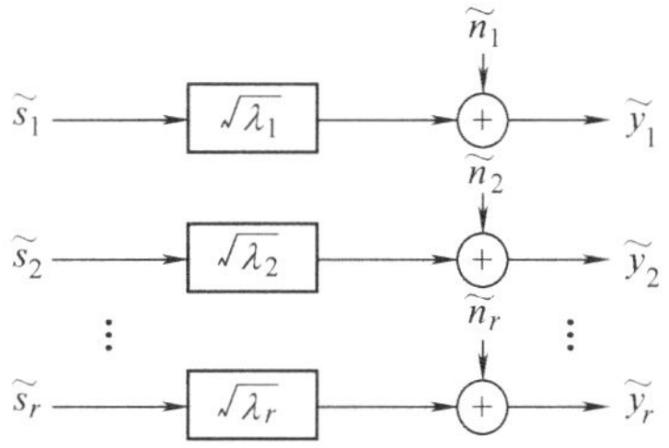

图 4-2　由分解图得到的等效并行信道示意图

发送端给各个独立的子信道分配不同的功率，可以使得互信息量最大，因此，互信息量最大化问题就成为

$$C=\max_{\sum_{i=1}^{r}\gamma_i=N_{\mathrm{T}}}\sum_{i=1}^{r}\log_2\left(1+\frac{E_{\mathrm{s}}\gamma_i}{N_{\mathrm{T}}N_0}\boldsymbol{\lambda}_i\right) \tag{4-16}$$

使用拉格朗日方法，可以给出最优的能量分配

$$\gamma_i^{\mathrm{opt}}=\left(\mu-\frac{N_{\mathrm{T}}N_0}{E_{\mathrm{s}}\boldsymbol{\lambda}_i}\right)_+ \qquad i=1,\ 2,\ \cdots,\ r \tag{4-17}$$

并且

$$\sum_{i=1}^{r}\gamma_i^{\mathrm{opt}}=N_{\mathrm{T}}$$

式中，μ 是常数，$(x)_+$表示为

$$(x)_+=\begin{cases}x & x\geqslant 0\\ 0 & x\leqslant 0\end{cases}$$

通过注水算法可以得到最优的能量分配。假设迭代次数为 p，则式（4-17）中的 μ 常数可以由下式计算：

$$\mu=\frac{N_{\mathrm{T}}}{(r-p+1)}\left[1+\frac{N_0}{E_{\mathrm{s}}}\sum_{i=1}^{r-p+1}\frac{1}{\boldsymbol{\lambda}_i}\right]$$

使用这个 μ 可以计算出第 i 个子信道分配的功率

$$\gamma_i = \left(\mu - \frac{N_T N_0}{E_s \lambda_i} \sum_{i=1}^{r-p+1} \frac{1}{\lambda_i}\right)_+ \qquad i = 1,2,\cdots,r-p+1$$

如果分配给最小增益子信道的功率为负值（也就是 $\lambda_{r-p+1} < 0$），那么通过设置 $\gamma_{r-p+1}^{opt} = 0$ 放弃这个子信道，然后重新进行迭代运算，因此，最优功率分配策略在各个空间子信道上的功率没有负值。图 4-3 描述了注水算法。显然，由于这种算法将功率分配到好的子信道，放弃了低质量信道，在这种情形下的容量要至少等于未知信道状态信息下的容量。

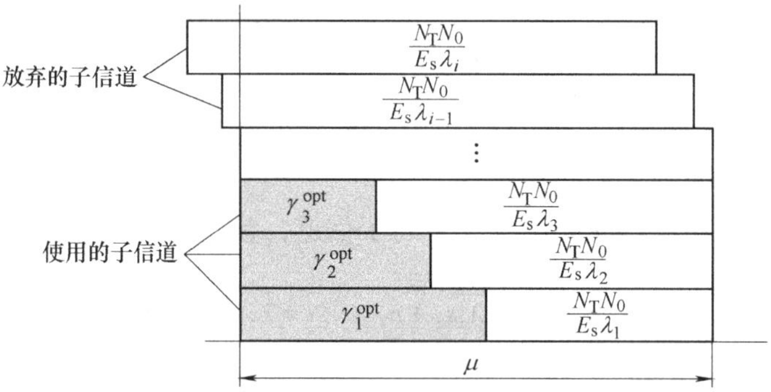

图 4-3　注水算法示意图

在发送端和接收端不知道信道状态信息情况下的信道容量是继续研究的领域之一。

2. 在发送端已知信道状态信息时的容量

这个容量已经被讨论并由式（4-16）给出

$$C = \max_{\sum_{i=1}^{r}\gamma_i = N_T} \sum_{i=1}^{r} \log_2\left(1 + \frac{E_s \gamma_i}{N_T N_0}\lambda_i\right)$$

在发送端已知信道状态信息情况下，往往采用注水功率分配方案会使容量最大化，此时有

$$C = \sum_{i=1}^{r} \log_2\left(1 + \frac{E_s \gamma_i^{opt}}{N_T N_0}\lambda_i\right) \qquad (4\text{-}18)$$

式中，γ_i^{opt} 是采用注水算法进行功率分配时第 i 个子信道上的发送功率，并且有 $\sum_{i=1}^{r}\gamma_i^{opt} = N_T$。

4.3　随机 MIMO 信道容量

前面介绍的是确定性 MIMO 信道的容量。现在讨论准静态瑞利衰落随机信道 $\boldsymbol{H}$ 下的容量。这是生活中经常遇见的情形，例如在高数据速率和低衰落的无线局域网。假设在接收端具有完备的信道状态信息，在发送端未知信道状态信息。由于无线衰落环境的多径效应和时变性，系统的信道容量不再是一个固定量，而是一个随机变量。平衰落 2 发 2 收 MIMO 信道信息速率的累计分布函数（Cumulative Distribution Function，CDF）如图 4-4 所示。图中仿真条件为 $SNR = 10\text{dB}$，并且在发送端不知道信道状态信息。

1. 各态历经（平均）容量

MIMO 信道的各态历经容量（或称平均容量，也称遍历容量）是指随机信道容量的所有

可能实现的统计平均值。一般用平均容量来衡量通信系统整体意义上的信道容量性能。在发送端未知信道状态信息时，基于式（4-11）的平均容量表示式为

$$C = \varepsilon\left\{\sum_{i=1}^{r}\log_2\left(1+\frac{\rho}{N_T}\lambda_i\right)\right\} \tag{4-19}$$

式中，$\rho = \frac{E_s}{N_0}$。表达式中求数学期望，是因为信道是随机的。由于信道矩阵 $\boldsymbol{H}$ 是随机的，与之相关的信息速率也是随机的。平均容量是 CDF 曲线的平均值。如图 4-4 所示，平均容量为 7.0467bit/s/Hz。

图 4-5 显示了不同系统平均容量随 ρ 变化的曲线。可以看到平均容量随着 ρ 的增长而增长，并且随着发送天线的个数与接收天线个数的增加而增长。

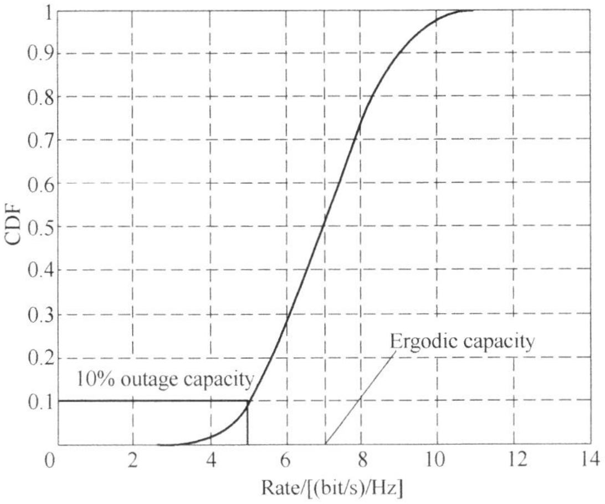

图 4-4　2 发 2 收 $SNR = 10$dB 独立同分布信道信息速率的 CDF

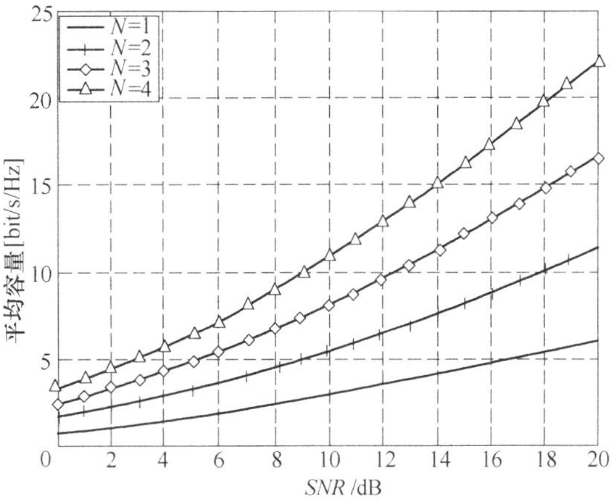

图 4-5　当 $N_T = N_R = N$ 时不同天线个数的平均容量

当发送端已知信道状态信息时，平均容量是基于注水算法的，并由式（4-20）给出

$$C = \varepsilon\left\{\sum_{i=1}^{r}\log_2\left(1+\frac{E_s\gamma_i}{N_T N_0}\lambda_i\right)\right\} \tag{4-20}$$

式（4-20）表示在对 $\boldsymbol{H}$ 的每一次实现进行最优注水算法前提下得到的容量统计平均值。

图 4-6 比较了瑞利衰落独立同分布、$N_T = N_R = 4$ 的 MIMO 信道，在发送端已知与未知信道状态信息情形下的容量。

发送端已知 CSI 的信道平均容量总比未知 CSI 的信道平均容量高。这个优点在 *SNR* 较大时不再明显。这是因为当 *SNR* 较大时，式（4-20）趋于

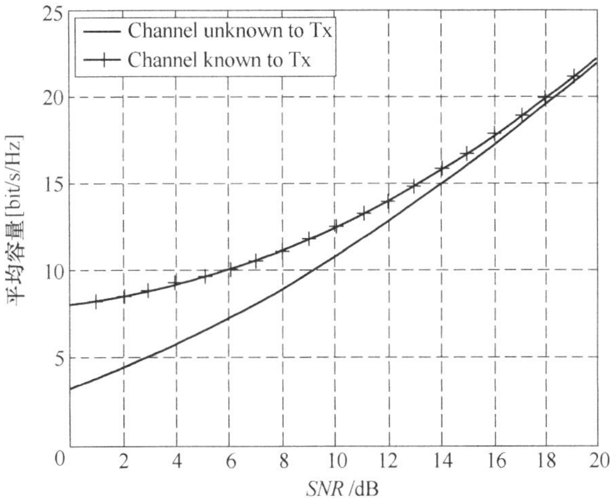

图 4-6　当 $N = 4$ 时，发送端已知和未知 CSI 的信道平均容量差值随着 *SNR* 的增加平均容量的而减小

式（4-19）。

2. 中断容量

中断容量是确保一定可靠性的容量。定义 $p\%$ 中断容量为信道可靠性为（$100-p$）% 的信息传输速率，就是 $P(C \leqslant C_{out})=p\%$，其中 $p\%$ 为中断概率，C_{out} 为中断容量。在图 4-7 中显示了 10% 中断容量。当发送端未知信道状态信息且信道为准静态随机信道时，中断容量是一个很有用的性能指标。由于发送端未知信道状态信息，就可能出现发送端信息传输速率超过信道容量的事件，从而使通信中断。$P(C \leqslant C_{out})=p\%$ 体现了中断容量与中断概率之间的折中。

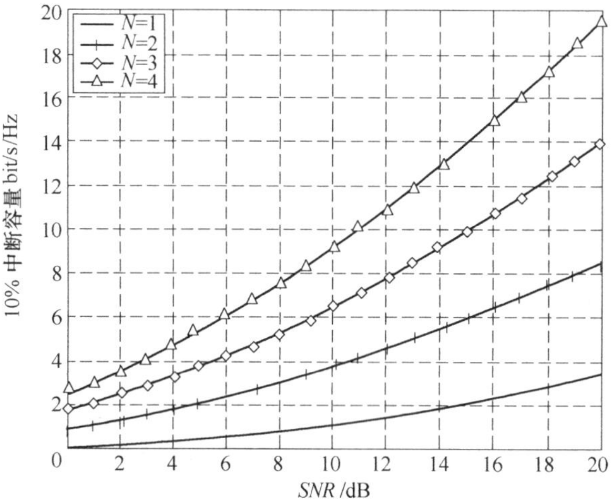

图 4-7　当 $N_T=N_R=N$ 时，随天线数增长 10% 中断容量

图 4-7 显示 10% 中断容量仿真条件是信道独立同分布、在发送端未知 CSI 的 MIMO 系统。可以看出随着 SNR 的增加容量增加，同样随着天线数的增加容量也增加。$N_T=N_R=N$ 且信道独立同分布，由式（4-10）可得到

$$\frac{1}{N}H_\omega H_\omega^H \to I_N \qquad N \to \infty$$

因此有

$$C \to N\log_2(1+\rho) \qquad \rho \text{ 是 } SNR$$

SNR 为固定值，MIMO 信道的容量随 *N* 线性增长。*SNR* 每增长 3dB，MIMO 信道会有 N bit/s/Hz 容量增加，而 SISO 信道则是 1bit/s/Hz。中断容量曲线证明了这一点。如果在发送端已知 CSI，图 4-8 显示注水算法是最好的选择方案。

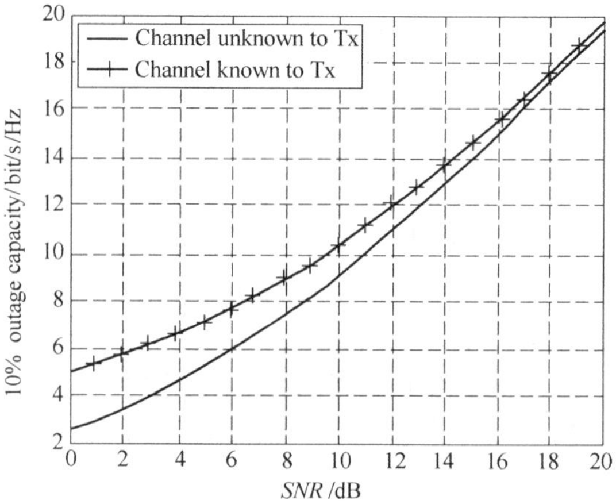

图 4-8　当 $N=4$ 时，在发射端已知和未知 CSI 情况下 10% 中断容量

4.4 频率选择性信道下 MIMO 系统容量

实际中，信道通常是宽带的并且具有频率选择性衰落。通常的处理方法是将宽带的频率选择性信道分成 N 个窄带平衰落信道，整个宽带信道的容量为 N 个窄带信道容量的总和。每个窄带的子信道的带宽为 B/NHz，其中 B 为宽带信道带宽。能够这样计算宽带信道带宽是在信道的相干带宽大于等于子信道带宽 B/N 前提下的，否则每个窄带的子信道不是平衰落信道。

定义第 i 个子信道的输入、输出关系为

$$\boldsymbol{r}_i = \boldsymbol{H}_i \boldsymbol{s}_i + \boldsymbol{n}_i \tag{4-21}$$

式中，$\boldsymbol{r}_i$ 是 $N_R \times 1$ 维的接收矢量；$\boldsymbol{s}_i$ 是 $N_T \times 1$ 维的发送矢量；$\boldsymbol{n}_i$ 是 $N_R \times 1$ 维在第 i 个子信道上的噪声矢量。

因此，整个宽带信道用矩阵形式表示为

$$\boldsymbol{R} = \boldsymbol{HS} + \boldsymbol{N} \tag{4-22}$$

式中，$\boldsymbol{R} = [\boldsymbol{r}_1^T \quad \boldsymbol{r}_2^T \quad \cdots \boldsymbol{r}_N^T]^T$ 为 $N_R N \times 1$ 维矩阵；$\boldsymbol{S} = [\boldsymbol{s}_1^T \quad \boldsymbol{s}_2^T \quad \cdots \boldsymbol{s}_N^T]^T$ 为 $N_T N \times 1$ 维矩阵；$\boldsymbol{N} = [\boldsymbol{n}_1^T \quad \boldsymbol{n}_2^T \quad \cdots \boldsymbol{n}_N^T]^T$ 为 $N_R N \times 1$ 维矩阵；$\boldsymbol{H}$ 为 $N_R N \times N_T N$ 维的块对角矩阵，其中块对角元素为 $\boldsymbol{H}_i$。

此种情况下频率选择性信道 MIMO 系统容量为

$$C_{FS} = \frac{B}{N} \max_{T_r(\boldsymbol{R}_{ss}) = NN_T} \log_2 \det\left(\boldsymbol{I}_{N_R N} + \frac{E_s}{N_T N_0} \boldsymbol{H} \boldsymbol{R}_{ss} \boldsymbol{H}^H \right) \quad \text{bit/s/Hz} \tag{4-23}$$

式中；$\boldsymbol{R}_{ss} = E\{\boldsymbol{SS}^H\}$ 是 $\boldsymbol{S}$ 矩阵的相关矩阵，$\mathrm{Tr}(\boldsymbol{R}_{ss}) = NN_T$。

下面分发送端已经信道状态信息和未知信道状态信息两种常见情形进行讨论。

4.4.1 已知信道状态信息容量

关于这种情形的处理类似于前面的频率平衰落信道。在这种情况下，以最大化频谱效率为原则，分配能量或功率在空间（天线）和频率（子信道）上，被称为空间-频率注水算法。由于注水算法仅能应用于纯正交信道，因此，使用 OFDM 技术将频率选择性信道转换为两两正交的频率平信道就成为必须的。

如果在发送端已知信道的状态信息 $\boldsymbol{H}$，可将信道分解为 $r(\boldsymbol{H})$ 模型，其中 $r(\boldsymbol{A})$ 标志矩阵 $\boldsymbol{A}$ 的秩，则参考式（4-16）此种情形下的容量可表示为

$$C_{FS} = \frac{B}{N} \max_{\sum_{i=1}^{r(\boldsymbol{H})} \gamma_i = NN_T} \sum_{i=1}^{r(\boldsymbol{H})} \log_2 \left(1 + \frac{E_s \gamma_i}{N_T N_0} \lambda_i(\boldsymbol{HH}^H) \right) \quad \text{bit/s/Hz} \tag{4-24}$$

式中，$\lambda_i(\boldsymbol{HH}^H)[i = 1, 2, \cdots, r(\boldsymbol{H})]$ 是 $\boldsymbol{HH}^H$ 的正奇异值；γ_i 是分配到第 i 个空间-频率子信道上的能量。

4.4.2 未知信道状态信息容量

在这种情形下，$\boldsymbol{R}_{ss} = \boldsymbol{I}_{N_T N}$ 表示协方差矩阵满秩（不相关），并且意味着发送功率被平均分配到空间（各个天线）和频率（各个子信道）。系统容量为

$$C_{\mathrm{FS}} \approx \frac{B}{N}\sum_{i=1}^{N}\log_2\det\left(\boldsymbol{I}_{N_{\mathrm{R}}}+\frac{E_{\mathrm{s}}}{N_{\mathrm{T}}N_0}\boldsymbol{H}_i\boldsymbol{H}_i^{\mathrm{H}}\right)\quad \mathrm{bit/s/Hz} \tag{4-25}$$

如果信道的频率响应是平坦的（考虑整个信道是窄带的）[也就是 $\boldsymbol{H}_i=\boldsymbol{H}$（$i=1, 2, \cdots, N$）]，那么有

$$C_{\mathrm{FS}}=\log_2\det\left(\boldsymbol{I}_{N_{\mathrm{R}}}+\frac{E_{\mathrm{s}}}{N_{\mathrm{T}}N_0}\boldsymbol{H}\boldsymbol{H}^{\mathrm{H}}\right) \tag{4-26}$$

这就是频率平坦 MIMO 信道容量情形。

进一步，如果 $\boldsymbol{H}_i$ 是独立同分布（i. i. d）（也就是相干带宽为 B/NHz），那么有

$$N\to\infty\ ,\ C_{\mathrm{FS}}\to C_{\mathrm{FS}}^{\infty} \tag{4-27}$$

也就是，这个频率选择性信道容量接近一个固定值。

如果信道是随机的，通常有两种容量表达形式：平均容量和中断容量。平均容量公式为

$$\overline{C}_{\mathrm{FS}} \approx E\left[\frac{B}{N}\sum_{i=1}^{N}\log_2\det\left(\boldsymbol{I}_{N_{\mathrm{R}}}+\frac{E_{\mathrm{s}}}{N_{\mathrm{T}}N_0}\boldsymbol{H}_i\boldsymbol{H}_i^{\mathrm{H}}\right)\right]\quad \mathrm{bit/s/Hz} \tag{4-28}$$

中断容量也类似地被定义。这种情形下的中断容量将比前面频率平衰落信道（在较低的中断速率）容量较大。这是由于在频率选择性信道中存在的频率分集。图 4-9 给出了详细地说明。

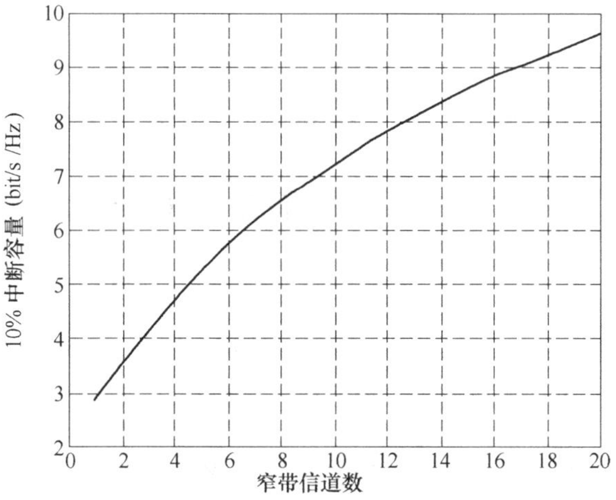

图 4-9　频率选择性信道 10% 中断容量特性

在图 4-9 中，随着频率选择性的增加，窄带信道数增加，由于频率分集的提升中断容量也相应地提升。因此，大的频率选择性，带来高的中断容量。图也表明随着频率选择性及 N 的增加曲线有变平的趋势。如式（4-27），N 趋于无穷，容量趋于常数。当 $N\to\infty$ 时，频率选择性 MIMO 信道的采样实现的中断容量等于平均容量。

4.5　MIMO-OFDM 系统的容量分析

本节将讨论在宽带衰落环境下，发送端未知 CSI，接收端有完备的 CSI，基于空间复用的无线 OFDM 系统的容量，并讨论诸如时延扩展、簇角度扩展、总角度扩展的物理参数和诸如天线个数、天线间隔的系统参数对容量的影响，分平均容量和中断容量两个角度来进行分析。

4.5.1　MIMO-OFDM 系统容量推导

关于 MIMO-OFDM 系统容量的推导，是在以下假设条件下进行的。

1. 传播环境

假设移动台被许多本地散射物围绕，则在移动台天线上的衰落是空间不相关的。基站足

够高，保证数据畅通无阻，并且没有本地散射存在。因此，在基站上的空间衰落的相关性依基站天线间隔、在基站阵列观察到的角度扩展、信道的相干距离而定，考虑了信道多径效应但是忽略了阴影效应。这些假设对蜂窝环境是典型的，其基站是在高楼或在高的建筑物顶，移动台在大街上并经历本地散射。上行链路情况是这样，下行链路情况与其类似。

2. 信道

假设有 L 个可分辨的散射簇，同一个散射簇中的各个路径经历相同的时延。在散射体内微小的变化将被忽略。设 $\boldsymbol{s}(n)$ 是 $N_{\mathrm{T}}\times 1$ 维的发送信号矢量，$\boldsymbol{r}(n)$ 是 $N_{\mathrm{R}}\times 1$ 维的接收信号矢量，那么

$$\boldsymbol{r}[n] = \sum_{l=0}^{L-1}\boldsymbol{H}_l\boldsymbol{s}[n-l] \tag{4-29}$$

式中，$N_{\mathrm{R}}\times N_{\mathrm{T}}$ 维复随机矩阵 $\boldsymbol{H}_l$ 表示第 l 径离散 MIMO 衰落信道冲激响应。

在式（4-29）描述的信道模型中假设信道有 L 个可识别路径，其中 $L=[B\tau]$，B 和 τ 分别表示信号带宽和时延扩展。$\boldsymbol{H}_l$ 是 ZMCSCG。不同的散射簇是不相关的，也就是是

$$E[vec\{\boldsymbol{H}_l\}vec^{\mathrm{H}}\{\boldsymbol{H}_{l'}\}) = 0_{N_{\mathrm{R}}N_{\mathrm{T}}} \qquad l\neq l' \tag{4-30}$$

式中，E 表示数学期望；上角标 H 表示共轭转置；$vec\{\boldsymbol{H}_l\}=[\boldsymbol{h}_{l,0}^{\mathrm{T}}\boldsymbol{h}_{l,1}^{\mathrm{T}}\cdots\boldsymbol{h}_{l,N_{\mathrm{T}}-1}^{\mathrm{T}}]^{\mathrm{T}}$，其中 $\boldsymbol{h}_{l,k}$ 是矩阵 $\boldsymbol{H}_l$ 的列矢量；$0_{N_{\mathrm{R}}N_{\mathrm{T}}}$表示 $N_{\mathrm{R}}N_{\mathrm{T}}\times N_{\mathrm{R}}N_{\mathrm{T}}$ 维的所有元素均为零的矩阵。每个散射簇在基站平均到达角为 θ_l，簇角度扩展为 δ_l（与簇散射半径呈正比），路径增益为 σ_l^2。

3. 天线阵列

假设基站和移动台之间采用均匀线性阵列（ULA）天线。相对天线距离定义为 $\Delta=d/\lambda$，其中 d 为天线的绝对距离，$\lambda=c/f_{\mathrm{c}}$ 是中心频率为 f_{c} 的窄带信号的波长。

4. 衰落统计

假设 $\boldsymbol{h}_{l,k}(l=0, 1, \cdots, L-1;\ k=0, 1, \cdots, N_{\mathrm{T}}-1)$ 是零均值，也就是瑞利衰落，并且 $N_{\mathrm{R}}\times N_{\mathrm{R}}$ 维相关矩阵 $\boldsymbol{R}_l=E\{\boldsymbol{h}_{l,k}\quad \boldsymbol{h}_{l,k}^{\mathrm{H}}\}$ 是独立于 k 或者说衰落统计对所有发送天线是相同的。

定义 $\rho_l(s\Delta,\bar{\theta}_l,\delta_l)=E\{h_{l,k}^{r}(h_{l,k}^{(r+s)})^{*}\}(l=0, 1, \cdots, L-1;\ k=0, 1, \cdots, N_{\mathrm{T}}-1)$ 为间隔为 $s\Delta$ 个波长的两个基站天线阵元之间的衰落相关系数。相关矩阵 $\boldsymbol{R}_l$ 可以表示为

$$[\boldsymbol{R}_l]_{m,n}=\sigma_l^2\rho_l((n-m)\Delta,\bar{\theta}_l,\delta_l) \tag{4-31}$$

将 $N_{\mathrm{R}}\times N_{\mathrm{R}}$ 维相关矩阵 $\boldsymbol{R}_l$ 按 $\boldsymbol{R}_l=\boldsymbol{R}_l^{1/2}\boldsymbol{R}_l^{1/2}$ 进行分解，$\boldsymbol{R}_l^{1/2}$ 的维数为 $N_{\mathrm{R}}\times N_{\mathrm{R}}$，$N_{\mathrm{R}}\times N_{\mathrm{T}}$ 维矩阵 $\boldsymbol{H}_l$ 可写为

$$\boldsymbol{H}_l=\boldsymbol{R}_l^{1/2}\boldsymbol{H}_{\omega,l} \qquad l=0, 1, \cdots, L-1 \tag{4-32}$$

式中，$\boldsymbol{H}_{\omega,l}$是 $N_{\mathrm{R}}\times N_{\mathrm{T}}$ 维各元素服从独立同分布 CN(0, 1) 的不相关矩阵。式（4-32）将随机 MIMO 信道冲激响应第 l 径分解为确定性的基站空间衰落相关矩阵 $\boldsymbol{R}_l^{1/2}$ 和由独立同分布复高斯随机变量 $\boldsymbol{H}_{\omega,l}$构成的随机矩阵的乘积。

假设基站的第 $l(l=0, 1, \cdots, L-1)$ 径的到达角是服从围绕平均到达角度$\bar{\theta}_l$ 的高斯分布［也就是实际的到达角度 $\theta_l=\bar{\theta}_l+\hat{\theta}_l$，其中 $\hat{\theta}_l\sim N(0, \sigma_{\theta_l}^2)$］。方差 $\sigma_{\theta_l}^2$与角度扩展 δ_l 呈正比，因此与第 l 径簇的散射半径也呈正比。对于小角度扩展相关函数可近似为

$$\rho_l(s\Delta,\bar{\theta}_l,\delta_l)\approx \mathrm{e}^{-\mathrm{j}2\pi s\Delta\cos(\bar{\theta}_l)}\mathrm{e}^{-\frac{1}{2}[2\pi s\Delta\sin(\bar{\theta}_l)\sigma_{\theta_l}]^2} \tag{4-33}$$

式（4-33）近似适用于小角度扩展，不适用于大角度扩展（对大角度扩展情形，仅仅

近似能够描述一种趋势)，例如不相关的空间衰落。注意如果 $\sigma_{\theta_l}=0$，相关矩阵退化为秩为 1 的矩阵，并且可写为 $\boldsymbol{R}_l=\sigma_l^2 a(\bar{\theta}_l)a^{\mathrm{H}}(\bar{\theta}_l)$，其中 ULA 的响应矢量可表示为

$$\boldsymbol{a}(\theta)=\begin{bmatrix}1 & \mathrm{e}^{\mathrm{j}2\pi\Delta\cos(\theta)} & \cdots & \mathrm{e}^{\mathrm{j}2\pi(N_{\mathrm{R}}-1)\Delta\cos(\theta)}\end{bmatrix}^{\mathrm{T}} \tag{4-34}$$

下面推导基于 OFDM 的空间复用系统的互信息量表达式。

空间复用可以在不增加功率和带宽开销的前提下大大地提高无线链路的容量。由于使用了多个天线，在平均容量方面，MIMO 系统超过 SISO 系统，这种容量增益被称之为多路复用技术增益。OFDM 将频率选择信道转换为频率平衰落信道，这就使得在每个 OFDM 子载波上，可以使用简单的均衡，仅仅进行常数矩阵的求逆运算即可。在基于 OFDM 的空间复用系统的发送端，数据流经过 OFDM 调制，然后从 N_{T} 个发送天线同时发射，如图 4-10 所示。在接收端，各个信号通过 OFDM 解调器分离，然后译码。假设循环前缀的长度大于信道的最大时延扩展，这将避免 ISI。这个假设可以将一个频率选择性信道转换为一组并行的频率平衰落信道。发送数据可以用频率矢量 $\boldsymbol{s}_k=[s_k^0 \quad s_k^1 \quad \cdots \quad s_k^{(N_{\mathrm{T}}-1)}]$ 表示，其中 s_k^i 表示在第 i 个天线、第 k 个子载波上发送的数据符号，并且定义

$$\boldsymbol{H}(\mathrm{e}^{\mathrm{j}2\pi\theta})=\sum_{l=0}^{L-1}\boldsymbol{H}_l\mathrm{e}^{-\mathrm{j}2\pi l\theta}(0\leqslant\theta<1),$$

则有

$$\hat{\boldsymbol{s}}_k=\boldsymbol{H}(\mathrm{e}^{\mathrm{j}2\pi\frac{k}{N}})\boldsymbol{s}_k+\boldsymbol{n}_k \tag{4-35}$$

式中，$\hat{\boldsymbol{s}}_k$ 是第 k 个子载波上的接收数据矢量；N 是总的 OFDM 子载波数；$\boldsymbol{n}_k$ 是加性高斯白噪声，其满足

$$E\{\boldsymbol{n}_k\boldsymbol{n}_l^{\mathrm{H}}\}=\sigma_{\mathrm{n}}^2\boldsymbol{I}_{N_{\mathrm{R}}}\delta[k-l] \tag{4-36}$$

式中，$\boldsymbol{I}_{N_{\mathrm{R}}}$是 N_{R} 维单位矩阵。

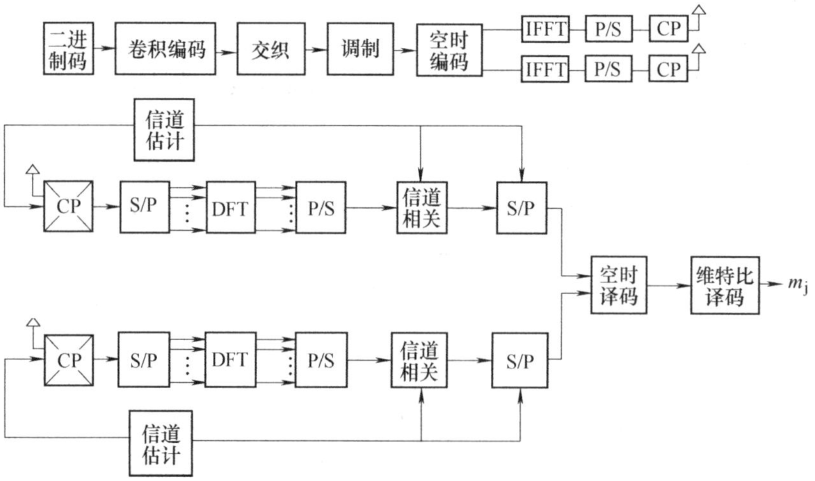

图 4-10　空时编码 IEEE802.11a 系统结构

由式（4-35）可以看出，均衡需求在每个子载波 $k=0$，1，…，$N-1$ 上的常数矩阵的逆。

将 $\hat{\boldsymbol{s}}_k$、$\boldsymbol{s}_k$ 及 $\boldsymbol{n}_k$ 用如下矢量表示：

$$\hat{\boldsymbol{s}}=[\hat{\boldsymbol{s}}_0^{\mathrm{T}} \quad \hat{\boldsymbol{s}}_1^{\mathrm{T}} \quad \cdots \quad \hat{\boldsymbol{s}}_{N-1}^{\mathrm{T}}],\boldsymbol{s}=[\boldsymbol{s}_0^{\mathrm{T}} \quad \boldsymbol{s}_1^{\mathrm{T}} \quad \cdots \quad \boldsymbol{s}_{N-1}^{\mathrm{T}}],\boldsymbol{n}=[\boldsymbol{n}_0^{\mathrm{T}} \quad \boldsymbol{n}_1^{\mathrm{T}} \quad \cdots \quad \boldsymbol{n}_{N-1}^{\mathrm{T}}]$$

式中，$\hat{s}$ 和 $\boldsymbol{n}$ 是 $N_{\mathrm{R}}N\times1$ 维矢量；$\boldsymbol{s}$ 是 $N_{\mathrm{T}}N\times1$ 维矢量。由式（4-36），可以推断噪声矢量 $\boldsymbol{n}$ 是白噪声，就是

$$E\{\boldsymbol{n}\boldsymbol{n}^{\mathrm{H}}\}=\sigma_{\mathrm{n}}^{2}\boldsymbol{I}_{N_{\mathrm{R}}N}$$

$\boldsymbol{H}$ 是一个 $NN_{\mathrm{R}}\times NN_{\mathrm{T}}$ 维块对角矩阵，就是

$$\boldsymbol{H}=\mathrm{diag}\{\boldsymbol{H}(\mathrm{e}^{\mathrm{j}2\pi\frac{k}{N}})\}_{k=0}^{N-1}$$

则式（4-35）可改写为

$$\hat{s}=\boldsymbol{H}\boldsymbol{s}+\boldsymbol{n} \tag{4-37}$$

假设在一个 OFDM 符号期间信道保持不变（准静态信道）。借助式（4-37），在平均功率受限的前提下，基于 OFDM 的空间复用系统的互信息量［（bit/s）/Hz］可以表示为

$$\boldsymbol{I}=\frac{1}{N}\log_{2}\left[\det\left(\boldsymbol{I}_{N_{\mathrm{R}}N}+\frac{1}{\sigma_{\mathrm{n}}^{2}}\boldsymbol{H}\boldsymbol{\Sigma}\boldsymbol{H}^{\mathrm{H}}\right)\right] \tag{4-38}$$

式中，$\boldsymbol{\Sigma}$ 满足 $\mathrm{Tr}(\boldsymbol{\Sigma})\leqslant P$，是输入高斯矢量 $\boldsymbol{s}$ 的协方差矩阵，其中 P 是总发送功率，Tr 表示一个矩阵的迹。

由于在一个 OFDM 符号中发送 N 个数据符号，因此，互信息量被 N 归一化。忽略了因循环前缀带来的谱效率损失。$NN_{\mathrm{T}}\times NN_{\mathrm{T}}$ 维矩阵 $\boldsymbol{\Sigma}$ 是一个块对角矩阵，即

$$\boldsymbol{\Sigma}=\mathrm{diag}\ \{\boldsymbol{\Sigma}_{k}\}_{k=0}^{N-1}$$

式中，$N_{\mathrm{T}}\times N_{\mathrm{T}}$ 维矩阵 $\boldsymbol{\Sigma}_{k}$ 是高斯矢量 $\boldsymbol{s}_{k}$ 的协方差矩阵，通过发送天线和 OFDM 信号的子载波进行功率分配。这意味着功率不仅分配到各个天线，还要分配给各个天线上的子载波。如果在发送端不知道 CSI，将均匀分配功率给每个天线和每个子载波。如果有信道信息，为了获得最大的容量，要借助注水算法进行功率分配。在发送端，目前不知道信道信息，就将总的功率平均分配到各个天线和 OFDM 的各个子载波上。因此，$\boldsymbol{\Sigma}_{k}=\dfrac{P}{N_{\mathrm{T}}N}\boldsymbol{I}_{N_{\mathrm{T}}}$（$k=0,1,\cdots,N-1$），这个很容易验证 $\mathrm{Tr}(\boldsymbol{\Sigma})=P$。借助式（4-38），可得

$$\boldsymbol{I}=\frac{1}{N}\sum_{k=0}^{N-1}\boldsymbol{I}_{k}=\frac{1}{N}\sum_{k=0}^{N-1}\log_{2}\left\{\det\left[\boldsymbol{I}_{N_{\mathrm{R}}}+\rho\boldsymbol{H}\left(\mathrm{e}^{\mathrm{j}2\pi\frac{k}{N}}\right)\boldsymbol{H}^{\mathrm{H}}\left(\mathrm{e}^{\mathrm{j}2\pi\frac{k}{N}}\right)\right]\right\} \tag{4-39}$$

式中，$\rho=\dfrac{P}{N_{\mathrm{T}}N\sigma_{\mathrm{n}}^{2}}$。称 $\boldsymbol{I}_{k}$ 为第 k 个 MIMO-OFDM 子载波上的互信息量。由于 $\boldsymbol{H}[\mathrm{e}^{\mathrm{j}2\pi(k/N)}]$ 是随机的，$\boldsymbol{I}_{k}$ 也是随机的。

$\boldsymbol{I}_{k}$ 的分布独立于 k，并且有

$$\boldsymbol{I}_{k}\propto\log_{2}[\det(\boldsymbol{I}_{N_{\mathrm{R}}}+\rho\boldsymbol{\Lambda}\boldsymbol{H}_{\omega}\boldsymbol{H}_{\omega}^{\mathrm{H}})]\qquad k=0,1,\cdots,N-1 \tag{4-40}$$

式中，$\boldsymbol{\Lambda}$ 定义为总和相关矩阵 $\boldsymbol{R}$（定义为 $\boldsymbol{R}=\sum_{l=0}^{L-1}\boldsymbol{R}_{l}$）的特征值，并且 $\boldsymbol{\Lambda}=\mathrm{diag}\{\lambda_{i}(\boldsymbol{R})\}_{i=0}^{N_{\mathrm{R}}-1}$ 其中 $\lambda_{i}(\boldsymbol{R})$ 表示 $\boldsymbol{R}$ 的第 i 个特征值；$\boldsymbol{H}_{\omega}$ 是一个 $N_{\mathrm{R}}\times N_{\mathrm{T}}$ 为服从 $CN(0,1)$ 的独立同分布随机矩阵。

4.5.2 信道和系统参数对容量的影响

现在研究信道和系统参数对 MIMO-OFDM 系统平均容量和中断容量的影响。

1. 各态历经情形

平均容量由式（4-39）得到

$$C = E\left\{\frac{1}{N}\sum_{k=0}^{N-1}\boldsymbol{I}_k\right\}$$

如前所述，所有的$\boldsymbol{I}_k(k=0, 1, \cdots, N-1)$具有如式（4-40）表述的相同分布，所以平均容量可写为

$$C = E\{\log_2[\det(I_{N_R} + \rho\boldsymbol{\Lambda}\boldsymbol{H}_\omega\boldsymbol{H}_\omega^H)]\} \tag{4-41}$$

可见，$\boldsymbol{H}_\omega$ 在表达式中起重要作用。假设 N_T 足够大，N_R 为一个固定值，$\frac{1}{N_T}\boldsymbol{H}_\omega\boldsymbol{H}_\omega^H \to \boldsymbol{I}_{N_R}$，则有

$$C = \log_2[\det(\boldsymbol{I}_{N_R} + \bar{\rho}\boldsymbol{\Lambda})] \tag{4-42}$$

式中，$\bar{\rho} = N_T\rho = \frac{P}{N\sigma_n^2}$。在低 *SNR*（也就是说，对于小的 $\bar{\rho}$ 和大的 N_T）时，由式（4-42）可以得到

$$C = \log_2\left\{\prod_{i=0}^{N_R-1}[1 + \bar{\rho}\lambda_i(\boldsymbol{R})]\right\} \approx \log_2[1 + \bar{\rho}\mathrm{Tr}(\boldsymbol{R})]$$

其中在 $\bar{\rho}$ 中的高阶项已经被忽略。在低信噪比时，平均容量由总和相关矩阵 R 的迹决定。由于发送信号功率是常数，则 $\mathrm{Tr}(\boldsymbol{R})$是固定值，以至于当信噪比较低时，信道的时延扩展不影响平均容量。

在信噪比较大时，有

$$C = \sum_{i=0}^{N_R-1}\log_2[1 + \bar{\rho}\lambda_i(\boldsymbol{R})] \tag{4-43}$$

这意味着总和相关矩阵 $\boldsymbol{R} = \sum_{l=0}^{L-1}\boldsymbol{R}_l$ 的特征值决定了平均容量。特征值的个数越多，信道时延路径就越多。信道时延路径越多，从发送端到接收端的通路就越多。要注意特征值的个数决定了总和相关矩阵的秩。每个时延路径提供一个特征值，所以时延路径的个数越多，信道的容量越高。当 $\mathrm{Tr}(\boldsymbol{R}) = 1$ 时，如果 $\lambda_i(\boldsymbol{R}) = \frac{1}{N_R}(i=0, 1, \cdots, N_R-1)$，并且 N_T 有限，式（4-41）有最大值即容量会最大化。这意味着 $\lambda_i(\boldsymbol{R})$若不是常数，则会带来平均容量的损失或多路复用增益的减小。

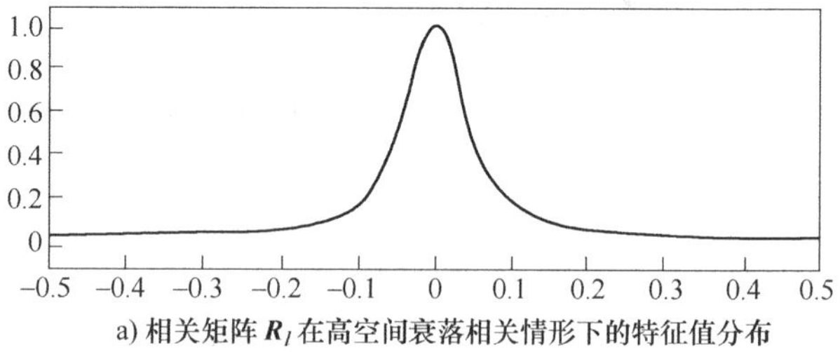

a) 相关矩阵 $\boldsymbol{R}_l$ 在高空间衰落相关情形下的特征值分布

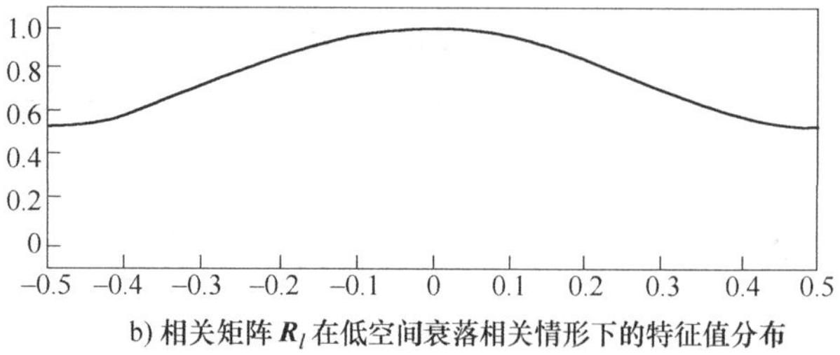

b) 相关矩阵 $\boldsymbol{R}_l$ 在低空间衰落相关情形下的特征值分布

图 4-11　相关矩阵 $\boldsymbol{R}_l$ 特征值分布

下面讨论簇角度扩展和天线间距对平均容量的影响。

如果簇角度扩展比较小或天线间隔比较小（会发生在基站和移动台距离较远时），那么时延路径将是相关的并且比较少，反之亦然。观察特征值的分布这种情况就显而易见。由图 4-11a、b 可以看出，相关性强时特征值分布是个尖峰，相反，不相关时特

征值分布比较宽。

平的特征值分布意味着大的时延扩展、大的总和角度扩展和更多的特征值。当总和角度比较小时，天线相关性较强，因而特征值数减小，特征值分布变得尖，容量也减小。当总和角度扩展比较大时，特征值分配变得比较平，因而容量增加。因此，在特征值分配、角度扩展（总和角度扩展和簇角度扩展）以及容量之间有密切的关系。这个在文献［28］中进行了数学的证明。图4-12a、b显示了总和角度扩展分别为22.5°和90°的三径信道极限分布。前者的容量是7.3（bit/s）/Hz，后者容量为9.87（bit/s）/Hz。记住这个结论是建立在假设时延扩展决定总和角度扩展的基础上的。

假设$Tr(\boldsymbol{R})$不变，信道为小簇角度扩展、平衰落。在这种情况下，$\boldsymbol{R}=\boldsymbol{R}_l$，秩为1。这时矩阵$\boldsymbol{\Lambda H}_{\omega}\boldsymbol{H}_{\omega}^{\mathrm{H}}$仅有一个数据通道（也就是说，没有多路复用增益）。将这种情况与$L \geqslant N_{\mathrm{R}}$有时延扩展、每个$\boldsymbol{R}_l$（$l=0, 1, \cdots, L-1$）的秩为1，但是总和相关矩阵$\boldsymbol{R}$满秩情形比较，将会发生什么呢？充分大的总和角度扩展是必须的。显然，在这种情况下，$\boldsymbol{R}$的秩比平衰落情形要高，N_{R}个数据通道被打开，可以获得高的平均容量。因此，可以给出这样的结论：在实际中，MIMO时延扩展信道可以提供比MIMO平衰落信道更大的平均容量。

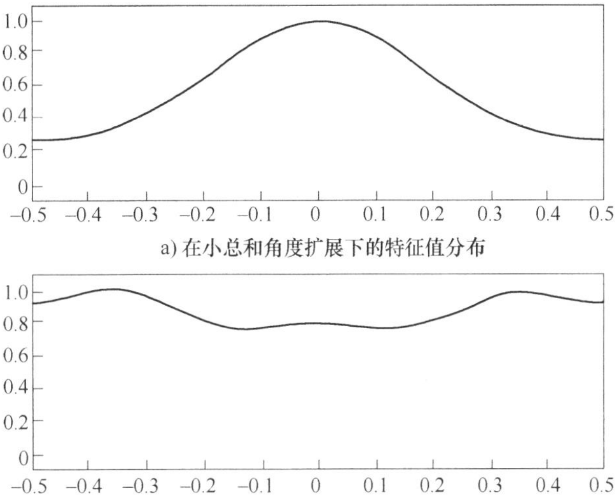

b) 在大总和角度扩展下的特征值分布

图4-12　角度扩展为固定值时总和相关矩阵$\boldsymbol{R}=\sum_{l=0}^{L-1}\boldsymbol{R}_l$特征值分布

2. 非各态历经情形

IEEE802.11a属于上述情况。在文献［29］中，证明了在中断概率或中断容量方面，SISO时延扩展信道比平衰落信道具有很大的优势。中断特性取决于信道的分集自由度。现在这种情况，存在空间分集和频率分集。因此，可以推断两个分集可以提供给系统中断容量。假设一个码字横跨一个块，重新定义给定速率R的中断概率为$\boldsymbol{I}=\frac{1}{N}\sum_{k=0}^{N-1}\boldsymbol{I}_k$降至该速率$R$下的概率。$I$的分布用于分析计算是困难的，为此采用仿真。所有的$\boldsymbol{I}_k$有同样的分布。$\boldsymbol{I}_k$之间的相关依赖于系统中的时延扩展。为分析这些，考虑两个极端的情形——平衰落和大的延时扩展。在时延扩展较大时，由于在信道中有大量的独立衰落径，$\boldsymbol{I}_k$之间的相关性较小。I的均值不依赖于$\boldsymbol{I}_k$之间的相关性，并由式（4-41）给出，但是I的方差非常依赖空间-频率分集数量。因此，这决定了中断特性。如果用σ_I^2表示$\boldsymbol{I}_k$的方差（记住$\boldsymbol{I}_k$的分布是独立于k)，在平衰落信道有$Var(I)=\sigma_I^2$，在大的时延扩展情况（在$\boldsymbol{I}_k$解相关的理想假设）有$Var(I)=\frac{1}{N}\sigma_I^2$。图4-13a、b分别显示了一个64个子载波的OFDM系统（IEEE802.11）在平衰落和大的时延扩展情况下的I柱状图。可以看出在大的时延扩展情况下，分布非常集中地围绕着均值。在速率为7.5（bit/s）/Hz下，由图4-13可以明显地看出，大的时延扩展的中断概率低于平衰落信道情况。

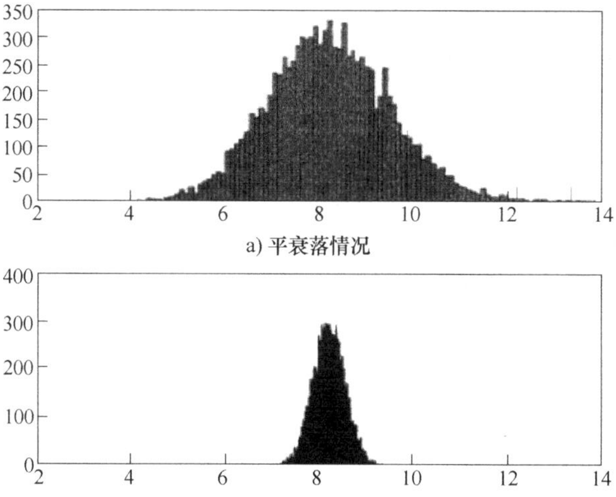

a) 平衰落情况

b) 大的时延扩展情况

图 4-13　*I* 柱状图

相关矩阵 $\boldsymbol{R}_l$（$l=0$，1，…，$L-1$）的秩可以推定 MIMO 信道每个路径的空间自由度（与分集增益），要注意是单个相关矩阵的秩而非总和相关矩阵的秩，由此可推定中断容量。举例说明，假设所有 $\boldsymbol{R}_l$ 的秩为 1，总和相关矩阵满秩。在这种情况下，很容易从式（4-32）得出，每个路径的自由度为 N_T，因此，信道的总自由度为 LN_T，自由度的测定并未涉及总和相关矩阵的秩。当单个相关矩阵是满秩时，总和相关矩阵也是满秩，这时信道的自由度的个数为 $LN_\mathrm{T}N_\mathrm{R}$，并且可以获得比完全相关更好的终端特性。

4.5.3　仿真

仿真条件：1000 次 MonteCarlo 仿真、时延功率谱按指数衰减、OFDM 的子载波个数为 512、CP 长度为 64、相对天线距离 $\Delta=0.5$、统一路径间隔、$SNR=N_\mathrm{T}\rho=\dfrac{P}{N\sigma_\mathrm{n}^2}$。在图 4-14 中，系统为 4 发 4 收。功率归一化为 1［$Tr(\boldsymbol{R})=1$］。假设簇角度扩展为 $\sigma_{\theta,l}=0$（$l=0$，1，…，$L-1$）。在平衰落情况下，设平均到达角为 $\theta=\pi/2$。在时延扩展情况下，假设总的时延扩展为 90°。图 4-14a 显示了随着时延扩展 L 的增加平均容量的增加。这个增加的上限是 4 倍，由于这个系统是收、发各为 4 个天线，所以这个改进量不可能超过 4 倍。图 4-14b 显示了除了簇扩展参数［即 $\sigma_{\theta,l}=0.25$（$l=0$，1，…，$L-1$）］有所改变之外，其他参数和与图 4-14a 相同。在这种情形下，单个相关矩阵 $\boldsymbol{R}_l$ 的秩大于 1（簇角度扩展是从接近 0 开始增加的），因多径带来的平均容量的改善比较小，但是依旧有所改善。要注意这个结果是在假设增加总和角度扩展的基础上。

在图 4-15 中研究了时延扩展对中断概率影响。假设 $\mathrm{Tr}(\boldsymbol{R})=1$，图中显示了当 $L=1$、5 和 16，并且 $SNR=10\mathrm{dB}$（这里假设没有空间衰落相关）时，随着延时扩展的增加中断概率减小。

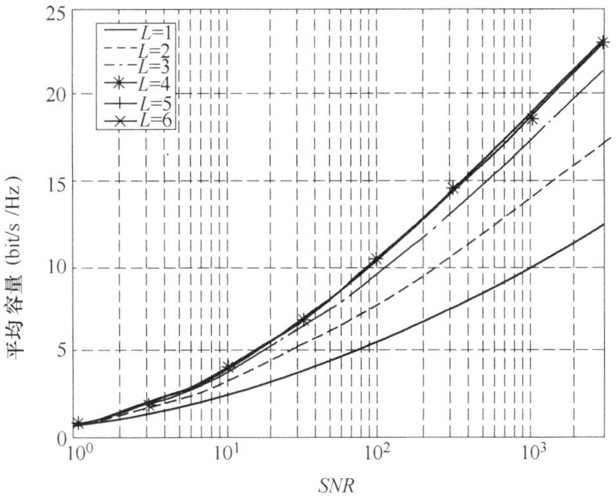

a) 小的簇扩展

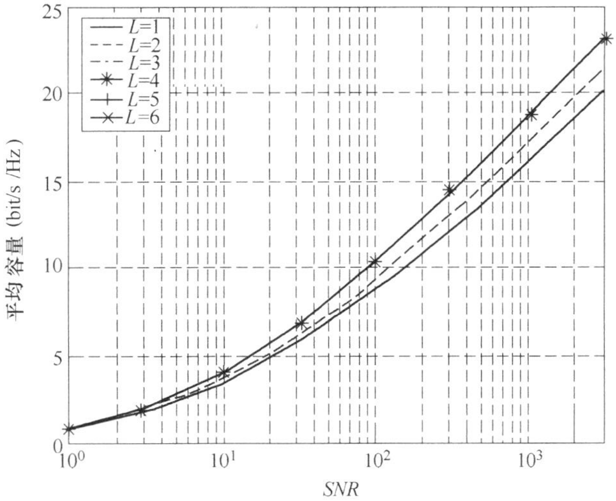

b) 大的簇扩展

图 4-14　不同 L 的情形下平均容量随 SNR 变化曲线

在图 4-16 中，研究了空间衰落相关对中断概率的影响。假设 $N_T = N_R = 4$，$L = 10$，$s = \sigma_{\theta,l} = 0.25$、$0.5$、$0.7$，$SNR = 10\text{dB}$，图中显示了中断概率随速率的变化。在这三个仿真中，平均到达角按总和相关矩阵 $\boldsymbol{R}$ 满秩选择。在所有仿真中，$\text{Tr}(\boldsymbol{R}) = 1$。可以看出，即使总和相关矩阵 $\boldsymbol{R}$ 满秩，中断概率仍然紧密地依靠单个簇角度扩展和单个相关矩阵的秩。

在这部分，推导了在发送端未知信道状态信息、接收端已知完备的信道状态信息情况下，基于 OFDM 空间复用系统的平均容量和中断容量。研究了传播参数和系统参数对平均容量和中断容量的影响，并证明了时延扩展和角度扩展对容量的有利影响。特别地，显示了相对于 SISO 系统，在 MIMO 系统中，时延扩展信道不论在中断容量方面还是在平均容量（假定时延路径趋于增加总和角度扩展这个假设是正确的）方面，可以提供比平衰落信道更好的性能。此外，发现当多路复用增益受总和相关矩阵 $\boldsymbol{R}$ 控制时，分集增益受单个相关矩阵 $\boldsymbol{R}_l$ 的秩控制。

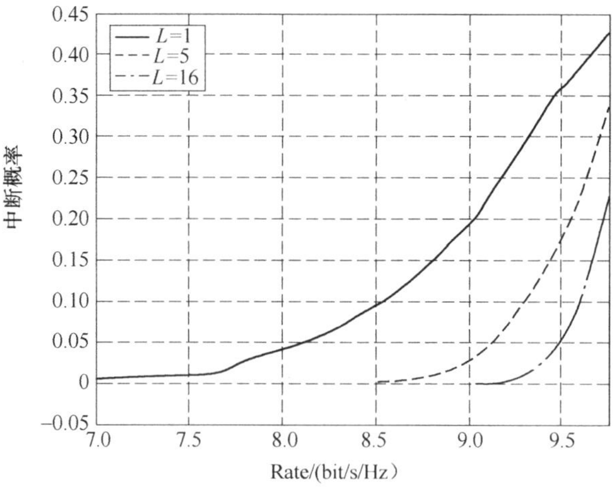

图 4-15　$L=1$、5 和 16，$SNR=10$dB 时的中断概率

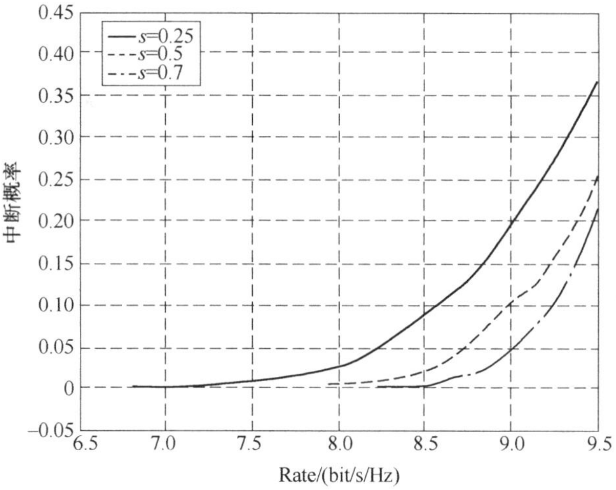

图 4-16　对于不同 $s=\sigma_{\theta,l}$值，$SNR=10$dB 中断概率

4.6　仿真实例

实例 4-1　发送端未知信道状态信息情况下 MIMO 系统容量仿真

程序功能：在发送端与接收端天线个数不同的情况下，MIMO 系统的容量。

程序名称：Example4_1.m。

程序代码：

```
clear all;
close all;
M = 1000;%循环次数
n_bins = round(M/10);
Nt = [2:2:8];%发射端天线个数
SNR = [10]; %信噪比,单位为 dB
```

```
figure(1);
title('发送端未知 CSI 情况下 MIMO 系统容量的 CCDF', 'FontSize',14)
xlabel('容量(bit/s/Hz)', 'FontSize',12);
ylabel('Pr(容量> =横坐标)', 'FontSize',12);
hold on;
text(1.8,0.8,'1 ×1', 'FontSize',12);text(3,0.9,'2 ×2','FontSize',12);
text(6,0.8,'2 ×4', 'FontSize',12);text(8,0.7,'2 ×6','FontSize',12);
text(10.4,0.2,'2 ×8', 'FontSize',12);text(13,0.1,'4 ×4', 'FontSize',12);
text(19,0.1,'6 ×6', 'FontSize',12);text(24,0.1,'8 ×8', 'FontSize',12);
%画 1 发 1 收时 SISO 系统的容量
for n = 1:1,
  for m = 1:M,
%产生瑞利信道,信道矩阵参见式(2-46)。
    H = (randn(1,1) +1i * randn(1,1))/sqrt(2);
    rho = 10^(SNR/10);%转换信噪比为幅值,而非 dB 值描述
% 计算发送端未知信道状态信息情况下的容量,参见式(4-10)。
    CU(m,n) = log2(real(det(eye(1) +rho * H * H')));
  end
  [cdf,c] = hist(CU(:,n),n_bins);%统计容量分布
  plot(c,1 -(cumsum(cdf))/M)%画 M 个循环得到的容量平均值,用 CCDF 描述
end
%画收、发天线个数为 2 ×4、2 ×6、2 ×8 时的容量
for n = 2:length(Nt),
  N = Nt(n);
  for m = 1:M,
    H = (randn(2,N) +1i * randn(2,N))/sqrt(2);
    rho = 10^(SNR/10);
% 计算发送端未知信道状态信息情况下的容量,参见式(4-10)。
    CU(m,n) = log2(real(det(eye(2) +rho * H * H'/2)));
  end
  [cdf,c] = hist(CU(:,n),n_bins);
  plot(c,1 -(cumsum(cdf))/M)
end
%画收、发天线个数为 2 ×2、4 ×4、6 ×6、8 ×8 时的容量
for n = 1:length(Nt),
N = Nt(n);
  for m = 1:M,
    H = (randn(N,N) +1i * randn(N,N))/sqrt(2);
    rho = 10^(SNR/10);
```

```
% 计算发送端未知信道状态信息情况下的容量,参见式(4-10)。
    CU(m,n) = log2(real(det(eye(N) + rho * H * H'/N)));
  end
  [cdf,c] = hist(CU(:,n),n_bins);
  plot(c,1 - (cumsum(cdf))/M)
end
grid on;
```

仿真结果如图 4-17 所示。

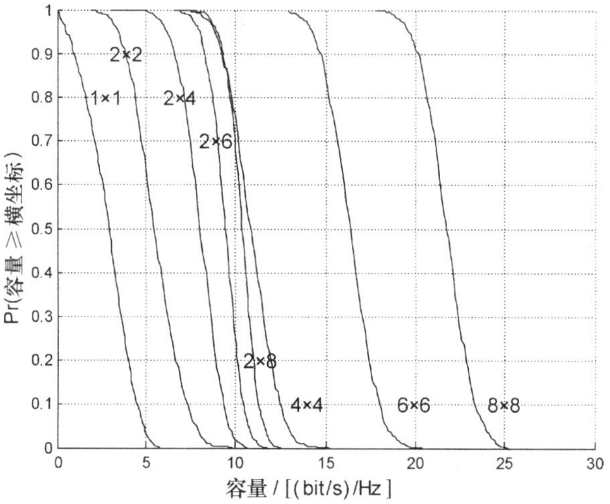

图 4-17　发送端未知 CSI 时 MIMO 系统容量 CCDF 仿真图

实例 4-2　MIMO 系统平均容量与中断容量仿真

程序功能:

(1) 发送端已知状态信息与发送端未知信道状态信息时, MIMO 系统平均容量随信噪比变化曲线仿真。

(2) 发送端已知状态信息与发送端未知信道状态信息时, MIMO 系统中断容量随信噪比变化曲线仿真。

(3) 发送端已知状态信息与发送端未知信道状态信息时, MIMO 系统平均容量随天线数变化曲线仿真。

程序名称: Example4_2.m。

程序代码:

```
clear all;
close all;
clc;
M = 1000;% 循环数
Nt = [2:2:8];% 发送端天线个数
SNR = [0:2:20]; % 信噪比,单位为 dB
figure(1);
```

```
title('MIMO 系统平均容量 vs SNR','fontsize',18)
xlabel('SNR [dB]','fontsize',18);
ylabel('容量(bps/Hz)','fontsize',18);
grid on
hold on;
figure(2);
title('MIMO 系统 10% 中断容量 vs SNR','fontsize',18)
xlabel('SNR [dB]','fontsize',18);
ylabel('中断容量(bps/Hz)','fontsize',18);
grid on
hold on;
for n = 1:length(Nt),
  N = Nt(n);
  for m = 1:M,
    H = (randn(N,N) + 1i * randn(N,N))/sqrt(2);%产生瑞利信道
    for snr_idx = 1:length(SNR),
      rho = 10^(SNR(snr_idx)/10);
% 发送端未知信道状态信息情况下,MIMO 系统平均容量,参见式(4-10)
      CU(m,snr_idx) = log2(real(det(eye(N) + rho * H * H'/N)));
% 发送端已知信道状态信息情况下,MIMO 系统平均容量,参见式(4-16)
      [gamma,eigs] = pwr_modes(H,rho);
%计算式(4-16)中的 gamma 和奇异值
      CK(m,snr_idx) = sum(log2(real(1 + eigs. * gamma * rho/N)));
    end
  end
  C_unknown(:,n) = mean(CU)';%对 M 个未知 CSI 的 MIMO 系统容量取均值
  C_known(:,n) = mean(CK)';%对 M 个已知 CSI 的 MIMO 系统容量取均值
  %统计中断容量
    for snr_idx = 1:length(SNR),
      [cdf_u,co_u] = hist(CU(:,snr_idx),100);
      cdf_u = cumsum(cdf_u);
      idx_ten_percent = find(abs(cdf_u - 100) == min(abs(cdf_u - 100)));
      C_unknown_outage(snr_idx,n) = co_u(idx_ten_percent(1));
      [cdf_k,co_k] = hist(CK(:,snr_idx),100);
      cdf_k = cumsum(cdf_k);
      idx_ten_percent = find(abs(cdf_k - 100) == min(abs(cdf_k - 100)));
      C_known_outage(snr_idx,n) = co_k(idx_ten_percent(1));
    end
    figure(1);
```

```
        plot(SNR,C_unknown(:,n),'k-');
        plot(SNR,C_known(:,n),'k-.');
        figure(2);
        plot(SNR,C_unknown_outage(:,n),'k-');
        plot(SNR,C_known_outage(:,n),'k-.');
        if n == 1
          figure(1)
          legend('\fontsize{16}未知 CSI','\fontsize{16}已知 CSI',2);
          text(15,10,'2×2', 'FontSize',18);text(15,19,'4×4', 'FontSize',18);
          text(15,27,'6×6', 'FontSize',18);text(15,36,'8×8', 'FontSize',18);
          figure(2)
          legend('\fontsize{16}未知 CSI','\fontsize{16}已知 CSI',2);
          text(15,8,'2×2', 'FontSize',18);text(15,17,'4×4', 'FontSize',18);
          text(15,25,'6×6', 'FontSize',18);text(15,34,'8×8', 'FontSize',18);
        end
end
hold off
figure
plot(Nt,C_unknown(6,:),'k-')
hold on
plot(Nt,C_known(6,:),'k-.')
title('MIMO 系统信道容量 vs 天线','fontsize',18)
xlabel('天线数','fontsize',18);
ylabel('容量(bps/Hz)','fontsize',18);
legend('\fontsize{16}Î'未知 CSI','\fontsize{16}已知 CSI',2);
grid on
%计算 gamma 和奇异值子程序,子程序名称:pwr_modes.m
function [g,l] = pwr_modes(H,rho)
%输入参数:H 为信道矩阵,rho 为信噪比
%输出参数:g 为 gamma 值,l 为奇异值 eigs
%这部分程序参看注水算法
N_tilde = size(H,1);
l_tilde = real(eig(H*H'));
l = l_tilde(find(l_tilde~=0));
N = length(l);
mu = (N_tilde+sum(N_tilde./(rho*l)))/N;
g = mu-N_tilde./(rho*l);
while (length(find(g <= 0)) ~= 0)
  l = l(find(g > 0));
```

```
  N = length(l);
  mu = (N_tilde + sum(N_tilde./(rho * l)))/N;
  g = mu - N_tilde./(rho * l);
end
```

仿真结果如图 4-18 所示。

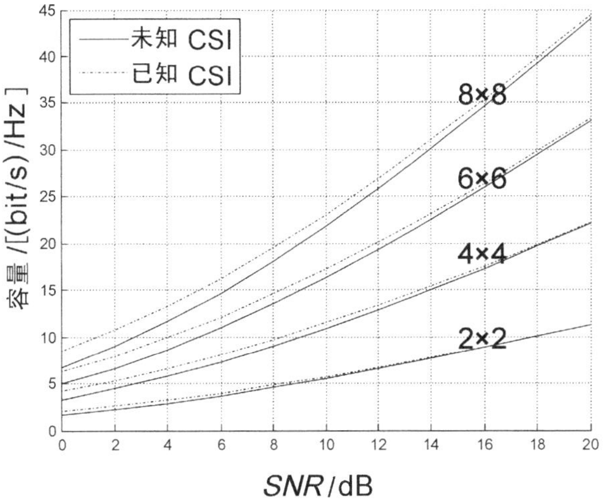

a) MIMO 系统平均容量 vs SNR 曲线

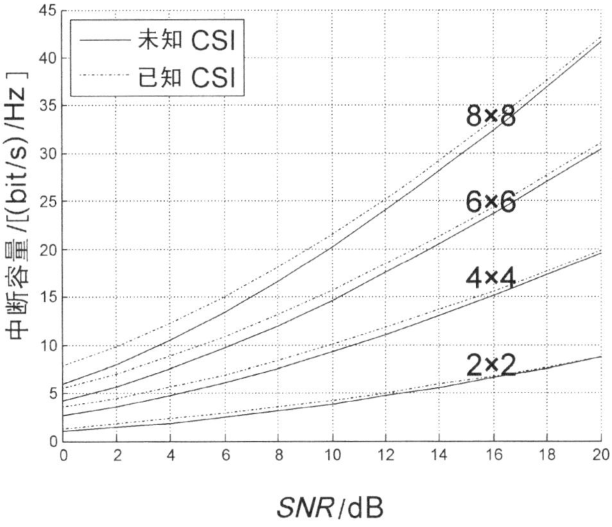

b) MIMO 系统 10% 中断容量 vs SNR 曲线

图 4-18　实例 4-2 仿真结果图

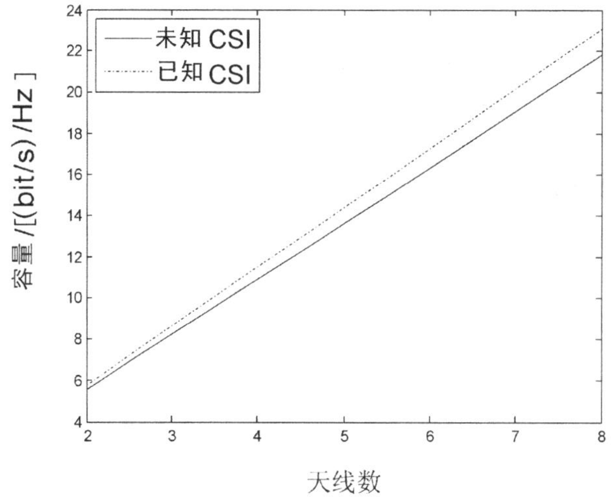

c) MIMO 信道容量 vs 天线数曲线

图 4-18 实例 4-2 仿真结果图(续)

实例 4-3 相关对 MIMO 系统容量影响仿真

```
clear all
close all
clc
M = 5000;
R = [0.2 0.95];相关矩阵
SNR = [0:2:20];
figure;
xlabel('SNR [dB]', 'FontSize',18);
ylabel('容量(bit/s/Hz)', 'FontSize',18);
title('相关信道的容量比较' ,'FontSize',18)
grid on
hold on;
for l = 1:length(R),
  R_t = eye(2);
  R_r = [1 R(l);R(l) 1]
  for snr_idx = 1:length(SNR),
      snr = 10^(SNR(snr_idx)/10);
      for m = 1:M,
        Hw = (randn(2,2) +1i * randn(2,2))/sqrt(2);
        H = R_r^(.5) * Hw * R_t^(.5);
        C(m,snr_idx) =log2((det(eye(2) +snr * H * H'/2)));
      end
    Capacity(snr_idx,l) = mean(C(:,snr_idx));
```

```
    end
end
plot(SNR,Capacity(:,1),'k-',SNR,Capacity(:,3),'kx-');
for l = 1:length(R),
    R_t = eye(2);
    R_r = [1 R(l);R(l) 1]
    for snr_idx = 1:length(SNR),
        snr = 10^(SNR(snr_idx)/10);
        for m = 1:M,
            Hw = (randn(2,2) +1i*randn(2,2))/sqrt(2);
            H = R_r^(.5)*Hw*R_t^(.5);
            [gamma,eigs] = pwr_modes(H,snr);
            C(m,snr_idx) = sum(log2(real(1+eigs.*gamma*snr/2)));
        end
        Capacity(snr_idx,l) = mean(C(:,snr_idx));
    end
end
plot(SNR,Capacity(:,1),'k-.',SNR,Capacity(:,3),'kd-');
legend('R=0 CSI未知','R=0.95 CSI未知','R=0 CSI已知','R=0.95 CSI已知',2);
```

仿真结果如图 4-19 所示。

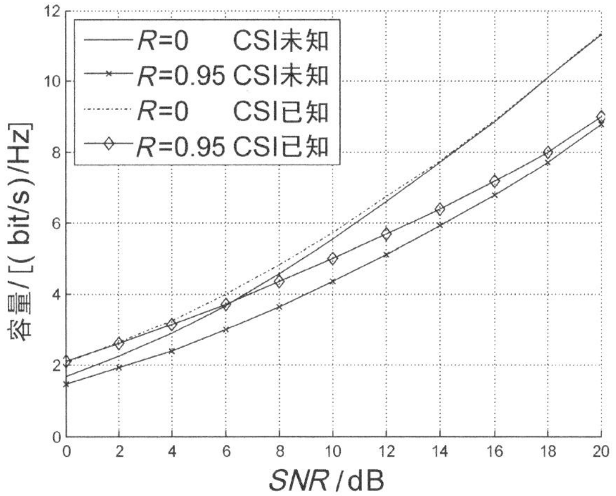

图 4-19 相关信道容量比较图

4.7 本章小结

本章主要介绍了 MIMO 系统与 MIMO-OFDM 系统的容量。MIMO 系统可以在没有额外开销的前提下，相对 SISO 系统，容量有大幅度的提高。本章首先推导了在非频率选择性衰落信道下，发送端已知信道状态信息和未知信道状态信息的 MIMO 系统容量。给出了确定信道与随机信道 MIMO 系统容量公式。在此基础之上，将宽带的频率选择性衰落信道划分为若干个窄带的非频率选择性信道，借助非频率选择性信道容量公式推导出发送端已知信道状态信息和未知信道状态信息的频率选择性信道容量公式。当收、发端各天线采用 OFDM 调制时，给出了 MIMO-OFDM 系统容量公式，并分析了信道参数和系统参数对容量的影响。在本章的最后给出了发送端未知信道状态信息情况下 MIMO 系统容量仿真、MIMO 系统平均容量与中断容量仿真、相关对 MIMO 系统容量影响仿真的仿真程序。

思考题

1. 什么是遍历容量？什么是中断容量？
2. 什么是注水算法？
3. 分析信道相关性对 MIMO 系统容量的影响。
4. 分析收、发天线个数对 MIMO 系统容量的影响。
5. 容量的物理含义是什么？单位是什么？

习题

1. 写出非频率选择性信道下 MIMO 系统的容量公式，并解释其含义。
2. 写出非频率选择性信道下发送端未知 CSI 的 MIMO 系统容量公式，并解释其含义。
3. 写出非频率选择性信道下发送端已知 CSI 的 MIMO 系统容量公式，并解释其含义。
4. 计算在非频率选择性衰落信道下，4 发 4 收、发送端未知信道状态信息、信噪比为 2dB 的 MIMO 系统容量。
5. 计算在非频率选择性衰落信道下，8 发 8 收、发送端已知信道状态信息、信噪比为 15dB 的 MIMO 系统容量。
6. 试论述簇角度扩展对 MIMO-OFDM 系统平均容量的影响。
7. 试论述天线间距对 MIMO-OFDM 系统平均容量的影响。
8. 画出空时编码 IEEE 802.11a 系统结构图，解释其工作原理。

第5章 MIMO-OFDM 系统的信道估计

5.1 引言

无论是单载波系统还是多载波系统，在接收端采用相干解调恢复数据信息，都需要较准确的 CSI 作为数据处理的必要参数，所以，信道估计是影响 OFDM 系统和 MIMO-OFDM 系统性能的关键因素。信道估计技术是对移动信道的多径衰落瞬时特性进行估计的技术，即从接收信号中估计出移动信道的特性，可以估计信道的冲激响应，也可以估计其频率特性。与传统单天线情况下的 OFDM 系统相比，MIMO-OFDM 系统中的 CSI 估计更困难些，原因是多天线的使用使得在任一子载波上接收到的信号都是多个畸变信号的叠加。当对其中一个接收天线对的 CSI 进行估计时，其他发送天线的发送信号就是干扰。

通常对信道估计技术的评价有三方面：对数据传输效率的影响、计算的复杂度以及估计的准确程度。对信道估计方法的期望是尽量在小的额外的系统开销以及计算复杂度较小的情况下，尽量提高估计的准确度。

一般信道估计技术有非盲信道估计技术、盲信道估计技术以及在此基础上发展起来的半盲信道估计。非盲信道估计技术是需要在发射端发送导频信号的，因此，也称为基于导频的信道估计技术。基于导频的信道估计技术中，导频插入方式各种各样，典型的有梳状导频和块状导频，因此，对应有两种比较典型的信道估计方法，被称为基于梳状导频的信道估计技术和基于块状导频的信道估计技术。

5.2 信道估计算法

5.2.1 信道估计分类

1. 基于导频的信道估计技术

基于导频的信道估计是在发送端发送数据中插入导频，在接收端根据已知的导频及接收数据，将导频位置的信道信息获得。这里可将信道等效为一个系统，发送端发送的导频为系统输入，接收数据为系统输出，因此，当接收数据与导频为已知时，可以通过两者计算出信道特性。基于导频信道估计的两个特例是基于块状导频（也称训练序列）的信道估计技术和基于梳状导频的信道估计技术。

（1）基于训练序列的信道估计。基于训练序列的信道估计方法中导频插入方式示意图如图 5-1 所示。

图 5-1 中横轴是频率轴，纵轴是时间轴。从横轴的角度看，图中一个 OFDM 符号有 12 个子载波；从纵轴的角度看，图中有 10 个 OFDM 符号。空心圆表示发送的是数据，实心圆表示发送的是导频。基于训练序列的信道估计是用一个完整的 OFDM 符号作为导频，因此

也称为基于块状导频的信道估计。

基于训练序列方法信道估计的通信系统有两种工作模式，一种是训练模式，一种是数据传输模式。在训练模式时，在发送端发送的 OFDM 符号是训练符号，如图 5-1 中的实心圆所示。这个训练符号是发送者设计的，即为已知的。在接收端，由接收信号和发送端的训练符号可以计算出信道特性。接收信号、发送信号与信道特性三者之间，在时域内是卷积的关系，在频域内是乘积的关系。在数据传输模式时，发送端发送的 OFDM 符号是欲传输的有效数据符号，如图 5-1 中的空心圆所示。根据接收端接收的数据及训练模式得到的信道特性，可以得到发送端发送的数据。显然，在两个训练序列之间的数据传输中，信道特性是利用前一个训练序列测试出的信道特性。

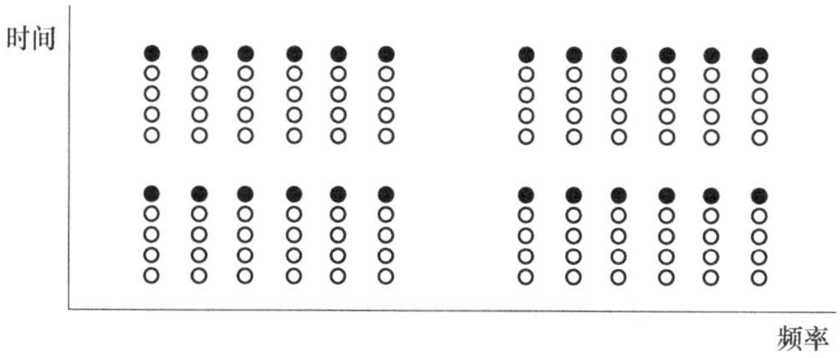

图 5-1　基于训练序列的导频插入方式示意图

基于训练序列的信道估计方法中有两个问题需要关注，一个是训练序列的设计，另一个是训练序列的间隔(也就是一个训练符号后应该带多少个数据符号)。训练序列不同会对系统误码率及 OFDM 系统的峰值平均功率比(PAPR)等有影响。训练符号间隔的选择和通信系统的信道特性有关，当信道是慢衰落信道时，信道变化慢，一个训练符号后可以多带几个数据符号；当信道为快衰落信道时，一个训练符号后就少带几个数据符号。显然，当训练符号插入太多时，会影响整个通信系统的数码率，也就是影响通信系统的有效性。但是，当信道变化比较快时，插入训练符号少，也会带来误码率的增加，因而影响系统的可靠性。因此，训练序列间隔要根据信道特性，在系统的有效性与可靠性之间进行折中。

(2) 基于梳状导频的信道估计。基于训练序列的信道估计是需要导频的，可以看作是基于导频的信道估计的特例，它用一个完整的 OFDM 符号作为导频。下面以一个特殊例子介绍不用一个完整的 OFDM 作为导频的情况，即首先介绍基于梳状导频的信道估计。基于梳状导频的信道估计方法中导频插入方式示意图如图 5-2 所示。

基于梳状导频的信道估计中，不是一个 OFDM 符号的所有子载波都作为训练符号用。在一个 OFDM 符号中，只是一部分子载波上传输的是训练数据，如图 5-2 所示。如果从频率角度看，图中一个 OFDM 符号中只有两个导频数据，也就是说一个 OFDM 符号中，只有两个子载波传输训练数据；如果从时域角度看，图中每个 OFDM 符号中都有导频插入。之所以说基于梳状导频的信道估计是一种特殊的状况，是因为导频插入在每个 OFDM 符号相同的子载波上。

基于梳状导频的信道估计在一个 OFDM 符号中既发送数据又发送导频，在接收端，在导频的子载波上，利用接收信号与发送的导频信号计算出信道特性，显然，只能得到一个 OFDM 符号的若干个子载波上的信道特性。其他子载波上的信道特性是利用借助导频计算出来的子载波上的信道特性经过插值运算得到。有了其他子载波上的信道特性，再有接收端接收的数据，其他子载波上发送的数据就可以得到了。因此，基于梳状导频的通信过程如下。

(1) 利用发送端发送的导频信号与导频位置的接收信号，获得导频位置的信道特性。

(2) 利用导频位置的信道特性进行插值运算，得到非导频位置的子载波上的信道特性。

（3）利用在接收端的非导频位置接收数据与插值得到的非导频位置的信道特性，获得在非导频位置传输的数据信息。

图 5-3 是一种较常见的导频插入方式，也可以根据实际情况设计导频的插入方式。设计更加有效的导频图案，是基于导频的信道估计要讨论的问题之一。

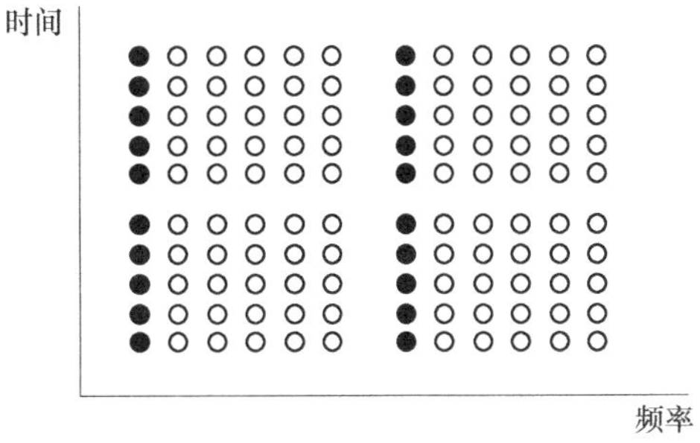

图 5-2　基于梳状导频的导频插入方式示意图

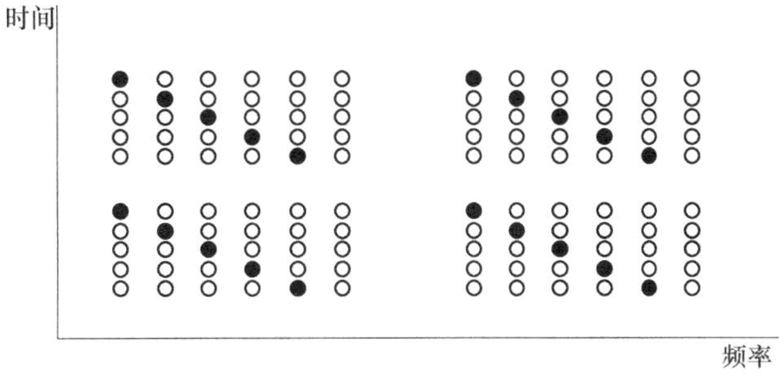

图 5-3　一种导频插入方式

在信道快衰落情况下，图 5-2 或图 5-3 所示的非块状导频插入方案要优于图 5-1 所示块状导频插入方案。其原因在于图 5-2 或图 5-3 所示方案的导频插入方式分散在不同的 OFDM 符号当中，因此能够较好地跟踪不同符号下信道状态的变化，特别是在信道快变化条件下这种优势更加明显；图 5-1 所示方案的估计实际假设了信道在连续几个符号内不变，这样根据当前导频符号得到的信道估计可以用于连续几个 OFDM 符号，在慢衰落信道下这种做法还可实行，但在快信道衰落下性能会急剧下降。

在非块状导频的信道估计中，在对导频的信道传输函数进行估计后，其他子载波上的信道特性可通过相邻导频内插获得。插值是离散函数逼近的重要方法，利用它可通过函数在有限个点处的取值状况，估算出函数在其他点处的近似值。插值方法有分段插值、线性插值、齿条插值、三次插值和低通插值等。研究表明，线性插值的性能比分段插值好，齿条插值和三次插值比线性插值更优。低通插值的原理类似于通信原理中模拟信号数字化后在接收端解调的过程。当离散信号经常低通后，相当于用抽样函数 $S_a(x)$ 作为内插函数，将离散信号转为连续信号，这样其他子载波上的信道特性就可以得到。

基于导频的信道估计中，导频插入方式不同，其应用环境就不同，传输业务也存在一定的差异。采用训练符号的导频插入方式，往往只在训练模式下发送一些训练符号，这就要求信道在相当长的时间内变化较小，甚至不变，即所谓准静止信道、慢衰落信道（不考虑或只考虑较小的多普勒频移）。由此可见，这种方法较多使用于恒参信道、WLAN 信道等。同时，由于在训练符号内所有子载波都用来发送导频符号，所以可选用低阶的信道估计算法。如果信道中有较大的多普勒频移，信道变化较快（如移动通信信道），则不能选用插入训练符号的导频插入方式，而应在整个信号的时频空间内插入梳状导频信号。在这种情况下，还应考虑所插入导频的数量问题。根据传输业务的不同，常用的频域信道估计算法主要有两大类：对于如 WLAN 网络中的突发业务而言，常使用基于训练符号的估计方法；对于如 DVB、DAB 系统中的广播业务而言，常利用信道频率响应的相关特性和部分子载波符号相结合的方法。

比较基于梳状导频的信道估计和基于块状导频的信道估计，前者比较适合于快衰落信道，而后者比较适合于慢衰落信道；前者对频率选择性更为敏感，而后者对时间选择性更为敏感。

2. 盲信道估计

盲信道估计不需要导频。盲信道估计算法的实现需要利用传输数据内在的数学信息。这种算法与基于导频的算法相比节省了速码率，也就节省了系统的带宽。但它也有自身的缺点，就是运算量太大，灵活性很差，在实时系统中的应用受到了限制。但是盲信道估计算法不需要导频，与基于导频的信道估计算法相比提高了系统的效率，所以它在无线通信中的应用越来越受到重视。

3. 半盲信道估计

半盲信道估计方法是非盲信道估计和盲信道估计的一个折中方法。它是在盲信道估计算法的基础上利用少量的导频信号，从而估计信道特性的一种方法。半盲信道估计中会利用一定的导频信号，但是和基于导频的信道估计相比，其导频符号插入的要少。和非盲信道估计相比，半盲信道估计计算复杂度要高，但是提高了系统的频谱利用率；与盲信道估计比，半盲信道估计降低了系统的计算复杂度，但由于少量的导频插入，降低了系统的频率利用率。

基于导频或训练符号的信道估计技术有最小平方误差(LS)估计和线性最小均方误差(LMMSE)估计。LMMSE估计相对LS估计有更好的估计精度，但需要更高的计算复杂度，并且，随着运算点数的增加，其计算复杂度呈指数倍增加，因而，限制了其应用。

5.2.2 LS信道估计算法

LS方法使测量值和模型之间的加权误差最小。假设接收信号用 $\boldsymbol{Y}$ 表示，而发射信号用 $\boldsymbol{X}$ 表示，仅考虑加性高斯白噪声 $\boldsymbol{N}$ 影响，则有

$$\boldsymbol{Y}=\boldsymbol{X}\boldsymbol{h}+\boldsymbol{N} \tag{5-1}$$

若衰落 $\boldsymbol{h}$ 的LS估计用 $\hat{\boldsymbol{h}}_{\mathrm{LS}}$ 表示，则用LS算法估计 $\hat{\boldsymbol{h}}_{\mathrm{LS}}$ 的代价函数为

$$\begin{aligned}J(\hat{\boldsymbol{h}}_{\mathrm{LS}})&=\|\boldsymbol{Y}-\boldsymbol{X}\hat{\boldsymbol{h}}_{\mathrm{LS}}\|^2=(\boldsymbol{Y}-\boldsymbol{X}\hat{\boldsymbol{h}}_{\mathrm{LS}})^{\mathrm{H}}(\boldsymbol{Y}-\boldsymbol{X}\hat{\boldsymbol{h}}_{\mathrm{LS}})\\&=\boldsymbol{Y}^{\mathrm{H}}\boldsymbol{Y}-\boldsymbol{Y}^{\mathrm{H}}\boldsymbol{X}\hat{\boldsymbol{h}}_{\mathrm{LS}}-\hat{\boldsymbol{h}}_{\mathrm{LS}}^{\mathrm{H}}\boldsymbol{X}^{\mathrm{H}}\boldsymbol{Y}+\hat{\boldsymbol{h}}_{\mathrm{LS}}^{\mathrm{H}}\boldsymbol{X}^{\mathrm{H}}\boldsymbol{X}\hat{\boldsymbol{h}}_{\mathrm{LS}}\end{aligned} \tag{5-2}$$

对式(5-2)求 $\hat{\boldsymbol{h}}_{\mathrm{LS}}$ 的导数,使得

$$\frac{\partial J(\hat{\boldsymbol{h}}_{\mathrm{LS}})}{\partial\hat{\boldsymbol{h}}_{\mathrm{LS}}}=-2(\boldsymbol{X}^{\mathrm{H}}\boldsymbol{Y})^{*}+2(\boldsymbol{X}^{\mathrm{H}}\boldsymbol{X}\hat{\boldsymbol{h}}_{\mathrm{LS}})^{*}=0 \tag{5-3}$$

由于 $\boldsymbol{X}^{\mathrm{H}}\boldsymbol{X}\hat{\boldsymbol{h}}_{\mathrm{LS}}=\boldsymbol{X}^{\mathrm{H}}\boldsymbol{Y}$，则有

$$\hat{\boldsymbol{h}}_{\mathrm{LS}}=(\boldsymbol{X}^{\mathrm{H}}\boldsymbol{X})^{-1}\boldsymbol{X}^{\mathrm{H}}\boldsymbol{Y}=\boldsymbol{X}^{-1}\boldsymbol{Y} \tag{5-4}$$

即

$$\hat{\boldsymbol{h}}_{\mathrm{LS}}=\boldsymbol{X}^{-1}\boldsymbol{Y}=\left(\frac{y_0}{x_0}\quad\frac{y_1}{x_1}\quad\cdots\quad\frac{y_{N-1}}{x_{N-1}}\right)^{\mathrm{T}} \tag{5-5}$$

LS估计的均方误差(MSE)可以推得

$$MSE_{\mathrm{LS}}=E\{(\boldsymbol{h}-\hat{\boldsymbol{h}}_{\mathrm{LS}})^{\mathrm{H}}(\boldsymbol{h}-\hat{\boldsymbol{h}}_{\mathrm{LS}})\}=E\{(\boldsymbol{h}-\boldsymbol{X}^{-1}\boldsymbol{Y})^{\mathrm{H}}(\boldsymbol{h}-\boldsymbol{X}^{-1}\boldsymbol{Y})\}$$

$$= E\{(\boldsymbol{X}^{-1}\boldsymbol{N})^{\mathrm{H}}(\boldsymbol{X}^{-1}\boldsymbol{N})\} = \frac{\sigma_{\mathrm{n}}^2}{\sigma_{\mathrm{x}}^2} \tag{5-6}$$

基于训练序列的信道估计的特点是一个完整的 OFDM 符号都作为导频使用，所以其 LS 信道估计直接使用式(5-4)或式(5-5)。传输数据时，连续几个 OFDM 时间内的信道就用估计的信道参数。由于无线信道是随机的，因此，每隔一段时间要重新对信道进行估计，即重新发送训练序列对信道进行估计，以保证无线通信系统的可靠性。但是尽管如此，基于训练序列的信道估计，也只能适用于慢衰落信道。

基于梳状导频的信道估计，如图 5-2 所示。假设在一个 OFDM 符号的 N 个数据中，使用 N_{p} 个导频信号 $\boldsymbol{X}_{\mathrm{p}}(m)(m=0,\ 1,\ \cdots,\ N_{\mathrm{p}}-1)$，即将全部 N 个子载波分成 N_{p} 组，每一组有 $G=N/N_{\mathrm{p}}$ 个子载波，在每一组中，第一个子载波被用于传输导频信号，其他子载波传输数据。导频信号 $\boldsymbol{X}_{\mathrm{p}}(m)$ 可以是能减小计算复杂度的复数，也可以是随机产生用于同步的数据。

假设

$$\begin{aligned}\boldsymbol{H}_{\mathrm{p}} &= (H_{\mathrm{p}}(0)\quad H_{\mathrm{p}}(1)\quad \cdots\quad H_{\mathrm{p}}(N_{\mathrm{p}}-1))^{\mathrm{T}}\\ &= (H(0)\quad H(G-1)\quad \cdots\quad H[(N_{\mathrm{p}}-1)G-1])^{\mathrm{T}}\end{aligned} \tag{5-7}$$

是导频子载波的信道响应，且有

$$\boldsymbol{Y}_{\mathrm{p}} = (Y_{\mathrm{p}}(0)\quad Y_{\mathrm{p}}(1)\quad \cdots\quad Y_{\mathrm{p}}(N_{\mathrm{p}}-1))^{\mathrm{T}}$$

表示接收到的导频信号矢量。接收到的导频信号矢量 $\boldsymbol{Y}_{\mathrm{p}}$ 可以表示为

$$\boldsymbol{Y}_{\mathrm{p}} = \boldsymbol{X}_{\mathrm{p}}\boldsymbol{H}_{\mathrm{p}} + \boldsymbol{N}_{\mathrm{p}} \tag{5-8}$$

其中

$$\boldsymbol{X}_{\mathrm{p}} = \begin{pmatrix} X_{\mathrm{p}}(0) & 0 \\ & \\ 0 & X_{\mathrm{p}}(N_{\mathrm{p}}-1)\end{pmatrix}$$

式中　$\boldsymbol{N}_{\mathrm{p}}$ 为导频子载波的高斯噪声。

在常规的梳状导频估计中，基于 LS 准则的导频信号估计可以表示为

$$\begin{aligned}\boldsymbol{H}_{\mathrm{p,LS}} &= (H_{\mathrm{p,LS}}(0)\quad H_{\mathrm{p,LS}}(1)\quad \cdots\quad H_{\mathrm{p,LS}}(N_{\mathrm{p}}-1))^{\mathrm{T}} = \boldsymbol{X}_{\mathrm{p}}^{-1}\boldsymbol{Y}_{\mathrm{p}}\\ &= \left(\frac{Y_{\mathrm{p}}(0)}{X_{\mathrm{p}}(0)}\quad \frac{Y_{\mathrm{p}}(1)}{X_{\mathrm{p}}(1)}\quad \cdots\quad \frac{Y_{\mathrm{p}}(N_{\mathrm{p}}-1)}{X_{\mathrm{p}}(N_{\mathrm{p}}-1)}\right)^{\mathrm{T}}\end{aligned} \tag{5-9}$$

对于 $\boldsymbol{H}_{\mathrm{p}}$ 的 LS 估计易受到高斯噪声和载波间干扰的影响。由于数据子载波的信道响应是通过导频子载波响应内插而获得的，基于梳状导频 OFDM 系统性能主要与导频信号的估计性能有关。因此，需要寻找一个比 LS 估计更好的方法。

5.2.3 LMMSE 信道估计算法

对于基于块状导频的 OFDM 系统信道估计，LMMSE 估计比 LS 方法更优。在相同的均方误差而言，与 LS 估计相比较，LMMSE 估计有 10～15dB 的信噪比增益。LMMSE 估计方法的主要缺点是计算复杂度高，该复杂度随观察采样数目呈指数增长。

假设 LS 估计通过矢量 $\hat{\boldsymbol{p}}$ 获得信道矢量 $\boldsymbol{h}$。信道估计问题现在可以看成导频 LS 估计 $\hat{\boldsymbol{p}}$ 的线性组合，该问题的最小均方误差估计为

$$\hat{\boldsymbol{h}}_{\mathrm{LMMSE}} = \boldsymbol{R}_{\mathrm{h}\hat{\mathrm{p}}}(\boldsymbol{R}_{\hat{\mathrm{p}}\hat{\mathrm{p}}})^{-1}\hat{\boldsymbol{p}} \tag{5-10}$$

式中，$\boldsymbol{R}_{\mathrm{h}\hat{\mathrm{p}}}$ 是 $\boldsymbol{h}$ 和含噪声的导频估计 $\hat{\boldsymbol{p}}$ 之间的互相关矩阵，有

$$\boldsymbol{R}_{\mathrm{h}\hat{\mathrm{p}}}=E[\boldsymbol{h}\hat{\boldsymbol{p}}] \tag{5-11}$$

$\boldsymbol{R}_{\hat{\mathrm{p}}\hat{\mathrm{p}}}$ 是导频估计矩阵的自相关矩阵，有

$$\boldsymbol{R}_{\hat{\mathrm{p}}\hat{\mathrm{p}}}=E[\hat{\boldsymbol{p}}\hat{\boldsymbol{p}}^{\mathrm{H}}]=\boldsymbol{R}_{\mathrm{pp}}+\sigma_{\mathrm{n}}^{2}(\boldsymbol{p}\boldsymbol{p}^{\mathrm{H}})^{-1} \tag{5-12}$$

其中，σ_{n}^{2} 是加性信道噪声的方差。对于块状导频信道估计，式(5-10)可以修正为

$$\hat{\boldsymbol{h}}_{\mathrm{LMMSE}}=\boldsymbol{R}_{\mathrm{hh}}[\boldsymbol{R}_{\mathrm{hh}}+\sigma_{\mathrm{n}}^{2}(\boldsymbol{p}\boldsymbol{p}^{\mathrm{H}})^{-1}]^{-1}\hat{\boldsymbol{p}} \tag{5-13}$$

假设信道衰落 $\boldsymbol{h}$ 的方差被归一化，即 $E[|h_k|^2]=1$。

LMMSE 估计器定义为式(5-13)表示，在该式中随着 $\boldsymbol{p}$ 的变化，矩阵的逆也要作相应的变化。该估计器的复杂度可以通过对发射数据取平均来减少，即可用数学期望$E[(\boldsymbol{p}\boldsymbol{p}^{\mathrm{H}})^{-1}]$替代式(5-12)中的$(\boldsymbol{p}\boldsymbol{p}^{\mathrm{H}})^{-1}$项。假设在各种情况下用相同的信号星座，且所有星座点的概率均等，于是有

$$E[(\boldsymbol{p}\boldsymbol{p}^{\mathrm{H}})^{-1}]=E\left[\left|\frac{1}{p_k}\right|^2\right]\boldsymbol{I}$$

式中，$\boldsymbol{I}$ 为单位矩阵。定义平均信噪比为

$$SNR=E[|p_k|^2]/\sigma_{\mathrm{n}}^{2}$$

可以获得简化的估计器为

$$\hat{\boldsymbol{h}}_{\mathrm{LMMSE}}=\boldsymbol{R}_{\mathrm{hh}}\left(\boldsymbol{R}_{\mathrm{hh}}+\frac{\beta}{SNR}\boldsymbol{I}\right)^{-1}\hat{\boldsymbol{p}} \tag{5-14}$$

其中

$$\beta=E[|p_k|^2]E\left[\left|\frac{1}{p_k}\right|^2\right]$$

是一个与信号星座点有关的常数。对于 QPSK，$\beta=1$；对于 16QAM，$\beta=17/9$。

由于$\boldsymbol{p}$ 不是矩阵计算中的因子，矩阵 $\boldsymbol{R}_{\mathrm{hh}}+\frac{\beta}{SNR}\boldsymbol{I}$ 的逆不需要因 $\boldsymbol{p}$ 的变化而随之变化。另外，如果 $\boldsymbol{R}_{\mathrm{hh}}$和 SNR 是已知的定值，那么矩阵 $\boldsymbol{R}_{\mathrm{hh}}\left(\boldsymbol{R}_{\mathrm{hh}}+\frac{\beta}{SNR}\boldsymbol{I}\right)^{-1}$ 只需计算一次就行。

块状导频的 LMMSE 信道估计的 MSE 为

$$\begin{aligned}MSE&=\frac{1}{N}\mathrm{Trace}\left(\boldsymbol{R}_{\mathrm{hh}}\left(\boldsymbol{I}-\left(\boldsymbol{R}_{\mathrm{hh}}+\frac{\beta}{SNR}\boldsymbol{I}\right)^{-1}\boldsymbol{R}_{\mathrm{hh}}\right)\right)\\&=\frac{1}{N}\frac{\beta}{SNR}\sum_{k=0}^{N-1}\frac{\lambda_{k,N}}{\lambda_{k,N}+\frac{\beta}{SNR}}\end{aligned} \tag{5-15}$$

式中，$\lambda_{k,N}$为信道相关矩阵 $\boldsymbol{R}_{\mathrm{hh}}$的特征值。

考虑不同星座映射，块状导频的 LS 估计的 MSE 为

$$MSE=\frac{\beta}{SNR} \tag{5-16}$$

5.3 OFDM 系统信道估计

5.3.1 基于训练序列的 OFDM 系统信道估计

1. 基于训练序列的时域信道估计算法

对于训练符号 x_n，接收到的时域信号为

$$r_n = h * x_n + \eta_n \qquad n = 1, 2, \cdots, N \tag{5-17}$$

将卷积表示成矩阵形式，有

$$\boldsymbol{r} = \boldsymbol{X}\boldsymbol{h} + \boldsymbol{\eta} \tag{5-18}$$

式中，$\boldsymbol{r} = (r_1, r_2, \cdots, r_N)^{\mathrm{T}} \in C^{N\times1}$、$\boldsymbol{h} = (h_1, h_2, \cdots, h_L)^{\mathrm{T}} \in C^{L\times1}$和$\boldsymbol{\eta} = (\eta_1, \eta_2, \cdots, \eta_N)^{\mathrm{T}} \in C^{N\times1}$分别为接收到的训练符号列矢量、信道冲激响应列矢量和加性噪声列矢量，L 定义为估计到的信道冲激响应的最大长度；$\boldsymbol{X} \in C^{N\times L}$为由训练符号得到的等效循环卷积矩阵。

$\boldsymbol{X}$ 可以表示为

$$\boldsymbol{X} = \begin{bmatrix} x_1 & x_{N_c} & x_{N_c-1} & \cdots & x_{N_c-L+2} \\ x_2 & x_1 & x_{N_c} & \cdots & x_{N_c-L+3} \\ \vdots & \vdots & \vdots & \ddots & \vdots \\ x_{N_c-1} & x_{N_c-2} & x_{N_c-3} & \cdots & x_{N_c-L} \\ x_{N_c} & x_{N_c-1} & x_{N_c-2} & \cdots & x_{N_c-L+1} \end{bmatrix} \tag{5-19}$$

由此，得到信道冲激响应的估值为

$$\hat{\boldsymbol{h}} = \boldsymbol{X}^{-1}\boldsymbol{r} = \boldsymbol{X}^{-1}\boldsymbol{X}\boldsymbol{h} + \boldsymbol{X}^{-1}\boldsymbol{\eta} = \boldsymbol{h} + \boldsymbol{X}^{-1}\boldsymbol{\eta} \tag{5-20}$$

由于式(5-17)或式(5-18)考虑了信道的多径，因此，信道为频率选择性信道。式(5-20)为在频率选择性信道的前提下信道冲激响应的 LS 估计。如果信道为平衰落信道，基于训练序列的信道冲激响应的 LS 估计可以用式(5-5)表达，LMMSE 估计可用式(5-13)来表达。在频率选择性衰落下的基于训练序列的冲激响应的 LMMSE 估计可以参考式(5-13)推导。

若有多个训练符号(如 IEEE 802.11a 系统中有两个训练符号)，估计时可求平均

$$\hat{\boldsymbol{h}} = \frac{1}{2}\boldsymbol{X}^{-1}(\boldsymbol{r}_1 + \boldsymbol{r}_2) = \boldsymbol{h} + \frac{1}{2}(\boldsymbol{X}^{-1}\boldsymbol{\eta}_1 + \boldsymbol{X}^{-1}\boldsymbol{\eta}_2) \tag{5-21}$$

显然，利用两个符号得到的估值方差是利用一个符号的 1/2，起到了平滑噪声的效果，从而提高了估计准确度。

然后再利用 DFT 即可得到信道频域响应的估值，即

$$\hat{\boldsymbol{H}} = \mathrm{DFT}\{\hat{\boldsymbol{h}}\} \tag{5-22}$$

基于时域的信道估计就是在算法中首先获得信道的时域特性，即信道的冲激响应。经过 DFT 可以得到信道的频率特性。

2. 基于训练序列的频域信道估计算法

通过适当选择 OFDM 系统的子载波数，可以转换频率选择性衰落信道为在每个子载波上的频率平衰落信道，插入保护间隔保证子载波间的正交性，从而消除 ISI 和 ICI，则 OFDM 系统可以等效为图 5-4 所示的等效频域系统。这个系统有 N 个并行的子系统，每个子系统经受乘性干扰和加性白高斯噪声的影响。

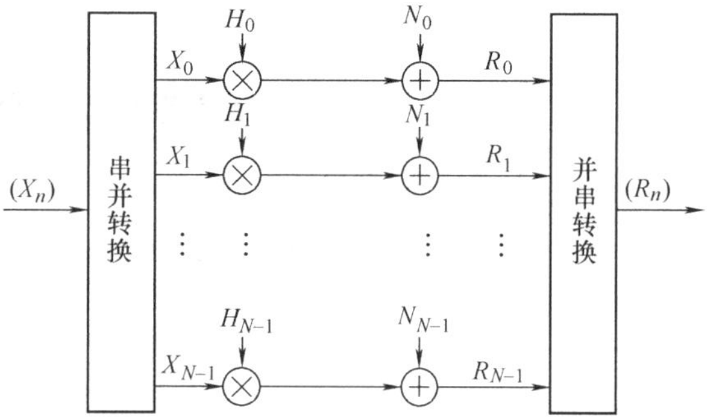

图 5-4　OFDM 系统的等效频域系统

OFDM 系统接收端信号的频域表示式为

$$R_k = H_k X_k + N_k \quad k = 0, \cdots, N-1 \tag{5-23}$$

式中，H_k 为第 k 个子载波的复衰落系数；N_k 为第 k 个子信道的 AWGN，它的实部和虚部均服从零均值高斯分布，且相互独立；X_k 为发送的 OFDM 符号，在基于训练序列的 OFDM 系统信道估计中，在训练模式下是训练序列。

因此，可以得到信道频域响应的估值为

$$\hat{H}_k = R_k X_k^* = H_k |X_k|^2 + N_k X_k^* = H_k + N_k X_k^* \tag{5-24}$$

这里已经假设训练符号以单位能量发送。若有多个训练符号，估计时也可利用类似于时域求平均值的方法来平滑噪声的影响，以提高估计准确度。而且由于 DFT 是线性处理，所以可以首先在时域求训练符号的均值，然后只需对均值信号进行 DFT 操作即可得到信道频域响应的估值。

5.3.2　基于非块状导频的 OFDM 系统信道估计

首先介绍导频的插入原则，之后介绍基于非块状导频的信道估计方法。

1. 导频插入间隔以及导频图样

由于信道的频率响应可以看作一个二维随机信号，插入导频实际可以看作是进行二维采样。为了能够利用插入的导频通过插值得到所有时频空间上所有载波的信道估计值，插入导频的间隔必须满足奈奎斯特采样定理，即无失真恢复的采样间隔必须小于采样信号 2 倍带宽的倒数。应用到 OFDM 系统中时，应同时考虑所插入导频符号在频率方向的最小间隔 N_{f}（以子载波间隔 $\Delta F_{\mathrm{c}} = 1/T_{\mathrm{FFT}}$ 为单位归一化）和在时间方向的最小间隔 N_{t}（以 OFDM 符号间隔 $T = T_{\mathrm{FFT}} + T_{\mathrm{g}}$ 为单位归一化）。为了确定这两个间隔，需要分别知道信道在时域和频域的变化。信道在频域上的变化对应于最大时延扩展 $\tau_{\max}$。根据频域采样定理，对信号在频域的采样对应于时域的周期延拓。为了不失真地还原频域信号，对应的时域延拓信号应不发生混叠失真，这就要求时域的延拓周期 $1/(N_{\mathrm{f}}\Delta F_{\mathrm{c}})$ 应不小于最大时延扩展，即 $1/(N_{\mathrm{f}}\Delta F_{\mathrm{c}}) \geqslant \tau_{\max}$，化简得到

$$N_{\mathrm{f}} \leqslant \frac{1}{\tau_{\max}\Delta F_{\mathrm{c}}} \tag{5-25}$$

信道在时域上的变化对应于多普勒扩展 f_{d}。根据时域采样定理，为了不失真地还原时域信号，要求采样频率 $1/(N_{\mathrm{t}}T)$ 应不小于信号带宽的 2 倍，即 $1/(N_{\mathrm{t}}T) \geqslant 2f_{\mathrm{d}}$，化简得到

$$N_{\mathrm{t}} \leqslant \frac{1}{2 f_{\mathrm{d}} T} \tag{5-26}$$

由于实际系统中 N_{t} 和 N_{f} 只能取整数，即有 $N_{\mathrm{f}} \leqslant \left\lceil \frac{1}{\tau_{\max} \Delta F_{\mathrm{c}}} \right\rceil$ 和 $N_{\mathrm{t}} \leqslant \left\lceil \frac{1}{2 f_{\mathrm{d}} T} \right\rceil$，因此，一帧中包含的所有导频符号总数为

$$N_{\mathrm{grid}} = \left\lceil \frac{N}{N_{\mathrm{f}}} \right\rceil \left\lceil \frac{N_s}{N_{\mathrm{t}}} \right\rceil \tag{5-27}$$

式中，N 为载波数；N_{s} 为一帧所包含的 OFDM 符号数。

对于信道传输函数比较好的采样还应该使时间轴的采样率和频率轴的采样率平衡，即满足下式

$$f_{\mathrm{d}} T N_{\mathrm{t}} \approx \frac{1}{2} \tau_{\max} \Delta F_{\mathrm{c}} N_{\mathrm{f}} \tag{5-28}$$

综上所述，由于在时域和频域都满足采样定理，所以如果能够知道信道在导频位置的频率响应值，就可以得到整个信道的所有频率响应值。基于导频符号的信道估计就是，根据插入的已知导频符号，首先通过估计算法获得信道在导频位置的传输特性，然后利用插值算法来获得信道在其他位置的传输特性。

顺便说一句，对于基于训练序列的信道估计，由于一个完整的 OFDM 符号都作为导频，其导频的设计满足式(5-26)即可，即满足时域采样定理即可。

图 5-5 给出了一个按照正方形分布插入导频符号的例子。图中所示 OFDM 系统中，其一帧包含 $N_{\mathrm{s}} = 13$ 个 OFDM 符号，每个 OFDM 符号内又包含 $N = 11$ 个子载波，且 $N_{\mathrm{f}} = 5$、$N_{\mathrm{t}} = 4$，那么在一帧中共需插入 $N_{\mathrm{grid}} = \left\lceil \frac{11}{5} \right\rceil \left\lceil \frac{13}{4} \right\rceil = 12$ 个导频符号。图中信道在待估计位置的频率响应值可由位于其周期的 4 个导频位置的值通过插值算法得到。

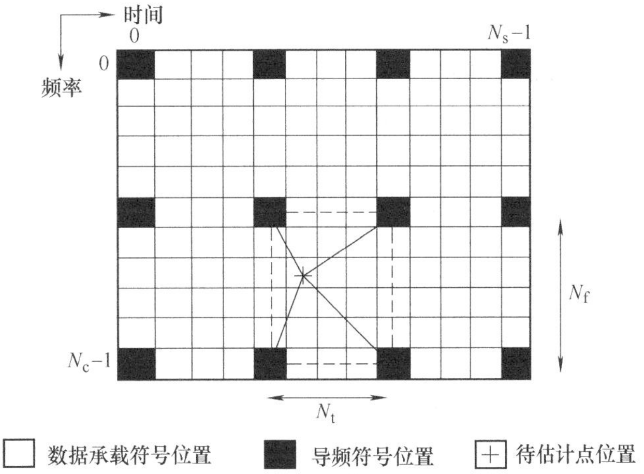

图 5-5　导频符号按正方形分布的 OFDM 符号帧结构

由于在插入导频符号的位置不再传输有效数据，所以插入导频符号会带来传输资源的浪费。由于插入导频所带来的开销为

$$\Lambda = \frac{N_{\mathrm{grid}}}{N_{\mathrm{c}} N_{\mathrm{s}}} \tag{5-29}$$

所以，其信噪比的损失为

$$V_{\mathrm{pilot}} = 10 \log_{10} \left(\frac{1}{1 - \Lambda} \right) \tag{5-30}$$

如果系统的子载波间隔已经确定，那么信道的多普勒带宽越大，最大多径时延越大，需

要的导频符号开销也就越大。在实际系统中安排导频符号时，应尽量使一帧中的第一个和最后一个 OFDM 符号以及 OFDM 符号的第一个和最后一个子载波都包含有导频符号，这样就能保证每帧边缘的估计值较为准确。

目前常见的导频插入模式有矩形分布、六边形分布、对角分布和随机分布等模式。矩形分布即插入的导频构成周期的矩形，六边形分布即插入的导频构成周期的六边形，如图 5-6 所示。由图可以看出，在时域间隔和频域间隔都相同的情况下，六边形分布比矩形分布需要的导频数少，也就是说六边形分布获得的有效信噪比比矩形分布的高，因此，六边形分布一般优于矩形分布。进一步地研究表明，正方形分布和对角分布的性能相同，且好于随机分布的情况。本节将主要讨论导频符号呈正方形分布的情况。

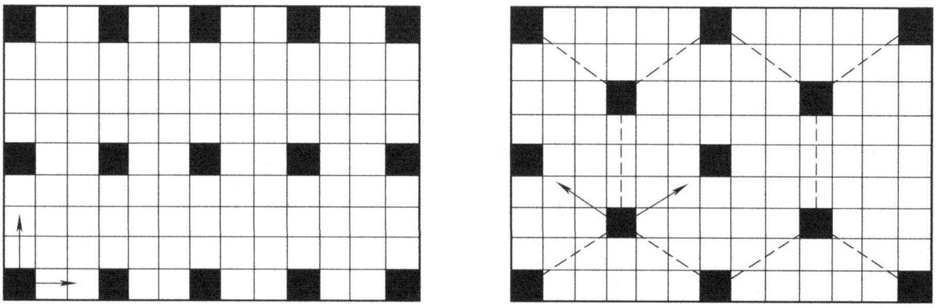

a) 矩形分布　　　　b) 六边形分布

图 5-6　两种导频插入模式

2. 二维信道估计

（1）二维信道估计理论。根据 OFDM 频域模型，一帧内的第 m 个符号的第 k 个子载波上接收到的频域符号为

$$R_{m,k}=H_{m,k}X_{m,k}+N_{m,k} \qquad k=0,\cdots,N-1;m=0,\cdots,N_{\mathrm{s}}-1 \tag{5-31}$$

式中，$X_{m,k}$为发送符号；$N_{m,k}$为高斯噪声。

假定第一个导频符号位于帧结构的第一个 OFDM 符号的第一个子载波上，则导频符号可表示为 $X_{m',k'}$，导频符号位置组成集合

$$P=\{(m',k')\mid m'=qN_{\mathrm{t}},q=0,\cdots,\lceil N_{\mathrm{s}}/N_{\mathrm{t}}\rceil-1;k'=pN_{\mathrm{f}},p=0,\cdots,\lceil N/N_{\mathrm{f}}\rceil-1\}$$

由前面的讨论可知，由于导频的插入在时域和频域都满足采样定理，所以只要能得到信道在导频位置的频率响应值，就能得到整个信道的所有频率响应值。基于二维导频符号的信道估计时，根据插入的导频符号，首先通过估计算法获得信道在导频位置的传输特性，然后利用插值算法获得信道在其他位置的传输特性。因此，基于二维导频符号的信道估计算法一般可分为以下两个步骤。

第一步：利用 LS 估计算法估计信道在插入导频位置的频率响应值

$$\widetilde{H}_{m',k'}=\frac{R_{m',k'}}{X_{m',k'}}=H_{m',k'}+\frac{N_{m',k'}}{X_{m',k'}} \qquad \forall(m',k')\in P \tag{5-32}$$

考虑到信道中引入了高斯白噪声，信道在导频符号位置的估计已经引入了误差，为了减小该估计误差，可以将导频符号的功率进行适当提高。

第二步：在第一步的基础上，进行二维内插滤波，即

$$\hat{H}_{m,k} = \sum_{(m',k') \in \Gamma_{m,k}} w_{m',k',m,k} \tilde{H}_{m',k'} \qquad \Gamma_{m,k} \subseteq P; k = 0,\cdots,N-1; m = 0,\cdots,N_s - 1 \tag{5-33}$$

式中，$w_{m',k',m,k}$为内插滤波器的加权系数；子集 $\Gamma_{m,k} \subseteq P$ 表示估计 $\hat{H}_{m,k}$时实际用到的导频符号。滤波器的抽头系数个数为

$$N_{tap} = \|\Gamma_{m,k}\| \leqslant \|P\| \tag{5-34}$$

在图 5-5 中，$N_{grid}=12$，$N_{tap}=4$，即一帧中共插入了 12 个导频符号，但是在信道估计中只利用了在待估计点位置周围的 4 个导频信号。

这里要说明的是，插值可分为二维插值和一维插值。二维插值只需要插一次值，但一般比较复杂，不容易实现，因而人们就考虑将二维插值分两次进行，首先在时域或频域进行一维插值，然后在另一个域进行一维插值。采用一维插值虽然使性能有所下降，但是大大降低了复杂度。

（2）二维维纳信道估计理论。信道估计采用均方误差准则，均方误差用 $J_{n,i}$表示，即有

$$\varepsilon_{m,k} = H_{m,k} - \hat{H}_{m,k} \tag{5-35}$$

$$J_{m,k} = E\{|\varepsilon_{m,k}|^2\} \tag{5-36}$$

遵循最小均方误差(MMSE)准则的滤波器即为二维维纳滤波器，而二维维纳滤波器的系数可以由正交性原理得到，即

$$E\{\varepsilon_{m,k}\tilde{H}^*_{m'',k''}\} = 0, \qquad \forall \{m'',k''\} \in \Gamma_{m,k} \tag{5-37}$$

式中，(m''，k'')表示计算信道估计时利用的导频符号的位置。由正交性准则可推导出 Wiener-Hopf 方程，即

$$E\{H_{m,k}\tilde{H}^*_{m'',k''}\} = \sum_{(m',k') \in \Gamma_{m,k}} w_{m',k',m,k} E\{\tilde{H}_{m',k'}\tilde{H}^*_{m'',k''}\}, \qquad \forall \{m'',k''\} \in \Gamma_{m,k} \tag{5-38}$$

定义互相关函数为

$$\theta_{m-m'',k-k''} = E\{H_{m,k}\tilde{H}^*_{m'',k''}\} \tag{5-39}$$

根据式(5-32)，而且假定噪声 $N_{m'',k''}$为零均值，与导频符号 $X_{m'',k''}$统计独立，则互相关函数 $E\{H_{m,k}\tilde{H}^*_{m'',k''}\}$可以表示为

$$\theta_{m-m'',k-k''} = E\{H_{m,k}H^*_{m'',k''}\} \tag{5-40}$$

式(5-38)中的自相关函数表示为

$$\phi_{m'-m'',k'-k''} = E\{\tilde{H}_{m',k'}\tilde{H}^*_{m'',k''}\} \tag{5-41}$$

则根据式(5-32)可得

$$\phi_{m'-m'',k'-k''} = \theta_{m'-m'',k'-k''} + \frac{\sigma^2}{E\{|X_{m',k'}|^2\}}\delta_{m'-m'',k'-k''} \tag{5-42}$$

互相关函数式(5-39)取决于估计的信道点位置(m，k)与所用导频符号的位置(m''，k'')的距离；自相关函数式(5-41)取决于导频符号之间的间距，$E\{|X_{m,k}|^2\}$($m=1$，…，N；$k=1$，…，N_s)表示发送符号的平均能量，则式(5-42)可写为

$$\phi_{m'-m'',k'-k''} = \theta_{m'-m'',k'-k''} + \frac{1}{SNR}\delta_{m'-m'',k'-k''} \tag{5-43}$$

在同步 OFDM 系统中，多个用户的导频符号在相同位置同时传送，则导频符号的功率随着用户数的增加而增大。在实际应用中，可以增大导频符号的发射功率，以提高信道估计的准确度，例如在欧洲的 DVB-T 标准中就采用这种方法，当然这会浪费发射机的一部分功率。

将式(5-39)和式(5-41)代入式(5-38)并采用矢量表示

$$\boldsymbol{\theta}_{m,k}^{\mathrm{T}} = \boldsymbol{w}_{m,k}^{\mathrm{T}} \boldsymbol{\Phi} \tag{5-44}$$

式中，$\boldsymbol{\Phi}$ 是 $N_{\mathrm{tap}} \times N_{\mathrm{tap}}$ 的自相关矩阵；$\boldsymbol{\theta}_{m,k}$ 是长度为 N_{tap} 的互相关矢量；矢量 $\boldsymbol{w}_{m,k}$ 长度为 N_{tap}，表示滤波器系数。因此，二维维纳滤波器的系数可写为

$$\boldsymbol{w}_{m,k}^{\mathrm{T}} = \boldsymbol{\theta}_{m,k}^{\mathrm{T}} \boldsymbol{\Phi}^{-1} \tag{5-45}$$

二维维纳滤波器的均方误差为

$$\begin{aligned} J_{m,k} &= E\{(H_{m,k} - \widetilde{H}_{m,k})(H_{m,k} - \widetilde{H}_{m,k})^*\} \\ &= E\{|H_{m,k}|^2\} - \boldsymbol{\theta}_{m,k}^{\mathrm{T}} \boldsymbol{w}_{m,k}^* - \boldsymbol{w}_{m,k}^{\mathrm{T}} \boldsymbol{\theta}_{m,k}^* + \boldsymbol{w}_{m,k}^{\mathrm{T}} \boldsymbol{\Phi} \boldsymbol{w}_{m,k}^* \\ &= E\{|H_{m,k}|^2\} - \boldsymbol{\theta}_{m,k}^{\mathrm{T}} \boldsymbol{\Phi}^{-1} \boldsymbol{\theta}_{m,k}^* \end{aligned} \tag{5-46}$$

由于二维维纳滤波器计算量很大，可以采用两个级联的一维维纳滤波器来达到性能和复杂度的折中。

3. 级联的一维信道估计算法

由于无线信道的时延功率谱和多普勒功率谱之间是统计独立的，因此时域和频域的信道估计可以分别独立地进行。基于此，采用两个级联的一维 FIR 滤波器进行信道估计，可以在性能损失不大的情况下大大减少计算量，其原理如图 5-7 所示。首先对包含导频符号的 OFDM 符号在频率方向滤波，用上标[1]表示；然后在时间方向对所有的子载波进行滤波，用上标[2]表示。选择这个顺序是因为当包含导频符号的 OFDM 符号到达时，就可以进行第一步滤波，这样可以减少整个信道估计的时延。但实际上，由于滤波器是线性的，采用另一种顺序也可以获得相同的性能。

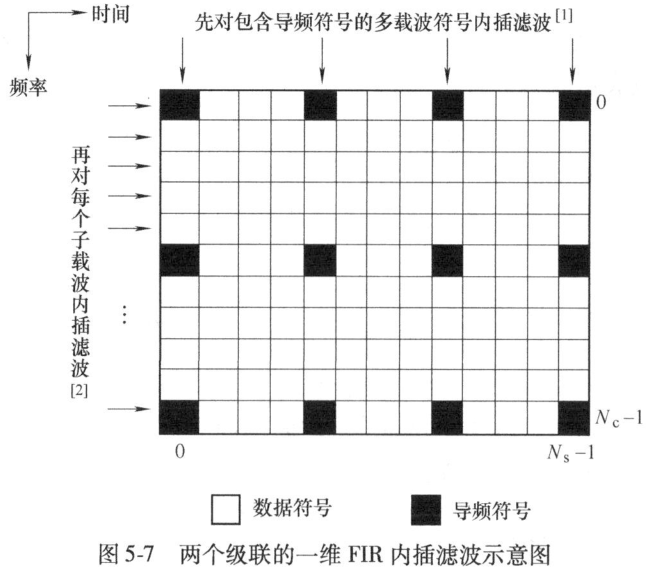

图 5-7　两个级联的一维 FIR 内插滤波示意图

(1)第一级 FIR 频域滤波器的系数 $\boldsymbol{w}_k^{[1]}$ 为

$$\hat{H}_{m',k}^{[1]} = \boldsymbol{w}_k^{[1]\mathrm{T}}\tilde{\boldsymbol{h}}_{m'} \tag{5-47}$$

滤波器的系数只与子载波 k 有关。长度为 $N_{\mathrm{tap}}{}^{[1]}$ 的矢量 $\tilde{\boldsymbol{h}}_{m'}$ 表示第 m' 个多载波符号中用来估计 $\hat{H}_{m',k}^{[1]}$ 的导频符号处的信道估计值。在所有$\lceil N_s/N_t \rceil$个有导频符号的多载波中进行类似的操作，其均方误差为

$$J_k^{[1]} = E(|H_{m,k}|^2) - \boldsymbol{\theta}_k^{\mathrm{T}}\boldsymbol{w}_k^{[1]*} - \boldsymbol{w}_k^{[1]\mathrm{T}}\boldsymbol{\theta}_k^* + \boldsymbol{w}_k^{[1]\mathrm{T}}\boldsymbol{\Phi}\boldsymbol{w}_k^{[1]*} \tag{5-48}$$

(2) 第二级 FIR 时域滤波器系数 $\boldsymbol{w}_l^{[2]}$ 为

$$\hat{H}_{m,k} = \hat{H}_{m,k}^{[2]} = \boldsymbol{w}_l^{[2]\mathrm{T}}\boldsymbol{h}_k^{[1]} \tag{5-49}$$

滤波器的系数只与时间 m 有关。长度为 $N_{\mathrm{tap}}{}^{[2]}$ 的矢量 $\boldsymbol{h}_k^{[1]}$ 表示第 k 个子载波中用来估计 $\hat{\boldsymbol{H}}_{m',k}^{[2]}$ 的已知矢量。这个已知矢量可能是导频符号的初始估计值，也可能是第一步的估计值。对所有的 N 个子载波均进行类似的操作。两个级联的 FIR 滤波器的均方误差为

$$J_{m,k} = J_{m,k}^{[2]} = E(|H_{m,k}|^2) - E(H_{m,k}\boldsymbol{h}_k^{[1]\mathrm{H}})\boldsymbol{w}_l^{[2]*} - \boldsymbol{w}_l^{[2]\mathrm{T}}E(\boldsymbol{h}_k^{[1]}H_{m,k}^*) + \boldsymbol{w}_l^{[2]\mathrm{T}}E(\boldsymbol{h}_k^{[1]}\boldsymbol{h}_k^{[1]\mathrm{H}})\boldsymbol{w}_l^{[2]*} \tag{5-50}$$

互相关函数 $E(H_{m,k}\hat{H}_{m',k}^{[1]*})$ 可表示为离散时间互相关函数，即

$$\theta_{m-m'}^{[1]} = E(H_{m,k}\hat{H}_{m',k}^{[1]*}) \tag{5-51}$$

误差为

$$\boldsymbol{\varepsilon}_{m',k}^{[1]} = \hat{H}_{m',k}^{[1]} - H_{m',k} \tag{5-52}$$

$$E(|\boldsymbol{\varepsilon}_{m',k}^{[1]}|^2) = J_k^{[1]} \tag{5-53}$$

由式(5-47)和式(5-48)可得到自相关函数，即

$$E(\hat{H}_{m',k}\hat{H}_{m'',k}^{[1]*}) = J_k^{[1]}\delta_{m'-m''} + \theta_{m'-m''}^{[1]} \tag{5-54}$$

将式(5-51)和式(5-54)代入式(5-50)可以简化均方误差的结果。

5.3.3 基于 DFT 的信道估计

基于 DFT 的 OFDM 系统信道估计框图如图 5-8 所示。

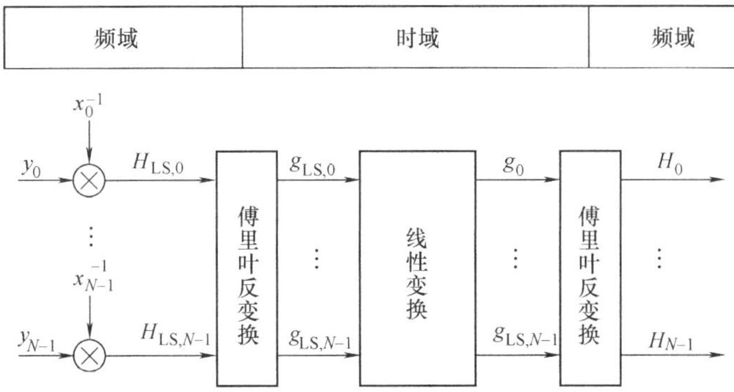

图 5-8　基于 DFT 的 OFDM 系统信道估计框图

基于 DFT 的 OFDM 系统信道估计是在基于 LS 的 OFDM 系统的信道估计基础上，将经 LS 估计得到的信道估计值 $H_{\mathrm{LS},0} \sim H_{\mathrm{LS},N-1}$ 加入傅里叶变换反变换器中，得到信道的时域值 g_{LS}，即 $g_{\mathrm{LS}} = IDFT(\boldsymbol{H}_{\mathrm{LS}})$。$g_{\mathrm{LS}}$经过线性变换后得到 $g = \boldsymbol{Q}g_{\mathrm{LS}}$，线性变换 $\boldsymbol{Q} = \boldsymbol{F}^{\mathrm{H}}\{\boldsymbol{R}_{HH}[\boldsymbol{R}_{HH} + (\beta/SNR)\boldsymbol{I}]\}^{-1}\boldsymbol{F}$。$\boldsymbol{F}$ 为 $N \times N$ 维的 DFT 矩阵，且有 $\boldsymbol{F}^{-1} = \boldsymbol{F}^{\mathrm{H}}$。经过线性变换后的信道冲激响应 g 经过傅里叶变换得到信道的频域值。

由于无线信道为多径信道，而多径数通常比 OFDM 系统子载波数要小得多，因此，经过傅里叶反变换后得到的冲激响应的能量是比较集中的。对于采样间隔信道（也称整数采样信道），即当信道所有径的时延都是采样间隔的整数倍时，能量映射在信道的冲激响应样值点上；而对于非采样间隔信道（也称非整数采样信道），即当信道所有径的时延不完全是采样间隔的整数倍时，能量会映射到傅里叶反变换后的所有样值点上，从而可能会造成能量泄漏。图 5-9a、b 为经过傅里叶变换后信道冲激响应能量分布示意图。图 5-9b 尽管出现了能量泄漏，但能量还是相对集中的。

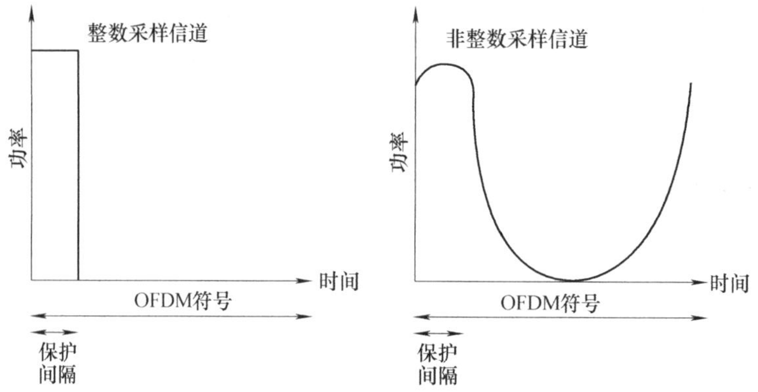

a) 采样间隔信道　　b) 非采样间隔信道

图 5-9　经过傅里叶变换后信道冲激响应能量分布示意图

基于 DFT 的 OFDM 系统信道估计的主要思想是利用经过傅里叶反变换后冲激响应能量集中这一现象，将能量较低的样值置零，减小矩阵维数，从而减小运算量。

简单的基于 DFT 的信道估计，可以不采用线性变换，如图 5-10 所示。

图 5-10a 是在采样间隔信道下，经过傅里叶反变换后能量应该集中在冲激响应的 L 径上，但是由于噪声的存在，在傅里叶反变换的其他样值点上也有幅度较小的样值存在。将这些样值置零，可以起到去噪的效果。图 5-10b 为非采样间隔信道下，经过傅里叶反变换后，能量分散在 IFFT 后的所有样值点上。但是，在样值的两端能量相对集中，仍然可以选择中间的一些幅度较小的样值置零，可以起到去噪的作用。当然，置零要考虑能量的损失。图 5-10 所示简单的基于 DFT 的 OFDM 系统信道估计，是在 LS 估计得到信道频域特性的基础上，经过一个 IFFT 和一个 FFT，从系统复杂度角度看，系统复杂了。但由前面分析可知，在 IFFT 后，可以根据能量集中情况，将幅度很小的噪声项置零，去除一部分噪声，也就是用复杂度的增加换取可靠性。这种方法在信噪比较小的情况下，可以起到较好的可靠性的改善；当信噪比较大时，会出现地板效应，在进行误码率仿真时，会出现随着信噪比的改善，误码率特性基本不变的现象，这种现象被称为误码率平台。

图 5-8 所示基于 DFT 的 OFDM 系统信道估计框图和图 5-10 所示简单的基于 DFT 的 OFDM 系统信道估计框图相比，差别在于线性变换上。常用的信道估计算法有 LS 算法和 LMMSE 算法，LS 算法简单，但估计质量没有 LMMSE 好；相反，LMMSE 估计质量好，但是计算复杂。基于 DFT 的信道估计方法就是致力于寻找一稀疏时域变换矩阵来近似 LMMSE 估计器。

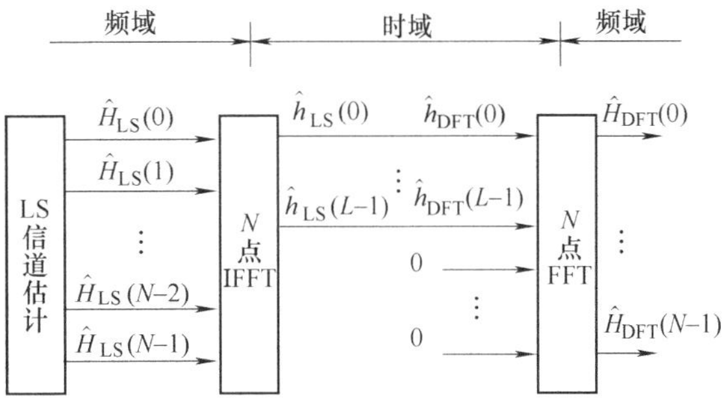

a) 采样间隔信道

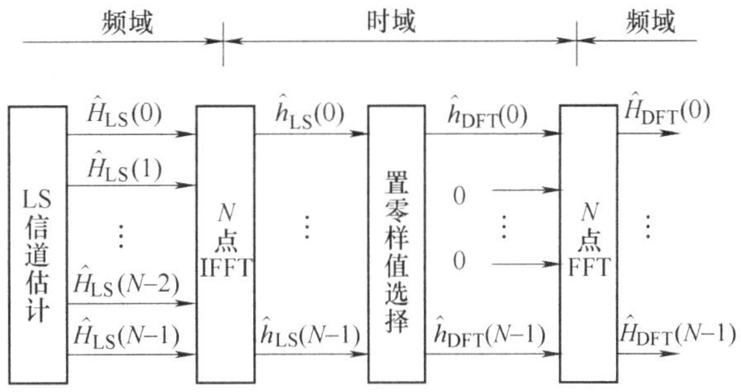

b) 非采样间隔信道

图 5-10　简单的基于 DFT 的 OFDM 系统信道估计

下面介绍三种简化算法，并对其各自性能进行分析。三种简化算法的核心思想都是减小时域冲激响应 $\hat{g}$ 中非零元素的个数，从而降低信道估计器的总体计算复杂度。

（1）估计器 A。选择 $\hat{g}_{LS}$中前 M 个最大信道能量的系数，从而将时域中线性变换矩阵限制为一固定大小 $M\times M$ 维矩阵。如果选择的 M 远小于 N，相对于 LMMSE 信道估计器，其计算复杂度降低了很多。该算法中时域处理复杂度为每估计一个信道系数需要 M^2/N 次乘法。当 $M\to N$ 时，该估计器转变为 LMMSE 估计器。

（2）估计器 B。从 $\hat{g}_{LS}$中选择出前 M 个最大信道能量的系数后，若忽略它们之间的互相关性可进一步降低复杂度，也就是将时域线性变换矩阵限制为一 $M\times M$ 维的对角矩阵。由于该矩阵仅包含 M 个非零元素，其时域处理复杂度为每估计一个信道系数需要 M/N 次乘法。

（3）估计器 C。时域处理只使用挑选出来的 M 个信道最大系数直接作为 DFT 的输入，这意味着将时域变换矩阵限制为 $M\times M$ 维的单位矩阵，其时域处理不需要任何乘法操作。当 $M\to N$ 时，该估计器转化为 LS 估计器。

基于 DFT 信道估计算法的比较如表 5-1 所示。

表 5-1　基于 DFT 信道估计算法的比较

估计器	约束	线性变换 Q	有效矩阵大小	需要的乘法次数/每信道系数
LMMSE	/	/	$N\times N$	$N+1$
A	M 个参数	$Q_A=\begin{bmatrix} Q_{M\times M} & 0 \\ 0 & 0 \end{bmatrix}$	$M\times M$	$\log_2 N+\frac{M^2}{N}+1$
B	对角矩阵	$Q_B=\begin{bmatrix} Q_{M\times M} & 0 \\ 0 & 0 \end{bmatrix}$	$M\times M$（对角矩阵）	$\log_2 N+\frac{M^2}{N}+1$

（续）

估计器	约束	线性变换 Q	有效矩阵大小	需要的乘法次数/每信道系数
C	单位矩阵	$Q_C=\begin{bmatrix} I_{M\times M} & 0 \\ 0 & 0 \end{bmatrix}$	$M\times M$（对角矩阵）	$\log_2 N+1$
LS	/	/	/	1

综上所述，时域估计算法估计的是信道冲激响应 $\hat{\boldsymbol{h}}\in C^{L\times 1}$，而频域估计算法估计的是 $\hat{\boldsymbol{H}}\in C^{N_c\times 1}$，即对于每个子载波都要一起进行估值。所以，当子载波数远大于信道冲激响应的长度时(实际情况基本上都是这样的)，用于频域信道估计的信号能量将大大小于用于时域估计的信号能量，从而导致频域估计的准确度比时域估计的要差一些。换句话说，在可用数据相同的情况下，估计的参数越少，估计的准确度就越高。如在 IEEE 802.11a 系统中，数据子载波和导频子载波共使用了 52 个子载波，而信道时域冲激响应的最大长度却小于循环前缀的长度 16，所以频域需要估计的参数是时域估计参数的 3 倍多。当然，时域估计算法由于要进行卷积运算，所以与频域算法相比较，时域的计算复杂要高一些。实际上，在任何工程应用中，好的性能总是要付出一定代价的，所以工程上常需要在性能和代价之间取得折中。

5.4 MIMO-OFDM 系统信道估计

众所周知，在未来的宽带无线通信系统中，存在两个最严峻的挑战：多径衰落信道和带宽效率。OFDM 通过将频率选择性多径衰落信道在频域内转变成平坦信道，从而减小了多径衰落的影响，而 MIMO 技术能够在空间中产生独立的并行信道同时传输多路数据流，这样就有效地增加了系统的传输效率，即由 MIMO 提供的空间复用技术能够在不增加系统带宽的情况下增加频谱效率。这样，如果将 OFDM 和 MIMO 两种技术相结合，就能达到两种效果：一种是系统有很高的传输速率，另一种是通过分集达到很强的可靠性。同时，在多输入多输出正交频分复用(MIMO-OFDM)系统中，加入合适的数字信号处理的算法能更好地增强系统的稳定性。下面来简单介绍 MIMO-OFDM 组合系统。

5.4.1 MIMO-OFDM 系统

假设有 N_T 组、每组包含 N 个 OFDM 符号的信号分别从 N_T 个天线上同时发送，这些 $N\times N_T$ 个符号按照发射天线和时间可组成 N 个 N_T 长的列矢量，每一列矢量如式(5-55)所示：

$$\boldsymbol{x}(i)=[\boldsymbol{x}_1^{\mathrm{T}}(i),\boldsymbol{x}_2^{\mathrm{T}}(i),\cdots,\boldsymbol{x}_{N_T}^{\mathrm{T}}(i)]^{\mathrm{T}} \tag{5-55}$$

其中 $i=1,2,\cdots,N$，$\boldsymbol{x}_j=\mathrm{IFFT}_N(\boldsymbol{X}_j)=[x_{j,0}\quad x_{j,1}\quad\cdots\quad x_{j,N-1}]^{\mathrm{T}}$。

接收到的 OFDM 符号能够构成$(N+N_{\mathrm{ep}})N_R$ 个列矢量，如式(5-56)所示

$$\boldsymbol{y}(i)=[\boldsymbol{y}_1^{\mathrm{T}}(i),\boldsymbol{y}_2^{\mathrm{T}}(i),\cdots,\boldsymbol{y}_{N_R}^{\mathrm{T}}(i)]^{\mathrm{T}} \tag{5-56}$$

其中

$$\boldsymbol{y}_j=[\boldsymbol{y}_{j,0}\quad \boldsymbol{y}_{j,1}\quad\cdots\quad \boldsymbol{y}_{j,N+N_{\mathrm{ep}}-1}]^{\mathrm{T}}$$

信号经过信道后得到的表达式应该为

$$\boldsymbol{y}=\boldsymbol{hx}+\boldsymbol{n} \tag{5-57}$$

$\boldsymbol{h}$ 是一个$[(N+N_g)N_R]\times(NN_T)$的矩阵，它包含 $N_R\times N_T$ 个子矩阵，和 SISO 具有相同的托普尼兹矩阵形式。如果在每一个发射天线都采用循环前缀，仍能得到该表达式，这时 $\boldsymbol{x}$ 是 $N\times N_T$ 列矢量，$\boldsymbol{y}$ 是 $N\times N_R$ 列矢量，而 $\tilde{\boldsymbol{h}}$ 是一个$(NN_R)\times(NN_T)$阶、具有循环托普尼兹形式的矩阵，即

$$\tilde{\boldsymbol{h}}=\begin{bmatrix}\tilde{h}_{1,1} & \cdots & \tilde{h}_{1,N_T}\\ \vdots & \ddots & \vdots\\ \tilde{h}_{N_R,1} & \cdots & \tilde{h}_{N_R,N_T}\end{bmatrix} \tag{5-58}$$

定义一个$(NN_R)\times(NN_T)$阶块对角矩阵，该矩阵的对角元素为 $N\times N$ 的 IDFT 矩阵，即

$$\boldsymbol{F}^{*(N_T)}=\begin{bmatrix}F^* & 0 & \cdots & 0\\ 0 & & & \vdots\\ \vdots & & & \vdots\\ \vdots & & & 0\\ 0 & \cdots & 0 & F^*\end{bmatrix} \tag{5-59}$$

$\tilde{\boldsymbol{h}}$ 矩阵分别左乘 DFT 矩阵，右乘 IDFT 矩阵，这样产生的矩阵包含了 $\tilde{\boldsymbol{h}}$ 矩阵每一个循环块的特征值，即

$$\boldsymbol{F}^{(N_R)}\tilde{\boldsymbol{h}}\boldsymbol{F}^{*(N_T)}=\begin{bmatrix}D_{1,1} & \cdots & D_{1,N_T}\\ \vdots & \ddots & \vdots\\ D_{N_R,1} & \cdots & D_{N_R,N_T}\end{bmatrix} \tag{5-60}$$

通过在每一个天线都使用 OFDM 的技术，产生 N 个对应 DFT 下标的平坦衰落信道。为了实现 N 个 MIMO 信道，信道矩阵右乘矩阵 P_R，左乘矩阵 P_T。矩阵 P_R 和矩阵 P_T 是置换矩阵，用于重排属于相同 DFT 下标的输入和输出。最后生成的矩阵为

$$\boldsymbol{H}=\boldsymbol{P}_R\boldsymbol{F}^{*(N_R)}\tilde{\boldsymbol{h}}\boldsymbol{F}^{*(N_T)}\boldsymbol{P}_T=\begin{bmatrix}H(\mathrm{e}^{\mathrm{j}2\pi 0}) & \cdots & 0\\ \vdots & \ddots & 0\\ 0 & \cdots & H(\mathrm{e}^{\mathrm{j}2\pi(N-1)})\end{bmatrix} \tag{5-61}$$

每一个 $\boldsymbol{H}(\mathrm{e}^{\mathrm{j}2\pi n})$矩阵都表示了对应于 DFT 下标 n 的平坦衰落 MIMO 信道。这样通过下式将输入和输出联系起来，即

$$\boldsymbol{Y}=\boldsymbol{HX}+\boldsymbol{N} \tag{5-62}$$

式中，$\boldsymbol{X}=[\boldsymbol{X}_1^{\mathrm{T}}(k)\quad \boldsymbol{X}_2^{\mathrm{T}}(k)\quad \cdots\quad \boldsymbol{X}_{N_T}^{\mathrm{T}}(k)]^{\mathrm{T}}$，$\boldsymbol{X}_j=[X_{j,0}\quad X_{j,1}\quad \cdots\quad X_{j,N-1}]^{\mathrm{T}}$，其中 $j=1,2,\cdots,N_T$，$\boldsymbol{Y}$、$\boldsymbol{Y}_i$ 与 $\boldsymbol{X}$、$\boldsymbol{X}_j$ 有相同的定义。

上述的表达式将输入 $\boldsymbol{X}$ 和 $\boldsymbol{Y}$ 在 $N\cdot\min(N_T, N_R)$子信道中联系起来。如果发送天线的个数 N_T 和接收天线的个数 N_R 相等，这样就能形成 $N\times N_T$ 个平行信道。这些信道都是相互独立，使得输入的符号只能影响一个输出的符号。值得注意的是，虽然 $\boldsymbol{F}$ 和 $\boldsymbol{P}_R$ 矩阵都和信道噪声相乘，但由于它们每一个在各个方向上都是归一化的增益，所以不会放大噪声。

图 5-11 和图 5-12 是 MIMO-OFDM 系统在发送端和接收端的系统框图。

从图 5-11 可看出，输入的信息比特流经过一个串并变换器编程多路输入的数据流，以

实现多天线的输出。对于每一路信号，都要经过一次信号的映射。这里的信号映射，不仅包括了对输入数据流的星座映射，而且涉及编码调制等。同时，这样映射后的一路信号又会转换成子载波数量的数据流作为接下来 IFFT 的输入。在这里加入循环前缀的目的是为了在每个 OFDM 的符号间加上保护间隔，减小 OFDM 的符号间干扰。

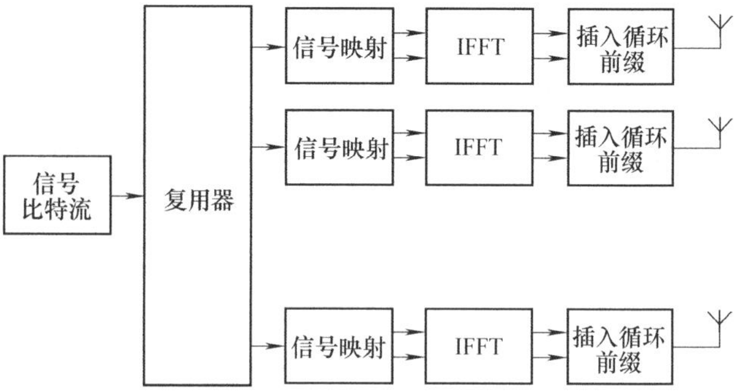

图 5-11　MIMO-OFDM 系统在发送端的系统框图

如图 5-12 所示，在接收端接收到的 OFDM 数据流首先要经过一个去除循环前缀的处理，把 OFDM 符号的有用部分提取出来用于 FFT 变换。每个 FFT 变换产生的第 i 个数据流中包含相同发射端输入信息，所以将这样的数据流经过相同的空间多路检测器进行检测判决，最后数据流通过并串转换输入到解调器。

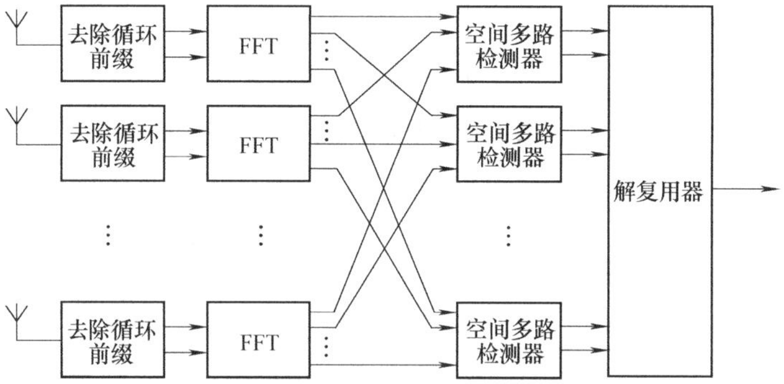

图 5-12　MIMO-OFDM 系统在接收端的系统框图

图 5-11 和图 5-12 显示了一个基于空间复用的 MIMO-OFDM 系统，这样的系统能够同时增大空间复用技术和 OFDM 技术的能力，有利于增加系统的容量和高速率的传输。通过多路数据流在发送天线同时发射，实现了在相同带宽情况下的多路空间并行信道。这样系统不仅发挥了 OFDM 和空间复用技术的优势，也有效地利用了空间并行性和频率选择性。在接收判决一方，将接收信号转化成了若干子信号分布通过 OFDM 的子载波处理方式。

假设 $H(n)=H(\mathrm{e}^{\mathrm{j}2\pi n})$，从式(5-62)可以得到简化的系统模型，即

$$\boldsymbol{Y}[n]=\boldsymbol{H}[n]\boldsymbol{X}[n]+\boldsymbol{V}[n] \tag{5-63}$$

$$\begin{bmatrix} Y_1[n] \\ Y_1[n] \\ \vdots \\ Y_{N_\mathrm{T}}[n] \end{bmatrix}=\begin{bmatrix} H_{11}[n] & H_{12}[n] & \cdots & H_{1N_\mathrm{T}}[n] \\ H_{21}[n] & H_{22}[n] & \cdots & \cdots \\ \vdots & \vdots & \vdots & \vdots \\ H_{N_\mathrm{R}1}[n] & \cdots & \cdots & H_{N_\mathrm{R}N_\mathrm{T}}[n] \end{bmatrix}\begin{bmatrix} X_1[n] \\ X_1[n] \\ \vdots \\ X_{N_\mathrm{T}}[n] \end{bmatrix}+\begin{bmatrix} V_1[n] \\ V_1[n] \\ \vdots \\ V_{N_\mathrm{T}}[n] \end{bmatrix} \tag{5-64}$$

由于系统信道充分利用了并行和频率选择的性质，可以将上述的判决方法用于每一个子

载波上。判决器根据接收的 $\boldsymbol{Y}[n]$ 和估计出来的信道矩阵 $\tilde{\boldsymbol{H}}[n]$ 来计算 $\tilde{\boldsymbol{X}}[n]$，在判决处理之后，通过限幅器来进行软判决的星座判决，得到的结果再进一步地进行硬判决。

前面讨论的 OFDM 系统的信道估计技术，可以应用于 MIMO-OFDM 系统，但不能直接应用于 MIMO-OFDM 系统，因为对于某个特定的发射接收天线对来说，来自于其他天线的信号即为干扰，信号噪声功率比常常在 0dB 以下，从而带来很大的估计误差，导致系统性能急剧下降。因此，MIMO-OFDM 系统的信道估计将综合考虑多天线与频率正交性。

传统的信道估计技术主要有基于训练序列的信道估计算法、基于导频符号的信道估计算法、盲信道估计算法以及半盲信道估计算法。

基于训练序列的信道估计算法适用于突发传输方式的系统，通过发送已知的训练序列，在接收端进行初始的信道估计，当发送有用的信息数据时，利用初始的信道估计结果进行一个判决更新，完成实时的信道估计。

基于导频的信道估计算法适用于连续传输的系统，通过在发送有用数据的过程中插入一组导频符号，可以得到导频位置的信道估计结果，接着利用导频位置的信道估计结果，通过内插得到有用数据未知的信道估计结果，完成信道估计。

盲信道估计算法与半盲估计算法不发送专门的训练序列和导频，而是利用接收信号本身以及发送信号的内在特点进行信道估计，因此具有较高的频带利用率。

5.4.2 基于导频的 MIMO-OFDM 系统信道估计

为了能及时跟踪信道的变化，常采用基于导频符号的信道估计方法。下面将针对采用连续传输方式 MIMO-OFDM 系统，讨论基于导频符号的信道估计方法。

1. 信道估计过程

OFDM 系统基于导频符号的信道估计方法，即在发射端以一定间隔把已知的导频符号插入到 OFDM 符号当中，经过信道后，接收端提取这些位置的信道响应并作为内插滤波，从而估计出其他位置的信道频率响应。MIMO-OFDM 系统基于导频符号的信道估计器的设计主要考虑以下 3 个问题。

（1）导频形式的选择。由于天线信道常常是衰落信道，为了实时地跟踪信道变化，导频信息需要不断传送。导频的形式决定着估计的方法和性能，因此必须对认真选择。

（2）导频符号的正交性设计。在 MIMO-OFDM 系统接收端得到的信号为各发射天线发达信号的线性叠加，因而导频符号必须相互正交，以消除天线间的干扰。

（3）寻找复杂度低的内插滤波方法以提高估计精度。

总之，在确定了导频发送方式后，设计正交的导频符号和最佳的信道估计器结构是 MI-MO-OFDM 系统中基于导频符号的信道估计技术的关键。

2. 梳状导频信道估计原理

OFDM 导频插入方法有梳状导频、块状导频及分散插入导频。下面介绍利用梳状结构导频进行信道估计的方法。基于梳状导频的信道估计利用内插的方法。梳状结构的导频有点类似单天线系统中的二维散布导频，但在多天线系统中，它并不适合作为导频来使用，因为它占有的子载波点太多。然而在多天线系统中，它却是一种非常好的训练序列，它把一个 OFDM 符号分成几个独立部分，分别来传输各个天线的训练符号。在接收端，首先提取出各个天线对应的导频点，初步估计出信道值，然后利用信道在频率方向的相关性估计出其他子载波的信道值。因为各个天线的训练序列使用不同的子载波点，它们之间是相互独立的，所以可把 MIMO 系统分成几个独立的 SISO 系统。

假设系统采用梳状结构训练序列，一个 OFDM 符号中对应于每个发射天线的导频数都为 N_p，且满足 $N_p N_t \leqslant K$，K 为 OFDM 的子载波数目。

图 5-13 给出了梳状结构的训练方案，它能将多天线信道估计问题转化为单天线的情况。如图 5-13 所示，发射天线 i 的第 v 个导频符号 $X_i(v)$ 以载波 i 为起始位置，K/v 为间隔插入到每个 OFDM 符号中，其中 $v=1, 2, \cdots, N_p$；$i=1, 2, \cdots, N_t$。可见，不同天线的导频位置是相互正交的，并且导频信号也相互正交，这种结构的训练序列满足最优训练序列的条件。对于某个特点的发射接收天线对，在导频位置不会受到其他天线发射信号的影响，即不存在天线间的干扰，从而 MIMO 信道估计就可以转化为若干独立的单输入单输出(SISO)信道估计问题。

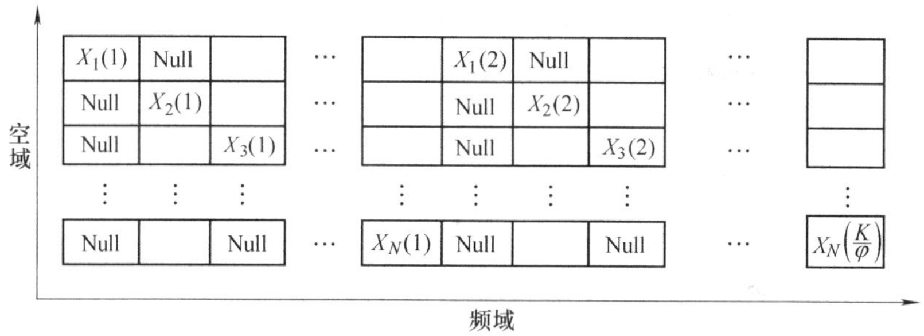

图 5-13　梳状导频结构

若记发射天线 i 的导频符号为 $N_p \times 1$ 维列矢量 $\boldsymbol{X}_i=[X(t_1), X(t_2), \cdots, X(t_{N_p})]$，接收天线 j 得到的信道畸变后的导频符号矢量为 $\boldsymbol{Y}_{ij}=[Y(t_1), Y(t_2), \cdots, Y(t_{N_p})]$，则采用上述导频方案后，发射天线对 i、j 间导频信道的频率响应 LS 估计式为

$$\hat{\boldsymbol{H}}_{ij}(t_n)=\boldsymbol{X}_i^{-1}(t_n)\boldsymbol{Y}_{ij}(t_n) \tag{5-65}$$

得到导频位置的信道频率响应后，其他载波位置的信道响应就可以通过对相邻导频信道的频率响应进行内插来获得。由于采用了梳状结构，MIMO-OFDM 信道估计问题转化成了通常单天线 OFDM 的信道估计问题，以下围绕 SISO-OFDM 系统的信道估计算法进行分析讨论。由于各发送接收天线对的信道估计是相互独立的，为了表达式简单，下文将省去下标 i、j。

OFDM 系统中基于导频的信道估计总体框图如图 5-14 所示。输入信号为经过 FFT 后的数据 $Y(k)$，从数据中将导频位置的数据提取得 $Y_p(k)$，根据已知的导频数据值 $X_p(k)$，就可以得到导频位置信道响应的估计值，再经过频率方向上的内插滤波，最终可以获得所有载波点上的信道响应。

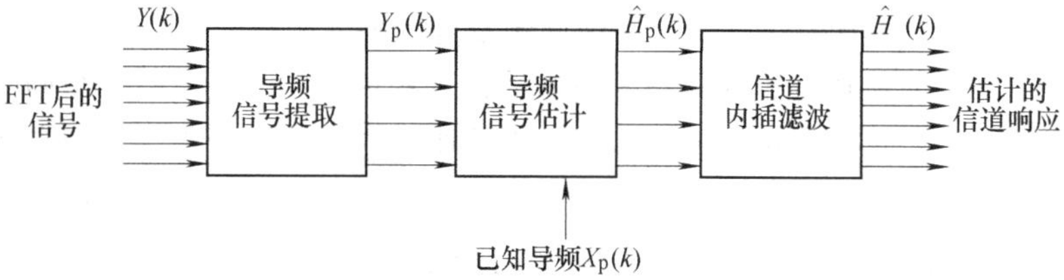

图 5-14　梳状结构导频信道估计结构框图

总之，MIMO-OFDM 系统由于具有强抗多径衰落的能力而被列为新一代无线移动通信系统的核心技术。如何提高信道估计性能是 MIMO-OFDM 系统不可回避的关键技术之一。

5.4.3 基于训练序列的 MIMO-OFDM 系统信道估计

基于训练序列和导频符号的信道估计方法，一般有 LS、MMSE 以及奇异值分解等方法。在本节中，针对 MIMO-OFDM 系统分析基于训练序列的 LS 时域信道估计算法。

对于采用突发传输方式的 MIMO-OFDM 系统，传输信号通常由帧组成，每帧又分为若干 OFDM，包括训练符号和传输数据符号，其中训练符号序列用来估计系统的频率偏移、定时偏移以及信道参数。相对应的系统也有两种工作模式：训练模式和数据传输模式。在训练模式，系统周期性地发送训练序列，接收端根据这些参考信号对信道参数、频率偏移以及定时偏移进行估计；在数据传输模式，系统利用以上估计得到的参数传输数据。通常的训练序列由一个或两个 OFDM 符号组成，位于每个数据帧的起始端。

MIMO-OFDM 系统中基于训练序列的信道估计算法一般需要考虑以下 3 个问题。

（1）训练序列的正交性。MIMO-OFDM 系统的接收信道为各个发射天线发送信号的衰落和加性噪声的线性叠加。对于某个特定的发射接收天线对，来自于其他天线的信号即为干扰，因此采用的训练序列必须满足正交性条件，以消除天线间的干扰。

（2）寻找复杂度低的信号估计算法在训练模式对信道参数进行初始估计。

（3）寻找适当的直接判决信道估计算法在数据传输模式跟踪信道的变化。对于采用突发传输方式的系统，训练序列通常在每个数据帧的起始位置发送，然而无线信道往往在一帧内是变化的，因此系统通常采用直接判决估计方法，即把译码后的数据当作参考训练符号对信道重新估计，从而达到跟踪信道的目的。

在确定估计准则的条件下，设计正交的训练序列和最佳的信道估计器结构是 MIMO-OFDM 系统中基于训练序列的信道估计技术的关键。

1. MIMO-OFDM 系统中的 LS 时域估计

基于 LS 准则的信道估计算法通常可以分为时域估计和频域估计两种，在此只讨论时域估计算法，并与 MIMO-OFDM 系统相结合进行简化。

假定在第 n 个 OFDM 符号周期，发射天线 n_t 和接收天线 n_r 之间第 k 个载波信道的频率响应表示为

$$H_{n_t}[n,k] = \sum_{l=0}^{L-1} h_{n_t}[n,l] W_N^{lk} \tag{5-66}$$

由式(5-66)定义基于 LS 准则的代价函数为

$$C(\{\hat{h}_{n_t}[n,l];n_t = 1,2\}) = \sum_{k=0}^{N-1} \left| r[n,k] - \sum_{n_t=1}^{2}\sum_{l=0}^{L-1} \hat{h}_{n_t}[n,l] W_N^{kl} t_{n_t}[n,k] \right|^2 \tag{5-67}$$

式中，$t_{n_t}[n,k]$为发射天线 n_t 与接收天线 n_r 之间第 k 个子载波处的训练符号。

对式(5-67)求导，并令之为 0，则有

$$\frac{\partial C(\{\hat{h}_i[n,l]\})}{\partial \hat{h}_i[n,l_0]} = \frac{1}{2}\left\{\frac{\partial C(\{\hat{h}_i[n,l]\})}{\partial \mathrm{Re}(\hat{h}_i[n,l_0])} - \mathrm{j}\frac{\partial C(\{\hat{h}_i[n,l]\})}{\partial \mathrm{Im}(\hat{h}_i[n,l_0])}\right\}$$

经简化整理后，得到

$$\sum_{k=0}^{N-1}\left(r[n,k]-\sum_{n_t=1}^{2}\sum_{l=0}^{L-1}\hat{h}_{n_t}[n,l]W_N^{kl}t_{n_t}[n,k]\right)W_N^{-kl_0}t_{n'_t}^{*}[n,k]=0$$

$$n'_t=1,2;l_0=0,1,\cdots,L-1 \tag{5-68}$$

式中，Re(・)、Im(・)分别表示求实部和虚部运算；A^* 为 A 的共轭运算。

作如下定义：

$$p_{n'_t}[n,l]=\sum_{k=0}^{N-1}r[n,k]t_{n'_t}^{*}[n,k]W_N^{-kl} \tag{5-69}$$

$$q_{n_tn'_t}[n,l]=\sum_{k=0}^{N-1}t_{n_t}[n,k]t_{n'_t}^{*}[n,k]W_N^{-kl} \tag{5-70}$$

则式(5-67)代价函数可以进一步表达为

$$\sum_{n_t=1}^{2}\sum_{l=0}^{L-1}\hat{h}_{n_t}[n,l]q_{n_tn'_t}[n,l_0-l]=p_{n'_t}[n,l_0]\qquad n'_t=1,2;\qquad l_0=0,1,\cdots,L-1 \tag{5-71}$$

写成矩阵形式为

$$\hat{\boldsymbol{h}}[n]=\boldsymbol{Q}^{-1}[n]\boldsymbol{p}[n] \tag{5-72}$$

式中

$$\hat{\boldsymbol{h}}[n]=\begin{bmatrix}\hat{h}_1[n]\\ \hat{h}_2[n]\end{bmatrix},\hat{\boldsymbol{p}}[n]=\begin{bmatrix}\hat{\boldsymbol{p}}_1[n]\\ \hat{\boldsymbol{p}}_2[n]\end{bmatrix},\boldsymbol{Q}[n]=\begin{pmatrix}\boldsymbol{Q}_{11}[n] & \boldsymbol{Q}_{12}[n]\\ \boldsymbol{Q}_{21}[n] & \boldsymbol{Q}_{22}[n]\end{pmatrix}$$

$$\hat{\boldsymbol{h}}_{n_t}[n]=[\hat{h}_{n_t}[n,0],\cdots,\hat{h}_{n_t}[n,L-1]]$$

$$\hat{\boldsymbol{p}}_{n_t}[n]=[\hat{p}_{n_t}[n,0],\cdots,\hat{p}_{n_t}[n,L-1]]$$

$$\boldsymbol{Q}_{n_t,n'_t}[n]=\begin{bmatrix}q_{n_tn'_t}[n,0] & q_{n_tn'_t}[n,-1] & \cdots & q_{n_tn'_t}[n,-L+1]\\ q_{n_tn'_t}[n,1] & q_{n_tn'_t}[n,0] & \cdots & q_{n_tn'_t}[n,-L+2]\\ \vdots & \vdots & \ddots & \vdots\\ q_{n_tn'_t}[n,L-1] & q_{n_tn'_t}[n,L-2] & \cdots & q_{n_tn'_t}[n,0]\end{bmatrix} \tag{5-73}$$

对于采用突发传输方式的 MIMO-OFDM 系统，在训练模式，$t_{n_t}[n,k]$ 在接收端是已知的，可以直接由式(5-72)得到信道冲激响应的初始估计值；在数据传输模式，把译码后的数据当作参考训练序列，利用式(5-72)对信道重新估计，以便跟踪信道的变化。

综上，MIMO-OFDM 系统中的 LS 时域信道估计原理框图如图 5-15 所示。

由上面分析可知，要想得到信道冲激响应，矩阵 $\boldsymbol{Q}$ 的求逆运算必不可少。然而 $\boldsymbol{Q}$ 是一个 $2L\times2L$ 矩阵，当信道的最大时延 L 较大时，$\boldsymbol{Q}$ 的阶数会很大，从而求逆运算的复杂度很高，将其算法简化以降低实现复杂度。方法是从 L 中选取最大的 M 条，称之为重要路径，$\hat{\boldsymbol{h}}_{n_t}[n,l_m]$，$m=1,\cdots,M$ $(0\leqslant l_1\leqslant l_2\leqslant\cdots\leqslant l_M\leqslant L-1)$。

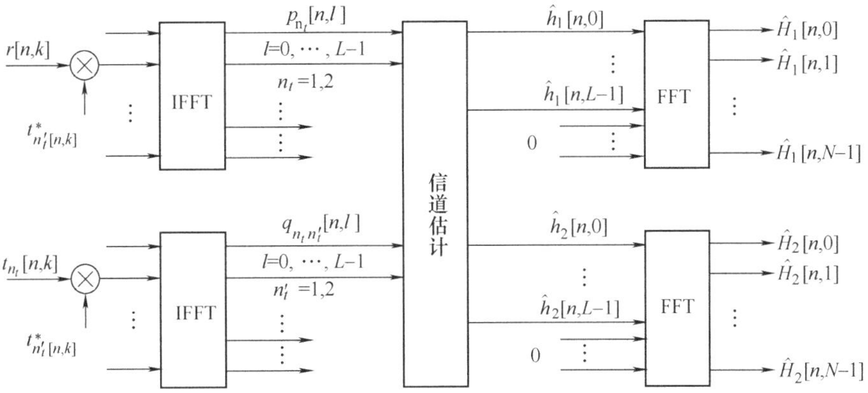

图 5-15　LS 时域信道估计原理框图

2. 正交训练序列设计

以上给出了基于 LS 准则的时域信道估计算法及其简化算法，经一系列分析推导，估计式(5-72)为无偏估计，即

$$E\{\hat{\boldsymbol{h}}[n]\}=\boldsymbol{h}[n] \tag{5-74}$$

若假设数据采用等幅调制，不妨设 $|t_{n_t}[n,k]|^2=1$，则此估计的 MSE 为

$$MSE[n]\geqslant\frac{\sigma_n^2}{N} \tag{5-75}$$

式中，σ_n^2 为平均噪声功率；N 为 OFDM 系统的子载波数。

不等式取等号当且仅当 $q_{n_t n'_t}[n,l]=0$[其中 $l=0, \pm1, \cdots, \pm(L-1)$]，即 $\boldsymbol{Q}_{n_t n'_t}[n]=0$；[其中 $n_t\neq n'_t$]。LS 时域估计算可以获得最佳的估计性能，以采用 2 发 2 收的 MIMO-OFDM 系统为例，$t_2[1,k]=(-1)^k t_1[1,k]$就满足上述的条件。

5.5　仿真实例

实例 5-1　基于特殊训练序列的信道估计与误码率仿真

程序功能：

(1) MIMO-OFDM 系统在多径信道下的 LS 估计；

(2) 给出估计的最小均方误差(MMSE)曲线；

(3) 给出 LS 估计下系统的误码率(SER)曲线。

信道：在本程序中采用的信道是多径信道，信道的冲激响应为

$$h_{i,j}(\tau_k,t)=\frac{1}{\sqrt{M}}\sum_{k=1}^{L}\rho[k]\sum_{l=1}^{M}\mathrm{e}^{\mathrm{j}(2\pi f_{i,j,k,l}t+\theta_{i,j,k,l})}\cdot\delta(\tau-\tau_k) \tag{5-76}$$

其中
$$f_{i,j,k,l}=f_{\mathrm{d,max}}\sin(2\pi u_{i,j,k,l})$$

式中，$f_{i,j,k,l}$为离散多普勒频移；$f_{\mathrm{d,max}}$为最大多普勒频移；$\theta_{i,j,k,l}=2\pi u_{i,j,k,l}$为离散多普勒相位；$u_{i,j,k,l}$为独立随机变量；$L$ 为多径信道的径数；M 为调和系数；$\rho[k]$与 τ_k 如表 5-2 所示。

表 5-2　多径信道参数

路径序号 k	时间延迟 τ_k/ns	路径能量 $\rho[k]$	路径序号 k	时间延迟 τ_k/ns	路径能量 $\rho[k]$
1	0	1.0	6	250	0.1900
2	50	0.6095	7	300	0.1159
3	100	0.4945	8	350	0.0699
4	150	0.3940	9	400	0.0462
5	200	0.2371			

2 发 2 收 MIMO-OFDM 系统 LS 估计原理：若收发端信号用式(5-77)表示，即

$$\boldsymbol{R}_j = \boldsymbol{C}\boldsymbol{H}_j + \boldsymbol{N}_j \qquad j=1,2 \tag{5-77}$$

式中，$\boldsymbol{R}_j=[R_j[0],\ \cdots,\ R_j[N-1]]^{\mathrm{T}}$ 是第 j 个天线上接收的信号且 N 是 OFDM 符号子载波的数量。$\boldsymbol{C}=[\mathrm{diag}\{\boldsymbol{C}_0\},\ \mathrm{diag}\{\boldsymbol{C}_1\}]$ 且 $\boldsymbol{C}_i=[C_i[0],\ \cdots,\ C_i[N-1]]^{\mathrm{T}}$，$\mathrm{diag}\{\boldsymbol{C}_i\}$ 是以 $\boldsymbol{C}_i$ 的元素为对角线的对角矩阵；$\boldsymbol{C}_i$ 为第 i 个发射天线上发生的块状导频信号，$i=1$，2。$\boldsymbol{H}_j=[\boldsymbol{H}_{0,j},\ \cdots,\ \boldsymbol{H}_{i,j},\ \cdots,\ \boldsymbol{H}_{I-1,j}]^{\mathrm{T}}$ 且 $\boldsymbol{H}_{i,j}=[H_{i,j}[0],\ \cdots,\ H_{i,j}[N-1]]^{\mathrm{T}}(i=1,\ 2;\ j=1,\ 2)$ 为 2 发 2 收 MIMO-OFDM 系统信道的频域特性。$\boldsymbol{N}_j=[N_j[0],\ \cdots,\ N_j[N-1]]^{\mathrm{T}}$ 为每个接收天线上的加性高斯白噪声矩阵。

信道时域特性与频域特性之间的关系为

$$\boldsymbol{H}_{i,j} = \boldsymbol{F}_L \boldsymbol{h}_{i,j} \tag{5-78}$$

式中，$\boldsymbol{h}_{i,j}=[h_{i,j}[0],\ \cdots,\ h_{i,j}[L-1]]^{\mathrm{T}}$ 为信道的时域冲激响应；L 为信道的时域冲激响应长度，并且

$$\boldsymbol{F}=\begin{bmatrix} F_{0,0} & F_{0,1} & \cdots & F_{0,N-1} \\ F_{1,0} & F_{1,1} & \cdots & F_{1,N-1} \\ \vdots & \vdots & \ddots & \vdots \\ F_{N-1,0} & F_{N-1,1} & \cdots & F_{N-1,N-1} \end{bmatrix}$$

$\boldsymbol{F}_L$ 为 $\boldsymbol{F}$ 的前 L 列构成的矩阵。

将式(5-78)代入式(5-77)有

$$\boldsymbol{R}_j = \boldsymbol{Q}\boldsymbol{h}_j + \boldsymbol{N}_j \tag{5-79}$$

其中　$\boldsymbol{Q}=[\mathrm{diag}\{\boldsymbol{C}_0\}\boldsymbol{F}_L,\ \mathrm{diag}\{\boldsymbol{C}_1\}\boldsymbol{F}_L]$，$\boldsymbol{h}_j=[\boldsymbol{h}_{0,j},\ \boldsymbol{h}_{1,j}]^{\mathrm{T}}$。

对式(5-79)进行 LS 准则运算，在 $\boldsymbol{Q}^{\mathrm{H}}\boldsymbol{Q}$ 满秩的情况下，可得信道时域冲激响应的估计值

$$\hat{\boldsymbol{h}}_j = (\boldsymbol{Q}^{\mathrm{H}}\boldsymbol{Q})^{-1}\boldsymbol{Q}^{\mathrm{H}}\boldsymbol{R}_j \tag{5-80}$$

程序名称：Example5_1. m。

程序代码：

```
% OFDM 系统参数设置
clc;
clear all;
NFFT = 64;                % FFT 长度
G = 0;                    % 保护间隔长度
```

```
M_ary =4;                 % 进制数
P_A = sqrt(2);            % 导频符号的幅度
D_t = 4;                  % 时域内导频序列的间隔,即一个训练序列与另一训练序列的
                            间隔
t_a = 50 * 10^( -9);      % HiperLAN/2 中的采样间隔
%蒙特卡洛信道参数设置
symbol_duration = NFFT * t_a;              %一个 OFDM 信号的时间
number_of_summations = 40;                 % 蒙特卡洛方法中的调和系数
f_dmax = 50.0;                 % 最大多普勒频移
load h_decimation.am -ascii;               %数据文件,存储多径信道的ρ[k]与τk 参数
h11_initial = h_decimation;                %h11:发送天线 1 到接收天线 1 信道系数
h12_initial = h_decimation;                %h12:发送天线 1 到接收天线 2 信道系数
h21_initial = h_decimation;                %h21:发送天线 2 到接收天线 1 信道系数
h22_initial = h_decimation;                %h22:发送天线 2 到接收天线 2 信道系数
N_P   = length(h_decimation);
NofOFDMSymbol = 1000;                      % OFDM 符号个数,包括导频 OFDM 符号与
                                             数据 OFDM 符号
No_Of_OFDM_Data_Symbol = NofOFDMSymbol -
    ceil(NofOFDMSymbol/D_t);               %数据 OFDM 符号个数
length_data = (No_Of_OFDM_Data_Symbol) * NFFT;
% 总的数据长度,例如采用 4QAM 则是四进制数据的长度
Number_Relz = 100;%循环数
ser_relz = [];%存储每个循环的误码率
for number_of_relialization = 1: Number_Relz;   %循环开始
%产生信道中的随机系数
u11 = rand(N_P,number_of_summations);
u12 = rand(N_P,number_of_summations);
u21 = rand(N_P,number_of_summations);
u22 = rand(N_P,number_of_summations);
% 发送的二进制比特流
source_data1 = randint(length_data,2);
source_data2 = randint(length_data,2);
% 转换为四进制信号
symbols1 = bi2de(source_data1);
symbols2 = bi2de(source_data2);
% 进行 4QAM 映射
QASK_Symbol1 = dmodce(symbols1,1,1,'qask',M_ary);
%存放第一个天线发送的串行数据
QASK_Symbol2 = dmodce(symbols2,1,1,'qask',M_ary);
```

```
%存放第二个天线发送的串行数据
% 天线 1IFFT 前的信号,为 IFFT 点的并行数据,即将串行数据转换为并行数据
Data_Pattern1 = [ ]; % 为 IFFT 准备输入信号
m = 0;
for i = 0:No_Of_OFDM_Data_Symbol - 1;
    QASK_tem = [ ];
    for n = 1:NFFT;
      QASK_tem = [QASK_tem,QASK_Symbol1(i * NFFT + n)];
    end;
    Data_Pattern1 = [Data_Pattern1;QASK_tem];
    clear QASK_tem;
end;
% 天线 2IFFT 前的信号,为 IFFT 点的并行数据,即将串行数据转换为并行数据
Data_Pattern2 = [ ];
m = 0;
for i = 0:No_Of_OFDM_Data_Symbol - 1;
    QASK_tem = [ ];
    for n = 1:NFFT;
      QASK_tem = [QASK_tem,QASK_Symbol2(i * NFFT + n)];
    end;
    Data_Pattern2 = [Data_Pattern2;QASK_tem];
    clear QASK_tem;
end;
% 天线 1 的导频信号
PP_A1 = [ ];
for m = 0:NFFT - 1;
    PP_A1 = [PP_A1,P_A * exp(j * D_f * pi * (m)^2/NFFT)];
end;
% 天线 2 的导频信号
PP_A2 = [ ];
for m = 0:NFFT - 1;
    PP_A2 = [PP_A2,P_A * exp(j * D_f * pi * (m + NFFT/2)^2/NFFT)];
end;
% FFT 矩阵
F = [ ];
for k = 0:NFFT - 1
    W_tem = [ ];
    for n = 0:NFFT - 1;
      W_tem = [W_tem,exp( - j * 2 * pi * n * k/NFFT)];
```

```
        end;
        F = [F;W_tem];
    end;
    %LS 估计系数
    PP = [diag(PP_A1) * F(:,1:N_P),diag(PP_A2) * F(:,1:N_P)];
    %参看式(5-79)中的 Q
    Q = inv(PP' * PP);%参看式(5-80)中的(Q^H Q)^-1
    % 天线 1 发送信号。将导频插入并行 OFDM 数据,一个块状导频 OFDM 符号后 3 个数据
    %OFDM 符号
TS1_BeforeIFFT = Insert_PilotSymbol(PP_A1,Data_Pattern1,D_t,NofOFDMSymbol,NFFT);
    % 天线 2 发送信号。将导频插入并行 OFDM 数据,一个块状导频 OFDM 符号后 3 个数据
    %OFDM 符号
TS2_BeforeIFFT = Insert_PilotSymbol(PP_A2,Data_Pattern2,D_t,NofOFDMSymbol,NFFT);
    ser_without_isic = [];
    snr_min =0;%最小信噪比
    snr_max =50;%最大信噪比
    step = 5;%信噪比步长
    for snr = snr_min:step:snr_max; %信噪比循环
    %对第 1 个发送天线
    rs11_frame = [];
    %存放并行的经过多径与加性高斯白噪声信道的第一个发送天线到第一个接收天线的每
    %个 OFDM 符号
    rs12_frame = [];
    %存放并行的经过多径与加性高斯白噪声信道的第一个发送天线到第二个接收天线的每
    %个 OFDM 符号
    initial_time =0;              % 初始时间
    for i =0:NofOFDMSymbol -1;    %对所有 OFDM 符号(包括导频 OFDM 符号和数据 OFDM
                                  符号)
        % 产生第一个天线上的 OFDM 符号。通过调用 OFDM_Modulator 进行 OFDM 调制
        OFDM_signal_tem = OFDM_Modulator(TS1_BeforeIFFT(i+1,:),NFFT,G);
        %产生随时间变化的第一个发送天线到第一个接收天线之间的信道冲激响应
        [h11, t] = MCM_channel_model(u11, initial_time, number_of_summations,...
                   symbol_ duration, f_ dmax, h11_ initial);
                     %对应每一个 OFDM 符号产生多径信道 h11
        %产生随时间变化的第一个发送天线到第二个接收天线之间的信道冲激响应
        [h12, t] = MCM_channel_model(u12, initial_time, number_of_summations,...
                   symbol_duration,f_dmax, h12_initial);
                     %对应每一个 OFDM 符号产生多径信道 h12
        initial_time = t;%每一个 OFDM 符号的起始时间
```

```
        %第 1 个接收天线接收到来自第一个发送天线的信号。发送信号经多径信道到达
        %接收端
        rs11 = conv(OFDM_signal_tem, h11);
        %第二个接收天线接收到来自第一个发送天线的信号。发送信号经多径信道到达
        %接收端
        rs12 = conv(OFDM_signal_tem, h12);
        rs11 = awgn(rs11,snr,'measured','dB');%考虑加性高斯白噪声
        rs12 = awgn(rs12,snr,'measured','dB');%考虑加性高斯白噪声
        rs11_frame = [rs11_frame; rs11];%将每个循环的接收信号并行存储
        rs12_frame = [rs12_frame; rs12];%将每个循环的接收信号并行存储
        clear OFDM_signal_tem;
end;
%对第二个发送天线
rs21_frame = [ ];
%存放并行的经过多径与加性高斯白噪声信道的第二个发送天线到第一个接收天线的每
%个 OFDM 符号
rs22_frame = [ ];
%存放并行的经过多径与加性高斯白噪声信道的第二个发送天线到第二个接收天线的每
%个 OFDM 符号
initial_time =0;            % 初始时间
for i =0:NofOFDMSymbol -1;%这个循环可参考天线 1
        OFDM_signal_tem = OFDM_Modulator(TS2_BeforeIFFT(i +1,:),NFFT,G);
        [h21, t] = MCM_channel_model(u21, initial_time, number_of_summations,...
                        symbol_duration,f_dmax, h21_initial);
                            %对应每一个 OFDM 符号产生多径信道 h21
        [h22, t] = MCM_channel_model(u22, initial_time, number_of_summations,...
                        symbol_duration,f_dmax, h22_initial);
                            %对应每一个 OFDM 符号产生多径信道 h22
        initial_time = t;
        rs21 = conv(OFDM_signal_tem, h21);
        rs22 = conv(OFDM_signal_tem, h22);
        rs21 = awgn(rs21,snr,'measured','dB');
        rs22 = awgn(rs22,snr,'measured','dB');
        rs21_frame = [rs21_frame; rs21];
        rs22_frame = [rs22_frame; rs22];
        clear OFDM_signal_tem;
end;
% 接收天线 1:OFDM 信号解调及信道估计
estimated_h11_21 = [ ];
```

```
Received_PP = [ ]; % 存放接收的导频
Receiver_Data  = [ ]; % 存放接收的信号
SignalPostFFT1  = [ ];
SignalPostFFT2  = [ ];
d1  = [ ]; % 第一个天线接收的信号
d2  = [ ]; % 第二个天线接收的信号
data_symbol_1  = [ ];
data_symbol_2  = [ ];
for i = 1:NofOFDMSymbol;
      if (N_P  >  G+1) & (i>1)
        % 如果不是第一个信号并且多径信道的长度(多径的个数)大于保护间隔,则需考
        %虑 ISI
        previous_symbol11  =  rs11_frame(i-1,:);
        % 第一个发送天线到第一个接收天线的信号
        previous_symbol21  =  rs21_frame(i-1,:);
        % 第二个发送天线到第一个接收天线的信号
        previous_symbol12  =  rs12_frame(i-1,:);
        % 第一个发送天线到第二个接收天线的信号
        previous_symbol22  =  rs22_frame(i-1,:);
        % 第二个发送天线到第二个接收天线的信号
        ISI_term11  =  previous_symbol11(NFFT+2*G+1:NFFT+G+N_P-1);
                % 截取 NFFT+2*G+1: NFFT+G+N_P-1 来构造 ISI 用
ISI_11[ISI_term11,zeros(1,length(previous_symbol11) - length(ISI_term11))];
        ISI_term21  =  previous_symbol21(NFFT+2*G+1:NFFT+G+N_P-1);
ISI_21 = [ISI_term21,zeros(1,length(previous_symbol21) - length(ISI_term21))];
        ISI_term12  =  previous_symbol12(NFFT+2*G+1:NFFT+G+N_P-1);
                % 截取 NFFT+2*G+1: NFFT+G+N_P-1 来构造 ISI 用
ISI_12 = [ISI_term12,zeros(1,length(previous_symbol12) - length(ISI_term12))];
        ISI_term22  =  previous_symbol22(NFFT+2*G+1:NFFT+G+N_P-1);
ISI_22 = [ISI_term22,zeros(1,length(previous_symbol22) - length(ISI_term22))];
        rs1_i  =  rs11_frame(i,:)  +  rs21_frame(i,:)  +  ISI_11  +   ISI_21;
        rs2_i  =  rs12_frame(i,:)  +  rs22_frame(i,:)  +  ISI_12  +   ISI_22;
              % 将 ISI 添加到 OFDM 符号
      else
      %否则就不需要考虑码间干扰。此时在每个接收天线上收到是两个发送信号的叠加
        rs1_i  =  rs11_frame(i,:)  +  rs21_frame(i,:);
        rs2_i  =  rs12_frame(i,:)  +  rs22_frame(i,:);
    end;
    if (mod(i-1,D_t) = =0)
```

```
% 判断是导频 OFDM 符号还是数据 OFDM 符号;在 D_t 的整数倍上的 OFDM 符号为导频
% 符号,在导频 OFDM 符号上进行信道估计
    Demodulated_Pilot1 = OFDM_Demodulator(rs1_i,NFFT,NFFT,G);
    SignalPostFFT1 = [SignalPostFFT1; Demodulated_Pilot1];
    Demodulated_Pilot2 = OFDM_Demodulator(rs2_i,NFFT,NFFT,G);
    SignalPostFFT2 = [SignalPostFFT2; Demodulated_Pilot2];
    Demodulated_P1 = [];
    Demodulated_P2 = [];
    for i = 1:NFFT;
      Demodulated_P1 = [Demodulated_P1; Demodulated_Pilot1(i)];
      Demodulated_P2 = [Demodulated_P2; Demodulated_Pilot2(i)];
    end;
    estimated_h11_21_i = Q * PP' * Demodulated_P1;%h11、h21 信道估计,参考式(5-80)
    he11_21_i = estimated_h11_21_i;
    he11_i = he11_21_i(1:length(estimated_h11_21_i)/2);
    %he11_21_i 中前一半为 h11
    H11_i = fft([he11_i;zeros(NFFT - N_P,1)]);
    he21_i = he11_21_i(length(he11_21_i)/2 + 1:length(he11_21_i));
    %he11_21_i 中后一半为 h21
    H21_i = fft([he21_i;zeros(NFFT - N_P,1)]);
    estimated_h12_22_i = Q * PP' * Demodulated_P2;
    %h12、h22 信道估计,参考式(5-80)
    he12_22_i = estimated_h12_22_i;
    he12_i = he12_22_i(1:length(he12_22_i)/2);
    %he12_22_i 中前一半为 h12
    H12_i = fft([he12_i;zeros(NFFT - N_P,1)]);
    he22_i = he12_22_i(length(he12_22_i)/2 + 1:length(he12_22_i));
    %he12_22_i 中后一半为 h22
    H22_i = fft([he22_i;zeros(NFFT - N_P,1)]);
  else %不在 D_t 的整数倍上的 OFDM 符号为数据符号。在数据 OFDM 符号上借助导频
       %OFDM 符号估计出的信道恢复发送端数据
    % OFDM 符号解调。这部分是在前面信道估计后,对数据 OFDM 符号进行解调
    Demodulated_signal1_i = OFDM_Demodulator(rs1_i,NFFT,NFFT,G);
    SignalPostFFT1 = [SignalPostFFT1; Demodulated_signal1_i];
    Demodulated_signal2_i = OFDM_Demodulator(rs2_i,NFFT,NFFT,G);
    SignalPostFFT2 = [SignalPostFFT2; Demodulated_signal2_i];
    d1_i = [];
    d2_i = [];
    for k = 1:NFFT;
```

```
        H_k = [H11_i(k),H21_i(k); H12_i(k),H22_i(k)];
        y = [Demodulated_signal1_i(k);Demodulated_signal2_i(k)];
        x = inv(H_k) * y;%计算发送信号
        d1_i = [d1_i,x(1)];
        d2_i = [d2_i,x(2)];
      end;
      d1 = [d1; d1_i];
      d2 = [d2; d2_i];
      demodulated_symbol_1i = ddemodce(d1_i,1,1,'qask',M_ary);%星座反映射
      demodulated_symbol_2i = ddemodce(d2_i,1,1,'qask',M_ary);%星座反映射
      data_symbol_1 = [data_symbol_1, demodulated_symbol_1i];
      data_symbol_2 = [data_symbol_2, demodulated_symbol_2i];
    end;
  end;
    data_symbol_1 = data_symbol_1';
  data_symbol_2 = data_symbol_2';
  %计算误码率
    [number1_without_isic, ratio1_without_isic] = symerr(symbols1,data_symbol_1);
    ser_without_isic = [ser_without_isic, ratio1_without_isic];
  end;
  ser_relz = [ser_relz;ser_without_isic];
  end;
  ser = sum(ser_relz)/Number_Relz;%计算平均误码率
  snr = snr_min:step:snr_max;
  semilogy(snr, ser,'b*');%画误码率曲线
  ylabel('SER');
  xlabel('SNR');
  data = [snr; ser];
  save ser_conventional_method.am data -ascii;
  %存储误码率数据。可利用该指令存储各种情绪下的数据,以备比对
  %插入导频子程序,子程序名称:Insert_PilotSymbol.m
  %功能:将导频 OFDM 信号插入到数据 OFDM 符号中。在调用该子程序之前,程序中有
  %750 个数据 OFDM 符号,250 个导频 OFDM 符号,分别存放在两个矩阵中,插入导频子
  %程序是将两个矩阵合并为一个 1000 个 OFDM 符号的矩阵。导频插入方式是在一个导
  %频 OFDM 符号后有 3 个数据 OFDM 符号
  function [IPS] = Insert_PilotSymbol(PP_A,QASK_Symbol,Pilot_Distance,...
            NofOFDMSymbol,NFFT)
  %输入参数:PP_A 为导频序列;QASK_Symbol 为数据序列;Pilot_Distance 为导频间隔;
  %NofOFDMSymbol 为整体 OFDM 符号个数,包括导频 OFDM 符号数与数据 OFDM 符号
```

```
%数;NFFT 为 FFT 长度
%输出参数:返回一个 1000 个 OFDM 符号矩阵,该矩阵每一个导频 OFDM 信号后都有 3
%个数据 OFDM 符号
TS2_BeforeIFFT = []; % Transmitted Signal before IFFT
m = 0;
for i =0:NofOFDMSymbol -1;
    QASK_tem = [];
    if (mod(i, Pilot_Distance) = =0)
      TS2_BeforeIFFT = [TS2_BeforeIFFT; PP_A];
      m =m +1;
    else
    TS2_BeforeIFFT = [TS2_BeforeIFFT; QASK_Symbol(i -m +1,:)];
    end;
    clear QASK_tem;
end;
IPS = TS2_BeforeIFFT;
%OFDM 调制子程序,子程序名称:OFDM_Modulator. m
功能: 利用 IFFT 进行 OFDM 调制,并且加入循环前缀作为保护间隔。
function [y] = OFDM_Modulator(data,NFFT,G);
%输入参数:data 为数据符号,是发送端要发送的 4QAM 或 16QAM 数据;NFFT 为 FFT 长
%度;G 为保护间隔长度
%输出参数:y 返回插入保护间隔的 OFDM 符号。当 G 为 0 时,仅返回 OFDM 符号本身
%chnr = length(data);
N = NFFT;
x = [data,zeros(1,NFFT - chnr)]; %若数据长度不为 2 的整数次幂,则补零
a = ifft(x); % 利用 FFT
y = [a(NFFT -G +1:NFFT),a]; % 插入保护间隔
%多径信道子程序,子程序名称:MCM_channel_model. m
功能:这个程序围绕式(5-76)展开,要产生一个多径信道
function [h,t_next] = MCM_channel_model(u, initial_time, ...
                    number_of_summations,symbol_duration, f_dmax, channel_coefficients);
%输入参数:u 为式(5-76)中的独立随机变量;initial_time 为对应每一个 OFDM 符号的信
%道起始时间;number_of_summations 为信道的调和系数,即为 M;symbol_duration 为一个
%OFDM 符号时间;f_dmax 为最大多普勒频移;channel_coefficients 为信道系数矩阵,包括
%ρ[k]与 τk
t = initial_time;
Channel_Length = length(channel_coefficients);
h_vector = [];
for k =1:Channel_Length;
```

```
    u_k = u(k,:); %一个随机变量
    phi = 2 * pi * u_k; % 产生随机相位
    f_d = f_dmax * sin(2*pi*u_k); % 产生多普勒频移
    h_tem = channel_coefficients(k) * 1/(sqrt(number_of_summations)) *...
            sum(exp(j*phi).*exp(j*2*pi*f_d*t));
    h_vector = [h_vector, h_tem];
end;
h = h_vector;
t_next = initial_time + symbol_duration;
%产生对应下一个 OFDM 符号的信道起始时间
%OFDM 解调子程序,子程序名称:OFDM_Demodulator.m
功能:利用 FFT 对接收的 OFDM 进行解调。在解调前先去掉保护间隔。
function [y] = OFDM_Demodulator(data,chnr,NFFT,G);
%输入参数:data 为接收端 OFDM 符号
%输出参数:y 返回径 FFT 恢复的 4QAM 或 16QAM 数据
x_remove_guard_interval = [data(G+1:NFFT+G)]; % 如有保护间隔,则去掉保护间隔
x = fft(x_remove_guard_interval);
y = x(1:chnr); %若补零,则去掉所补零值
```

仿真结果如图 5-16 所示。图中仿真了在基于块状导频、多径信道、2 发 2 收 MIMO-OFDM 系统、LS 信道估计下，没有加入保护间隔、保护间隔为 5 和保护间隔为 9 时的误码率曲线。信道多径数为 9。

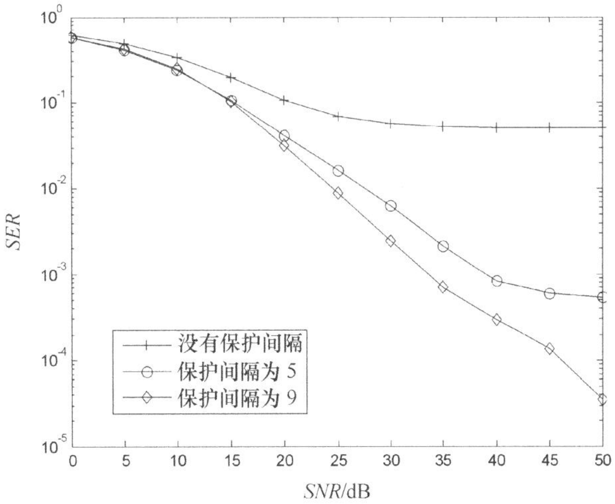

图 5-16 误码率比较图

5.6 本章小结

本章介绍了 OFDM 系统与 MIMO-OFDM 系统的信道估计技术。首先介绍了常用的 LS、LMMSE 信道估计，在此基础之上，介绍了基于训练序列与基于导频的 OFDM 系统的 LS 估

计。基于训练序列的信道估计方法算法简单，适合于时间选择性衰落信道。基于导频的信道估计方法算法复杂，适合于频率选择性衰落信道。基于 DFT 的信道估计方法建立在基于训练序列的 LS 估计之上，在 LS 估计后加入 IDFT 和 DFT 设备，目的是能够进一步去噪，提高 LS 估计的质量。另外，当 IDFT 和 DFT 之间加入线性电路时，适当地设计线性电路，可以基于 DFT 的信道估计方法的估计质量在 LS 估计与 LMMSE 估计之间进行取舍。MIMO-OFDM 系统依旧需要新的估计，本章给出了基于导频和基于训练序列的 MIMO-OFDM 系统的信道估计方法。在本章的最后给出了基于导频的 MIMO-OFDM 系统 LS 估计程序，这个程序在发送端包括星座映射、OFDM 调制，信道采用多径信道，每径上受到加性高斯白噪声的影响；在接收端包括 OFDM 解调、星座反映射。

思考题

1. 什么是基于导频的信道估计？什么是基于训练序列的训练估计？

2. 画出梳状导频结构、块状导频结构，比较它们的优缺点。

3. 说明时域信道估计算法与频域信道估计算法的差异。

4. 什么是采样间隔信道？什么是非采样间隔信道？

5. 什么是 LS 估计？什么是 LMMSE 估计？推导两者之间的关系。

6. 基于导频的信道估计中，在时域、频域导频插入应遵循的原则是什么？

7. 基于 DFT 的信道估计中，在采样间隔信道情形下，画出 LS 估计得到的信道频域值经过 IDFT 后的波形。

8. 基于 DFT 的信道估计中，在非采样间隔信道情形下，画出 LS 估计得到的信道频域值经过 IDFT 后的波形。

9. 什么是盲信道估计？什么是半盲信道估计？

10. 比较基于导频的信道估计与盲信道估计的优缺点。

习题

1. 论述基于训练序列的 OFDM 系统时域信道估计算法原理。

2. 论述基于训练序列的 OFDM 系统频域信道估计算法原理。

3. 画出简单的基于 DFT 的 OFDM 系统信道估计方法框图，说明其相对于 LS 估计方法能够进一步去噪的原理。

4. 画出基于 DFT 的 OFDM 系统信道估计方法框图，分析该估计方法借助线性变换电路实现在估计质量与估计复杂度之间的取舍。

5. 画出 2 发 2 收 MIMO-OFDM 系统误码率曲线。要求星座映射采用 16QAM、有保护间隔(间隔自定，可选择几种保护间隔进行比较)、信道为多径信道。

6. 画出 2 发 2 收 MIMO-OFDM 系统误码率曲线。要求星座映射采用 16QAM、无保护间隔、信道为多径信道。

7. 画出 2 发 2 收 MIMO-OFDM 系统最小均方误差(MMSE)曲线。要求星座映射采用 16QAM、有保护间隔(间隔自定，可选择几种保护间隔进行比较)、信道为多径信道。

8. 画出 2 发 2 收 MIMO-OFDM 系统最小均方误差(MMSE)曲线。要求星座映射采用 16QAM、无保护间隔、信道为多径信道。

第 6 章 MIMO-OFDM 系统峰值平均功率比

6.1 引言

OFDM 多载波系统采用了正交频分信道，所以能够在不需要复杂均衡技术的情况下支持高速无线数据传输，并具有很强的抗衰落和抗符号间干扰(ISI)的能力。但 OFDM 系统最主要的缺点是具有较大的峰值平均功率比(PAPR)，它直接影响着整个系统的运行成本和效率。PAPR 问题在多载波调制(MCM)中普遍存在。

在某个时刻，若多个载波以同一个方向进行累加，就会产生很大的峰值，从而要求功率放大器具有很大的线性区域。否则，当信号峰值进入放大器的非线性区域时，就会使信号产生畸变，从而产生子载波间的互调干扰和带外辐射，破坏子载波间的正交性，降低系统性能。显然，为了避免这种情况，功率放大器应工作在大功率补偿状态下。然而，这又导致非常低的放大效率并使发射机的成本非常昂贵。另一方面，若 OFDM 在移动通信中应用，由于移动终端的能量很有限，从而要求高效的功率放大。因此，必须有一定的技术来降低信号的 PAPR，使发射机中的功率放大器高效工作，并提高系统的整体性能。

多个发送天线和接收天线可以用于改善性能并增加无线通信系统的容量。当多个发送天线和接收天线被用于 MIMO 系统时，与平坦瑞利衰落或窄带信道的 SISO 系统相比，系统容量可以通过调整发送天线个数来改善。对于宽带信道，OFDM 与 MIMO 技术相结合，可以减少符号间干扰和实现系统容量的改善。但是由于 MIMO-OFDM 系统本质上的多载波结构，所以也存在 PAPR 问题。

目前，国内外许多学者在降低 OFDM 系统及 MIMO-OFDM 系统峰均比方面做了大量工作。这些降低 PAPR 的算法大致可以分为三类：第一类是信号预畸变技术，第二类是编码方法，第三类是概率类技术。

本章首先介绍 PAPR 的基本概念、测量方法及其对 OFDM 系统的影响，在此基础上介绍降低 PAPR 的基本方法及其仿真。

6.2 峰值平均功率比的定义及分布

6.2.1 OFDM 信号峰值平均功率比的定义

OFDM 符号是由多个独立的经过调制的子载波信号叠加而成的，这样的合成信号就有可能产生比较大的峰值功率，由此会带来较大的峰值平均功率比(PAPR)，简称峰均比。PAPR 的定义为

$$PAPR = 10\log_{10}\frac{\max\{|x(t)|^2\}}{E\{|x(t)|^2\}} \quad \text{dB} \tag{6-1}$$

式中，$x(t)$表示 OFDM 符号。

由于实际的 OFDM 系统在 D/A 转换之前 OFDM 信号均是由离散序列表征的，离散 OFDM 符号的 PAPR 可表示为

$$PAPR = 10\log_{10}\frac{\max\limits_{n}\{|x_n|^2\}}{E\{|x_n|^2\}} \quad \text{dB} \tag{6-2}$$

式中，x_n 代表经过 IFFT 运算之后所得到的输出信号，即离散的 OFDM 符号。

PAPR 的物理含义可以从字面上理解，即一个符号内信号的最大功率值和平均功率值的比值。对于包含 N 个子信道的 OFDM 系统来说，当 N 个子信道都以相同的相位求和时，所得到信号的峰值功率就会是平均功率的 N 倍，因而基带信号的 PAPR 可以表示为

$$PAPR = 10\log_{10}N \quad \text{dB} \tag{6-3}$$

例如，当 $N = 256$ 时，OFDM 系统的 $PAPR = 24\text{dB}$。当然，这是一种非常极端的情况，OFDM 系统内的 PAPR 通常不会达到这一数值。

另一种描述信号包络变化的参数是峰值参数(Crest Factor，CF)，CF 被定义为信号的最大值与方均根值之比，即

$$CF = \frac{\max[|x_n|]}{\sqrt{E[|x_n|]}} \tag{6-4}$$

因此，由式(6-2)和式(6-4)可以看出 CF 和 PAPR 之间的关系，表示为

$$CF = \sqrt{PAPR}$$

在后面的讨论中，采用 PAPR 来描述 OFDM 信号的峰值系数。

6.2.2 峰值平均功率比的测量

图 6-1 为 1000 个 OFDM 信号的 PAPR。由于 OFDM 信号是一个随机信号，所以 PAPR 是一个随机信号。为了能够更直观地描述 PAPR，通常采用累积分布函数(CDF)和互补累积分布函数(CCDF)来衡量信号 PAPR 的分布情况。累积分布函数是信号小于某一 PAPR 值的累积函数，它表示 PAPR 小于某一门限的概率；而互补累积分布函数的物理含义是计算 PAPR 超过某一门限的概率，两者的关系为

$$CCDF = 1 - CDF$$

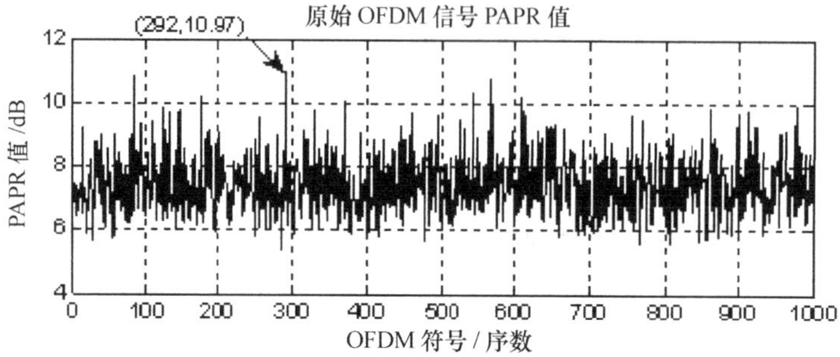

图 6-1 OFDM 信号的 PAPR

对于包含 N 个子载波的 OFDM 系统，经过 IFFT 计算得到的功率归一化的复基带符号是

$$x(t) = \frac{1}{\sqrt{N}}\sum_{k=0}^{N-1} X_k e^{j2\pi kt/T}$$

X_k 表示第 k 个子载波上的调制符号，对于 16QAM 来说，$X_k \in \{\pm 1 \pm j,\ \pm 1 \pm 3j,\ \pm 3 \pm j,\ \pm 3 \pm 3j\}$。根据中心极限定理，只要子载波的个数 N 足够大，就可以认为 $x(t)$ 的实部和虚部的样点服从均值为 0、方差为 1/2 的高斯分布（实部和虚部各占整个信号功率的一半）。由此可知，OFDM 符号的幅值 r 服从瑞利分布，其概率密度函数为

$$p(r) = 2re^{-r^2} \tag{6-5}$$

并且其功率分布服从两个自由度的中心 χ^2 分布，其中均值为 0、方差为 1，而自由度为 2 的中心 χ^2 分布的概率密度函数为

$$p_{\text{power}}(y) = e^{-y} \tag{6-6}$$

由此可以计算出其累积分布函数为

$$P(power \leqslant z) = F_{\text{power}}(z) = \int_0^z e^{-y}dy = 1 - e^{-z} \tag{6-7}$$

假设 OFDM 符号周期内每个采样值之间都是不相关的，则 OFDM 符号周期内的 K 个采样值中每个采样值的 PAPR（由于平均功率化的归一化，所以也就是其功率值）都小于门限值 z 的概率分布应该是

$$P(PAPR \leqslant z) = [F_{\text{power}}(z)]^N = (1 - e^{-z})^N \tag{6-8}$$

通常还可以从另一个角度来衡量 OFDM 系统的 PAPR 分布，即计算 PAPR 超过某一门限值 z 的概率，得到互补累积分布函数为

$$P(PAPR > z) = 1 - [F_{\text{power}}(z)]^N = 1 - (1 - e^{-z})^N \tag{6-9}$$

一个典型连续随机变量的 CCDF 曲线是 x 的平滑非升函数。CCDF 曲线的纵坐标给出了信号峰值功率大于或等于横坐标所指定的某一功率电平时所占用的时间比率，横坐标给出了信号峰值功率高出平均功率的电平值。

在通信系统中，CCDF 曲线测量方法越来越有价值。在多载波系统中，信号波形类似于噪声，是一个随机过程，CCDF 曲线提供了一个有用的信号功率幅值特性。它体现了信号功率高于给定功率电平的统计情况，利用 CCDF 曲线可以对 PAPR 进行严格测量。这种测量方法从统计特性角度对信号 PAPR 进行测量，因而更严格。一个典型的 QPSK 信号的 PAPR 大约为 3.6dB，而一个典型的 16QAM 信号的 PAPR 大约为 5.7dB。

6.2.3 过采样对 OFDM 信号峰值平均功率比的影响

首先介绍什么是过采样。在数字信号处理课程中，离散傅里叶变换（DFT）有一个性质，表述如下：

假设 N 点序列 $x(n)$ 的离散傅里叶变换用 $X(k)$ 表示，$x(n)$ 是时域信号，$X(k)$ 是频域信号。将序列 $x(n)$ 后面补 N 个零，使得序列长度变为 $2N$，用 $x_1(n)$ 表示，用 $X_1(k)$ 表示 $x_1(n)$ 的 $2N$ 点离散傅里叶变换。接下来，看看 $X_1(k)$ 与 $X(k)$ 之间的关系。很容易推导的是，$2N$ 点的 $X_1(k)$ 偶数点的样值与 $X(k)$ 的 N 点样值相同，奇数点的样值无法用 $X(k)$ 描述。那么奇数点的样值是什么呢？众所周知，离散傅里叶变换是对序列傅里叶变换的采样，序列傅里叶变换是连续谱，$X_1(k)$ 奇数点的样值也是对序列傅里叶变换的采样，采样点在 $X(k)$ 的样值

之间，当然 $X(k)$ 的最后一个样值后面也有一个采样点。也就是说，当在时域序列后面补充 N 个零后，得到 $2N$ 点的时域序列的傅里叶变换 $X_1(k)$ 是对序列傅里叶变换的 $2N$ 点采样，称 $X_1(k)$ 为 $X(k)$ 的过采样。显然，过采样序列 $X_1(k)$ 可以比 $X(k)$ 更细致地刻画了序列傅里叶变换。

上面是以时域序列后面补 N 个零为例讲解的，由于傅里叶变换具有对偶性，如果在频域内，对 $X(k)$ 后面补 N 个零，构成 $2N$ 长的序列，那么这个序列对应的时域信号就是 $x(n)$ 的过采样序列。

当在时域或频域内对序列后面补充 N 个零时，相应地就在频域或时域进行 2 倍的过采样。当在时域或频域内对序列后面补充 $2N$ 个零时，相应地就在频域或时域进行 3 倍的过采样，依此类推。

在实际应用中，对一个 OFDM 符号进行 N 次采样，或者 N 点 IFFT 运算所得到的 N 个输出样值往往不能真正地反映连续 OFDM 符号的变化特性，其原因在于：由于没有使用过采样，当这些样值点被送到 A/D 转换器时，就有可能导致生成伪信号，这是系统中所不能允许的。这种伪信号的表现就是，当以低于信号中最高频率 2 倍的频率进行采样时，即当采样值被还原之后，信号中将不再含有原有信号中最高频率成分，呈现出虚假的低频信号。因此针对这种伪信号现象，一般都需要对 OFDM 符号进行过采样，即在原有的采样点之间再添加一些采样点，构成 αN（α 为整数）个采样值。下面以 $\alpha=4$ 为例来说明这种过采样的实施。

输入的 N 个数据符号 $\{X_k,\ k=0,\ 1,\ \cdots,\ N-1\}$ 表示频域数据符号，经过 IFFT 之后，得到时域数据符号 $\{x_n,\ n=0,\ 1,\ \cdots,\ N-1\}$。如果希望通过 4 倍过采样得到更加精确反映连续信号变换的时域离散采样点，可以在 IFFT 输入的频域数据符号中间补充 $3N$ 个零，即构成 $\{X_0,\ X_1,\ \cdots,\ X_{N/2-1},\ \underbrace{0,\ 0,\ \cdots,\ 0}_{3N个},\ X_{N/2},\ \cdots,\ X_{N-1}\}$，然后再实施 $4N$ 点的 IFFT，则可以按 4 倍过采样得到 $4N$ 个时域离散采样点。

图 6-2 中给出当 $N=8$、输入序列为二进制序列 $\{1,\ 1,\ 1,\ -1,\ -1,\ 1,\ 1,\ 1\}$ 时，在实施过采样和不实施过采样情况下，IFFT 运算的输出模值。图中横坐标表示样值个数。从图中可以看到，过采样点数越多，越能反映符号变化情况。还可以观察到 3 倍过采样与 4 倍过采样之间变化不大。但是 3 倍过采样时采样点的个数不是 2 的幂次，在进行 IFFT 时速度较慢，因此一般仿真过程均使用 4 倍过采样。

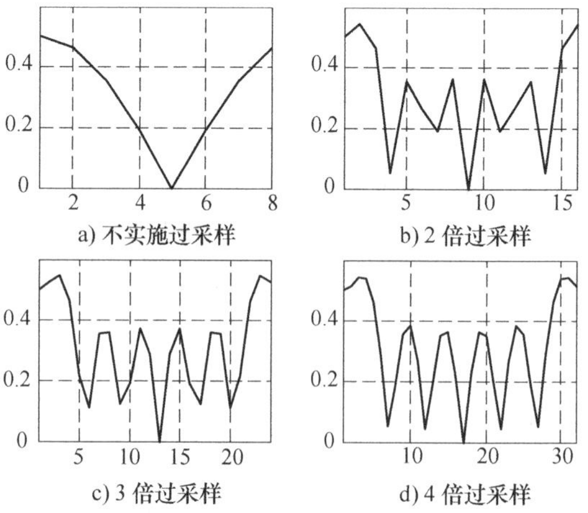

图 6-2　$N=8$ 的 IFFT 过采样示意图

对 OFDM 符号周期内进行过采样有助于更加准确地反应符号的变化情况，特别是针对 PAPR 来说，由于最后送到放大器中的应该是经过 D/A 转换的连续信号，因此过采样更加有助于收集到较大的峰值功率，从而可以更加准确地衡量 OFDM 系统内的 PAPR 特性。

对于 OFDM 符号实施过采样是非常必要的，但是这样做就会使采样符号之间的非相关性遭到破坏，即使采样符号之间存在一定的相关性。当采样符号之间具有相关性时，获得 PAPR 的准确表达式比较困难，通常处理方式是忽略相关性，近似求得 PAPR。也就是说，对 OFDM 符号实施过采样后，就视为添加了一定数量、相互独立的样本值。

假设 N 个子载波的 OFDM 系统进行参数为 α 倍的过采样，过采样 OFDM 信号 PAPR 的分布可以等价于 αN 个子载波 OFDM 系统未经过过采样信号的 PAPR 分布，因此 N 个子载波的 OFDM 系统过采样信号 PAPR 的 CCDF 为

$$P\{PAPR > z\} = 1 - P\{PAPR \leqslant z\} = 1 - (1 - \mathrm{e}^{-z})^{\alpha N} \tag{6-10}$$

在随后的讨论中，一般都采用 CCDF 来衡量 OFDM 系统内的 PAPR 分布。但是由于忽略了符号间的相关性，理论值与仿真值会有一定的误差。

6.2.4 信号峰值平均功率比对系统设计的影响

由于一般的功率放大器都不是线性的，其动态范围也是很有限的，因此当 OFDM 系统内变化范围较大的信号进入放大器非线性工作区域时，信号就会产生非线性失真，产生谐波，造成比较明显的频谱扩展干扰以及带内信号畸变，导致整个 OFDM 系统性能下降，同时还会增加 A/D 转换器和 D/A 转换器的复杂度并且降低转换器的准确性。下面的公式给出了功率放大器的模型，即

$$O(x) = \frac{x}{(1 + x^{2p})^{1/2p}} \tag{6-11}$$

式中，x 为功率放大器的输入；$O(x)$ 为功率放大器的输出。

图 6-3 给出了在不同 p 值下的放大器输入与输出示意图。

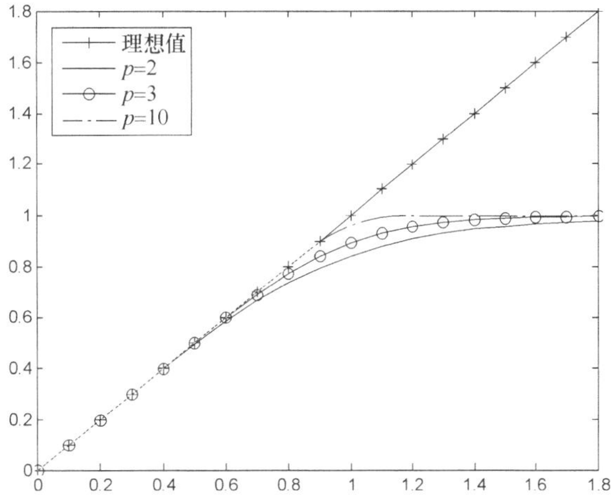

图 6-3 非线性功率放大器的输入与输出示意图

在现有的放大器中，p 值的取值范围一般都介于 2～3 之间。对于较大的 p 值来说，可以近似地将其看作是限幅器，即只要是小于最大输出值，该放大器就被认为是线性的，而一旦超过了最大的输出门限值，则对该峰值信号进行限幅。

由此可以看出，PAPR 较大是 OFOM 系统所面临的一个重要问题，所以必须考虑如何减小较大峰值功率信号出现的概率，从而避免非线性失真的出现。克服这一问题的传统方法是采用大动态范围的线性放大器，或者对非线性放大器的工作点进行补偿。但是，这样所带来的缺点就是功率放大器的效率会大大降低，绝大部分的能量都将转化为热能被浪费掉，这一点在移动通信设备中是绝对不允许的。

在移动通信的基站和终端中，功率放大器的设计、选择主要考虑以下几点。

（1）在给定条件下，信号的 PAPR 是功率放大器体积的决定性因素，因此，必须根据所

发射信号的 PAPR 决定功率放大器的体积。

（2）兼顾功率放大器的性能和费用，合理选择所用的器件，同时要考虑功率放大器部分的校正、预失真等。

（3）从整个系统的范围来看，功率放大器的选择还需符合可靠性的要求。如果功率放大器体积增大和基站数目增多，势必带来如基站选址、工程建设等一系列问题，运营成本将大大增加；此外，也不能保障基站和终端的小型化。降低输入信号的 PAPR，可以大大增加功率放大器输出功率，提高功率放大器效率。如果基站中功率放大器的回退因子比较大，则当输入信号 PAPR 降低 3dB 时，功率放大器平均输出功率近似增大 3dB。这样，在基站设备未作任何改动的情况下，基站有效覆盖面积约增大为原来的 1.5 倍。这就是说，在不影响服务质量的前提下，采用有效降低 PAPR 的技术，覆盖原先同样的有效面积可以使用更小的基站，大大降低运营成本。

6.3 OFDM 系统降低 PAPR 技术

目前，降低 OFDM 信号 PAPR 的方法很多，大体可以分成三大类：信号预畸变技术、编码类技术和概率类技术。这三种方法各有特色和着眼点，但每类方法都存在着缺陷。信号预畸变技术直接对信号的峰值进行非线性操作，它最直接，最简单，但会带来带内噪声和带外干扰，从而降低系统的误码率性能和频谱效率。编码类技术利用编码将原来的信息码字映射到一个具有较好 PAPR 特性的传输码集上，从而避开了那些会出现信号峰值的码字。编码类技术为线性过程，它不会使信号产生畸变。但是，编码类技术的技术复杂度非常高，编译码都比较麻烦。更重要的是，这类技术的信息速率降低得很快，因此只适用于子载波数比较少的情况。概率类技术不像编码类技术那样完全避开信号的峰值，而是着眼于努力降低信号峰值出现的概率。概率类技术也为线性过程，因此，它不会对信号产生畸变。概率类技术能够很有效地降低信号的 PAPR，但计算复杂度太大。

6.3.1 信号预畸变方法

信号预畸变技术是最简单、最直接地降低 OFDM 系统 PAPR 的方法。在信号被送到放大器之前，首先经过非线性处理，对有较大峰值功率的信号进行预畸变，使其不会超过放大器的动态变化范围，从而避免较大 PAPR 出现。最常用的信号预畸变技术包括限幅类技术和压缩扩张变换。

1. 限幅类技术

限幅是最简单的方法，它采用非线性过程，直接在 OFDM 信号幅度峰值或附近采用非线性操作来降低信号的 PAPR，能适用于任何数目子载波构成的系统。限幅有不同方法，其中一种限幅法是预先给定一个门限值，将 OFDM 信号的幅值与门限值相比，当 OFDM 信号的幅值小于预先给定的门限值时，则信号不变，或者是给信号乘以一个大小为 1 的系数；当 OFDM 信号的幅值大于预先给定的门限时，信号被乘以一个小于 1 的系数。图 6-4 为按照上述限幅方法限幅前后的 OFDM 符号实例。限幅也可以按照图 6-5 所示原理来实现。图 6-5 中，x 为限幅前的信号幅度，y 为限幅后的信号幅度。由图可见，限幅后的信号幅度将限制在 A_{max} 内。显然，这种方法是将幅度大于 A_{max} 的部分剪切掉了。

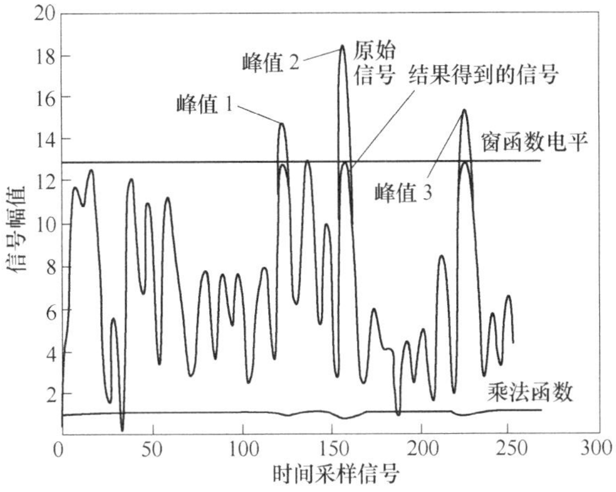

图 6-4　对 OFDM 信号进行限幅

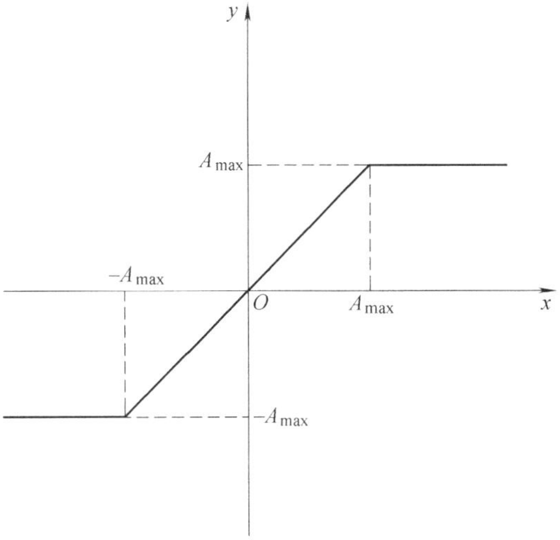

图 6-5　限幅滤波原理

显然，限幅可以减小 PAPR，但也不可避免地产生信号畸变。由于存在信号的失真，因而限幅法不可避免地产生一种自干扰，从而必然造成系统 BER 性能的下降。其次，限幅还会因为信号的非线性畸变导致带外频谱的辐射或称为频谱泄漏(带外辐射功率的增大)，虽然带外频谱的辐射可以通过加 Gaussian、Kaiser 和 Hamming 窗等进行弥补，但是效果都不是很明显。

2. 压缩扩张变换

压缩扩张变换(Compressing and Expanding Transform，简称 Companding Transform)技术是借用语音处理中基于 μ 律非均匀量化的一种非线性变换函数，实现起来非常简单，计算复杂度也不会随着子载波数的增加而增加。采用压缩扩张变换的原理是，在发射端主要对较小幅值信号的功率进行放大，而保持较大幅值信号的功率不变，以增大整个系统的平均功率为代价来达到降低 PAPR 的目的。在通信系统的接收端需进行一个类似的逆变换，以恢复原始信号。压缩扩张变换技术的弊端在于：一方面系统的平均发射功率要增大；另一方面使得符号的功率值更加接近高功率放大器的非线性变化区域，造成了信号的失真，增加系统误码率。

目前，通常使用的压缩器多数采用对数式压缩，广泛采用的两种对数压缩律是 μ 律压缩和 A 律压缩，其中 μ 律压扩技术为现在研究的主流。所以本章的重点是针对 μ 律压扩技术进行改进和分析。

图 6-6 为具有压缩扩张器的 OFDM 系统基带结构框图。首先输入的比特流经过基带映射、串并转换和 IFFT 后形成 OFDM 信号，此信号经过压缩变换器处理后，送入后级功率放大器；接着该信号被送入信道，而接收端接收到的信号经过 A/D 转换器和扩展去掉变换处理后送入 FFT 模块进行解调；最后经过基带解映射得到所需要的比特流。

这种方法对在 IFFT 之后的时域数据进行处理，对信号的处理可以实时进行，相比 PTS 和 SLM 方法来说计算量小得多。在实际系统实现中比较容易，是一种非常有实用价值的技术。

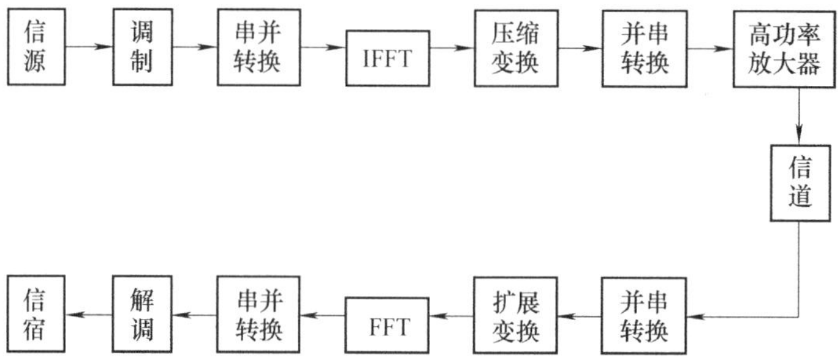

图 6-6 具有压缩扩张器的 OFDM 系统基带结构框图

对 OFDM 信号进行压扩变换的大致过程是：在发射端，信号经过压缩后使大信号有较小的增益，而使小信号有较大的增益；在接收端，信号经过相应的扩展变换即可恢复出原来的信号。只要压缩和扩展特性正好相反就能正确地恢复出原信号。

6.3.2 编码方法

编码类技术主要是利用不同编码所产生不同的码组而选择 PAPR 较小的码组作为 OFDM 符号进行数据信息的传输，从而避免了信号峰值。此类技术为线性过程，不会使信号产生畸变，但其计算复杂度非常高，编译码都比较复杂，而且信息速率降低很快，因此，只适用于子载波数比较少的情况。编码的主要方法有分组编码(Block Coding)、格雷补码序列(Golay Complementary Sequences，GCS)和雷德密勒(Reed-Muller)码等。

基于分组编码降低 OFDM 系统 PAPR 方法的基本思想是：在对比特流进行 IFFT 运算之前，先进行特殊的编码处理(如应用奇偶校验位)，使得输出的比特流经过 OFDM 调制后具有较低的 PAPR。精心设计的分组编码方法不仅可以有效地降低 PAPR，还可以起到类似于信道编码的作用，使系统具有前向检错和纠错的能力。

应用格雷互补序列的方法就是把 GCS 作为 IFFT 的输入，那么其输出信号就会有比较低的 PAPR，并且在时/频域中具有较好的信道估计和纠错能力。应用 GCS 序列对，其最大的优点就是不论子载波数多少，其 PAPR 可以降到 3dB 以内。但是，由于子载波数的逐渐增多，寻找最佳生成矩阵和相位旋转矢量的难度显著上升，因而目前的 GCS 法并不适用于子载波数很多的 OFDM 系统。

应用编码方法降低 PAPR 的优点是系统相对简单、稳定，降低 PAPR 的效果好。但是，它的缺点也非常明显，一是受编码调制方式的限制，比如分组编码只适用于 PSK 的调制方式的 OFDM 系统，而不适用于基于 QAM 调制方式的 OFDM 系统；二是受限于子载波数，随着子载波数的增加，计算复杂度增大，系统的吞吐量严重下降，带宽的利用率显著降低；三是数据的编码速率有所减小，这是因为大部分的编码方法都要引入一定的冗余信息。

编码类技术是通过限制可用于传输的信号码集来降低 PAPR，只有那些幅度峰值低于 A_{max} 的码字才能被选择用于传输。由于编码类方法为线性过程，因此不会出现限幅类技术那种限幅噪声，但损失了数据传输速率。下面以分组码为例利用编码方法降低 OFDM 系统 PAPR 的原理。

为了说明编码方法降低 PAPR 的原理，可以考虑只包含 4 个子载波的 OFDM 系统，其中采用 BPSK 调制方法，并且假设所有符号都具有归一化的能量，即信息 1 对应于符号 1，信息 0 对应于符号 -1。对于所有可能的 16 种 4 比特码字（即从 0000 道 1111）来说，一个符号周期内的 OFDM 符号包络功率值如图 6-7 所示，其中横坐标表示十进制的码字，纵坐标表示码字对应的包络功率值。根据前面的描述可以得知，这种信号的 PAPR 是 $10\log_{10}4\text{dB}=6.02\text{dB}$。

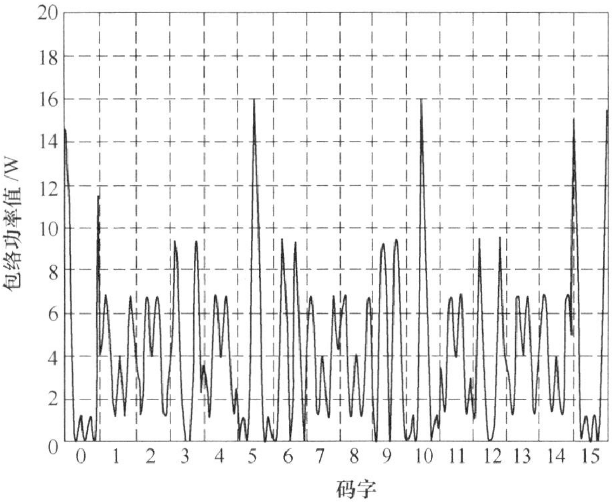

图 6-7　4 比特码字的 OFDM 符号包络功率值

从图中可以看到，在 16 种可能传输的码字中，有 4 种码字可以生成最大 16W 的峰值功率，另有 4 种码字可以生成 9.45W。表 6-1 给出这 16 种码字所对应得到的峰值功率值。

表 6-1　16 种码字及对应的峰值功率

码字 d	d_1	d_2	d_3	d_4	峰值功率/W
0	0	0	0	0	16.00
1	1	0	0	0	7.07
2	0	1	0	0	7.07
3	1	1	0	0	9.45
4	0	0	1	0	7.07
5	1	0	1	0	16.00
6	0	1	1	0	9.45
7	1	1	1	0	7.07
8	0	0	0	1	7.07
9	1	0	1	1	9.45
10	0	1	0	1	16.00
11	1	1	0	1	7.07
12	0	0	1	1	9.45
13	1	0	1	1	7.07
14	0	1	1	1	7.07
15	1	1	1	1	16.00

如果可以避免传输上述峰值功率较大的 8 种码字，则可以降低 OFDM 系统的 PAPR。通过采用分组编码来实现这种传输方式，例如把 3 比特的数据映射为 4 比特的码字，要求所得

到的可允许码组中不能包括上述生成大 PAPR 的码字。在该特殊实例中可以观察到，如果码字的前 3 个比特 c_1、c_2、c_3 就是 3 比特的数据符号 d_1、d_2、d_3，而且码字的第 4 个比特 c_4 是前 3 个比特的奇偶校验位。图 6-8 中给出了 3 比特数据符号（从 000 到 111）的包络功率。

采用这种编码方法，由于包含 4 个子载波在内的 OFDM 系统中的平均功率值没有发生变化，而峰值功率值从原来的 12.04dB 降低到现在的 8.50dB，则 PAPR 可以相应从原来的 6.02dB 降低到 2.48dB，减少 3.54dB。而且采用这种编码方法的 4 载波 OFDM 系统的 PAPR 要低于未编码的 3 载波 OFDM 系统的 PAPR 值（4.77dB）。

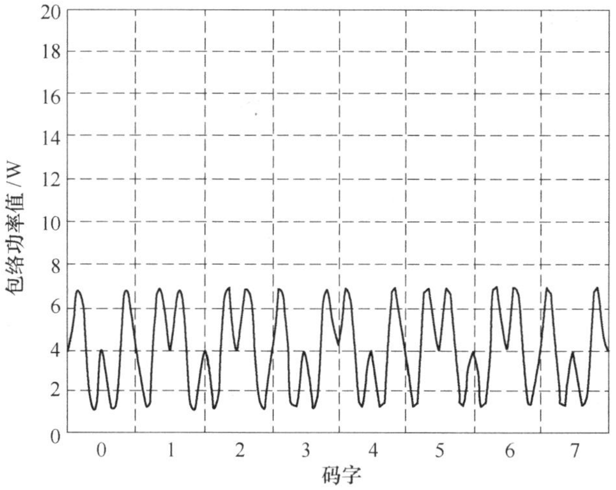

图 6-8　3 比特数据符号（000 ~ 111）的包络功率

当然，这样所获得的 PAPR 性能增益是以相同数据传输速率的条件来增加系统带宽，以及以相同发射功率条件来降低每发送比特的能量为代价的。

6.3.3　概率类技术

概率类技术并不着眼于降低信号幅度的最大值，而是降低峰值出现的概率。一般的概率类技术都将带来一定的信息冗余。这类技术主要包括选择性映射（SLM）方法、部分序列传输（PTS）方法、PS（Pulse Shaping）技术、TR（Tone Rejection）技术、TI（Tone Injection）技术、ACE 技术，而这类方法中最具有代表性的是 SLM 方法和 PTS 方法。

概率类技术最基本的方法就是通过线性变换，如下式所示：

$$\boldsymbol{Y}_n = \boldsymbol{A}_n \boldsymbol{X}_n + \boldsymbol{B}_n \qquad 1 \leqslant n \leqslant N \tag{6-12}$$

式中，$\boldsymbol{Y}_n$ 为 IFFT 前输入的 N 点数据矢量 $\boldsymbol{Y}$ 的元素；$\boldsymbol{X}_n$ 为原始频域数据矢量 $\boldsymbol{X}$ 的元素。该类方法的目的就是要寻找 N 点矢量 $\boldsymbol{A}$ 和 $\boldsymbol{B}$，从而使得传输的符号 $\boldsymbol{y} = IFFT(\boldsymbol{Y})$ 具有较低概率的峰值。SLM 和 PTS 方法着眼于选择恰当的 $\boldsymbol{A}$ 矢量，而 $\boldsymbol{B}$ 为零矢量。它们都利用了 N 个 $\boldsymbol{A}$ 矢量中的元素具有单位幅度的限制，即 $A_n = \mathrm{e}^{\mathrm{j}\theta_n}$，$\theta_n \in [0, 2\pi]$，$1 \leqslant n \leqslant N$，这即为纯相位旋转。而 TI 和 TR 方法着眼于优化 $\boldsymbol{B}$ 矢量，而 $\boldsymbol{A}$ 矢量为单位矢量。PS 将矢量 $\boldsymbol{A}$ 扩展为一个矩阵，是各子载波符号具有一定的相关性，从而改善信号的 PAPR 特性。每种方法都有不同程度上的性能、开销与复杂度的折中。下面主要介绍 SLM 方法和 PTS 方法。

1. SLM 方法

OFDM 系统内出现较大峰值功率信号的原因在于多个子载波信号的叠加。如果可以利用多个序列来表示同一组信息的传输，则在给定的 PAPR 门限值条件下，可以从中选择一组用于传输，这样就会显著减小大峰值功率信号出现的概率。

SLM 的基本思想是用 M 个统计独立的矢量 $\boldsymbol{P}^{(\mu)}$ 表示相同的信息，选择其时域符号 $\boldsymbol{x}^{(\mu)}$ 具有最小 PAPR 值的一路用于传输。SLM 的原理框图如图 6-9 所示。

假设存在 M 个不同的、长度为 N 的随机相位序列矢量，即

$$P^{(\mu)} = [P_0^{(\mu)}, P_1^{(\mu)}, \cdots, P_{N-1}^{(\mu)}], \qquad \mu = 1,2,\cdots M \tag{6-13}$$

式中，$P_i^{(\mu)} = \exp(j\varphi_i^{(\mu)})$，$\varphi_i^{(\mu)}$ 在[0，2π)之内均匀分布。可以利用这 M 个相位矢量分别与要发送的频域样值 $\boldsymbol{X}$ 进行点乘，则可以得到 M 个不同的输出序列 $\boldsymbol{X}^{(\mu)}$，即

$$\begin{aligned} \boldsymbol{X}^{(\mu)} &= [X_0^{(\mu)}, X_1^{(\mu)}, \cdots, X_{N-1}^{(\mu)}] = \langle \boldsymbol{X} \cdot \boldsymbol{P}^{(\mu)} \rangle \\ &= [X_0 P_0^{(\mu)}, X_1 P_1^{(\mu)}, \cdots, X_{N-1} P_{N-1}^{(\mu)}] \end{aligned} \tag{6-14}$$

式中，〈·〉表示矢量之间的点乘。然后对所得到的 M 个不同的输出序列 $\boldsymbol{X}^{(\mu)}$ 分别实施 IFFT 计算，相应得到 M 个不同的时域序列 $\boldsymbol{x}^{(\mu)} = [\boldsymbol{x}_0^{(\mu)}, \boldsymbol{x}_1^{(\mu)}, \cdots, \boldsymbol{x}_{N-1}^{(\mu)}]$。

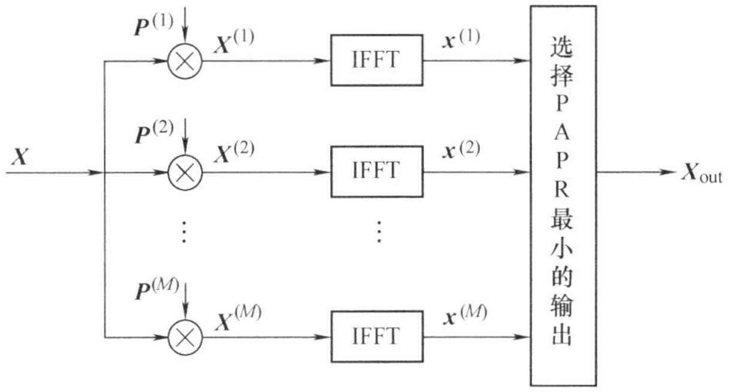

图 6-9　SLM 原理框图

OFDM 信号之所以会有大的 PAPR，是因为 $\boldsymbol{x}^{(\mu)}$ 中可能有多载波同相位信号的叠加。SLM 算法的目的是通过随机相位序列 $\boldsymbol{P}^{(\mu)}$ 改变原有信号 $\boldsymbol{X}$ 的相位状况，相位改变可以带来 PAPR 的改变，当然可能变小，也可能变大。在 SLM OFDM 系统中，共产生 M 个携带相同信息的 OFDM 信号，然后从 M 个携带同样信息的 OFDM 信号中，选择一个 PAPR 最小的发送，从而能够保证 SLM OFDM 系统中 PAPR 较小。显然，为了能够提供多个携带同样信息的 OFDM 信号进行选择，SLM OFDM 系统需要 M 个 IFFT 运算器，使得运算量相对于 OFDM 系统有了很大的增加，也就是说 SLM OFDM 系统利用运算量的增加换取了 PAPR 的降低。

图 6-10 为没有使用 SLM 方法的 OFDM 信号 PAPR 值与使用 SLM 方法后的 PAPR 值比较图。仿真中，子载波数 64，过采样因子 $\alpha = 4$。图中横轴表示 OFDM 符号序号，纵轴都表示 PAPR 值(dB)。

从图 6-10 中可以看出，原始 OFDM 信号的 PAPR 值主要集中在 6～9dB 之间，最大值为 10.97dB，经过 $M = 8$ 的 SLM 方法处理后的 PAPR 值主要集中在 5.4～7 之间，且最大值为 7.52。仿真结果表明，经过 SLM 方法处理后，PAPR 整体上明显下降了，且最大值也明显降低了。

这样，PAPR 超过门限的概率就会大大降低，即如果 PAPR 的门限为 $PAPR_0$，则原始 OFDM 序列的 PAPR 超过门限值的概率定义为 $P(PAPR > PAPR_0)$，因此，这 M 个序列 $\boldsymbol{X}^{(\mu)}$，($\mu = 0, 1, \cdots, M-1$) 的 PAPR 都超过门限值的概率就会变成 $[P(PAPR > PAPR_0)]^M$。根据 6.2.2 节研究可知 OFDM 系统内经过过采样后的 PAPR 分布的 CCDF 可表示为

$$P(PAPR > PAPR_0) = 1 - (1 - e^{-PAPR_0})^{\alpha N}$$

则采用 SLM 算法后，OFDM 系统 PAPR 分布的 CCDF 为

$$[P(PAPR > PAPR_0)]^M = [1 - (1 - e^{-PAPR_0})^{\alpha N}]^M \tag{6-15}$$

式中，$M = 1$ 时为原始 OFDM 系统 PAPR 分布的 CCDF。

对于子载波数 64，采用 4 倍过采样，图 6-11 给出了采用 SLM 算法后，PAPR 性能随不同 M 值的 CCDF 理论变化曲线。

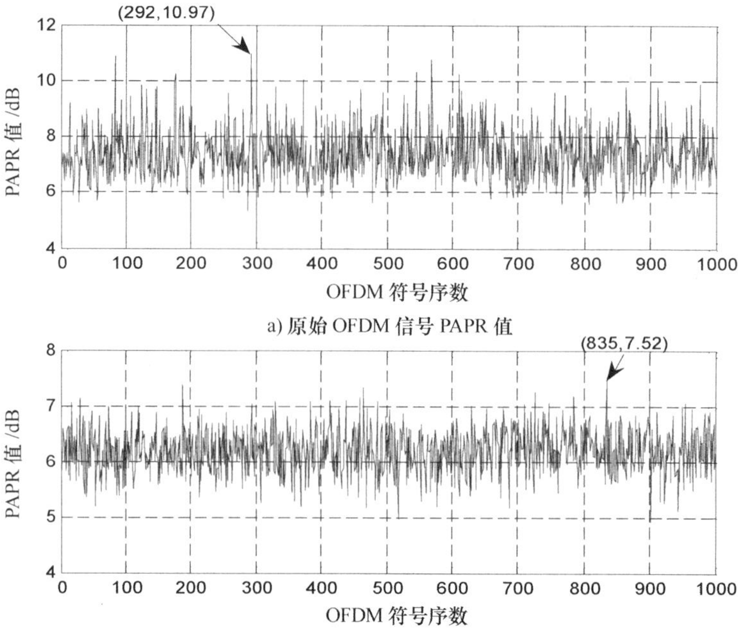

a) 原始 OFDM 信号 PAPR 值

b) 经过 SLM 方法后 PAPR 值 (M=8)

图 6-10　OFDM 信号原 PAPR 值与使用 SLM 方法后的 PAPR 值

从实用的角度考虑，令 $\boldsymbol{P}_i^{(\mu)} \in \{\pm 1, \ \pm \mathrm{j}\}$ 非常有益，这是因为这种因子的执行并不需要执行乘法运算，只是利用相位旋转就可以完成矢量的点乘，可以极大地降低实际系统的硬件复杂度。

对于子载波数 128，采用 16QAM 调制，过采样因子为 4，且 $\boldsymbol{P}_i^{(\mu)} \in \{\pm 1, \ \pm \mathrm{j}\}$，图 6-12 给出了 SLM 性能随不同 M 值的 CCDF 变化曲线。由图 6-12 可以看出，SLM 能明显改善 OFDM 系统的 PAPR 性能，且随着随机相位序列数 M 的增加，其性能越来越好。然而，随着 M 的增加，性能的进一步改善受到限制。

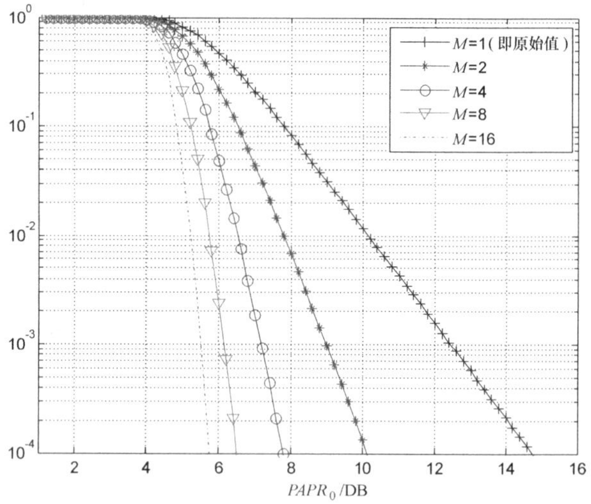

图 6-11　PAPR 的 CCDF 理论分布曲线

对 SLM 方法，在接收端必须进行与发射端相反的操作以恢复出传输的原始信息，因此，接收端必须知道发射端选择的是哪一路信号进行传送的。最简单的解决方法是将选择的支路序号作为边带信息一起传送到接收端。由于这种边带信息对接收端正确恢复传送的原始信息至关重要，因此一般采用信道编码以保证其可靠传送。

SLM 可以显著地改善 OFDM 系统的 PAPR 分布，大大减小大峰值信号出现的概率，但是其代价也是非常明显的，不但需要并行计算额外 $M-1$ 组 IFFT 运算，系统成本比较大，而且接收机需要得知所选择的随机相位序列矢量，并且要严格确保接收机可以正确地接收到该随机矢量信息。当然，实际操作过程当中并不一定要求传递该随机矢量本身，最简单的解决方法是将选择的矢量序号作为边带信息一起传送给接收端，并在接收端通过查表或者其他方法恢复得到所使用的随机相位矢量 $\boldsymbol{P}^{(\mu)}$。通常，对 M 个随机相位序列需要传送 $\log_2 M$bit 的边带信息。

2. PTS 方法

PTS 方法也是基于 SLM 原理，但其转换矢量具有不同的结构。

传统 PTS 方法的基本思想是：将原本输入数据分成数个相同长度的子数据块的组合，每个子数据块乘以相同的旋转矢量，选择 PAPR 值最小的传送，其原理如图 6-13 所示。

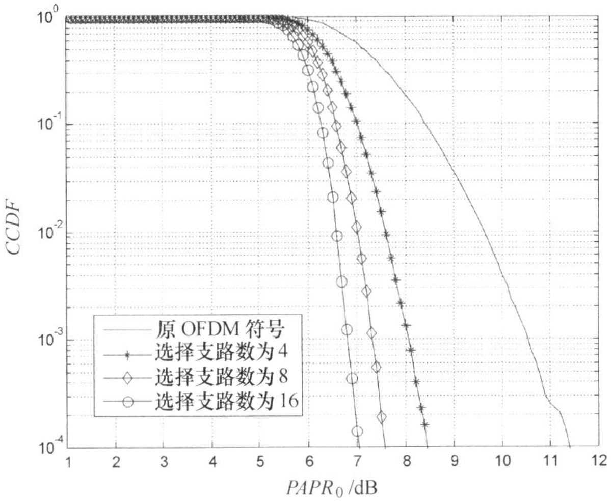

图 6-12　PAPR 的 CCDF 仿真曲线

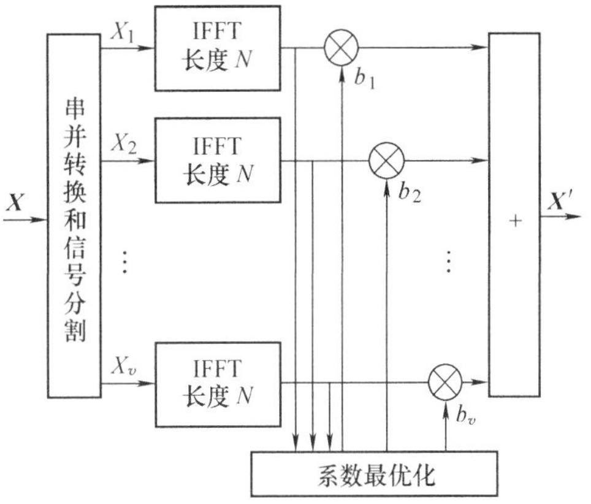

图 6-13　传统 PTS 原理图

PTS 方法首先将输入的数据矢量划分为 V 个互不叠加的子矢量 X_v，每个子矢量的长度分为 N。由于它们互不重叠，因此有

$$\boldsymbol{X} = \sum_{v=1}^{V} \boldsymbol{X}_v \tag{6-16}$$

子矢量 $\boldsymbol{X}_v$ 经过 N 点 IFFT 后，每个子载波都乘以相同的旋转矢量因子 b_v，不同子矢量的旋转因子是随机产生且统计独立的。这就意味着旋转矢量包含 V 个独立元素，因此有

$$\boldsymbol{X}' = \sum_{v=1}^{V} b_v \cdot \mathrm{IFFT}(\boldsymbol{X}_v) \tag{6-17}$$

通过适当地选择旋转矢量因子 $b_v(v=1, 2, \cdots, V)$，使得式(6-17)的峰值信号达到最佳化。使得 OFDM 系统的 PAPR 最优加权系数应该满足

$$\{b_1, b_2, \cdots, b_v\} = \underset{\{b_1, b_2, \cdots, b_v\}}{\mathrm{argmin}} \left(\max_{1 \leqslant n \leqslant N} \left| \sum_{v=1}^{V} b_v x_v \right|^2 \right) \tag{6-18}$$

式中，argmin(・)表示取得最小值时使用的判决条件，$x_v = \mathrm{IFFT}(\boldsymbol{X}_v)$。

式(6-18)的含义是在图 6-13 所示系数最优化模块中，将输入系数最优化模块的 $x_v = \mathrm{IFFT}(\boldsymbol{X}_v)$分别乘以旋转矢量因子 b_v，得到 $\sum_{v=1}^{V} b_v x_v$，要注意由于 V 组数据互不重叠，$\sum_{v=1}^{V} b_v x_v$ 共有 N 个样值。用最优化算法适当选择 $b_v(v=1, 2, \cdots, V)$，使得 N 个样值中的 $\left| \sum_{v=1}^{N} b_v x_v \right|$

峰值最小。从系数最优化模块输出的那组 $b_v(v=1, 2, \cdots, V)$，即为利用 PTS 方法使 OFDM 符号 PAPR 最小的旋转矢量。

PTS 方法中 IFFT 运算器需要 V 个，每个 IFFT 的数据长度为 N/V；SLM 方法中需要 M 个 IFFT 运算器，每个 IFFT 数据长度都为 N。从 IFFT 运算器的角度看，PTS 方法相对 SLM 方法运算量要小，但是为了得到 PAPR 较小的 OFDM 符号，SLM 方法 IFFT 后进行简单比较就可以找出 PAPR 最小的 OFDM 符号，而 PTS 方法在系数最优化模块中需要较大的运算量才能够找到 PAPR 较小的 OFDM 符号。为了减小运算量或者简化系统，可以采用很多手段。例如，在 SLM 方法和 PTS 方法中，可以让一组数据或一个子块不乘以旋转矢量因子，其他组数据或子块的旋转矢量从旋转因子集合中选取，这样可以减少一定的运算量；另外在实际系统中，将旋转矢量因子从集合$\{\pm 1, \pm j\}$中选取，也就是说旋转矢量因子只有 4 种简单情形，这样可以极大简化乘法运算。但是，这种简化多少会影响 PAPR 的性能。

为进行 PTS 方法减小 OFDM 信号的 PAPR，需要将 N 点数据分割为 V 个子数据块。在 PTS-OFDM 系统内，有 3 种分割数据块的方法：相邻分割(Adjacent)、随机分割(Pseudo-random)和交织分割(Interleaved)，如图 6-14 所示。

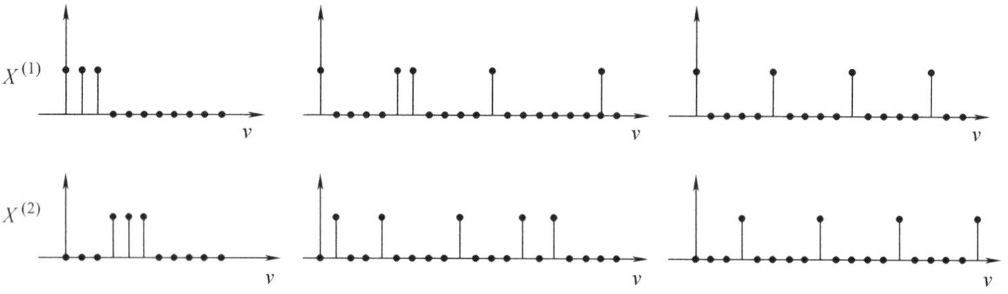

a) 相邻分割　　b) 随机分割　　c) 交织分割

图 6-14　子矢量划分方式

从图 6-14 中可以看到，相邻分割把 N/V 个相邻的子载波分配在一个 PTS 内；在随机分割中，每个子载波都可以被随机任意分配到 V 个 PTS 内；交织分割把相距间隔为 V 的子载波分配在一个 PTS 内。但是上述 3 种方法都遵循如下原则：每个子载波只能出现在一个 PTS 内，而且 V 个 PTS 中所包含的子载波数相等。

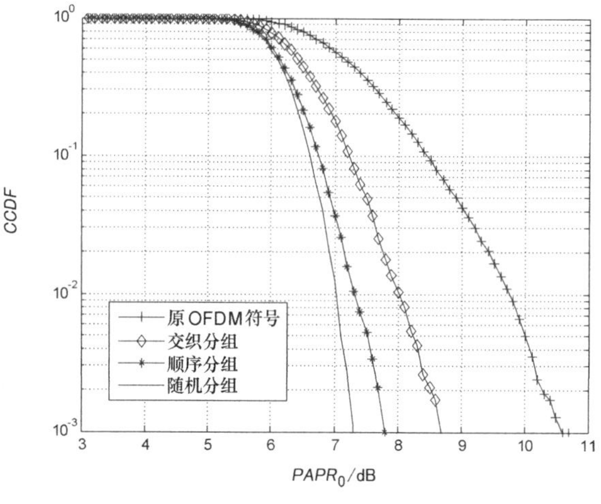

图 6-15　PTS-OFDM 系统在不同分组方式下 PAPR 性能对比图

图 6-15 是在不同分组方式下 PTS-OFDM 系统 PAPR 性能对比图。其中子载波数 $N=128$，采用 QPSK 调制，采用 4 个支路的 PTS OFDM 系统，相位旋转因子空间取 2，分别采用交织、相邻和随机的分割方式。从图中明显得出结论：采用随机分割方式可获得最好的 PAPR 性能。随机选取的子矢量提高了系统的

PAPR 性能，但必须维持各个子矢量互不重叠，且所有子矢量的并集为原始的数据矢量。

图 6-16 为子块数 V 不同时对应的 OFDM 信号的 PAPR 情况。其中子载波数 $N=128$、QPSK 调制、相位数 $P=2$ 即 $b_v \in \{\pm 1\}$、随机分组。当 $V=2$ 时，对比原始 PAPR 信号，PTS-OFDM 系统在 10^{-3}处有了将近 1.2dB 的改善；当 $V=4$ 时，系统性能在 10^{-4}处改善近 3dB。结果显示，PTS 方法能够很有效地降低 OFDM 信号的 PAPR 值。随着分组数的增加，其性能也越来越好，但这是以牺牲系统复杂度来达到的。

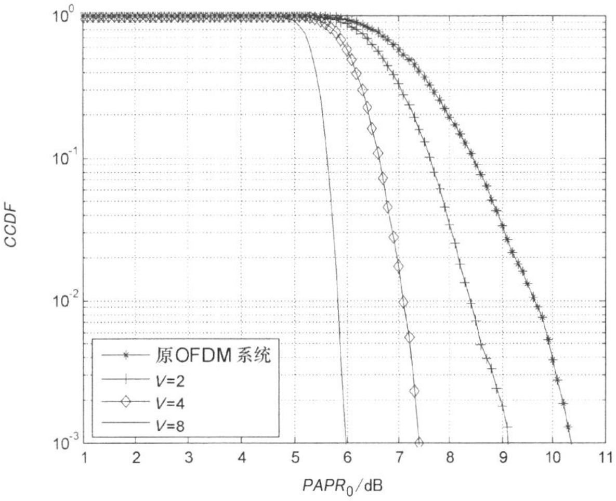

图 6-16　分组数不同时的 PAPR 的 CCDF 仿真曲线

图 6-17 仿真了 PTS 算法在分组数 V 相同、相位数 P 取值不同的情况下 OFDM 信号 PAPR 的变化，仿真条件为 $N=128$、QPSK 调制、随机分组。由图 6-17 可知，在固定子块数目($V=4$)时，P 越大，也就是相位取值范围越大，PTS-OFDM 系统中的 PAPR 性能越好。在 10^{-3} 处，$P=4$ 的信号 PAPR 值的 CCDF 曲线比 $P=2$ 时的曲线好了大约 1dB。但是 P 的增大也会带来系统复杂度的提升，当 $P=2$、$V=4$ 时采用穷尽搜索需要遍历 $2^4=16$ 个相位组合，而当 $P=4$、$V=4$ 时则需要 $4^4=256$ 个相位组合。在 P 取值相同条件下，子块数量越多 PAPR 性能越好。在相同子块数量条件下，P 取值越大 PAPR 性能越好。因为 P 越大，加权系数选择余地越大，PTS-OFDM 系统的 PAPR 性能越好。

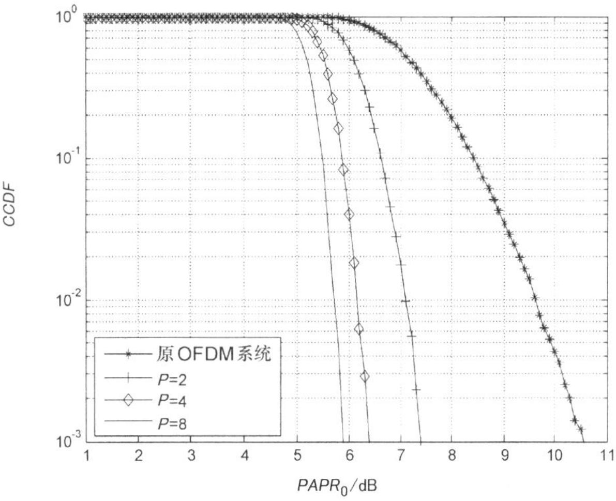

图 6-17　PTS 系统中不同 P 值下 OFDM 系统 PAPR 的 CCDF 仿真曲线

图 6-18 给出了在子载波数目不同的情况下，PTS 算法对 PAPR 性能的仿真曲线。仿真条件为 $V=4$、QPSK 调制、随机分组、相位数为 4。由图可以看出，随着子载波数目的增加，系统的 PAPR 性能略有下降。这说明：子载波数量越大，在相同条件下 OFDM 符号的 PAPR 值越高，PAPR 性能越差。图 6-18 中给出了 3 种子载波数的 OFDM 系统与 PTS-OFDM 系统的 PAPR 特性。从图中可以看到，对于任何子载波数目，PTS-OFDM 系统的 PAPR 性能都要优于原始 OFDM 系统。

从对 PTS 算法基本原理的分析不难看出，影响 PTS-OFDM 系统 PAPR 分布的参数包括：子块数(即 V)，这会影响到计算的复杂度；加权系数所允许选取的相位值，这对实施的复杂性造成影响；数据星座点规模以及星座点是否为功率恒定的数据。易知，若子序列数量减少，则会导致 OFDM 系统 PAPR 性能的下降；而且增大子序列的取值范围并不会对 OFDM 系统的 PAPR 性能起到很大的改善作用，其原因在于所增加的自由度并不能减小性能较差序列的出现概率。

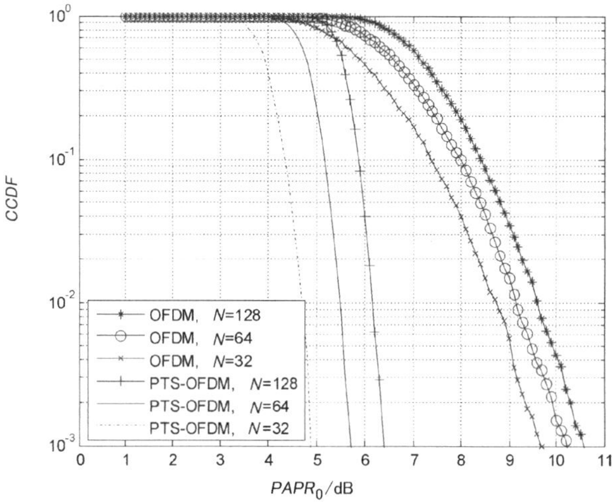

图 6-18　在子载波数量不同的情况下 PTS-OFDM 系统 PAPR 性能

6.4　MIMO-OFDM 系统降低 PAPR 技术

6.4.1　MIMO-OFDM 信号 PAPR 定义

由于 MIMO-OFDM 系统本质上的多载波结构，因此，存在高 PAPR 的问题。

定义 MIMO-OFDM 系统的 PAPR 为 N_{T} 个发送天线中 OFDM 符号 PAPR 的最大值，即

$$PAPR_{\mathrm{MIMO-OFDM}} = \max[PAPR_1, PAPR_2, \cdots, PAPR_{N_{\mathrm{T}}}] \tag{6-19}$$

式中，$PAPR_1$，$PAPR_2$，…，$PAPR_{N_{\mathrm{T}}}$为每个发送天线上 OFDM 符号的 PAPR 值。

6.4.2　基于 SLM 的 MIMO-OFDM 信号 PAPR 减小技术

在 MIMO-OFDM 系统中，显然可以利用 SLM 来降低 PAPR。最简单的方法就是将 OFDM 系统的 SLM 技术直接移植到 MIMO-OFDM 系统中，即对每个天线上的发射数据分别独立应用 SLM 算法来降低每个天线上数据的 PAPR，称之为传统独立的 SLM（简称 ISLM）方案。

设 MIMO-OFDM 系统有 N_{T} 个发送天线，其 OFDM 系统的子载波数为 N，有 M 个不同的、长度为 N 的随机相位序列矢量 $\boldsymbol{P}^{(\mu)}$，则 MIMO-OFDM 系统中 ISLM 原理框图如图 6-19 所示。

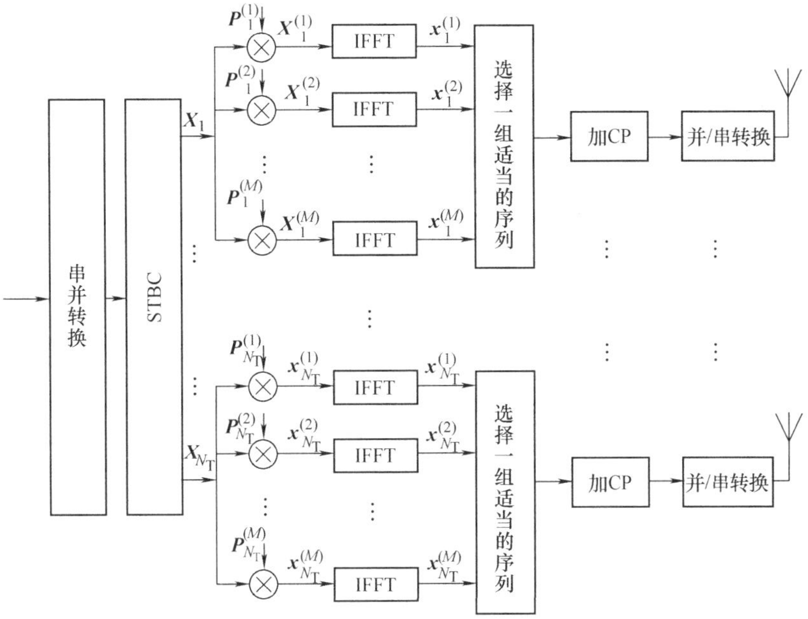

图 6-19　MIMO-OFDM 系统 ISLM 原理框图

ISLM 方案是将 SLM 算法应用于 MIMO-OFDM 系统中时最简单的方法，可以显著地改善 MIMO-OFDM 系统的 PAPR 分布，使每个天线上的 PAPR 都达到最佳。但对于 SLM 这种非畸变降低 PAPR 的方法来说，需要在接收天线一端精确地了解发射及所采用的辅助信息，因此，SLM 中的 $\boldsymbol{P}^{(\mu)}$ 需要准确无误地传送到接收天线。但由于每个发送天线上分别对发送数据采用 SLM 算法，都需要传送$\lceil \log_2 M \rceil$bit 的边带信息来确定所选择的随机相位矢量，则 N_T 个发送天线共需要发送 $N_T \cdot \lceil \log_2 M \rceil$bit 的边带信息，其辅助信息量非常大。

可以把 N_T 个天线看成一个整体，每个天线上使用统一的随机相位序列矢量 $\boldsymbol{P}^{(\mu)}$，得到多天线协同工作的 SLM 算法（Concurrent Selective Mapping，CSLM）。MIMO-OFDM 系统中 CSLM 原理框图如图 6-20 所示。

对于 M 个不同的随机相位序列矢量 $\boldsymbol{P}^{(\mu)}$，首先用 $\boldsymbol{P}^{(1)}$ 分别对 N_T 个发送天线上的信号 $\boldsymbol{X}_1$，$\boldsymbol{X}_2$，…，$\boldsymbol{X}_{N_T}$进行调制，其中 $\boldsymbol{X}_i = [\boldsymbol{X}_{i,0}, \boldsymbol{X}_{i,1}, \cdots, \boldsymbol{X}_{i,N-1}]^T$，调制后得到信号 $\boldsymbol{X}_1{}^{(1)}$，$\boldsymbol{X}_2{}^{(1)}$，…，$\boldsymbol{X}_{N_T}{}^{(1)}$。然后对调制后的信号分别实施 IFFT 运算，相应得到 N_T 个不同的输出序列 $\boldsymbol{x}_1{}^{(1)}$，$\boldsymbol{x}_2{}^{(1)}$，…，$\boldsymbol{x}_N{}^{(1)}$，分别计算它们的 PAPR 值，并令 $PAPR_{max} = \max[PAPR(\boldsymbol{x}_1{}^{(1)}), PAPR(\boldsymbol{x}_2{}^{(1)}), \cdots, PAPR(\boldsymbol{x}_N{}^{(1)})]$。依此类推，可得到 M 个 $PAPR_{max}$值，选取 $PAPR_{max}$最小的一组序列进行传输。

CSLM 方案实际上是在 N_T 个发送天线上同时实施 SLM 算法，可以看成是用 M 个不同的、长度为 $N_T \times N$ 的随机相位序列矢量 $\ddot{\boldsymbol{P}}^{(\mu)}$ 对一个具有 $N_T \times N$ 个子载波的 OFDM 系统实行 SLM 来降低信号的 PAPR。这里，$\ddot{\boldsymbol{P}}^{(\mu)}$ 由 N_T 个重复的 $\boldsymbol{P}^{(\mu)}$ 组成，即 $\ddot{\boldsymbol{P}}^{(\mu)} = [\boldsymbol{P}_0^{(\mu)}, \boldsymbol{P}_1^{(\mu)}, \cdots, \boldsymbol{P}_{N-1}^{(\mu)}, \boldsymbol{P}_0^{(\mu)}, \boldsymbol{P}_1^{(\mu)}, \cdots, \boldsymbol{P}_{N-1}^{(\mu)}]$。这样，实施 CSLM 算法后，MIMO-OFDM 信号的 $PAPR$ 值超过某一门限 $PAPR_0$ 的概率为

$$CCDF_{CSLM} = P[PAPR_{low} > PAPR_0] = [1 - (1 - e^{-PAPR_0})^{\alpha N N_T}]^M \tag{6-20}$$

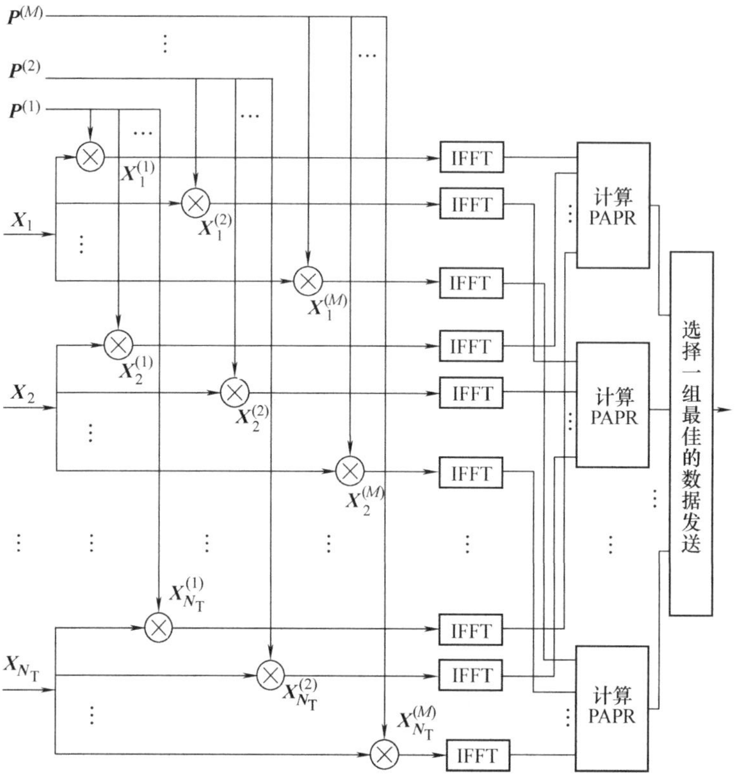

图 6-20　MIMO-OFDM 系统 CSLM 原理框图

在 CSLM 方案中，由于每个天线上使用统一的相位序列 $\boldsymbol{P}^{(\mu)}$，则 N_T 个发送天线携带有相同的边带信息，仅需传送 $\lceil \log_2 M \rceil$bit的边带信息来确定所选择的随机相位矢量，从而大大减少了辅助信息量。

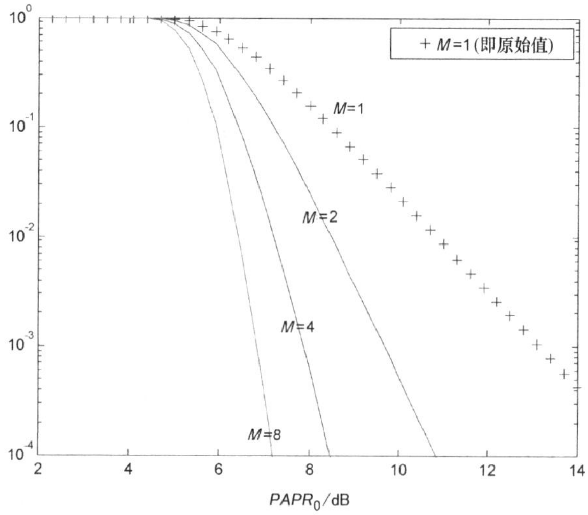

图 6-21　CSLM 降低 PAPR 的 CCDF 理论分布曲线

图 6-21 为 CSLM 降低 PAPR 的 CCDF 理论分布曲线。图 6-22 为分别采用 ISLM 方案及 CSLM 方案的 MIMO-OFDM 系统 PAPR 仿真曲线。仿真中假设 MIMO-OFDM 系统发送天线数目为 $N=2$，其 OFDM 系统的子载波数为 64，采用 16QAM 调制方式，过采样因子为 4，且取矢量 $\boldsymbol{P}=\{\pm 1, \ \pm j\}$，分别选取随机相位序列数 $M=2$、4、8 来进行仿真分析，得到 MIMO-OFDM 系统的 PAPR 分布如图 6-22 所示。

从图6-22中可以看出，和普通MIMO-OFDM系统相比，ISLM和CSLM都能较好地改善MIMO-OFDM系统的PAPR性能，且随着随机相位序列数 M 的增加，PAPR性能改善越来越明显，这与上述PAPR分布的分析结论一致。对于一个有 N_T 个发送天线的MIMO-OFDM系统，采用ISLM方案时，共需要发送 $N_T\lceil \log_2 M \rceil$ bit的边带信息，而在CSLM方案中，仅需要 $\lceil \log_2 M \rceil$ bit的辅助信息量。因此，当采用相同数目 M 的相位序列时，与ISLM方案相比，CSLM方案虽然在PAPR性能上有0.5dB左右的轻微衰减，但是其边带信息量大为减小。

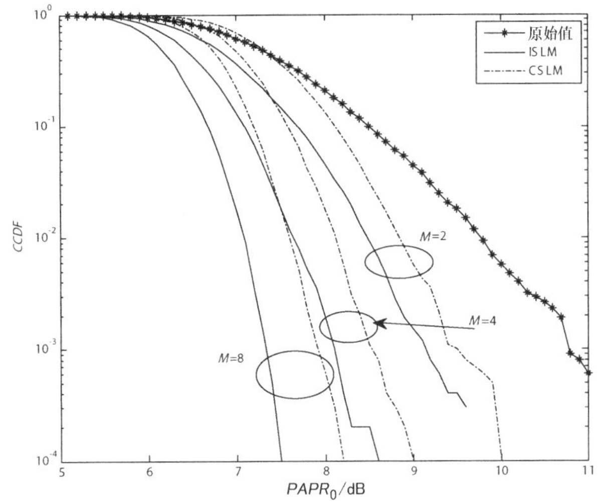

图6-22　分别采用ISLM方案及CSLM方案的MIMO-OFDM系统PAPR分布图

6.4.3　基于PTS的MIMO-OFDM信号PAPR减小技术

在MIMO-OFDM系统中，显然可以利用PTS算法来降低MIMO-OFDM系统的PAPR。最简单的方法就是分别应用PTS算法来降低每根天线上数据的PAPR，称为独立的PTS算法（Individual Partial Transmit Sequences，IPTS），原理如图6-23所示。

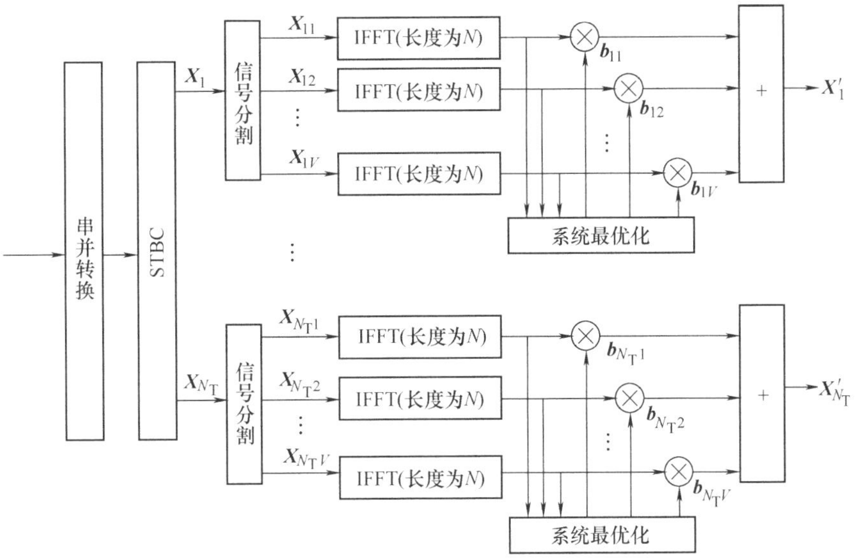

图6-23　MIMO-OFDM系统IPTS原理框图

MIMO-OFDM系统采用IPTS方法进行PAPR减小过程中，首先将要发送的数据经串并转换及空时编码分配到各个天线，各个天线上的信号为 $\boldsymbol{X}_1$，$\boldsymbol{X}_2$，…，$\boldsymbol{X}_T$，每个天线信号数据长度为 N。在每个天线上将信号进行信号分割，分割为 V 组，每组数据长度为 N，之后在每个天线上独立进行 PTS 运算，选择 PAPR 最小的一组数据输出。

图 6-23 所示方法是在多天线上借助 PTS 方法降低 PAPR 的最直接、最简单的可行方法，但系统复杂度过高。

为了减小系统的复杂度，各种各样的改进算法被提出。图 6-24 为以两发天线为例的 MIMO-OFDM 系统利用 PTS 方法进行 PAPR 减小的改进算法。在这种算法中利用了 STBC 这种空时编码在两天线上信号具有强相关的特点，对系统复杂度进行了简化。在 PTS 方法减小 OFDM 系统 PAPR 的过程中，运算量集中在系数最优化模块。图 6-24 的主要思想是在两个天线中只运行一次系数最优化模块，例如得到第一个天线的最优加权系数，第二个天线的最优加权系数由第一个天线的最优加权系数经过加权系数转换而获得，这样可以减少一次复杂的系数最优化模块调用，减小了工作量，也就减小了系统的复杂度。

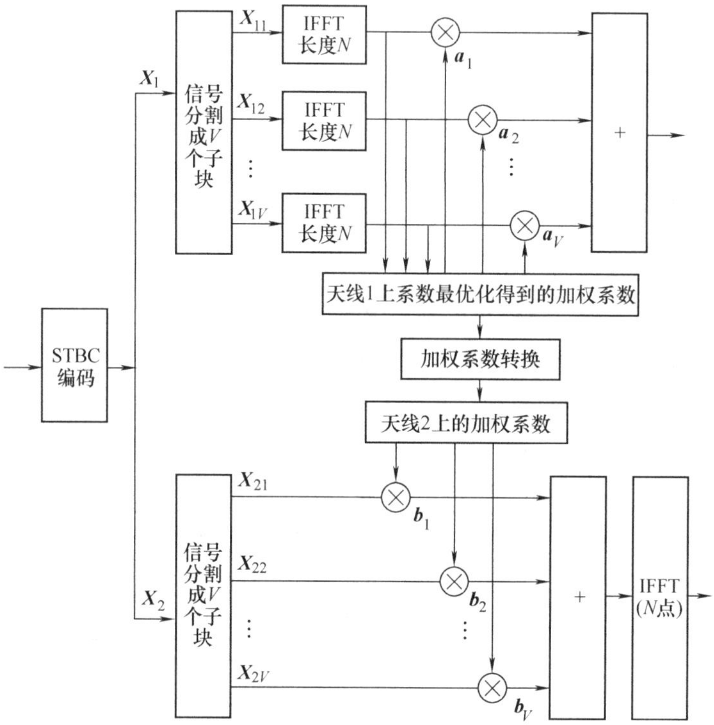

图 6-24　MIMO-OFDM 系统 CPTS 原理框图

6.5 仿真实例

实例 6-1　选择性映射(SLM)PAPR 减小方法仿真

程序功能：采用 SLM 方法减小 OFDM 符号 PAPR。

程序名称：Example6_1. m。

程序代码：

```
clear all; clc; close all;
N = 128;  %FFT 长度,即 OFDM 信号子载波个数
```

```
M = 5;   %M-1为SLM选择支路数
Base_MOD_Set = [1 -1 j -j];%星座映射为4PSK
Base_MOD_Set = [1+j  -1+j  1-j  -1-j  3+j  -3+j  3-j  -3-j  1+3j...
                -1+3j  1-3j  -1-3j  3+3j  -3+3j  3-3j  -3-3j];
                %星座映射为16QAM
Phase_Set = [1 -1 j -j];%4种随机相位选择
Phase_Set = [1 -1];%2种随机相位选择
MAX_SYMBOLS  = 1e5;%循环数,参数MAX_SYMBOLS个OFDM符号,求PAPR供统计用
PAPR_Orignal = zeros(1,MAX_SYMBOLS);%存放每个循环中的原OFDM符号PAPR
PAPR_SLM = zeros(1,MAX_SYMBOLS);%存放每个循环中SLM后的OFDM符号PAPR
X = zeros(M,N);%存放星座映射后的发送数据,可以理解为频域信号
Index = zeros(M,N);
%存放在Base_MOD_Set和Phase_Set中进行随机星座映射和产生随机相位的索引
for nSymbol = 1:MAX_SYMBOLS
    Index(1,:) = randint(1,N,length(Base_MOD_Set)) + 1;
%产生星座映射索引
    Index(2:M,:) = randint(M-1,N,length(Phase_Set)) + 1;
%产生随机相位索引
    X(1,:) = Base_MOD_Set(Index(1,:)); % 进行星座映射
    Phase_Rot = Phase_Set(Index(2:M,:));%产生随机相位序列
X(2:M,:) = repmat(X(1,:),M-1,1).*Phase_Rot;
% 进行星座映射后的数据与随机相位序列矢量点乘。X中的第一行是原数据,第二至M
%行是经过相位旋转的数据
    x = ifft(X,[],2);
% 进行OFDM调制,得到时域信号。第一行为原OFDM符号,第二至M行是SLM中各个
%支路OFDM符号,在其中挑选PAPR最小的发送
    Signal_Power = abs(x.^2);%计算OFDM信号的功率
    Peak_Power = max(Signal_Power,[],2);%计算功率最大值
    Mean_Power = mean(Signal_Power,2);%计算平均功率
    PAPR_temp = 10*log10(Peak_Power./Mean_Power);%计算PAPR
    PAPR_Orignal(nSymbol) = PAPR_temp(1);%从第一行提取原OFDM信号的PAPR
    PAPR_SLM(nSymbol)   = min(PAPR_temp(2:M));
%在各个支路OFDM信号的PAPR中选择最小值,发射端对应发送PAPR最小的OFDM
%符号
end
[cdf1, PAPR1] = ecdf(PAPR_Orignal);%统计原OFDM符号PAPR的概率密度函数
[OrignalOFDM PAPR1] = hist(PAPR_Orignal,[1:0.1:18]);
cdf1 = cumsum(OrignalOFDM)/MAX_SYMBOLS;
%统计原OFDM符号PAPR的概率密度函数。可以在两种统计方法中选择一种
```

```
[cdf2, PAPR2] = ecdf(PAPR_SLM);%统计 SLM-OFDM 符号 PAPR 的概率密度函数
[SLMOFDM PAPR2] = hist(PAPR_SLM,[1:0.1:18]);
cdf2 = cumsum(SLMOFDM)/MAX_SYMBOLS;
%统计 SLM-OFDM 符号 PAPR 的概率密度函数。可以在两种统计方法中选择一种
semilogy(PAPR1,1 - cdf1,'-b',PAPR2,1 - cdf2,'-r')
%画原 OFDM 符号与 SLM-OFDM 符号 PAPR 的 CCDF
legend('Orignal','SLM')
title('选择支路数为 4')
xlabel('PAPR0 [dB]');
ylabel('CCDF (Pr[PAPR > PAPR0])');
grid on
data = [PAPR2; 1 - cdf2];
save PAPR_SLM16.am data -ascii;%存储在各种状态下的仿真结果,以备比较
```

仿真结果如图 6-12 所示。

实例 6-2　部分传输序列(PTS)PAPR 减小方法仿真

程序功能:利用 PTS 方法减小 OFDM 系统 PAPR 仿真。

程序名称:Example6_2.m.

程序代码:

```
clear all; clc; close all;
N = 128; %子载波数或 IFFT 长度
V = 4;  %PTS 方法分组数,可选择 2 组、4 组、8 组,若 16 组需相应修改程序
MAX_SYMBOLS = 1e4;%循环数,也就是 OFDM 符号个数
M_ary =4;%星座映射进制数
Phase_Num =4;%旋转相位的相位数
%产生旋转相位矩阵
for i =1:Phase_Num
     Phase_Set = exp(j * 2 * pi/Phase_Num);
end
Phase =[];%存旋转相位所有可能组合
%分两组时,旋转相位所有可能组合。若旋转相位数为 4,则共有 4^2 个组合。当 V =2 时使用
for b1 =1:length(Phase_Set)
   for b2 =1:length(Phase_Set)
      Phase =[Phase ; [Phase_Set(b1)  Phase_Set(b2)  ]];
   end
end
%分四组时,旋转相位所有可能组合。若旋转相位数为 4,则共有 4^4 个组合。当 V =4 时使用
for b1 =1:length(Phase_Set)
for b2 =1:length(Phase_Set)
for b3 =1:length(Phase_Set)
```

```
for b4 =1:length(Phase_Set)
Phase =[Phase ; [Phase_Set(b1)  Phase_Set(b2)  Phase_Set(b3) Phase_Set(b4)]];
end
end
end
end
end
%分八组时,旋转相位所有可能组合。若旋转相位数为4,则共有4^8 个组合。当 V =8 时使用
for b1 =1:length(Phase_Set)
for b2 =1:length(Phase_Set)
for b3 =1:length(Phase_Set)
for b4 =1:length(Phase_Set)
for b5 =1:length(Phase_Set)
for b6 =1:length(Phase_Set)
for b7 =1:length(Phase_Set)
for b8 =1:length(Phase_Set)
Phase =[Phase ; [Phase_Set(b1)  Phase_Set(b2)  Phase_Set(b3) Phase_Set(b4) ...
Phase_Set(b5)  Phase_Set(b6)  Phase_Set(b7) Phase_Set(b8)]];
end
end
end
end
end
end
end
end
% MAX_SYMBOLS 个 OFDM 符号频域数据产生
length_data = N * MAX_SYMBOLS ;% 发送的总数据符号数,每个数据符号可以是4PSK 或
                                16QAM
Base_MOD_Set = []; % 存放星座映射后的数据
source_data = randint(length_data,log2(M_ary));
% 随机产生 log2(M_ary)二进制数
symbols = bi2de(source_data);% 将 log2(M_ary)二进制数合并成多进制数
MOD_Symbol = dmodce(symbols,1,1,'qask',M_ary);% 进行星座映射
% 将 N * MAX_SYMBOLS 个串行数据转换为 MAX_SYMBOLS 个 N 点并行数据,作为
% MAX_SYMBOLS 个 OFDM 符号的频域数据
m = 0;
for i =0:MAX_SYMBOLS -1;
    MOD_tem = [];
```

```
        for n = 1:N;
          MOD_tem  =  [MOD_tem,MOD_Symbol(i * N + n)];
        end;
        Base_MOD_Set  =  [Base_MOD_Set;MOD_tem];
        clear MOD_tem;
    end;
    %进行原 OFDM 符号与经 PTS 后的 OFDM 符号 PAPR 的 CCDF 统计
    Choose_Len  =  length(Phase_Set)^V;  %旋转相位所有组合数
    PAPR_Orignal  =  zeros(1,MAX_SYMBOLS);%存放原 OFDM 信号所有循环的 PAPR
    PAPR_PTS      =  zeros(1,MAX_SYMBOLS);%存放原 PTS-OFDM 信号所有循环的 PAPR
    for nSymbol = 1:MAX_SYMBOLS   %循环开始
        %对原始 OFDM 符号
        X  =  Base_MOD_Set(nSymbol,:);
        x  =  ifft(X,[],2);              %OFDM 调制
        Signal_Power  =  abs(x.^2);       %计算功率
        Peak_Power  =  max(Signal_Power,[],2);%计算峰值功率
        Mean_Power  =  mean(Signal_Power,2);  %计算平均功率
        PAPR_Orignal(nSymbol)  =  10 * log10(Peak_Power./Mean_Power);
    %计算 PAPR
        % 对经过 PTS 后的 OFDM 符号
        A  =  zeros(V,N);
        %   交织分组方式
        for v = 1:V
          A(v,v:V:N)  =  X(v:V:N);
        end
        %顺序分组方式
        for v = 1:V
        A(v,(1 + (v - 1) * N/V):(N/V + (v - 1) * N/V)) = ...
X((1 + (v - 1) * N/V):(N/V + (v - 1) * N/V));
        end
        %随机分组方式
        Index =  randperm(N);
        for v = 1:V
          A(v,Index(v:V:N))  =  X(Index(v:V:N));
        end
        a  =  ifft(A,[],2);% OFDM 调制
        min_value  =  10;
        %分组后的数据进行 OFDM 调制后与旋转相位相乘,按全举法搜索最优旋转相位组合
        for n = 1:Choose_Len
```

```
    temp_phase = Phase(n,:).';
    temp_max = max(abs(sum(a.*repmat(temp_phase,1,N))));
        if temp_max < min_value
            min_value = temp_max;
            Best_n = n;
        end
    end
    %发送最优相位组合信号并计算其 PAPR
    aa = sum(a.*repmat(Phase(Best_n,:).',1,N));
    Signal_Power = abs(aa.^2);
    Peak_Power   = max(Signal_Power,[],2);
    Mean_Power   = mean(Signal_Power,2);
    PAPR_PTS(nSymbol) = 10*log10(Peak_Power./Mean_Power);
end
%统计原 OFDM 符号与 PTS-OFDM 符号的 CCDF,并画出其曲线
[cdf1, PAPR1] = ecdf(PAPR_Orignal);
[cdf2, PAPR2] = ecdf(PAPR_PTS);
semilogy(PAPR1,1-cdf1,'-b*',PAPR2,1-cdf2,'-r+')
legend('Orignal','PTS')
title('V=4')
xlabel('PAPR0 [dB]');
ylabel('CCDF (Pr[PAPR>PAPR0])');
grid on
%存储各种状态下的数据,以备比较
data = [PAPR1; 1-cdf1];
save PTS_PAPR_.am data -ascii;
```

仿真结果如图 6-15、图 6-16、图 6-17、图 6-18 所示。

实例 6-3　限幅法减小 OFDM 符号 PAPR 仿真

程序功能：利用限幅法降低 OFDM 符号的 PAPR。

程序名称：Example6_3.m。

程序代码：

```
clear all; clc; close all;
K   = 128;   % OFDM 符号子载波数
IF  = 2;     %过采样因子
N   = K*IF;  %过采样后一个 OFDM 符号数据个数,也即 FFT 或 IFFT 长度
CR  = 4;     % 剪切率(CR = 4 即剪切率为 6dB)
QPSK_Set   = [1 -1 j -j];%星座映射为 4PSK
ITERATE_NUM = 4;
MAX_SYMBOLS  = 1e4;
```

```
PAPR_Orignal  = zeros(1,MAX_SYMBOLS);% 存原 OFDM 符号 PAPR
PAPR_RCF     = zeros(ITERATE_NUM,MAX_SYMBOLS);% 存限幅后的 PAPR
for nSymbol = 1:MAX_SYMBOLS
    % 产生原 OFDM 符号频域数据
    Index  = randint(1,K,length(QPSK_Set)) +1;
    X  = QPSK_Set(Index(1,:));
    % 过采样
    XX  = [X(1:K/2) zeros(1,N-K) X(K/2+1:K)];
    % OFDM 调制
    x  = ifft(XX,[],2);
    % 原 OFDM 符号计算 PAPR
    Signal_Power  = abs(x.^2);
    Peak_Power  = max(Signal_Power,[],2);
    Mean_Power  = mean(Signal_Power,2);
    PAPR_Orignal(nSymbol)  = 10 * log10(Peak_Power./Mean_Power);
    % 进行限幅循环。共进行 ITERATE_NUM 次剪切
    for nIter = 1:ITERATE_NUM
      % 剪切
      x_tmp  = x(Signal_Power > CR * Mean_Power);
      x_tmp  = sqrt(CR * Mean_Power) * x_tmp./abs(x_tmp);
      x(Signal_Power > CR * Mean_Power)  = x_tmp;
      % 滤波
      XX  = fft(x,[],2);
      XX(K/2 + (1:N-K))  = zeros(1,N-K);
      x  = ifft(XX,[],2);
      % PAPR 计算
      Signal_Power  = abs(x.^2);
      Peak_Power  = max(Signal_Power,[],2);
      Mean_Power  = mean(Signal_Power,2);
      PAPR_RCF(nIter,nSymbol)  = 10 * log10(Peak_Power./Mean_Power);
    end
    end
    % PAPR 的 CCDF 统计
    [cdf0, PAPR0]  = ecdf(PAPR_Orignal);
    [cdf1, PAPR1]  = ecdf(PAPR_RCF(1,:));
    [cdf2, PAPR2]  = ecdf(PAPR_RCF(2,:));
    [cdf3, PAPR3]  = ecdf(PAPR_RCF(3,:));
    [cdf4, PAPR4]  = ecdf(PAPR_RCF(4,:));
    semilogy(PAPR0,1-cdf0,'-b',PAPR1,1-cdf1,'-r',PAPR2,1-cdf2,'-g',...
```

```
PAPR3,1 - cdf3,'- c',PAPR4,1 - cdf4,'- m')
legend('Orignal','One clip and filter','Two clip and filter','Three clip and filter','...
Four clip and filter')
xlabel('PAPR0 [dB]');
ylabel('CCDF (Pr[PAPR > PAPR0])');
xlim([0 12])
grid on
```

仿真结果如图 6-25 所示。

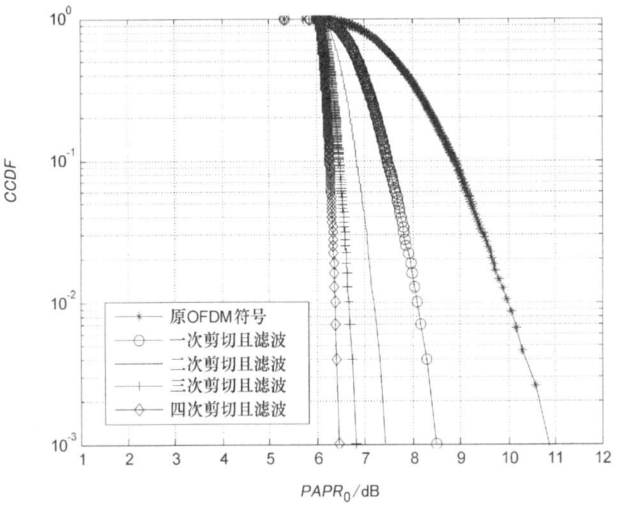

图 6-25　限幅法 PAPR 仿真图

6.6　本章小结

由于 OFDM 信号是经过 IFFT 得到的，发送数据在频域被充分随机化，OFDM 信号可认为是独立同分布的随机变量的线性组合。当子载波数非常大时，由中心极限定理可知，OFDM 信号近似服从复高斯分布，从而 OFDM 信号具有较大的峰值平均功率比(PAPR)，此为 OFDM 系统的一个缺点。在移动通信中，移动终端的能量很有限。为了减小移动终端能量的消耗，必须提高功率放大器的效率，因此，需要尽量降低信号 PAPR。在本章中首先给出了 OFDM 信号 PAPR 概念，并讨论了过采样对 OFDM 系统 PAPR 的影响。OFDM 系统 PAPR 减小方法可分为三类：限幅类技术、编码类技术和概率类技术。这些方法各有优缺点。限幅类技术直接对信号的峰值进行非线性操作，它最直接，最简单。但因为限幅类技术采用了非线性操作，会带来带内噪声和带外干扰，从而降低系统的误码率和频率效率。编码类技术利用编码将原来的信息码字映射到一个具有比较好的 PAPR 特性的传输码集上，从而避开了那些会出现信号过大峰值的码字。编码类技术为线性过程，它不会使信号产生畸变，因此没有限幅类技术的缺点。但是，编码类技术的计算复杂度非常高，编译码都较复杂。概率类技术不像编码类技术，完全避开信号的峰值，而是着眼于努力使信号峰值出现的概率降低。

概率类技术也为线性过程，因此它不会对信号产生畸变。概念类技术能够很有效地降低信号的 PAPR，但计算复杂度太大。在三类方法中，概率类技术最有希望解决 OFDM 系统的 PAPR 问题，从实用角度看，限幅类技术简单且最实用，但其带来一定的干扰和系统性能的损失。由于 MIMO-OFDM 系统本质上的多载波结构，因此，MIMO-OFDM 系统具有 PAPR 过高的问题。一些关于 OFDM 系统的 PAPR 减小方法可以应用于 MIMO-OFDM 系统。在本章的最后，给出了 OFDM 系统 PAPR 减小方法的仿真实例。

思 考 题

1. 什么是 PAPR？为什么 OFDM 系统存在 PAPR 过高的问题？
2. 为什么 MIMO-OFDM 系统存在 PAPR 过高的问题？
3. 什么是过采样？在仿真中，如何实现过采样？
4. 为什么要对 OFDM 系统进行过采样？
5. 在采用 SLM 减小 OFDM 系统 PAPR 方法中，为什么存在边带信息？边带信息影响速码率吗？
6. 在采用 PTS 减小 OFDM 系统 PAPR 方法中，为什么存在边带信息？
7. 为什么在采用限幅法减小 PAPR 中会带来带外干扰？
8. 当子载波数为 128 时，OFDM 系统 PAPR 的极限值为多少？用 dB 值描述。

习 题

1. 画出 SLM 方法减小 OFDM 系统框图，描述其减小 OFDM 系统 PAPR 的原理。
2. 画出 PTS 方法减小 OFDM 系统框图，描述其减小 OFDM 系统 PAPR 的原理。
3. 比较 SLM 方法与限幅法的优缺点。
4. 解释编码法减小 OFDM 系统 PAPR 的原理。
5. 解释图 6-17 所示 PTS 系统中在不同 P 值下 OFDM 系统 PAPR 的 CCDF 仿真曲线。
6. 解释图 6-19 所示的两种非畸变 PAPR 减小方法的 PAPR 性能曲线。
7. 分析 MIMO-OFDM 系统 IPTS 原理框图。
8. 分析 MIMO-OFDM 系统 CPTS 原理框图。
9. 画出仿真条件为 $V=8$、16QAM 调制、随机分组、相位数为 4，在子载波数目不同的情况下，PTS 算法的 PAPR 性能仿真曲线。
10. 画出 SLM MIMO-OFDM 系统 PAPR 性能仿真曲线。仿真条件为 2 发 2 收天线、选择支路数均为 8 组、旋转相位数为 2、4 倍过采样、星座映射为 4PSK。

第 7 章　OFDM 系统自适应技术

7.1　引言

自适应技术早在 1968 年就由 J. F. Hayes 提出，由于受当时硬件条件以及信道估计技术的限制，自适应技术并没有引起人们很大的兴趣，而且，当时通信系统大都是没有反馈链路的点对点模式，因此自适应技术也没有太大的实用价值。随着近代无线通信理论的研究和集成芯片的发展，加之无线频谱资源的日益紧张，人们对频谱利用率备加重视，自适应技术又重新引起了人们的关注。

链路级自适应技术的基本思想是，根据在发射端获取的某种形式的信道状态信息自适应调节各种信号传输的参数，实现对当前信道环境的充分利用。可以调节的基本参数包括调制方式、编码方式、符号速率、发射功率等。在多载波条件下可以调制每个子信道的编码调制方式和发送功率，在多用户条件下可以调整用户间资源分配的数量和方式等。通过自适应技术得到的系统信道容量增益是非常明显的。这种自适应技术已经被广泛地认为是无线通信系统中有效提高频谱利用率的重要手段之一。

OFDM 系统把一个频率选择性衰落的实际信道划分成若干个独立的平坦窄带子信道，各个子信道之间信道状况差异很大，具有相对独立性，不同子信道受到不同的衰落，从而具有不同的传输质量。这种特点的好处就是，能够根据各个子信道的实际状态自适应地分配信息比特和发射功率，从而减弱衰落的影响，更加有效地利用信道资源。所以与传统的单载波系统相比，多载波 OFDM 系统使用自适应技术会具有更高的灵活性，并能够获得更好的性能。

当自适应传输技术应用于多天线环境中时，也可为系统带来系统容量提升和整体性能提高。由于增加了空间上的自由度，MIMO 系统的自适应算法的设计也更为灵活和复杂。在发射端，MIMO 系统通过了解当前信道的状态信息，可自适应地调整天线上的发射功率、比特分配，并由此获得系统性能的提高。MIMO 系统有多种传输策略，有的以提高系统容量为目标，有的以改善系统性能为目标，有的适用于存在空间相关的环境，有的需要天线之间服从独立衰落。根据信道状况来选择适当的传输策略，包括多种不同传输策略的结合或选择，都是当前自适应 MIMO 研究的热点题目。

在 MIMO-OFDM 系统中应用自适应技术，能充分利用空间、时间和频率维上的自由度，可以设计更为灵活的传输结构、可调整的参数更多，当然推导和实现也更为复杂。

7.2　自适应技术的理论基础

7.2.1　注水原理

香农已经从理论上证明了如果数据信息速率不大于信道容量，有可能在给定的信道以任意小的误码率进行数据传输。所以，信道容量是进行可靠传输的极限数据速率。

一个理想传输的高斯信道(AWGN)的信道容量可以通过香农定理得到，如式(7-1)：

$$C = B\log_2(1 + SNR) \tag{7-1}$$

其中

$$SNR = P_{av}/P_n$$

式中，B 是信道的带宽；SNR 是接收信噪比，通常用分贝(dB)表示；P_{av}是信号的平均功率；P_n 是信道带宽内的平均噪声功率。

从式(7-1)可以看到，信道的容量依赖于信道的带宽和传输信号的信噪比。

在一个加性高斯白噪声(AWGN)信道中，无论采用何种调制方式、编码方法，数据传输的速率总是要低于信道容量。这也可以视作实际的数据传输速率没有充分利用信道所提供的所有信噪比。如果仍然采用类似式(7-1)的表达方式，则实际传输速率 R_b 与信噪比 SNR 之间的关系可以表达为

$$R_b = B\log_2\left(1 + \frac{SNR}{\Gamma}\right) \tag{7-2}$$

式(7-2)的含义是采用某种调制方式、编码方法所能达到的实际传输速率 R_b，相当于信噪比 SNR 损失了一个因子 Γ 后的信道容量。Γ 表示在特定的调制方式、信道纠错编码方式以及误码率下，达到一定的传输速率时，理论所需要的功率与实际所需要的功率之间的比值(间隔)，被称之为信噪比差额(SNR Gap)。它是一个与调制方式和信道纠错编码方式以及目标误码率都有关的量。当 $\Gamma = 1$ 时，就是对功率利用的最理想情况。在特定调制方式、编码方式以及误码率下，Γ 是一个大于 1 的常量，表明对功率利用的降低或对信噪比的实际利用能力。

由于信道的特性是随机的，因此在设计传输速率时，还要留出一个信噪比余量(SNR Margin)γ_m，以便在信道特性变差时，传输速率和性能仍不受影响。当考虑信噪比余量 γ_m 时，实际传输速率为

$$R_b = B\log_2\left(1 + \frac{SNR}{\Gamma\gamma_m}\right) \tag{7-3}$$

在多载波系统中，假设信道带宽为 B，$H(f)$ 表示信道的传输增益，信道内存在加性高斯噪声，其功率谱密度为 $N(f)$，信号的功率谱密度为 $S_x(f)$。假设传输信道被分成无数个($N \to \infty$)平坦窄带子信道，每个子信道的带宽为 $\Delta f = \frac{B}{N} \to 0$，而且认为每个子信道的传递函数是常量。这样，信道容量可以通过所有子信道的信道容量积分得到，即

$$C = \int_{f_c}^{f_c+B} \log_2\left(1 + \frac{S_x(f)\,|H(f)|^2}{N(f)}\right)df \tag{7-4}$$

假设信号的总发射功率为 P_T，则有

$$P_T = \int_{f_c}^{f_c+B} S_x(f)\,df \tag{7-5}$$

考虑在式(7-5)的约束条件下，为实现信道容量的最大化，可以利用拉格朗日乘子法将其变换为

$$\frac{\partial}{\partial S_x(f)}\left\{\int_{f_c}^{f_c+B}\log_2\left(1+\frac{S_x(f)\ |H(f)|^2}{N(f)}\right)\mathrm{d}f+\lambda\left(P_T-\int_{f_c}^{f_c+B}S_x(f)\mathrm{d}f\right)\right\}=0 \tag{7-6}$$

式中，λ 为拉格朗日乘数，经过求解得到注水原理中的核心公式为

$$S_x(f)=\begin{cases}K-\dfrac{N(f)}{|H(f)|^2}, f\in[f_c,f_c+B]\\0, f\notin[f_c,f_c+B]\end{cases} \tag{7-7}$$

其中

$$K=\frac{1}{B}\left(P_T+\int_B\frac{N(f)}{|H(f)|^2}\mathrm{d}f\right) \tag{7-8}$$

式(7-7)的物理意义是：当信噪比 $|H(f)|^2/N(f)$ 较大时，信道对应的分配功率应该较大；反之，信道对应的分配功率应该较小，或者关闭部分信噪比极低的信道，即绝大多数发射功率集中在信道衰减较小的频带范围内。

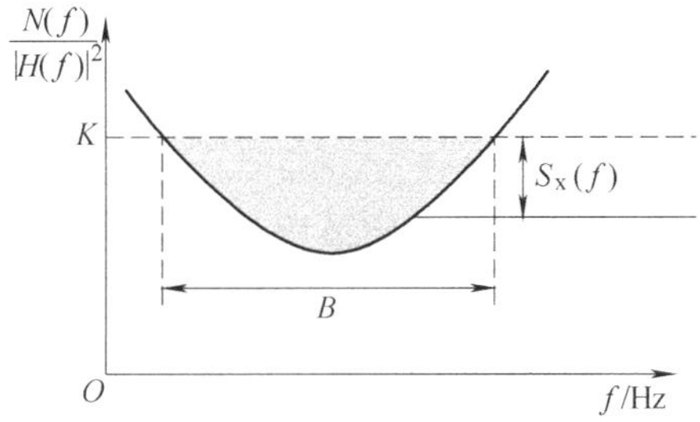

图 7-1　注水功率分配示意图

图 7-1 给出了这种信号发射功率分配的示意图，曲线表示信道带宽内不同频率所对应的 *SNR* 的倒数。实现这种信道容量最大化的方法类似于把水倒入曲线上方阴影部分的“碗”中（阴影部分的面积即为平均发射功率 P_T），从而得到 $S_x(f)$。这种方法被形象地称为“注水”分配法。

注水分配法能够在带限信道上实现信道容量的理论最大值，是功率分配的最优算法，但是其算法的计算复杂度非常大，且要求星座规模的量化精度无限小，这在实际中是无法实现的。

7.2.2　自适应 OFDM 系统模型

对于 OFDM 动态自适应算法研究，必须首先承认几个假设。

（1）假设发送端已知所有用户在信道中的实时传输函数。

（2）假设每个子信道带宽远小于相干带宽。

（3）假设子载波和比特分配信息通过独立专用信道发送到接收端。

所有的比特及功率算法一般还应遵循这样一个原则：保持实际所用每个子信道的误码率相等，因为只有在这种情况下的功率分配才是最合理的。只有这样，整个系统的性能才不至于受性能最差的子信道制约。

动态自适应分配的 OFDM 系统结构框图如图 7-2 所示。

自适应分配的 OFDM 系统工作过程大致分析为：在接收端对信道的参量作出估计，当系统有数据要发送时，由信道估计获得各个用户的信道特性，比特及功率分配模块根据估计信息为用户所用子载波分配比特，在此基础上进行发射功率分配，所有这些分配策略将通过专用信道反馈给发送端，而接收端利用这些分配信息进行相应解调和数据还原。

7.2.3　自适应分配的原则

自适应策略的基本思想如下。

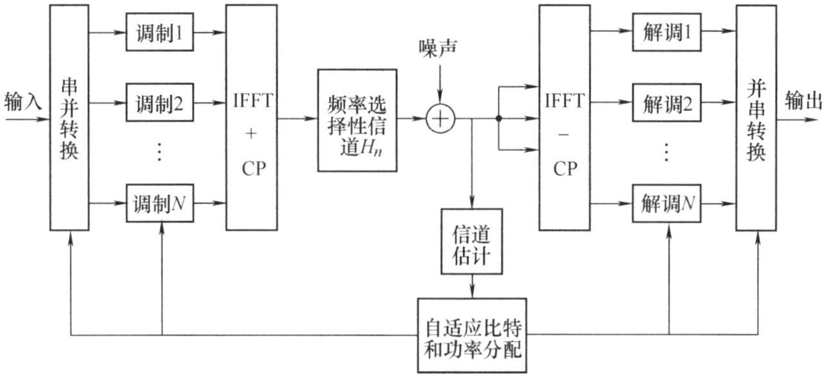

图 7-2　自适应分配的 OFDM 系统结构框图

(1) 定义一个信道质量指示变量，或称为信道状态信息(由它提供有关信道的一些特征)。

(2) 根据时间、频率或者空间上的信道状态信息，调整信号传输的参数。

按照系统的传输速率来分，OFDM 自适应比特功率分配算法可以分为两大类，即固定传输速率算法和变传输速率算法。其中固定传输速率算法又可以分为固定功率算法和变功率算法。自适应分配的原则具体介绍如下。

(1) 基于信道容量最优化的原则。这是变传输速率算法，即在给定的总发射功率和系统误码率条件下，实现信道容量(传输速率)最大化。也称为最大比特率准则，即 RA(Rate Adaptive)准则。对应的优化模型可用式(7-9)描述：

$$\begin{aligned} &\max \quad R_b = \sum_{i=1}^{N} b_i \\ &\text{s. t} \quad ①P_T = \sum_{i=1}^{N} P_i \\ &\qquad\; ②BER \leqslant BER_{\text{target}} \end{aligned} \tag{7-9}$$

(2)基于发射功率最小化的原则。这是固定传输速率、变功率算法，即在给定的传输速率和系统误码率条件下，根据子信道的增益对子载波上的比特数进行动态自适应分配，同时调整各子载波上的发射功率，使得需要的总发射功率(或者平均每比特信噪比)最小。也称为功率最小化准则，即 MA(Margin Adaptive) 准则。对应的优化模型可表示为

$$\begin{aligned} &\min \quad P_T = \sum_{i=1}^{N} P_i \\ &\text{s. t} \quad ①R_b = \sum_{i=1}^{N} b_i \\ &\qquad\; ②BER \leqslant BER_{\text{target}} \end{aligned} \tag{7-10}$$

(3)基于误码率性能最优化的原则。这是固定传输速率、固定功率算法，即在系统总发射功率 P_T 和传输速率 R_b 都保持一定的情况下，通过自适应分配各子载波上的比特和功率，

直接提高系统的误码率性能为出发点的优化算法。对应的优化模型可表示为

$$\begin{aligned} \min \quad & BER \\ \text{s.t} \quad & ①P_{\mathrm{T}} = \sum_{i=1}^{N} P_i \\ & ②R_{\mathrm{b}} = \sum_{i=1}^{N} b_i \end{aligned} \tag{7-11}$$

7.2.4 自适应技术的实现

OFDM 系统中自适应技术的实现过程可以分为以下 3 步。

1. 信道估计

自适应技术根据时变信道的变化情况，改变下一个符合帧(或时隙)的发送参数，因此首先需要对时变信道的质量进行估计，得到信道状态信息(CSI)。

信道的状态信息可以由多种参数来表征。最常用的信道状态信息是信道的传递函数，采用第 5 章中描述的方法，可以对信道的传递函数直接做估计。除了使用信道传递函数外，还应该考虑各种干扰(如同信道干扰、子载波间干扰等)的影响。因此，可以使用以下的信道参数作为信道的状态信息。

(1) 信噪比(SNR)：在 AWGN 信息中，SNR 决定了每种调制方案的差错概率。对于给定的差错概率可以设定相应的门限值，作为不同调制方案的切换门限。目前大部分算法都采用 SNR 作为信道性能指标。

(2) 均方误差(MSE)：表示均衡器输出的失真情况。

(3) 误码率(BER)：均衡器输出硬判决与信道译码输出进行比较。

(4) 误帧率(FER)：通过循环冗余校验(CRC)得到，但是它和 BER 都需要长时间的观测才能得到。

在实际系统中，一般可以采用信道传递函数和信噪比作为短时的信道状态信息，而用误码率和误帧率作为长时的信道状态信息，两者结合使用。

信道的状态信息在不同系统中可以采用不同方法得到。如果两个终端之间的通信是双向的，并且信道可以认为是互易的，则每个终端可以根据接收到的符合进行信道状态信息估计，并且将本地的发送参数根据估计结果进行自适应的调整。这成为开环自适应，即信道估计由发送端进行。例如，TDD 系统就可以采用这种方法。

如果信道不是互易的(如在 FDD 系统中)，考虑上行链路和下行链路，这时终端就不能根据接收信号来决定自己的发送参数。接收端估计信道质量，并将此信息通过反向链路通知发送端，然后由发送端根据反馈参数确定发送参数。这就是闭环自适应，即信道估计由接收端进行。这种方式可以把干扰因素考虑进来。如果通信不是双向的，则必须在接收端和发送端之间建立一个低速的信令通道。

信道估计和真正传输符号之间的时延与信道的最大多普勒频移(即信道的相干时间)之间的关系对于自适应系统的性能至关重要，尤其是在闭环系统中还存在传输时延影响的情况下。因此，自适应系统一般在信道条件变化相对比较慢的环境中使用才比较有效。当然，目前已经提出采用信道预测技术的方案，使得自适应技术可以应用于信道变化较快的条件下。

2. 发送参数的选择

在获得信道的状态信息之后，就可以据此改变发送端的传输特性，这是自适应技术的核心。在自适应 OFDM 技术中可以改变的参数有用户分配的子载波数、调制方式(即分配比特数)和发射功率等。

选择最佳的参数，一般是在限定条件下目标函数的最优问题。例如，在传输速率和发送功率一定的条件下，使差错概率最小；或者在保证一定差错概率和发送功率条件下，使传输速率最大；等等。在实际中可以使用一些简单的方法，如设定相应的变化门限等。

3. 系统所使用参数的信令传输

系统所使用参数的信令主要有以下 3 种方式。

(1) 开环方式。接收端根据接收情况估计信道，通过信令通知发送端，或者在 TDD 方式下利用互易性，发送端直接估计信道，然后发送端根据信道情况选择参数，并通过信道通知接收端。

(2) 闭环方式。接收端根据接收情况估计信道，并选定参数，然后通过信令通知发送端。

(3) 盲检测。没有信令传送，发送端根据接收的情况选择参数，接收端盲检测传输参数。

7.3 OFDM 系统自适应算法

7.3.1 迭代注水功率分配算法

基于上面讨论的注水原理，可以得到以信道容量(传输速率)最大化为目标(RA 准则)的迭代注水功率分配算法(IWFP)。算法的优化模型同式(7-9)，由优化目标、约束条件和拉格朗日乘子法可以得到下面的拉格朗日函数：

$$F(\boldsymbol{b},\boldsymbol{P},\lambda) = \sum_{i=1}^{N} b_i - \lambda\left(\sum_{i=1}^{N} P_i - P_{\mathrm{T}}\right) \tag{7-12}$$

式中，$\boldsymbol{b}=(b_1, b_2, \cdots, b_N)$；$\boldsymbol{P}=(P_1, P_2, \cdots, P_N)$；$\lambda$ 是拉格朗日常数。由香农信道容量公式可得 b_i 和 P_i 的关系，即

$$b_i = \log_2\left(1 + \frac{P_i\,|H_i|^2}{\sigma_i^2 \Gamma}\right) \tag{7-13}$$

式中，σ_i^2 是子信道噪声功率；Γ 是信道的信噪比间隔，在 QAM 调制方式下，可表示为

$$\Gamma = -\frac{\ln(5\times BER)}{1.5} \tag{7-14}$$

将式(7-13)代入式(7-12)可得

$$F(\boldsymbol{P},\lambda) = \sum_{i=1}^{N} \log_2\left(1 + \frac{P_i\,|H_i|^2}{\sigma_i^2 \Gamma}\right) - \lambda\left(\sum_{i=1}^{N} P_i - P_{\mathrm{T}}\right) \tag{7-15}$$

当 $\boldsymbol{P}$ 取最优值时，拉格朗日函数的梯度为 0，即

$$\frac{\partial F}{\partial P_i}=0 \qquad \forall i=1,2,\cdots,N \tag{7-16}$$

由此解得最优的功率分配为

$$P_i=\frac{1}{\lambda\ln 2}-\frac{\sigma_i^2\Gamma}{|H_i|^2} \tag{7-17}$$

其中

$$\lambda = \frac{N}{\ln 2\left(P_{\mathrm{T}}+\sum_{i=1}^{N}\frac{\sigma_i^2\Gamma}{|H_i|^2}\right)} \tag{7-18}$$

把式(7-18)代入式(7-17)得到 P_i 的理论最优解为

$$P_i = \frac{P_{\mathrm{T}}+\sum_{i=1}^{N}\frac{\sigma_i^2\Gamma}{|H_i|^2}}{N}-\frac{\sigma_i^2\Gamma}{|H_i|^2} \qquad \forall i = 1,2,\cdots,N \tag{7-19}$$

算法通过多次迭代运算，选取适当的注水水位 $1/\lambda\ln 2$。当某些信道状况差时，分配的功率可能出现负值，在算法中就令这些信道的分配功率为零，同时将这些子载波归入不可用子载波集合 $\overline{U}$，对于可用子载波 U 重新计算 $P_i(i\in U)$，直到 $P_i>0(\forall i\in U)$，由此得到最优的功率分配。而平均功率分配算法(EP)作为一种最简单、计算量最小的功率分配算法，在算法中每个子信道分配相等的发射功率 $P_i=P_{\mathrm{T}}/N$。

7.3.2 Hughes-Hartogs 算法

Hughes-Hartogs 算法是经典的贪婪算法。对于功率最小化准则(MA 准则)，该算法的主要思想是，首先将各个子载波的比特数均设为 0，然后将所有的待分配比特依次分配给相应的子载波。在每次比特分配过程中，首先找到增加 1 比特时，只需增加最少发射功率就能维持目标误比特率的子载波，然后将该子载波的比特数增加 1。如此循环迭代，直到所有的比特被分配完，最后计算各个子载波所需要的发射功率。而对于比特率最大化准则(RA 准则)，则只需重复分配至加载到子载波的总功率达到指定的发射功率为止即可。算法描述分以下两步进行：

（1）比特分配。

1）初始化：每个子载波的初始比特和功率分配均设为 0，即

$$b_i=0,\ P_i=0 \qquad i=1,\ 2,\ \cdots,\ N$$

2）计算每个子载波增加 1 比特信息时所需要增加的功率，即差额功率：

$$\Delta P_i=\frac{f(b_i+1)-f(b_i)}{|H_i|^2} \qquad i=1,2,\cdots,N \tag{7-20}$$

3）求得 $\{\Delta P_i\}$ 中的最小值，及其对应的子载波编号 index_min，即

$$\Delta P_{\mathrm{index\_min}}=\min_{1\leqslant i\leqslant N}\{\Delta P_i\}$$

4）给编号为 index_min 的子载波分配 1 比特的信息，即

$$b_{\mathrm{index\_min}}=b_{\mathrm{index\_min}}+1$$

计算当前已分配的比特总数 $R = \sum_{i=1}^{N} b_i$；若 $R < R_b$，判断 $b_{index\_min} = K$ 是否成立，若是转至5)，否则转至2)；若 $R = R_b$，则比特分配完毕，转至第二步进行功率分配。

5）置 $\Delta P_{index\_min} = \infty$，转至3）。

（2）功率分配。功率分配为

$$P_i = \frac{f(b_i)}{|H_i|^2} \qquad i = 1, 2, \cdots, N \tag{7-21}$$

至此，分配完成。

Hughes-Hartogs 算法能达到最优的比特和功率分配结果，保证了系统的性能要求，但需要额外的搜索和排序。该算法的复杂度相当高，特别是在子载波数较多或者每个 OFDM 符号包含的比特数较多的多载波系统中。目前，该算法难以在无线环境中应用，实时性较差。

7.3.3 Chow 算法

Chow 算法是根据各个子信道的信道容量来分配比特。它的优化准则是在维持目标误比特率的前提下，使系统的余量最大。该算法通过迭代过程，逐步分配比特，同时使系统的余量逐步增大，直到所有的比特都分配完毕。算法中设置了一个最大的迭代次数，以保证算法的收敛速度。Chow 算法主要由三个步骤完成，首先确定使系统性能达到最优的门限 γ_{margin}，然后确定各个子载波的调制方式，最后调整各个子载波的功率。具体描述如下。

（1）计算各个子载波的信噪比 $SNR(i)\ \forall i \in \{1, 2, \cdots, N\}$，并假设所有子载波上的信号能量都是归一化的，即 $\varepsilon(i) = 1\ \forall i \in \{1, 2, \cdots, N\}$。

（2）令 $\gamma_{margin} = 0(\mathrm{dB})$，迭代次数 $IterateCount = 0$，已经使用的子载波数 $UsedCarriers = N$，其中 N 为可用子载波数的最大数目。

（3）从 $i = 1$ 到 N 依次计算 $b(i)$、$\hat{b}(i)$、$diff(i)$ 和 $UsedCarriers$：$b(i) = \log_2\left(1 + \dfrac{SNR(i)}{\Gamma + \gamma_{margin}}\right)$，$\hat{b}(i) = round(b(i))$，$diff(i) = b(i) - \hat{b}(i)$。

若 $\hat{b}(i) = 0$，$UsedCarriers = UsedCarriers - 1$。

（4）计算 $R = \sum_{i=1}^{N} \hat{b}(i)$。若 $R = 0$，则信道状况太差，无法使用。

（5）按照现实计算新的 γ_{margin}：

$$\gamma_{margin} = \gamma_{margin} + 10\log_{10}\left(2^{\frac{R - R_b}{UsedCarriers}}\right) \tag{7-22}$$

（6）$IterateCount = IterateCount + 1$。

（7）若 $R \neq R_b$ 且 $IterateCount < MaxCount$，令 $UsedCarriers = N$，然后转到步骤(3)，否则转到步骤(8)。

（8）若 $R > R_b$，那么找到最小的 $diff(i)$，相应的 $\hat{b}(i)$ 减 1，$diff(i)$ 加 1，重复此步骤直到 $R = R_b$。

（9）若 $R < R_b$，那么找到最大的 $diff(i)$，相应的 $\hat{b}(i)$ 加 1，$diff(i)$ 减 1，重复此步骤直到 $R = R_b$。

（10）调整每个子载波上的发射功率，使得对于相应的 $b(i)$，$Pe(i)=Pe_{\text{target}}\ \forall i$。

（11）调整发射总功率。对所有已使用的子载波乘以相同的比例因子，使分配的总信号功率 $P=P_{\text{T}}$。

与 Hughes-Hartogs 算法相比，P. S. Chow 算法摒弃了大量的搜索和排序，简化了算法复杂度。但是由于信号功率的分配和支持的传输速率是直接相关的，优化的余地有限，因此性能无法达到最优。

7.3.4 Fischer 算法

Fischer 算法的优化准则是在确定的系统总比特速率和发射功率的约束条件下，使系统的误比特率达到最小。Fischer 算法给出了比特分配的闭式解，它首先把各个子信道上的噪声功率值 $\log_2 N_i$ 存储下来，接下来就只需进行一种加法和除数为整数的除法，因此它的复杂度较 Chow 算法有了进一步的降低。Fischer 算法是目前效率比较高的算法之一。Fisher 的表达式无论是对于实际应用还是理论分析，都具有指导作用。Fischer 算法的大致步骤分为以下两步进行。

（1）初始化。具体过程如下：

1）首先必须已知各个子信道上的噪声方差 N_i（其中 $i=1, 2, \cdots, N$），N_i 也可以认为是信道增益平方的倒数。设置目标比特速率，也就是要分配的比特总数 R_{b}。设 N'为已使用的子信道数，设 N'的初始值 $N'=N$。记激活的子信道集合为 I，设 I 的初始值 $I=\{1, 2, \cdots, N\}$。

2）然后计算各个子信道的 $LDN_i=\log_2(N_i)\ (i=1, 2, \cdots, N)$，并把这些值存储起来，这样下次使用时就不需要进行对数运算了。

3）计算 I 中各个子信道可分配的比特数：

$$b(i) = \left(R_{\text{b}} + \sum_{i\in I} LDN_i\right)\Big/ N' - LDN_i \tag{7-23}$$

若 $b(i)\leqslant 0$ 且 $i\in I$，那么 $N'=N'-1$，把第 i 个子信道从 I 中剔除，然后转到步骤 2），继续下去直到 $b(i)>0$ 且 $i\in I$ 为止。

4）$\hat{b}(i)=round(b(i))$，$diff(i)=b(i)-\hat{b}(i)$。

5）计算 $R=\sum_{i=1}^{N}\hat{b}_i$。

6）若 $R=R_{\text{b}}$，则转到第二步进行功率分配。

7）若 $R>R_{\text{b}}$，那么找到最小的 $diff(i)$，相应的 $\hat{b}(i)$减 1，$R=R-1$，$diff(i)$加 1，重复此步骤直到 $R=R_{\text{b}}$，转到 6）。

8）若 $R<R_{\text{b}}$，那么找到最大的 $diff(i)$，相应的 $\hat{b}(i)$加 1，$R=R+1$，$diff(i)$减 1，重复此步骤直到 $R=R_{\text{b}}$，转到 6）。

（2）功率分配。每个激活的子载波上分配的发射功率按式(7-24)计算：

$$P_i = \frac{2^{\hat{b}(i)} P_{\text{T}} N_i}{\sum_{i\in I} 2^{\hat{b}(i)} N_i} \tag{7-24}$$

Fischer 算法复杂度较小，适合高速无线数据传输，而且它的误比特率性能不差于 Chow

算法，在某些情况下性能可能还更优。

7.4 多用户自适应比特、调制和功率联合分配算法

7.4.1 系统模型

图 7-3 为多用户自适应 OFDM 系统的结构图。

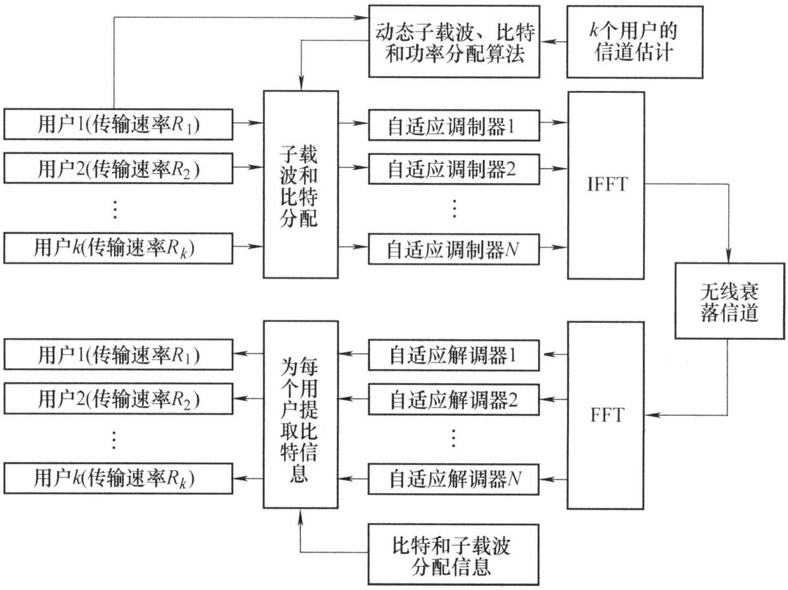

图 7-3　有子载波、比特和功率分配的多用户 OFDM 系统框图

假设系统有 k 个用户，第 k 个用户的数据速率为 R_k 比特/OFDM 符号。在发送端，从 k 个用户输出的串行数据进入子载波和比特分配模块，该模块将比特从不同的用户数据分配到子载波上，假设每一个子载波的带宽远小于信道的相关带宽，而且所有用户的全部子载波的瞬时信道增益对于发送机来说都是已知的。利用这些信道信息，发送机就可以使用联合子载波、比特和功率分配算法来对不同用户分配不同子载波，而且还可以根据这种算法来分配每个子载波上传输的比特数。根据每个子载波上得到的比特数，自适应调制器会使用相应的调制方式，传输功率电平也会根据联合子载波、比特和功率分配算法作相应的调整。定义 $r_{k,n}$ 为第 k 个用户在第 n 个子载波上传输的比特数。由于不允许多个用户使用同一个子载波，且对每一个 n 都适用，所以如果 $r_{k',n'}\neq 0$，则对所有的 $k\neq k'$ 有 $r_{k,n}=0$。再假设自适应调制器允许 $r_{k,n}$ 在集合 $D=\{1,\ 2,\ \cdots,\ M\}$ 中取值，其中 M 是每一个子载波上能够传输的最大比特数。

在频率选择性衰落信道中，假设不同的子载波独立的衰落状况，$g_{k,n}$ 表示第 k 个用户在第 n 个子载波上的信道响应，同时假设所有子载波上的加性噪声功率谱密度都是 $N_0=1$。$f_k(r)$ 表示在信道增益等于 1 时，一个子载波内实现可靠接收 r 个信息比特所需要接收到的能量(即信噪比)。由于不同用户的业务质量要求以及所采用的调制编码方式都是有所不同的，

所以对于不同用户来说，$f_k(r)$可以不同。$f_k(r)$还必须满足如下的条件。

（1）当$f_k(0)=0$，即没有比特发送时，所需要的发射功率应该为0。

（2）根据最优化理论的要求，应该保证在$f_k(r)$，$\forall r\in D$为下凸函数，$f_k(r+1)-f_k(r)$需要随着r的增加而增加，而一般所采用的编码方法和调制方法都可以满足这一规定。

（3）$f_k(r)$一般应该由所选择调制方法中星座点之间的最小距离以及星座的规模来决定，即$f_k(r)$是$d_{\min}$和2^r的函数。

由此可以得到，第m个用户的第n个子载波的发射功率应该为

$$P_{k,n}=\frac{f_k(r_{k,n})}{g_{k,n}^2} \tag{7-25}$$

以此功率进行发射，可以保证接收端实现可靠性接收。

对实际系统动态资源的分配，在传输速率和性能一定条件下的功率分配算法具有更为实际的意义，因此，联合子载波、比特和功率分配进行考虑的目的在于找到一种最佳的分配方法，使得所有用户以及所有子载波需要的发射功率在传输速率以及业务质量要求[即$f_k(r)$]的条件下，能达到最低。发射总功率可表示为

$$P_{\mathrm{T}}^{*}=\min_{r_{k,n}\in D}\sum_{n=1}^{N}\sum_{k=1}^{K}\frac{f_k(r_{k,n})}{g_{k,n}^2} \tag{7-26}$$

同时式(7-26)还要遵循如下两条限制，即

（1）对于所有的$k\in\{1,\ \cdots,\ K\}$来说，满足

$$R_k=\sum_{n=1}^{N}r_{k,n} \tag{7-27}$$

（2）对于所有的$n\in\{1,\ \cdots,\ N\}$来说，满足

$$r'_{k,n}\neq 0, r_{k,n}=0, k'=k \tag{7-28}$$

限制条件式(7-27)可以保证每个用户的数据传输速率，限制条件式(7-28)可以保证每个子载波只能够被一个用户所使用，其中$r_{k,n}=0$表示第k个用户不能利用第n个子载波。

对于多载波，还有下面两个内容。

（1）为不同的用户分配不同的子载波。

（2）为每个用户在不同的子载波上分配比特，即确定在每个OFDM符号间隔内每个子载波上需要传输的比特数。

7.4.2 多用户子载波和比特分配

在单用户环境下，贪婪算法是一种最优的分配算法，它使得全部传输功率最小。但由于多用户不能共享同一个子载波，对一个子载波分配比特将严重地妨碍其他用户对此子载波的使用。这种依赖性使得贪婪算法不是最优的解决方法，不同用户的最好的子载波可能会是同一个子载波，因此，多用户子载波和比特的分配问题要比单用户情况更加复杂。下面介绍一种算法：拉格朗日松弛算法。

在拉格朗日松弛算法中，为了解决多用户的子载波与比特分配问题，可以放宽对$r_{k,n}$的要求，即原来的$r_{k,n}\in D$，可以允许$r_{k,n}$为$[0,\ L]$之间的实数。而且为了满足限制条件式(7-27)，还需要引入一个在$[0,\ 1]$内取值的变量$\rho_{k,n}(k=1,\ 2,\ \cdots,\ K)$，表示第$k$个用户占用第$n$个子载波概率，因此，式(7-26)中提出的最佳化问题可以变为

$$P_{\mathrm{T}} = \min_{\substack{r_{k,n} \in [0,K] \\ \rho_{k,n} \in [0,1]}} \sum_{n=1}^{N} \sum_{k=1}^{K} \frac{\rho_{k,n}}{g_{k,n}^{2}} f_k(r_{k,n}) \tag{7-29}$$

式中，$r_{k,n}$和$\rho_{k,n}$必须满足

$$R_k = \sum_{n=1}^{N} \rho_{k,n} r_{k,n} \qquad k \in \{1,\cdots,K\} \tag{7-30}$$

$$\sum_{k=1}^{K} \rho_{k,n} = 1 \qquad n \in \{1,\cdots,N\} \tag{7-31}$$

针对系统模型中式(7-26)所提出的最优化问题，满足(7-28)限制条件的有效 $r_{k,n} \in D$，可以令

$$\rho_{k,n} = \begin{cases} 0 & r_{k,n} = 0 \\ 1 & r_{k,n} \neq 0 \end{cases} \tag{7-32}$$

这样就很容易得到，上述 $r_{k,n}$ 以及相应 $\rho_{k,n}$ 可以满足式(7-29)中提出的限制条件，即式(7-30)和式(7-31)。而且根据式(7-32)中定义的$\rho_{k,n}$，新得到的代价函数可以等同于式(7-26)中所定义的代价函数。因此式(7-29)中定义的最优化问题与式(7-26)中所定义的最优化问题是一样的，但是式(7-29)中 $r_{k,n}$的取值范围被扩大到了实数域。式(7-29)中的最优化问题可以包含式(7-26)的最优化问题。因此，可以把 P_{T} 当作 P_{T}^{*} 的下界。

由于最优化问题中一般要求定义域 D 以及代价函数分配为凸集和凸函数，因此，需要考虑代价函数$\rho f_k(r)$的下凸性。尽管$f_k(r)$在定义域 D 内是下凸的，但是很显然不能不保证$\rho f_k(r)$在其定义域$\rho \in [0,\ 1]$，$r \in [0,\ L]$内也是下凸的，因为函数$\rho f_k(r)$不能满足最小值存在的充分条件，因此需要对$\rho f_k(r)$加以变化，使得变化后得到的函数在其定义域内是下凸的。令$\hat{r}_{k,n} = r_{k,n}\rho_{k,n}$，并且利用$\hat{r}_{k,n}$和$\rho_{k,n}$作为自变量来重写代价函数，其定义域分别为$\hat{r}_{k,n} \in [0,\ L\rho_{k,n}]$，$\rho_{k,n} \in [0,\ 1]$，可以证明函数$\gamma(p,\ \hat{r}) = pf_k(\hat{r}/\rho)$在其三角形定义域内是下凸函数，存在有最小点。因此，式(7-29)中的最优化问题可以变为

$$P_{\mathrm{T}} = \min_{\substack{\hat{r}_{k,n} \in [0,L\rho_{k,n}] \\ \rho_{k,n} \in [0,1]}} \sum_{n=1}^{N} \sum_{k=1}^{K} \frac{\rho_{k,n}}{g_{k,n}^{2}} f_k(\hat{r}_{k,n}/\rho_{k,n}) \tag{7-33}$$

式中，$\hat{r}_{k,n}$和$\rho_{k,n}$满足

$$R_k = \sum_{n=1}^{N} \hat{r}_{k,n} \qquad k \in \{1,\cdots,K\} \tag{7-34}$$

$$\sum_{k=1}^{K} \rho_{k,n} = 1 \qquad n \in \{1,\cdots,N\} \tag{7-35}$$

这样式(7-33)就会变为约束条件，为式(7-34)和式(7-35)的条件极值问题。利用拉格朗日乘子法，通过引入 K 个变量 λ_k(其中 $k=1,\ \cdots,\ K$)以及 N 个变量 β_{n}($n=1,\ \cdots,\ N$)，把式(7-33)到式(7-35)的条件最优化问题变换为无约束条件的最优化问题，即

$$L = \sum_{n=1}^{N} \sum_{k=1}^{K} \frac{\rho_{k,n}}{g_{k,n}^{2}} f_k(\hat{r}_{k,n}/\rho_{k,n}) - \sum_{k=1}^{K} \lambda_k \left(\sum_{n=1}^{N} \hat{r}_{k,n} - R_k \right) - \sum_{n=1}^{N} \beta_{\mathrm{n}} \left(\sum_{k=1}^{K} \rho_{k,n} - 1 \right) \tag{7-36}$$

这样，式(7-36)就变为包含 $2NK+N+K$ 个变量的最优化问题。

分别对式(7-36)中的每个$\hat{r}_{k,n}$和$\rho_{k,n}$求偏导，可以得到最佳解决方案$r_{k,n}^{*}$和$\rho_{k,n}^{*}$的必要条

件(当 $\rho_{k,n}^* \neq 0$ 时)，其中 $l \in [1, L]$，$n \in [1, N]$，即有

$$\frac{\partial L}{\partial \hat{r}_{k,n}} \Big|_{(\hat{r}_{k,n},\rho_{k,n})=(r_{k,n}^*,\rho_{k,n}^*)} = \frac{1}{g_{k,n}^2} f_k'\left(\frac{r_{k,n}^*}{\rho_{k,n}^*}\right) - \lambda_k \begin{cases} >0 & r_{k,n}^* = 0 \\ =0 & r_{k,n}^* \in (0, L\rho_{k,n}^*) \\ <0 & r_{k,n}^* = L\rho_{k,n}^* \end{cases} \tag{7-37}$$

以及

$$\frac{\partial L}{\partial \rho_{k,n}} \Big|_{(\hat{r}_{k,n},\rho_{k,n})=(r_{k,n}^*,\rho_{k,n}^*)} = \frac{1}{g_{k,n}^2}\left[f_k\left(\frac{r_{k,n}^*}{\rho_{k,n}^*}\right) - f_k'\left(\frac{r_{k,n}^*}{\rho_{k,n}^*}\right)\frac{r_{k,n}^*}{\rho_{k,n}^*}\right] - \beta_n = \begin{cases} =0 & \rho_{k,n}^* \in (0,1) \\ <0 & \rho_{k,n}^* = 1 \end{cases} \tag{7-38}$$

此外，如果 $\rho_{k,n}^* = 0$，则有 $r_{k,n}^* = 0$。

可以看到，如果最小值($r_{k,n}$，$\rho_{k,n}$)出现在区间(0，$L\rho_{k,n}$)和(0，1)之间，则在该点上求得的导数一定为零；而如果最小值出现在边界点上，则在该点上所求得的导数必定沿着指向区域内部的方向为正值。

根据式(7-37)可以得到

$$r_{k,n}^* = \rho_{k,n}^* f_k' \lambda'_k g_{k,n}^2 \tag{7-39}$$

由于 $0 \leqslant \frac{r_{k,n}^*}{\rho_{k,n}^*} \leqslant L$，所以其中

$$\lambda_k' = \begin{cases} f_k'(0)/g_{k,n}^2 & f'^{-1}_k(\lambda_k' g_{k,n}^2) \leqslant 0 \\ \lambda_k & 0 < f'^{-1}_k(\lambda_k' g_{k,n}^2) \leqslant L \\ \lambda_k'(0)/g_{k,n}^2 & f'^{-1}_k(\lambda_k' g_{k,n}^2) \geqslant L \end{cases} \tag{7-40}$$

而且根据式(7-38)可以得知

$$\rho_{k,n}^* = \begin{cases} 0 & \beta_n \leqslant H_{k,n}(\lambda_k') \\ 1 & \beta_n > H_{k,n}(\lambda_k') \end{cases} \tag{7-41}$$

其中

$$H_{k.n}(\lambda) = \frac{1}{g_{k,n}^2}\{f_k[f'^{-1}_k(\lambda g_{k,n}^2)] - \lambda g_{k,n}^2 f'^{-1}_k(\lambda g_{k,n}^2)\} \tag{7-42}$$

根据式(7-42)可以计算求得代价函数的最优化点，但是前提条件是需要得知一组 λ_k(k =1，…，K)，首先根据式(7-41)和式(7-42)来计算第 k 个用户第 n 个子载波的使用情况 $\rho_{k,n}^*$，然后利用式(7-39)和式(7-40)来计算 $r_{k,n}^*$，当然在计算过程中必须要检验是否满足限制条件式(7-35)和式(7-34)。

对于限制条件式(7-35)来说，根据式(7-41)可以为每个子载波 n($1 \leqslant n \leqslant N$)确定 K 个 $H_{k,n}(\lambda_k')$，分以下两种情况讨论：

(1) 对第 n 个子载波来说，如果 K 个 $H_{k,n}(\lambda_k')$ 取值都不相同，则选择 $H_{k,n}(\lambda_k')$ 值最小的一个用户使用该子载波，即

$$\rho_{k',n}^* = 1, \rho_{k,n}^* = 0, \forall k \neq k' \tag{7-43}$$

其中

$$k' = \arg\min_k H_{k,n}(\lambda_k') \tag{7-44}$$

(2) 对第 n 个子载波来说，如果若干个用户的 $H_{k,n}(\lambda_k')$ 相等，则若干个用户的 $\rho_{k,n}^* \in$ (0，1)，表示这些用户要共享该第 n 个子载波。

通过上述方法可以得到$\rho_{k,n}^*$，但是这些并不一定能够满足约束条件式(7-34)，因此必须要通过迭代搜索方法找到每个用户适当的λ_k，从而可以根据式(7-39)得到适当的$r_{k,n}^*$，以满足约束条件式(7-34)。首先所有的λ_k都取比较小的数值，在迭代过程中，每次针对一个用户k，使得λ_k递增，直到满足该用户传输速率约束条件；然后重复该过程，直到满足式(7-34)中给定的所有用户的传输速率约束条件。对于一个用户k来说，随着λ_k的增加，根据式(7-42)计算得到的每个子载波($\forall n$)的$H_{k,n}(\lambda_k')$都会相应减小，因此根据式(7-41)，会有更多$\rho_{k,n}^*$变成1[或者从(0，1)中取值]，从而导致式(7-40)中的部分$r_{k,n}^*$增加，最终满足式(7-34)提出的第k个用户的传输速率约束条件。当然在迭代过程中，随着第k个用户有更多$\rho_{k,n}^*$变成1[或者从(0，1)中取值]，会导致其他用户同一子载波$\rho_{k,n}^*(k'\neq k)$从1变为0(或者小于1)，但是可以看到，随着所有用户λ_k的增加，其$r_{m,n}^*$也会相应的增加，因此该算法最终会收敛在一个能够满足所有约束条件的解决方案上。而且代价函数的下凸性可以保证极值的必要条件是充分的，所有能够保证必要条件的解是唯一的。

7.5 仿真实例

实例7-1 Chow算法仿真

程序功能：按照Chow算法的原则进行比特和功率分配的仿真。

程序名称：Example7_1.m。

程序代码：

```
N_subc = 32;% 子载波数
BER = 1e - 4;% 误码率
gap = - log(5 * BER)/1.5; % 信噪比间隔,用 dB 描述
P_av = 1;% 每个子载波上的平均功率归一化为 1
Pt = P_av * N_subc;% 每个 OFDM 符号的平均功率
SNR_av = 16;% 每个子载波上的平均信噪比
noise = P_av./10.^(SNR_av./10);% 每个子载波上的噪声功率
Rt = 128;% 每个 OFDM 符号上待分配的比特数
% 子载波信道增益,仿真瑞利衰落信道。后面针对这个信道特性进行比特、功率分配
subcar_gains = random('rayleigh',1,1,N_subc);
SNR = (subcar_gains.^2)./(noise * gap);
% 每个子载波上的信噪比,注意功率为归一化的。另外注意此信噪比已除以 Γ
% 调用 chow_algo 子程序进行功率和比特分配,返回功率分配和比特分配结果
[bit_alloc power_alloc] = chow_algo(SNR,N_subc,gap,Rt);
power_alloc = Pt.*(power_alloc./sum(power_alloc));
% 绘图
figure(1);
subplot(2,1,1);
plot(subcar_gains,'-r');
legend('信道增益');
```

```
hold on;
stem(bit_alloc,'fill','MarkerSize',3);
stairs(bit_alloc);
title('Chow 算法');
ylabel('Bits allocation');
xlabel('Subcarriers');
axis([0 32 0 6]);
subplot(2,1,2);
%stem(power_alloc,'fill','MarkerSize',3);
stairs(power_alloc);
ylabel('Power allocation');
xlabel('Subcarriers');
axis([0 32 0 2]);
%chow 算法子程序。子程序名称:chow_algo.m
function [bits_alloc, power_alloc] = chow_algo(SNR,N_subc,gap,target_bits)
%输入参数:SNR 为每个子信道的信噪比;N_subc 为子载波数;gap 为信噪比间隔,为常数,
%用 dB 表示。target_bits 为每个 OFDM 上待分配的比特总数
%输出参数:bits_alloc 为比特分配结果;power_alloc 为功率分配结果
% ======================参数初始化======================
margin =0;                          %门限值
Max_count =10;                      %最大迭代次数
Iterate_count =0;                   %迭代计数器
N_use = N_subc;                     %可用子载波数
total_bits =0;                      %分配的总比特数
power_alloc = zeros(1,N_subc);      %功率分配结果
bits_alloc = zeros(1,N_subc);       %比特分配结果
temp_bits = zeros(1,N_subc);        %每个子载波上分配的比特数的理论值,非整数
round_bits = zeros(1,N_subc);       %每个子载波上分配的比特数取整
diff = zeros(1,N_subc);             %每个子载波比特分配的余量
% ======================比特分配======================
```

%此部分参考 7.3.3 节。子信道比特分配公式为 $b(i)=\log_2\left(1+\dfrac{SNR(i)}{\Gamma+\gamma_{\text{margin}}}\right)$

```
while (total_bits ~ =target_bits)&&(Iterate_count < Max_count)
%当总的比特数被分配完或者迭代次数等于最大迭代次数时,此循环结束
Iterate_count = Iterate_count +1;%迭代次数加 1
N_use = N_subc;%循环开始时,假设所有子载波都可用
temp_bits = log2(1 + SNR./(1 + margin/gap));
```

%计算每个子信道上的理论比特分配值,公式为 $b(i)=\log_2\left(1+\dfrac{SNR(i)/\Gamma}{1+\gamma_{\text{margin}}/\Gamma}\right)$。也就是

```
% 说,程序中的信噪比为 SNR/Γ。在主程序调用子程序时,信噪比已除以 Γ
round_bits = round(temp_bits);% 对理论比特分配值进行取整
diff = temp_bits - round_bits;% 计算理论值比特数与实际分配比特数的差值
total_bits = sum(round_bits);% 计算取整后的比特和
if(total_bits = =0)
    disp('the channel is not be used');% 如果比特和为零,显示"这个信道不能用"
end
nuc = length(find(round_bits = =0)); % 查找子信道上分配比特数为零的信道数
N_use = N_subc - nuc; % 可用子信道数为子载波数减去子信道上比特数为零的信道数
margin = margin + 10 * log10(2^((total_bits - target_bits)/N_use));
% 根据信道实际情况,计算新的余量
end
% ======================= 比特调整 ========================
% 当分配的总比特数大于目标比特数时,显然分配的比特数分配多了,需要减少比特数。
% 减小的办法是找到 diff 中最小的,注意 diff 是有正有负的。当 diff 为负时,说明分配给
% 某个子载波的比特数大于理论值。当有需要将总的分配比特数减小时,找 diff 中最小
% 的说明当时分配时,给这个子载波分配的比特数,和理论值比差最大的,给对应 diff 最
% 小的子载波分配的比特数减 1,之后看看分配的比特数是否还大于目标比特数,如果依
% 旧大,按照这个规律总能使得分配的总比特数等于目标比特数。当给对应 diff 最小的
% 子载波分配的比特数减 1 的同时,将 diff 最小的加 1 的目的是,这个最小值不会再次为
% 最小
while(total_bits > target_bits)
    use_ind = find(round_bits >0);
    diff_use = diff(use_ind);
    id = find(diff_use = =min(diff_use),1);
    ind_alter = use_ind(id);
    round_bits(ind_alter) = round_bits(ind_alter) - 1;
    diff(ind_alter) = diff(ind_alter) + 1;
    total_bits = sum(round_bits);
end
% 当分配的总比特数小于目标比特数时,说明分配的比特分配少了,需要继续进行比特分
% 配。分配的原则是,找 diff 中最大的,这个是在 round 指令取整时误差最大的,也就是少
% 分配比特最多的。将这个子载波上的比特数加 1,如果总比特数小于目标比特数,依次
% 进行,总能做到分配的比特数等于目标比特数。将相应的 diff 减 1 的目的是,这个最大
% 值不会再次成为最大
while(total_bits < target_bits)
    use_ind = find(round_bits ~ =0);
    diff_use = diff(use_ind);
    id = find(diff_use = =max(diff_use),1);
```

```
    ind_alter = use_ind(id);
    round_bits(ind_alter) = round_bits(ind_alter) + 1;
    diff(ind_alter) = diff(ind_alter) - 1;
    total_bits = sum(round_bits);
end
bits_alloc = round_bits;
% ========================功率分配========================
power_alloc = (2.^bits_alloc - 1)./SNR;
end
```

程序运算结果如图 7-4 所示。

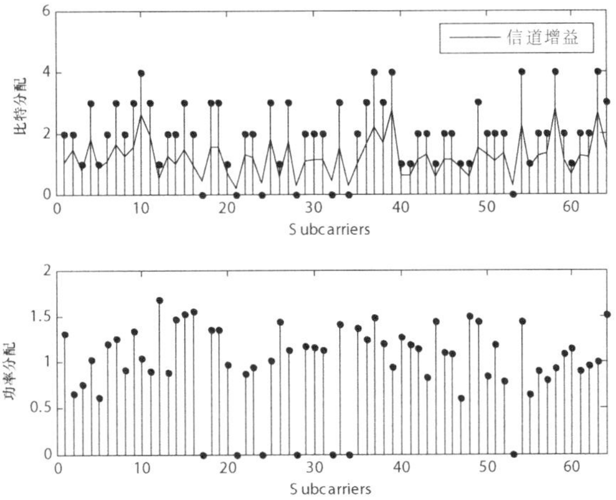

图 7-4　Chow 算法比特分配与功率分配

实例 7-2　Fischer 算法仿真

程序功能：按照 Fischer 算法的原则进行比特与功率分配的仿真。

程序名称：Example7_2.m。

程序代码：

```
N_subc = 64;% 子载波数
BER = 1e-4;% 误码率
gap = -log(5*BER)/1.5; % 信噪比间隔,用 dB 描述
P_av = 1;%  每个子载波上的平均功率归一化为 1
Pt = P_av*N_subc;% 每个 OFDM 信号的平均功率
Rt = 128;% 每个 OFDM 符号待分配的比特数
SNR_av = 16;%  每个子载波上的平均信噪比
noise = P_av./10.^(SNR_av./10);% 每个子载波上的噪声功率
% 子载波信道增益,仿真瑞利衰落信道。后面针对这个信道特性进行比特、功率分配
gain_subc = random('rayleigh',1,1,N_subc);
% 调用 Fischer.m 子程序,进行 Fischer 算法的比特与功率分配
[bit_alloc power_alloc] = Fischer(N_subc,Rt,Pt,gain_subc);
```

```
power_alloc = Pt. * (power_alloc. /sum(power_alloc))
%画图
clf;
figure(1);
subplot(2,1,1);
plot(gain_subc,'-r');
legend('信道增益');
hold on;
stem(bit_alloc,'fill','MarkerSize',3);
title('Fischer 算法');
ylabel('Bits allocation');
xlabel('Subcarriers');
axis([0 32 0 8]);
subplot(2,1,2);
stem(power_alloc,'fill','MarkerSize',3);
ylabel('Power allocation');
xlabel('Subcarriers');
axis([0 32 0 6]);
%Fischer 算法子程序。子程序名称:Fischer. m
%这部分内容参考 7. 3. 4 节
function [bit_alloc power_alloc] = Fischer(Num_subc,Rt,Pt,gain_subc)
%输入参数:Num_subc 为子载波数;Rt 为待分配的比特数;Pt 为 OFDM 符号平均功率;
%gain_subc 为子载波信道增益
%输出参数:bit_alloc 为比特分配结果;power_alloc 为功率分配结果
% ======================== 比特分配 ========================
N_H = 1. /gain_subc. ^2;%子信道上的噪声功率
LD = log2(N_H);
index_use0 = 1:Num_subc;    % 激活的子载波集合 I 初始化为{1:Num_subc}
num_use = Num_subc;         % 初始时假设可用子信道亦即激活的子载波数为子载波数
                              Num_subc
bit_temp0 = (Rt + sum(LD)). /Num_subc - LD;
% 见式(7-23),集合 I 中的子载波初始比特分配
bit_temp = zeros(1,Num_subc);   % 比特调整前的临时变量
%判断子载波进行比特分配时,是否有分配的比特数小于等于零的,若有,将这些子载波
%从可用的子载波中剔除,之后重新按式(7-23)进行比特分配,依旧进行上述循环,直到
%所有子载波上分配的比特数都大于零
flag = 1;
while flag
    id_remove = find(bit_temp0(index_use0) < =0);
```

```
        % 返回需要移除的子载波(就是分配的比特数小于等于零的子载波)序号在集合 I 中
        % 的位置
        index_remove = index_use0(id_remove); % 返回移除的子载波序号
    % 如果没有需要从 I 中移除的子载波,跳出当前的 while 循环,进入比特取整阶段
         if(length(index_remove) = =0)
            break;
         end
        index_use0 = setdiff(index_use0,index_remove); % 返回更新后的集合 I
        num_use = length(index_use0);     % 更新后的 I 中可用子载波数
        % 在新的集合 I 中重新计算比特分配
bit_temp0(index_use0) = (Rt + sum(LD(index_use0))). /num_use - ...
LD(index_use0);
        flag = 1;
    end
    index_use = index_use0;
    % 将集合 I(index_use0)中的激活子载波序号返回给变量 index_use
    % 将激活的子载波所分配的比特数返回给 bit_temp,其他不可用子载波的比特分配都置为 0
    bit_temp(index_use) = bit_temp0(index_use);
    %  ======================= 比特取整 ========================
    bit_round = zeros(1,Num_subc);
    bit_round(index_use) = round(bit_temp(index_use));
    bit_diff(index_use) = bit_temp(index_use) - bit_round(index_use);
    bit_total = sum(bit_round(index_use));
    %  ======================= 比特调整 ========================
    % 比特调整部分与 Chow 算法比特调整部分类似,参考 Chow 算法
    while(bit_total > Rt)
        id_alter = find(bit_round(index_use) >0);
        index_alter = index_use(id_alter);
        min_diff = min(bit_diff(index_alter));
        id_min = find(bit_diff(index_alter) = = min_diff,1);
        index_min = index_alter(id_min);
        bit_round(index_min) = bit_round(index_min) - 1;
        bit_total = bit_total - 1;
        bit_diff(index_min) = bit_diff(index_min) + 1;
    end
    while(bit_total < Rt)
        id_alter = find(bit_round(index_use) >0);
        index_alter = index_use(id_alter);
        max_diff = max(bit_diff(index_alter));
```

```
    id_max = find(bit_diff(index_alter) = = max_diff,1);
    index_max = index_alter(id_max);
    bit_round(index_max) = bit_round(index_max) + 1;
    bit_total = bit_total + 1;
    bit_diff(index_max) = bit_diff(index_max) - 1;
end
bit_alloc = bit_round;
%  ========================功率分配========================
power_alloc = zeros(1,Num_subc);
index_use2 = find(bit_alloc > 0);
%为激活子载波分配比特,不可用子载波发射功率都置为0
power_alloc(index_use2) = Pt. * (N_H(index_use2))...
 * 2.^bit_round(index_use2)./(sum(N_H(index_use2))...
 * 2.^bit_round(index_use2));
```

仿如结果如图 7-5 所示。

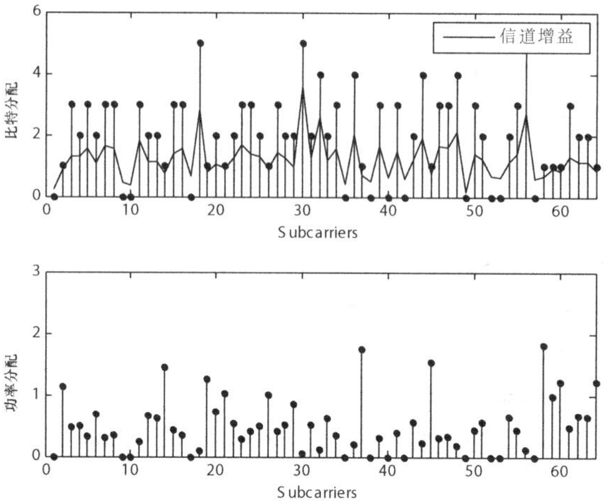

图 7-5　Fischer 算法比特与功率分配图

实例 7-3　Hughes-Hartogs 算法仿真

程序功能：按照 Hughes-Hartogs 算法的原则进行比特与功率分配仿真。

程序名称：Example7_3.m。

程序代码：

```
N_subc = 64;
P_av = 1;
Pt = P_av * N_subc;
SNR_av = 16;
Noise = P_av./10.^(SNR_av./10);
B = 1e6;% OFDM 符号的带宽
N_psd = Noise./(B/N_subc);%子信道噪声功率谱密度
BER = 1e-4;
```

```
M = 8;% 每个子载波上分配比特数的最大值
Rb = 128;
H = random('rayleigh',1,1,N_subc);
% 调用 Hughes_Hartogs 子程序,进行 Hughes-Hartogs 算法比特与功率分配
[bit_alloc, power_alloc] = Hughes_Hartogs(N_subc,Rb,M,BER,N_psd,H);
power_alloc = Pt. * (power_alloc./sum(power_alloc))
% 画图
figure(1);
subplot(2,1,1);
stem(bit_alloc,'fill','MarkerSize',3);
hold on;
plot(H,'-r');
ylabel('Bits allocation');
xlabel('Subcarriers');
title('Hughes - Hartogs Algorithm');
axis([0 64 0 4]);
subplot(2,1,2);
stem(power_alloc,'fill','MarkerSize',3);
ylabel('Power allocation');
xlabel('Subcarriers');
axis([0 64 0 3]);
% Hughes-Hartogs 算法子程序。子程序名称:Hughes_Hartogs. m
function [bit_alloc,power_alloc] = Hughes_Hartogs(N_subc,Rb,M,BER,Noise,H)
% 输入参数:N_subc 为子载波数;Rb 为待分配的比特数;M 为带宽;BER 为误码率;Noise
% 为每个子载波上的噪声功率;H 为随机信道增益
% 输出参数:bit_alloc 为比特分配结果;power_alloc 为功率分配结果
% 初始化
bit_alloc = zeros(1,N_subc);
power_alloc = zeros(1,N_subc);
bit_total = 0;
% 计算在每个子载波上每增加 1 比特带来功率的增加
for i = 1:N_subc
% 采用 MPSK 调制时用
      power_add(i) = (f_mpsk(bit_alloc(i) +1,BER,Noise) -...
                    f_mpsk(bit_alloc(i),BER,Noise))/H(i)^2;
   % 采用 MQAM 调制时用
power_add(i) = (f_mqam(bit_alloc(i) +1,BER,Noise) -...
                f_mqam(bit_alloc(i),BER,Noise))/H(i)^2;
end
```

```
min_add = min(power_add);% 计算增加功率的最小值
index_min = find(power_add = = min_add,1);% 返回增加功率最小值对应的子载波序号
bit_alloc(index_min) = bit_alloc(index_min) + 1;
% 第一个比特分配。把使增加功率最小的子载波上的比特数加 1
bit_total = sum(bit_alloc);% 计算总的比特数
% 如果总的比特数没有分配完,则进入 while 循环
while(bit_total < Rb)
    if(bit_alloc(index_min) ~ = M)% 询问在一个子载波上分配的比特是否超过 M 比特
% 计算在每个子载波上每增加 1 比特带来功率的增加
    for i = 1:N_subc
        power_add(i) = (f_mpsk(bit_alloc(i) + 1,BER,Noise) - f_mpsk(bit_alloc(i),
                       BER,Noise))/H(i)^2;
        power_add(i) = (f_mqam(bit_alloc(i) + 1,BER,Noise) - f_mqam(bit_alloc(i),
                       BER,Noise))/H(i)^2;
    end
% 给增加功率最小的子载波上加 1 比特
    min_add = min(power_add);
    index_min = find(power_add = = min_add,1);
    bit_alloc(index_min) = bit_alloc(index_min) + 1;
    bit_total = sum(bit_alloc);
else
    % 如果在一个子载波上分配的比特为 M 就不再给这个子载波分配比特,赋这个子载
    % 波功率无穷大
    power_add(index_min) = inf;
    % 继续找使得增加功率为最小的(实际上是第二小的)子载波,并将其上的比特数加 1
    min_add = min(power_add);
    index_min = find(power_add = = min_add,1);
    bit_alloc(index_min) = bit_alloc(index_min) + 1;
    bit_total = sum(bit_alloc);
  end
end
% 功率分配。根据最终分配的比特数,计算每个子载波上的功率
for i = 1:N_subc
    power_alloc(i) = f_mpsk(bit_alloc(i),BER,Noise)/H(i)^2;
    power_alloc(i) = f_mqam(bit_alloc(i),BER,Noise)/H(i)^2;
end
end
% f_mpsk 子程序。程序名称:f_mpsk. m
% 计算 MPSK 信号的功率
```

```
function power = f_mpsk(b,Pe,N_psd)
% 输入参数:b 为比特数;Pe 为误码率;N_psd 为每个子载波上的功率谱密度
% 输出参数:power 为 MPSK 信号的功率
switch b
    case 0
      power = 0;
    case 1      %2PSK 功率
      power = N_psd/2 * (Qinv(Pe))^2;
    case 2      % QPSK 功率
      power = N_psd * (Qinv(1 - sqrt(1 - Pe)))^2;
    otherwise   % 其他 PSK 功率
      power = N_psd/2 * (Qinv(Pe/2)/sin(pi/2^b))^2;
end
```

f_mqam 子程序。程序名称:f_mqam. m

```
% 计算 MQAM 信号的功率
function power = f_mqam(c,Pe,N_psd)
% 输入参数:c 为比特数;Pe 为误码率;N_psd 为每个子载波上的功率谱密度
% 输出参数:power 为 MQAM 信号的功率
if(mod(c,2) ~ =0)
    % 要求比特数为偶数。通常使用 16QAM 信号
    error('The number of bit must be Even in MQAM')
end
if c ==0
    power = 0;
else
    M = 2^c;% 进制数
    power = N_psd/3 * (M - 1) * (Qinv(Pe * sqrt(M)/(4 * (sqrt(M) - 1))))^2;
% 计算 MQAM 信号的功率
end
end
% Q 子程序。程序名称:Q. m
function y = Q(x)
  y = .5 * erfc(x/sqrt(2));
end
% Qinv 子程序。程序名称:Qinv. m
function y = Qinv(x)
  y = sqrt(2) * erfcinv(2 * x);
end
```

仿真结果如图 7-6 所示。

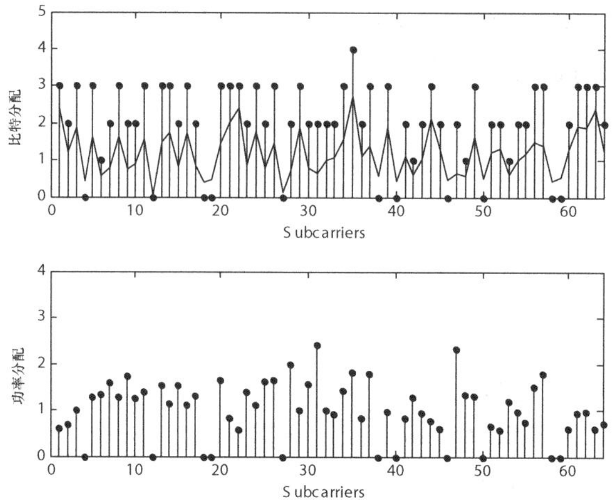

图 7-6　Hughes-Hartogs 算法比特与功率分配图

7.6　本章小结

本章介绍了 OFDM 系统的自适应策略。首先介绍了自适应技术的理论基础，包括基于信道容量最优的注水算法、自适应 OFDM 系统模型、常用的自适应分配原则等。在此基础之上介绍了在 OFDM 系统中使用的自适应功率分配算法，包括迭代注水功率分配算法（IWFP）、Hughes-Hartogs 算法、Chow 算法以及 Fischer 算法。迭代注水功率分配算法是以信道容量（传输速率）最大化为目标的。Hughes-Hartogs 算法是经典的贪婪算法。Hughes-Hartogs 算法能达到最优的比特和功率分配结果，保证了系统的性能要求，但需要额外的搜索和排序。Chow 算法是根据各个子信道的信道容量来分配比特，其优化准则是在维持目标误比特率的前提下，使系统的余量最大。与 Hughes-Hartogs 算法相比，Chow 算法摒弃了大量的搜索和排序，简化了算法复杂度。但是由于信号功率的分配和支持的传输速率是直接相关的，优化的余地有限，因此性能无法达到最优。Fischer 算法的优化准则是在确定的系统总比特速率和发射功率的约束条件下，使系统的误比特率 BER 达到最小。Fischer 算法复杂度较小，适合高速无线数据传输，而且它的误比特率性能不差于 Chow 算法，在某些情况下性能可能还更优。本章还讨论了多用户自适应比特、调制和功率联合分配算法，给出了系统性能联合优化的概念。在本章的最后给出了典型自适应技术的仿真实例。

思　考　题

1. 什么是 RA 准则？什么是 MA 准则？
2. 什么是拉格朗日乘子法？
3. 什么是注水功率分配算法？
4. 什么是自适应技术？适应的对象是什么？
5. 什么是迭代注水功率分配算法（IWFP）？
6. 什么是 Chow 算法？
7. 什么是 Fischer 算法？

8. 什么是 Hughes-Hartogs 算法？
9. 自适应比特、调制和功率联合分配算法的概念是什么？
10. 什么是贪婪算法？

习　题

1. 解释 $R_b = B\log_2\left(1+\dfrac{SNR}{\Gamma\gamma_m}\right)$的物理含义。
2. 自适应分配的原则有哪些？请列举，并说明其原则。
3. 画出自适应分配的 OFDM 系统结构框图，并说明其工作原理。
4. 描述迭代注水功率分配算法（IWFP）的分配原则与实现过程。
5. 描述 Chow 算法的分配原则与实现过程。
6. 描述 Fischer 算法的分配原则与实现过程。
7. 描述 Hughes-Hartogs 算法的分配原则与实现过程。
8. 画出多用户 OFDM 系统子载波、比特和功率分配联合算法框图，解释其含义。
9. 比较 Chow 算法、Fischer 算法的优劣势。
10. 比较 Chow 算法、Hughes-Hartogs 算法的优劣势。

第 8 章　OFDM 系统的同步问题

8.1　引言

同步技术是任何一个通信系统都需要解决的实际问题，直接关系到通信系统的整体性能。没有准确的同步算法，就不可能进行可靠的数据传输。在单载波调制系统中，载波频率偏移只会对接收信号造成一定的衰减和相位旋转，可以通过均衡等方法来加以克服。OFDM 多载波调制系统与其他数字通信系统一样，也需要可靠的同步技术。一个 OFDM 符号包含许多采样信号点，由于 OFDM 符号的持续时间远大于采样间隔，时延扩展或定时偏差所产生的符号间干扰相对较小，对系统性能影响不大。OFDM 系统通过引入循环前缀（CP）来容纳符号间干扰，一般 CP 的长度都设计得大于最大信道时延，只要 OFDM 符号的 FFT 窗开始位置处于无符号间干扰的 CP 部分就不会带来符号间干扰，因此存在循环前缀的 OFDM 系统对时间同步要求不高，这点与单载波调制系统不同。对于无线通信来说，无线信道存在时变性，无线信号在传输过程中会出现频率偏移（如多普勒频移），或者由于发射机载波频率与接收机本振之间存在频率偏差，这些都会使得 OFDM 系统中各子载波之间的正交性遭到破坏，从而导致子信道间的信号相互干扰。由于 OFDM 系统各个子载波间相互正交，才表现出 OFDM 系统很多优异特性；也正是由于 OFDM 系统各子载波间的正交性，使得 OFDM 系统对系统频偏非常敏感。

8.2　OFDM 系统同步技术的分类

图 8-1 中给出了 OFDM 的系统模型以及几种同步技术在系统中所处的位置。

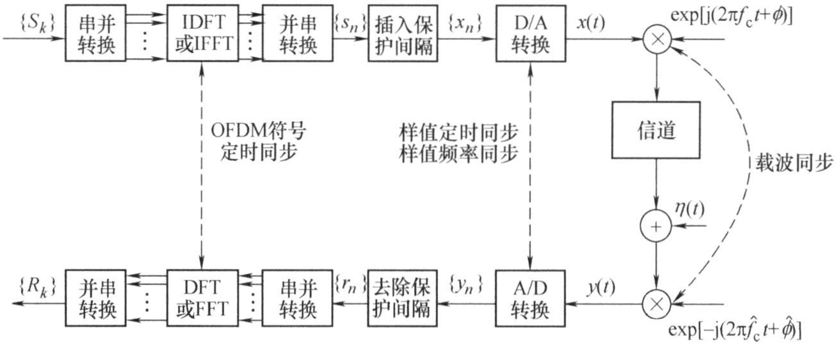

图 8-1　OFDM 系统中的同步

在发送端，串行发送的数据流$\{S_k\}$，首先经过串并转换变成并行的数据流，进行逆傅里叶变换，再经并串转换后得到数据流$\{s_n\}$，插入循环前缀得到$\{x_n\}$，再进行 D/A 转换后

得到模拟信号 $x(t)$，调制到载波 f_c 上后送到信道中进行传输。

在接收端，相干解调需要有与发送载波频率和相位都相同的载波，所以首先要进行载波同步；其次，在进行 A/D 转换时，需要有与发射端相同的起始时刻和采样时钟，即样值定时同步和样值频率同步；最后，由于样值是连续到达的，所以还必须确定 OFDM 符号是从什么地方开始的，又是从什么地方结束的，即符号定时同步问题。

因此，在 OFDM 系统中，有 4 种同步需要考虑。

8.2.1 符号定时同步

符号定时同步的目的是在接收端确定每个 OFDM 符号的起止时刻，即确定 FFT 窗的开始时刻。图 8-2 给出 4 种不同情形的 OFDM 符号起始位置示意图。这 4 种状况为起始位置精确、起始位置略早、起始位置过早及起始位置比精确起始位置略晚。

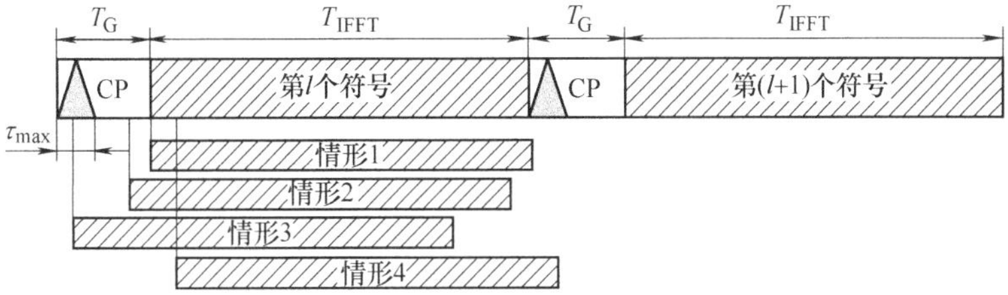

图 8-2 OFDM 符号起始位置不同的 4 种情形

情形 1：在这种情况下，估计的 OFDM 符号的起始位置与精确位置一致。

情形 2：在这种情况下，估计的起始位置比精确的起始位置略早，但在信道冲激响应之后。

情形 3：在这种情况下，估计的起始位置比精确的起始位置早更多，在信道的冲激响应中。

情形 4：在这种情况，估计的起始位置比精确的起始位置落后一点点。在这种情形下，在 FFT 时间间隔内的信号，包含当前 OFDM 符号的一部分以及下一个 OFDM 符号的一部分。

由于在 OFDM 符号之间插入了循环前缀保护间隔，如果定时的偏移量与最大时延扩展的长度之和小于循环前缀的长度，此时子载波之间的正交性仍然成立，没有符号间干扰（ISI）和载波间干扰（ICI），对解调出来的数据信息符号的影响只是一个相位的旋转。此时，OFDM 符号定时同步的起始时刻可以在循环前缀保护间隔内做小幅的变化，而不会造成 ISI 和 ICI。如果定时的偏移量与最大时延扩展的长度之和大于循环前缀的长度，这时一部分数据信息就会丢失，而且最为严重的是子载波之间的正交性遭到破坏，由此带来了 ISI 和 ICI，这是影响系统性能的关键问题之一。

从定时恢复的过程来看，一般分为粗同步（捕获）和细同步（跟踪），定时恢复是先做粗同步，后做细同步。

8.2.2 样值定时同步

样值同步指的是接收机和发送机的采样时钟频率保持一致。样值同步分为采样频率偏移和采样相位偏移两部分，这两种偏移导致的结果是不同的。相位偏移的影响与符号定时偏移类似，它反映在接收端经过 A/D 转换还原的一个离散样值的起始位置，因此，也称样值定时同步。图 8-3 所示为收、发射端样值定时不同步或有采样相位偏移示意图。

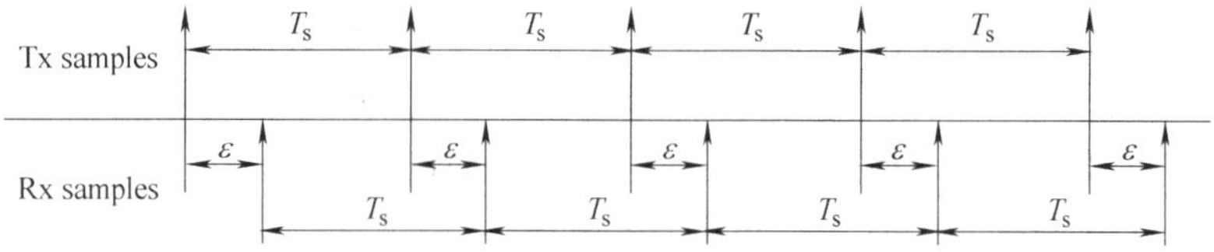

图 8-3　采样相位偏移示意图

8.2.3　样值频率同步

当发送端采样频率与接收端采样频率布一致时，会产生样值频率不同步或采样频率偏移。图 8-4 为采样频率不同步示意图。

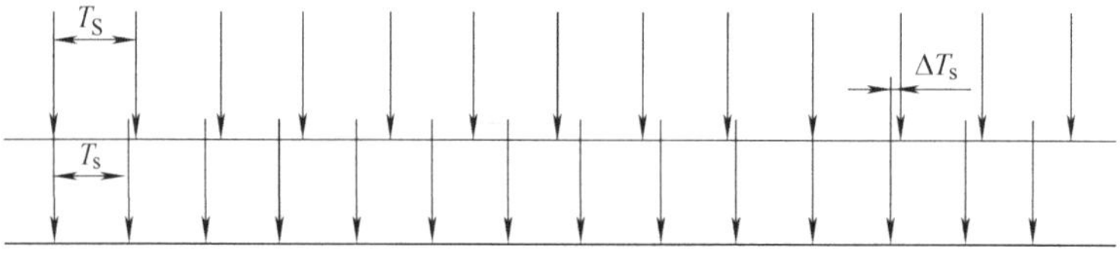

图 8-4　采样间隔偏差

当采样频率不同步时，累积效果会导致样值的增加或减小。

8.2.4　载波同步

图 8-5 给出了带有采样点的 OFDM 符号频谱（这里只显示了 3 个载波），采样点得到的值应是 3 个子载波在这一点上的和，图 8-5a 中收发机之间不存在载波频率偏差，图 8-5b 中收发机之间存在载波频率偏差 Δf_c。由图 8-5 可见，载频偏差的影响主要有两种：首先是衰减了有用信号，其次是产生了严重的 ICI。

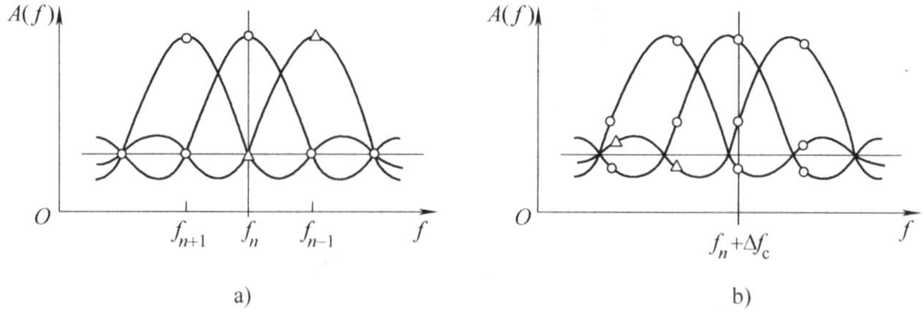

图 8-5　载波频率偏差

频率偏移是由收发设备的本地载频之间的偏差以及无线信道的多普勒频移等因素造成的，频率偏移的构成包括子载波间隔的整数倍偏移和子载波间隔的小数倍偏移两部分。子载波间隔的整数倍偏移不会引起 ICI，采样点仍在顶点，但子载波位置产生了偏移，解调出来的信息符号错误概率为 50%。子载波间隔的小数倍偏移会造成采样点不再在顶点（见图 8-5b），破坏了子载波之间的正交性，由此引起 ICI。

8.3 同步误差对 OFDM 系统性能的影响

8.3.1 OFDM 系统中的同步原理

图 8-1 中发射端各点的信号可表示为

$$s_n = \frac{1}{N}\sum_{k=0}^{N-1} S_k e^{j2\pi nk/N} \qquad n,\ k = 0,\ 1,\ 2,\ \cdots,\ N-1 \tag{8-1}$$

$$x_n = \begin{cases} s_{N-G+n} & n \in [0,\ G-1] \\ s_{n-G} & n \in [G, N+G-1] \end{cases} \tag{8-2}$$

$$x(t) = \sum_{n=0}^{N+G-1} x_n p(t - nT_s) \tag{8-3}$$

式中，G 为所加循环前缀的样值符号数，一般应不少于信道多径时延扩散的符号数；$p(t)$ 为发射端的脉冲成形波形；T_s 为发送符号的采样间隔（样值频率 f_s 的倒数，即 $T_s = 1/f_s$），$T = NT_s$ 为 OFDM 符号的持续时间。

为了便于研究，可假设满足采样定理，且若不考虑循环前缀的影响，则有近似表达式

$$x(t) = \frac{1}{N}\sum_{k=0}^{N-1} S_k e^{j2\pi kt/T} \tag{8-4}$$

接收端需对符号定时偏差 Δt_f、样值定时偏差 Δt_y、采样间隔 T_s（采样频率的倒数）以及载波频率 f_c、载波相位 ϕ 分布进行估值。假设载波频率 f_c、载波相位 ϕ、采样间隔 T_s 的估计值分别为 $\hat{f}_c = f_c + \Delta f_c$、$\hat{\phi} = \phi + \Delta\phi$ 和 $\hat{T}_s = T_s + \Delta T_s$，其中 Δf_c 为载波的频率偏差，$\Delta\phi$ 为载波相位偏差，ΔT_s 为采样间隔偏差。为了研究方便，这里仅考虑 AWGN 信道（衰落信道可通过类似方法进行分析），进一步假设 $\eta(t)$ 为均值为零、每维方差为 $N_0/2$ 的独立高斯白噪声。

（1）首先，假设样值定时和符号定时都已对准，即 $\Delta t_f = \Delta t_y = 0$，考虑存在载波频率偏差 Δf_c 和采样间隔偏差 ΔT_s[采样频率偏差 $\Delta f_s = 1/T_s - 1/(T_s + \Delta T_s)$]时的情况，如图 8-4 与图 8-5b 所示。

根据图 8-1 可知，接收端各点的信号可表示为

$$\begin{aligned} y(t) &= [x(t)e^{j(2\pi f_c t + \phi)} + \eta(t)]e^{-j(2\pi \hat{f}_c t + \hat{\phi})} \\ &= x(t)e^{-j(2\pi\Delta f_c t + \Delta\phi)} + \eta(t)e^{-j(2\pi \hat{f}_c t + \hat{\phi})} \end{aligned} \tag{8-5}$$

采样后得到数据流 $\{r_n\}$，即

$$r_n = y(t)\big|_{t=n\hat{T}_s} = x(t)\big|_{t=n\hat{T}_s} e^{-j(2\pi\Delta f_c n\hat{T}_s + \Delta\phi)} + \eta' \qquad n = 0,\ 1,\ 2,\ \cdots,\ N-1 \tag{8-6}$$

进行傅里叶变换，并将 $\{r_n\}$ 的表达式代入上式进行化简，容易得到

$$
\begin{aligned}
R_k &= \sum_{n=0}^{N-1} r_n \mathrm{e}^{-\mathrm{j}2\pi nk/N} \\
&= \sum_{n=0}^{N-1}\left(\frac{1}{N}\sum_{m=0}^{N-1} S_m \mathrm{e}^{\mathrm{j}2\pi mn\hat{T}_s/(NT_s)}\mathrm{e}^{-\mathrm{j}(2\pi\Delta f_c n\hat{T}_s+\Delta\phi)} + \eta'\right)\mathrm{e}^{-\mathrm{j}2\pi nk/N} \\
&= \frac{\mathrm{e}^{-\mathrm{j}\Delta\phi}}{N}\sum_{m=0}^{N-1} S_m \sum_{n=0}^{N-1}\mathrm{e}^{\mathrm{j}2\pi n[(m\hat{T}_s-kT_s)/(NT_s)-\Delta f_c\hat{T}_s]} + \eta'' \\
&= \frac{\mathrm{e}^{-\mathrm{j}\Delta\phi}}{N}\sum_{m=0}^{N-1} S_m \frac{1-\mathrm{e}^{\mathrm{j}2\pi[(m\hat{T}_s-kT_s)/T_s-N\Delta f_c\hat{T}_s]}}{1-\mathrm{e}^{\mathrm{j}2\pi[(m\hat{T}_s-kT_s)/(NT_s)-\Delta f_c\hat{T}_s]}} + \eta'' \\
&= \frac{1}{N}\sum_{m=0}^{N-1} S_m \frac{\sin[\pi(m\hat{T}_s/T_s-k-N\Delta f_c\hat{T}_s)]}{\sin[\pi(m\hat{T}_s/T_s-k-N\Delta f_c\hat{T}_s)/N]}\mathrm{e}^{\mathrm{j}\pi(1-1/N)(m\hat{T}_s/T_s-k-N\Delta f_c\hat{T}_s)-\mathrm{j}\Delta\phi} + \eta'' \\
& m, n, k = 0, 1, 2, \cdots, N-1
\end{aligned} \tag{8-7}
$$

其中，$\eta' = \eta(t)\mathrm{e}^{-\mathrm{j}(2\pi\hat{f}_c t+\hat{\phi})}\big|_{t=n\hat{T}_s}$以及$\eta'' = \eta'\mathrm{e}^{-\mathrm{j}2\pi nk/N} = \eta\mathrm{e}^{-\mathrm{j}[2\pi n(\hat{f}_c\hat{T}_s+k/N)+\hat{\phi}]}$都是由于噪声引起的干扰。显然，噪声只是使相位发生了旋转，而平均功率并未发生变化。另外，上面的推导过程中使用了关系式$1-\mathrm{e}^{\mathrm{j}2x} = -2\mathrm{j}\mathrm{e}^{\mathrm{j}x}\sin x$和$\sum_{n=0}^{N-1}\mathrm{e}^{\mathrm{j}2\pi mn/N} = N\delta(m)$来进行化简。

（2）在（1）的基础上，再来考虑存在定时偏差时的情况，样值定时偏差Δt_y和符号定时偏差Δt_f如图8-6所示。注意，这两种定时偏差皆可正可负，为正（即大于0）时表示超前最佳定时时刻，为负（即小于0）时表示滞后最佳定时时刻。为了简洁，图中只给出了Δt_y和Δt_f都大于0的情形。

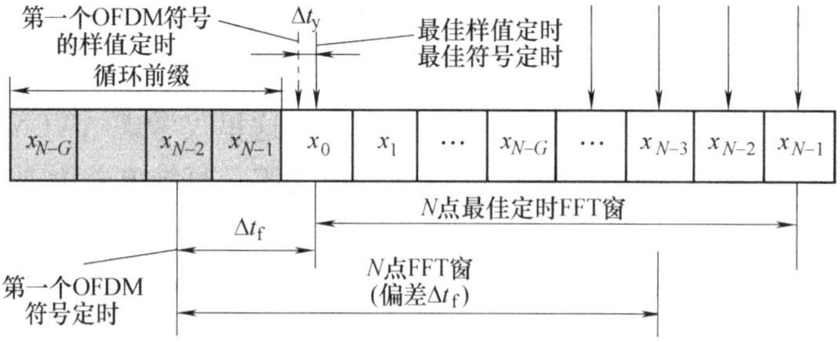

图8-6　最佳定时时刻以及定时偏差图示

1）当存在样值定时偏差Δt_y时，就相当于对接收信号$y(t)$在$t=n\hat{T}_s-\Delta t_y$时刻进行采样，得到r_n，即

$$
\begin{aligned}
r_n &= y(t)\big|_{t=n\hat{T}_s-\Delta t_y} \\
&= x(t)\big|_{t=n\hat{T}_s-\Delta t_y}\mathrm{e}^{-\mathrm{j}[2\pi\Delta f_c(n\hat{T}_s-\Delta t_y)+\Delta\phi]} + \eta' \qquad n=0, 1, 2, \cdots, N-1
\end{aligned} \tag{8-8}
$$

进行傅里叶变换，并将r_n的表达式代入式（8-7）进行化简，容易得到

$$
\begin{aligned}
R_k &= \sum_{n=0}^{N-1} r_n \mathrm{e}^{-\mathrm{j}2\pi nk/N} \\
&= \sum_{n=0}^{N-1}\left(\frac{1}{N}\sum_{m=0}^{N-1} S_m \mathrm{e}^{\mathrm{j}2\pi m(n\hat{T}_\mathrm{s}-\Delta t_\mathrm{y})/(NT_\mathrm{s})}\,\mathrm{e}^{-\mathrm{j}[2\pi\Delta f_\mathrm{c}(n\hat{T}_\mathrm{s}-\Delta t_\mathrm{y})+\Delta\phi]} + \eta'\right)\mathrm{e}^{-\mathrm{j}2\pi nk/N} \\
&= \frac{1}{N}\sum_{m=0}^{N-1} S_m \frac{\sin[\pi(m\hat{T}_\mathrm{s}/T_\mathrm{s}-k-N\Delta f_\mathrm{c}\hat{T}_\mathrm{s})]}{\sin[\pi(m\hat{T}_\mathrm{s}/T_\mathrm{s}-k-N\Delta f_\mathrm{c}\hat{T}_\mathrm{s})/N]}\mathrm{e}^{\mathrm{j}\pi(1-1/N)(m\hat{T}_\mathrm{s}/T_\mathrm{s}-k-N\Delta f_\mathrm{c}\hat{T}_\mathrm{s})-\mathrm{j}2\pi m\Delta t_\mathrm{y}/(NT_\mathrm{s})+\mathrm{j}2\pi\Delta f_\mathrm{c}\Delta t_\mathrm{y}-\mathrm{j}\Delta\phi} + \eta'' \\
& m,\ n,\ k = 0,\ 1,\ 2,\ \cdots,\ N-1
\end{aligned}
\tag{8-9}
$$

2）当存在符号定时偏差 Δt_f 时，就相当于从循环前缀的后面 $\Delta n_\mathrm{f} = \Delta t_\mathrm{f}/\hat{T}_\mathrm{s}$ 个样值开始的 N 个样值进行 FFT 运算，即 $R_k = \sum_{n=0}^{N-1} r_{(n-\Delta n_\mathrm{f})_N}\mathrm{e}^{-\mathrm{j}2\pi nk/N}$，这里 $(n-\Delta n_\mathrm{f})_N$ 表示以 N 取模的运算。

利用循环前缀的性质：$r_{-1} = r_{N-1}$，$\cdots$，$r_{-G} = r_{N-G}$，所以有

$$
\begin{aligned}
R_k &= \sum_{n=0}^{N-1} r_{(n-\Delta n_\mathrm{f})_N}\mathrm{e}^{-\mathrm{j}2\pi nk/N} \\
&\overset{m=n-\Delta n_\mathrm{f}}{=} \sum_{m=-\Delta n_\mathrm{f}}^{N-1-\Delta n_\mathrm{f}} r_m \mathrm{e}^{-\mathrm{j}2\pi(m+\Delta n_\mathrm{f})k/N} \\
&= \sum_{m=-\Delta n_\mathrm{f}}^{-1} r_m \mathrm{e}^{-\mathrm{j}2\pi(m+\Delta n_\mathrm{f})k/N} + \sum_{m=0}^{N-1} r_m \mathrm{e}^{-\mathrm{j}2\pi(m+\Delta n_\mathrm{f})k/N} - \sum_{m=N-\Delta n_\mathrm{f}}^{N-1} r_m \mathrm{e}^{-\mathrm{j}2\pi(m+\Delta n_\mathrm{f})k/N} \\
&= \sum_{m=0}^{N-1} r_m \mathrm{e}^{-\mathrm{j}2\pi(m+\Delta n_\mathrm{f})k/N} \\
&= \mathrm{e}^{-\mathrm{j}2\pi\Delta n_\mathrm{f}k/N}\sum_{m=0}^{N-1} r_m \mathrm{e}^{-\mathrm{j}2\pi mk/N}
\end{aligned}
\tag{8-10}
$$

显而易见，符号定时偏差只是引起了相位的旋转，而不会破坏正交性。综合上述 1）和 2）两种情况，可以得到 FFT 解调信号

$$
R_k = \frac{1}{N}\sum_{m=0}^{N-1} S_m \frac{\sin[\pi(m\hat{T}_\mathrm{s}/T_\mathrm{s}-k-N\Delta f_\mathrm{c}\hat{T}_\mathrm{s})]}{\sin[\pi(m\hat{T}_\mathrm{s}/T_\mathrm{s}-k-N\Delta f_\mathrm{c}\hat{T}_\mathrm{s})/N]}\times
\mathrm{e}^{\mathrm{j}\pi(1-1/N)(m\hat{T}_\mathrm{s}/T_\mathrm{s}-k-N\Delta f_\mathrm{c}\hat{T}_\mathrm{s})-\mathrm{j}2\pi m\Delta t_\mathrm{y}/(NT_\mathrm{s})+\mathrm{j}2\pi\Delta f_\mathrm{c}\Delta t_\mathrm{y}-\mathrm{j}2\pi k\Delta n_\mathrm{f}/N-\mathrm{j}\Delta\phi} + \eta''
\tag{8-11}
$$

式（8-11）即为综合考虑载波同步偏差、样值同步偏差以及符号同步偏差时接收端 FFT 解调后的输出信号。实际上，为了便于分析，考虑到各种不同偏差之间的乘积项很小，将其忽略后式（8-11）变为

$$
R_k = \frac{1}{N}\sum_{m=0}^{N-1} S_m \frac{\sin[\pi(m\hat{T}_\mathrm{s}/T_\mathrm{s}-k-N\Delta f_\mathrm{c}T_\mathrm{s})]}{\sin[\pi(m\hat{T}_\mathrm{s}/T_\mathrm{s}-k-N\Delta f_\mathrm{c}T_\mathrm{s})/N]}\times
\mathrm{e}^{\mathrm{j}\pi(1-1/N)(m\hat{T}_\mathrm{s}/T_\mathrm{s}-k-N\Delta f_\mathrm{c}T_\mathrm{s})-\mathrm{j}2\pi m\Delta t_\mathrm{y}/(NT_\mathrm{s})-\mathrm{j}2\pi k\Delta n_\mathrm{f}/N-\mathrm{j}\Delta\phi} + \eta''
\tag{8-12}
$$

为了得到所期望的符号，分解式（8-12）得到

$$
\begin{aligned}
R_k = {} & \frac{1}{N}S_k\frac{\sin[\pi(k\Delta T_\mathrm{s}/T_\mathrm{s}-N\Delta f_\mathrm{c}T_\mathrm{s})]}{\sin[\pi(k\Delta T_\mathrm{s}/T_\mathrm{s}-N\Delta f_\mathrm{c}T_\mathrm{s})/N]}\mathrm{e}^{\mathrm{j}\pi(1-1/N)(k\Delta T_\mathrm{s}/T_\mathrm{s}-N\Delta f_\mathrm{c}T_\mathrm{s})-\mathrm{j}2\pi k\Delta t_\mathrm{y}/(NT_\mathrm{s})-\mathrm{j}2\pi k\Delta n_\mathrm{f}/N-\mathrm{j}\Delta\phi} + {} \\
& \frac{1}{N}\sum_{\substack{m=0\\ m\neq k}}^{N-1} S_m\frac{\sin[\pi(m\hat{T}_\mathrm{s}/T_\mathrm{s}-k-N\Delta f_\mathrm{c}T_\mathrm{s})]}{\sin[\pi(m\hat{T}_\mathrm{s}/T_\mathrm{s}-k-N\Delta f_\mathrm{c}T_\mathrm{s})/N]}\mathrm{e}^{\mathrm{j}\pi(1-1/N)(m\hat{T}_\mathrm{s}/T_\mathrm{s}-k-N\Delta f_\mathrm{c}T_\mathrm{s})-\mathrm{j}2\pi m\Delta t_\mathrm{y}/(NT_\mathrm{s})-\mathrm{j}2\pi k\Delta n_\mathrm{f}/N-\mathrm{j}\Delta\phi} + \eta''
\end{aligned}
$$

$$= S_k I_{k,k} + \sum_{\substack{m=0 \\ m \neq k}}^{N-1} S_m I_{k,m} + \eta'' \tag{8-13}$$

其中，$I_{k,m} = \dfrac{\sin[\pi(m\hat{T}_s/T_s - k - N\Delta f_c T_s)]}{N\sin[\pi(m\hat{T}_s/T_s - k - N\Delta f_c T_s)/N]} e^{j\pi(1-1/N)(m\hat{T}_s/T_s - k - N\Delta f_c T_s) - j2\pi m\Delta t_y/(NT_s) - j2\pi k\Delta n_f/N - j\Delta\phi}$ 表示其他子信道符号对期望符号的干扰。式（8-13）右边的第一项即为所期望得到的数据符号项，第二项是其他子载波上传输的符号所引起的期望符号的影响。在这里，正是由于存在载波频率偏差 Δf_c、相位偏差 $\Delta\phi$、采样间隔偏差 ΔT_s、样值定时偏差 Δt_y 和符号定时偏差 Δt_f，才使得期望得到的数据符号经过系数 $I_{k,k}$ 加权，而且带来了干扰 $\sum\limits_{\substack{m=0 \\ m \neq k}}^{N-1} S_m I_{k,m}$。由于各种偏差都是由多种原因引起的，所以它们本身就是随机变量。事实上，$I_{k,m}$ 所引起的接收信号的相位旋转为

$$\varphi(m) = \pi(1-1/N)(m\hat{T}_s/T_s - k - N\Delta f_c T_s) - j2\pi m\Delta t_y/(NT_s) - j2\pi k\Delta n_f/N - j\Delta\phi \tag{8-14}$$

加权系数为 $|I_{k,m}|$。由于随机性，显然有 $|I_{k,k}| \leqslant 1$，$|I_{k,m}| \neq 1 (m \neq k)$，这充分表明由于没有完全同步而带来了信道间干扰，因此，FFT 输出端的信噪比发生了变化。

假设发送符号等能量，且 $E_s = E(|S_m|^2)(m = 0, 1, 2, \cdots, N-1)$。随机变量 $I_{k,k}$ 可分解为 $I_{k,k} = E(I_{k,k}) + [I_{k,k} - E(I_{k,k})]$。接收端可准确估计得到 $E(I_{k,k})$，所以 FFT 输出端的信噪比为

$$SNR = \frac{E_s |E(I_{k,k})|^2}{E_s[E(|I_{k,k}|^2) - |E(I_{k,k})|^2] + E_s E\left(\sum\limits_{m \neq k} |I_{k,m}|^2\right) + N_0} \tag{8-15}$$

由式（8-13）和式（8-15）可见，只有当 $\Delta f_c = 0$、$\Delta\phi = 0$、$\Delta T_s = 0$ 且 $\Delta t_f = \Delta t_y = 0$，即系统完全同步时，式（8-13）右边的第二项才会等于 0，此时不会存在 ICI，且有 $R_k = S_k + \eta''(k = 0, 1, \cdots, N-1)$，即只有在这种情况下才没有性能损失，此时的输出信噪比为 E_s/N_0。为了便于定量考察同步偏差对系统性能的影响，不妨定义信噪比损失 D_{nf}(dB)：

$$D_{nf} = 10\log\frac{SNR_{real}}{SNR_{ideal}} \text{（dB）} \tag{8-16}$$

其中，SNR_{ideal} 和 SNR_{real} 分别表示为了达到一定的性能，在理想情况和实际情况下 FFT 输出端分别需要的输出信噪比。根据上面的推导容易得知，当实际系统中存在上述各种同步偏差，且 FFT 输出端的信噪比 $SNR_{real} = E_s/N_0$ 时，系统的性能与理想情况下信噪比为 $SNR_{ideal} = SNR$（等效信噪比）时系统的性能近似相同。所以有信噪比损失为

$$D_{nf} = 10\log\frac{SNR_{real}}{SNR_{ideal}} = 10\log\frac{E_s/N_0}{SNR} \text{（dB）} \tag{8-17}$$

另外，从式（8-11）和式（8-13）可以看到，当 $\Delta f_c = 0$ 和 $\Delta T_s = 0$ 时，不论 $\Delta\phi$、Δt_y 和 Δt_f 为何值，均有 $|I_{k,k}| = 1$（其实也有 $|I_{k,m}| = 1$），换句话说，载波相位偏差 $\Delta\phi$、样值定时偏差 Δt_y 和符号定时偏差 Δt_f 对系统性能的影响基本是一致的，只引起接收信号相位的旋转，而不会带来幅度 $|I_{k,k}|$ 的变化；另一方面，载波频率偏差 Δf_c 和采样间隔偏差 ΔT_s 对系统性

能的影响基本也是一致的，不但引起了接收信号相位的旋转，而且带来了信号幅度$|I_{k,k}|$的变化，从而导致子载波间的干扰。

8.3.2 符号定时同步误差对 OFDM 系统性能的影响

当$\Delta f_c=0$、$\Delta\phi=0$，且$\Delta t_y=0$、$\Delta T_s=0$时，载波同步、样值同步。如前所述，符号定时同步有 4 种情形。

情形 1：估计的 OFDM 符号的起始位置与精确起始位置相同，保留了 OFDM 符号子载波之间的正交性。在接收端，OFDM 符号可以不被任何干扰完全恢复。

情形 2：将式（8-13）化简为

$$R_k=S_k\mathrm{e}^{-\mathrm{j}2\pi k\Delta n_f/N}+\eta'' \tag{8-18}$$

后一个 OFDM 符号不会和前一个 OFDM 符号重叠，也就是不会引起符号间干扰，OFDM 符号子载波之间的正交性没有被破坏。此时的 OFDM 符号，和精确起始位置的 OFDM 符号相比，是循环位移的关系，根据傅里叶变换的性质，在时域的偏移对应于频域的相位旋转。

情形 3：这种情形下，显然可以看出一个 OFDM 符号会被前一个 OFDM 符号干扰。由于这种符号间干扰，子载波之间的正交性被破坏，进一步带来子载波间干扰。

情形 4：此时子载波之间的正交性遭到破坏，带来子载波间的干扰。这种情形显然会产生来自下一个 OFDM 的符号间干扰。

8.3.3 样值间隔偏差对 OFDM 系统的影响

样值同步，即消除样值间隔偏差ΔT_s、样值定时偏差Δt_y对系统性能的影响。

当$\Delta f_c=0$、$\Delta\phi=0$且$\Delta t_f=0$时，式（8-13）可改写为

$$\begin{aligned}R_k=&\frac{1}{N}S_k\frac{\sin(\pi k\Delta T_s/T_s)}{\sin[\pi k\Delta T_s/(NT_s)]}\mathrm{e}^{\mathrm{j}\pi(1-1/N)k\Delta T_s/T_s-\mathrm{j}2\pi k\Delta t_y/(NT_s)}+\\&\frac{1}{N}\sum_{\substack{m=0\\m\neq k}}^{N-1}S_m\frac{\sin[\pi(m\Delta T_s/T_s+m-k)]}{\sin[\pi(m\Delta T_s/T_s+m-k)/N]}\mathrm{e}^{\mathrm{j}\pi(1-1/N)(m\Delta T_s/T_s+m-k)-\mathrm{j}2\pi m\Delta t_y/(NT_s)}+\eta''\end{aligned} \tag{8-19}$$

由此可见，ΔT_s和Δt_y破坏了各载波之间的正交性，使得信号的幅度发生了变化。

当$\Delta t_y=0$时，样值间隔偏差ΔT_s对系统性能的影响

$$\begin{aligned}R_k=&\frac{1}{N}S_k\frac{\sin(\pi k\Delta T_s/T_s)}{\sin[\pi k\Delta T_s/(NT_s)]}\mathrm{e}^{\mathrm{j}\pi(1-1/N)k\Delta T_s/T_s}+\\&\frac{1}{N}\sum_{\substack{m=0\\m\neq k}}^{N-1}S_m\frac{\sin[\pi(m\Delta T_s/T_s+m-k)]}{\sin[\pi(m\Delta T_s/T_s+m-k)/N]}\mathrm{e}^{\mathrm{j}\pi(1-1/N)(m\Delta T_s/T_s+m-k)}+\eta''\end{aligned} \tag{8-20}$$

此时第一个样值定时时刻已对准。由于$\Delta T_s\neq 0$而使得接收端的采样频率和发送端的并不一致，这时接收端后面按$\hat{T}_s$为周期得到的样值与实际发送端的样值之间就存在一个小偏差ΔT_s，这种小偏差累积到一定程度就会多出一个样值（$\Delta T_s<0$）或者遗漏一个样值（$\Delta T_s>0$），如图 8-7 所示。这种样值间隔偏差效应一般可通过数字锁相环来进行校准，即分别通过扣除或内插一个样值来进行校正。

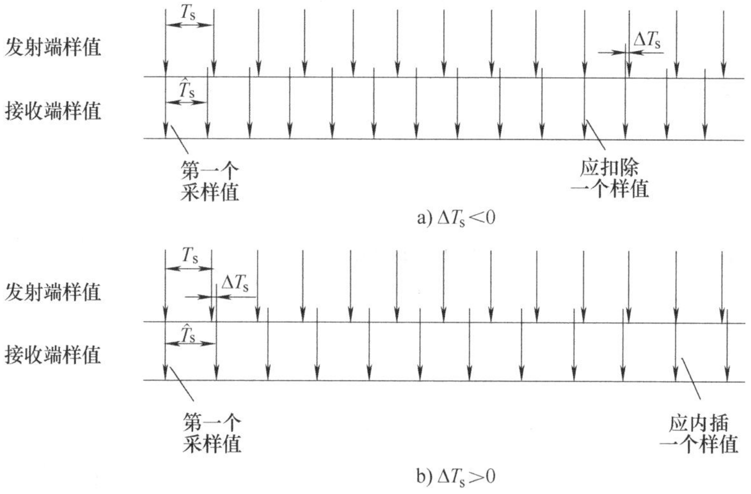

图 8-7　当 $\Delta t_y=0$ 时，样值间隔偏差 ΔT_s 对同步的影响

8.3.4　样值定时偏差对 OFDM 系统的影响

当 $\Delta T_s=0$ 时，样值定时偏差 Δt_y 对系统性能的影响有

$$R_k=S_k\mathrm{e}^{-\mathrm{j}2\pi k\Delta t_y/(NT_s)}+\eta'' \tag{8-21}$$

可见，此时 Δt_y 只是使输出发生了相位旋转，既没有带来 ICI，也没有引起幅度的变化。但是，当 $\Delta T_s\neq 0$ 时，Δt_y 与 ΔT_s 一起由于破坏了正交性而带来了 ICI，且各子载波的损失各异。若 Δt_y 为恒定值，所有样值都有一个相同的偏差，可简单等效为系统有一固定的时延，此时对之估计后进行补偿即可。

样值同步所引起的信噪比损失的计算与前面载波同步的类似，这里就不赘述。

8.3.5　载波频率偏移对 OFDM 系统性能的影响

载波同步，即消除频率偏差 Δf_c、相位偏差 $\Delta\phi$ 对系统性能的影响。

当 $\Delta T_s=0$ 且 $\Delta t_f=\Delta t_y=0$ 时，式（8-13）可改写为

$$\begin{aligned}R_k=&\frac{1}{N}S_k\frac{\sin(\pi N\Delta f_c T_s)}{\sin(\pi\Delta f_c T_s)}\mathrm{e}^{-\mathrm{j}\pi(N-1)\Delta f_c T_s-\mathrm{j}\Delta\phi}+\\&\frac{1}{N}\sum_{\substack{m=0\\m\neq k}}^{N-1}S_m\frac{\sin[\pi(m-k-N\Delta f_c T_s)]}{\sin[\pi(m-k-N\Delta f_c T_s)/N]}\mathrm{e}^{\mathrm{j}\pi(1-1/N)(m-k-N\Delta f_c T_s)-\mathrm{j}\Delta\phi}+\eta''\end{aligned} \tag{8-22}$$

1. 载波相位偏差 $\Delta\phi$ 对系统性能的影响

当 $\Delta f_c=0$ 时，有

$$R_k=S_k\mathrm{e}^{-\mathrm{j}\Delta\phi}+\eta'' \tag{8-23}$$

由此可见，相位偏差 $\Delta\phi$ 只是引起了相位旋转，并没有改变信号的幅度，且没有影响噪声的平均功率，当然也就不会带来信噪比的下降。

2. 载波频率偏差 Δf_c 对系统性能的影响

当 $\Delta\phi=0$ 时，有

$$R_k = \frac{1}{N}S_k\frac{\sin(\pi N\Delta f_c T_s)}{\sin(\pi\Delta f_c T_s)}e^{-j\pi(N-1)\Delta f_c T_s} + \frac{1}{N}\sum_{\substack{m=0\\m\neq k}}^{N-1}S_m\frac{\sin[\pi(m-k-N\Delta f_c T_s)]}{\sin[\pi(m-k-N\Delta f_c T_s)/N]}e^{j\pi(1-1/N)(m-k-N\Delta f_c T_s)} + \eta'' \tag{8-24}$$

由于载波频率偏差 Δf_c 破坏了各载波之间的正交性，使得信号的幅度发生了变化，带来了信噪比的下降，所以在 OFDM 系统中，载波同步较相位同步要重要一些。

8.4 OFDM 系统中的各种同步算法

实际系统中各种偏差是随机变化的，这为同步带来很大困难。为了有效获得同步，按照各阶段任务不同可将 OFDM 系统分为两个阶段：捕获和跟踪。捕获阶段将在较大范围内尽快地进行偏差变量估计，解决其捕获问题；跟踪阶段就能锁定并执行跟踪任务。同时，捕获阶段又可进一步分为两种模式，即粗同步和细同步。粗同步时，同步器将各偏移量较大的初始值偏差减小到一个较小范围内，但不完全实现同步；细同步时，同步器将各偏差变量剩余误差进一步减小，以达到系统所要求的估计精度。OFDM 系统中的同步方法很多，也有各种不同的分类。本书按照同步所采用的辅助数据将同步算法划分为基于保护间隔的同步方法、基于导频的同步方法、基于 PN 序列的同步方法以及盲同步方法。

8.4.1 基于保护间隔的 OFDM 系统同步方法

本节首先介绍基于保护间隔的同步方法，其余方法后面陆续介绍。

1. 算法原理

为了减少或消除符号间干扰，在 OFDM 符号中插入保护间隔（GI）。OFDM 信号的同步可充分利用 OFDM 信号的这种特点展开。由于 OFDM 符号间存在循环前缀（CP），观察相隔一个符号长度为 N 的两个接收样本点之间的相关性。如果这两个样本点中，一个属于 CP，一个属于同一个 OFDM 码元之内的复制信息，则两者的相关性大；如果一个属于 CP，一个属于不相关信息，则两者的相关性较小。基于 CP 的同步算法就是基于这样的思想，利用保护间隔的特性完成 OFDM 系统中符号定时偏差和载波频偏估计。

由于使用 CP，对定时的要求放宽了一些。在基于 CP 的时域同步算法中，对时域估计器的要求由 CP 与信道冲激响应长度之差决定。如果定时错误（即时域偏差）较小，使得冲激响应长度小于 CP 长度，则各子载波之间的正交性仍可以维持。

如果冲激响应长度小于 CP 长度，那么这时候符号定时时延（即时域偏差）可以认为是由信道引起的一个相位偏差。这个时域偏差将导致子载波星座产生相位旋转，这种相位旋转在频带边缘达到最大。相位旋转的大小可以用信道估计器来估计。如果时延大于 CP 长度，则必然出现 ISI。

同步方案分为两个阶段，即在呼叫开始时进行的捕获和在通信过程中进行的时域和频域的跟踪。

实际中通常采用的是最大似然估计算法，如图 8-8 所示。

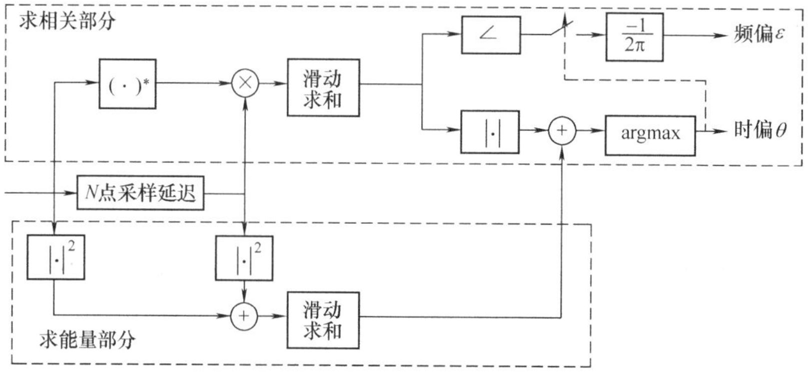

图 8-8　基于 CP 时频同步框图

利用 CP 进行 ML 估计的代价函数，如式（8-25）和式（8-26）所示，即

$$\Lambda_{CP}(\theta) = \left| \sum_{k=\theta}^{\theta+L-1} r^*(k) r(k+N) \right| \tag{8-25}$$

$$\varepsilon = \arg\left[\sum_{k=\theta}^{\theta+L-1} r(k+N) r^*(k) \right] \tag{8-26}$$

当式（8-25）中代价函数的模值取得最大值时，对应的 θ 为所要求的符号起始位置估计值，此时代价函数的幅角值 ε 则为估计出的频偏大小。该算法可以同时完成定时和频率偏移估计功能。

但是在多径信道中，由于 ISI 的影响会破坏 CP 的循环性，所以会影响 CP 算法的有效性，而且利用 CP 进行频偏估计的范围有限，只能估计频偏的分数部分。因此基于 CP 的同步算法往往只能用于时偏和分数频偏的粗估计。

总之，通过保护间隔进行同步的算法简单，运算量小，在 AWGN 信道条件下性能较好，但是，在高速移动多径衰落信道中不易保证精确的时间同步。如果时间同步的时间误差超过保护间隔，还会破坏子载波间的正交性。而频率同步与时间同步同时进行，实现虽简单，但易受时间同步误差的影响。

2. 代表算法

（1）基本方法

OFDM 符号的循环前缀可以用于同步。当符号的尾部与其保护间隔进行相关时，会产生一个相关峰值。频率偏移可以通过对保护间隔的相关进行平均和相位来获得。常见的计算定时偏移的最大似然函数方法有以下 3 种。

$$F(j) = \sum_{i=0}^{N_g-1} r^*(j+i-N) r(j+i) \tag{8-27}$$

$$F'(j) = 2F(j) - \sum_{i=0}^{N_g-1} [|r(j+i-N)|^2 + |r(j+i)|^2] \tag{8-28}$$

$$F''(j) = F(j) - \frac{SNR}{2(SNR+1)} \sum_{i=0}^{N_g-1} [|r(j+i-N)|^2 + |r(j+i)|^2] \tag{8-29}$$

频率估计可以表示为

$$\hat{\varepsilon} = \frac{1}{2\pi} \arg\left[\sum_{i=0}^{N_g-1} r^*(j+i-N) r(j+i) \right]_{j=j(\Omega)} \tag{8-30}$$

(2) 联合最大似然估计方法

在该方法中，最大似然函数可以表示为

$$\Lambda(\theta,\ \varepsilon) = |r(\theta)|\cos[2\pi\varepsilon + \arg r(\theta)] - \rho\Phi(\theta) \tag{8-31}$$

式中，arg 表示复数对角的相角。

$$r(m) = \sum_{k=m}^{m+L-1} r(k)r^*(k+N) \tag{8-32}$$

$$\Phi(m) = \frac{1}{2}\sum_{k=m}^{m+L-1}[|r(k)|^2 + |r(k+N)|^2] \tag{8-33}$$

且
$$\rho = \left|\frac{E[r(k)r^*(k+N)]}{\sqrt{E[|r(k)|^2]E[|r(k+N)|^2]}}\right| = \frac{\sigma_s^2}{\sigma_s^2+\sigma_n^2} = \frac{SNR}{SNR+1} \tag{8-34}$$

式（8-31）中的第一项（即 $\cos[2\pi\varepsilon + \arg r(\theta)]$）是 $r(\theta)$ 的幅度权重，而 $r(\theta)$ 是 L 个相距 N 点采样数据的连续相关和。权重系数与频率偏移有关。$\Phi(\theta)$ 是一个能量项，与频率偏移 ε 无关，只与 SNR 有关。

θ 和 ε 的联合最大似然估计可以表示为

$$\bar{\theta}_{\mathrm{ML}} = \arg\max_{\theta}[|r(\theta) - \rho\Phi(\theta)|] \tag{8-35}$$

$$\hat{\varepsilon}_{\mathrm{ML}} = -\frac{1}{2\pi}\angle r(\hat{\theta}_{\mathrm{ML}}) \tag{8-36}$$

(3) 保护间隔拓展方法

为了获得对同步信号的精确估计，可以通过将保护间隔拓展，并通过几个符号的信息来获得同步，如图 8-9 所示。

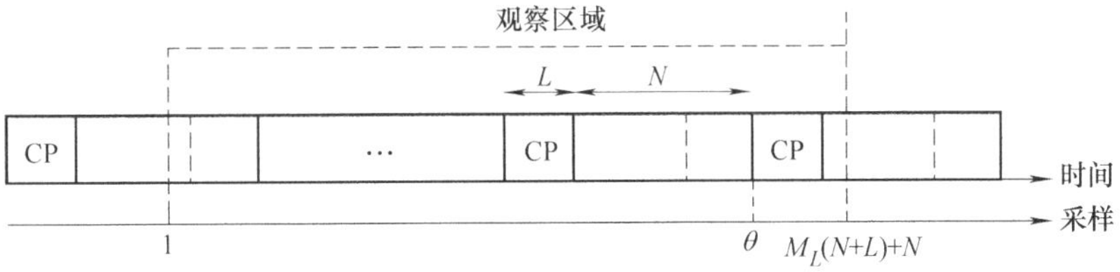

图 8-9　保护间隔拓展方法示意图

在该方法中，同步信号可以通过式（8-37）获得

$$\xi(\theta) = \sum_{i=0}^{M_L-1}\sum_{k=\theta-L+1}^{\theta} r_{k-i(N+L)}r^*_{k-N-i(N+L)} \tag{8-37}$$

$$M_L(N+L) - L + 1 \leqslant \theta \leqslant M_L(N+L) + N \qquad M_L\ 个符号 \tag{8-38}$$

$$\hat{\theta}_0 = \arg\max_{\theta}|\bar{\xi}(\theta)| \qquad 定时同步 \tag{8-39}$$

$$\Delta\hat{f}_0 = \frac{1}{2\pi NT}\angle\bar{\xi}(\hat{\theta}_0) \qquad 频率同步 \tag{8-40}$$

(4) 滑动平均方法

滑动平均（MA）为

$$\Lambda_c(\theta_c) = \sum_{k=\theta_c-L+1}^{\theta_c} \mathrm{Re}\{c(k)c^*(k-N)\} \tag{8-41}$$

截断滑动平均（SMA）为

$$\Lambda_c(\theta_c) = \sum_{k=\theta_c-L'+1}^{\theta_c} \mathrm{Re}\{c(k)c^*(k-N)\}, \qquad L' \leqslant L \tag{8-42}$$

指数权重滑动平均（EWMA）为

$$\Lambda_c(\theta_c) = \sum_{k=\theta_c-L+1}^{\theta_c} \omega^{\theta_c-k}\mathrm{Re}\{c(k)c^*(k-N)\} \tag{8-43}$$

指数权重平均（EWA）为

$$\Lambda_c(\theta_c) = \sum_{k=0}^{\theta_c} \omega^{\theta_c-k}\mathrm{Re}\{c(k)c^*(k-N)\} \tag{8-44}$$

注意：滑动平均方法与由 Jan-Jaap van de Beek 提出的滑动求和方法是一致的。滑动平均算法、截断滑动平均算法以及指数权重滑动平均算法均可以看成一个 FIR 滤波器，指数权重平均算法可以看成一个 IIR 滤波器。

一个低复杂度的频率估计器可以通过量化的数据 $c(k)$ 和 $c(k-N)$ 取代 $r(k)$ 和 $r(k-N)$ 来分别获得。于是，一个低复杂度的频率估计器可以通过式（8-45）获得，即

$$\hat{\varepsilon}_c = \frac{1}{2\pi}\arctan\frac{\sum\limits_{k=\theta-L+1}^{\theta} \mathrm{Im}\{c(k)c^*(k-N)\}}{\sum\limits_{k=\theta-L+1}^{\theta} \mathrm{Re}\{c(k)c^*(k-N)\}} \tag{8-45}$$

且定时同步可以通过式（8-46）获得，即

$$\hat{\theta}_c = \arg\max_{\theta} \sum_{k=\theta-L+1}^{\theta} |\mathrm{Re}\{c(k)c^*(k-N)\}| + |\mathrm{Im}\{c(k)c^*(k-N)\}| \tag{8-46}$$

（5）复杂度权低的保护间隔频率同步算法

所有这些细频偏估计均可由式(8-47)获得，即

$$\varepsilon_1 = \frac{1}{N_g}\mathrm{imag}\{\sum_{k\in a} r(k)r^*(k+N)\} \tag{8-47}$$

$$\varepsilon_2 = \arctan[\mathrm{imag}\{\sum_{k\notin a} r(k)r^*(k+N)\}/\mathrm{real}\{\sum_{k\notin a} r(k)r^*(k+N)\}]/2\pi \tag{8-48}$$

由式（8-48）可以获得频率偏移的精确估计，而由式（8-47）仅仅可以得到一个频率偏移方向。而式（8-47）的优点在于仅仅需要式（8-48）一半的计算量。

为了减少计算复杂度，可以作以下改进。当计算 $r(k)r^*(k+N)$ 的相关结果时，可以忽略 $r(k)$ 的值，而使用其极性。也就是说，假设 $c(k)=\mathrm{sign}[r(k)]$ 且计算 $c(k)c^*(k+N)$。由于此时所有的值都是 ± 1，于是所有的复乘可以省略，而算法的计算复杂度也可以明显地减少。

总之，采用保护间隔的特殊结构来产生同步信号是 OFDM 系统中同步的基本方法，对于归一化频率偏移在 0.5 内的 AWGN 信道环境，该方法同步性能较好；而对于高速移动的瑞利衰落信道环境以及大范围的频偏，其性能就不佳。

8.4.2 基于导频的 OFDM 系统同步方法

在发射端频域特定子载波位置处插入导频符号称为子载波导频，又称频域导频。这些导频在接收端可用于时频同步、信道估计和恢复。该法常用于连续数据传输系统，如 DVB-T 系统等。在这些系统中，子载波数量大（通常大于 1024），所以导频的开销是可容忍的。

在频域上可以采用导频来完成整数频偏估计和时间细同步。在基于导频信息的时域同步方法中，导频可进行粗同步（又称捕获）和细同步（又称跟踪）。

在功率检测中，接收端将检测接收到的信号功率与门限比较，从而判断 OFDM 信号是否已经到达接收端。

对于整数频偏估计，常用连续符号间相同导频结构的相关特性来完成。

在粗同步阶段，将实现定时误差控制在 ±0.5 个采样值以内。这时的性能还远不够，但这一步将有助于细同步的实现，因为细同步算法的前提是定时错误很小。粗同步通过将接收信号与储存在本地复制的已知信号做相关运算来获得同步信息。为了足够精度地找到相关峰，可以采用数字滤波器，以几倍于原始数据的速率来提供以内插值替换的数据值。

在细同步阶段，每个子信道都有其导频信息，每个子信道都由导频信息提供的信道特征进行均衡。由于粗同步已经保证定时错误在 ±0.5 个符号连续时间以内，信道的冲激响应就应已经落在 CP 以内。导频子信道上剩下的相位错误是由定时错误引起的，可以通过线性回归来估计。

传统的采用导频进行同步的方法都遵循最大似然估计（ML）原理，ML 算法搜索的时间较长，估计也不够精确。在 DVB-T 系统中，采用导频进行同步获得了较好的效果。实质上，算法的性能与导频的设计有关。在 DVB-T 系统中，导频分布方式有两种：分布导频和连续导频。

但是这些导频因为占用了宝贵的系统带宽资源而在使用中受到限制。而且，即使在 DVB-T 系统中，采用导频和保护间隔联合进行同步，其性能也不理想。一般在移动速度超过 100km/h 时，DVB-T 的同步就会出现问题。虽然欧洲国家一直试图改善 DVB-T 系统的移动接收性能，但是，至今仍没有公开的相关技术报道。所以，在高速移动环境下如何改善 DVB-T 系统的同步性能仍是学术界研究的难点和重点。

下面介绍两种具有代表性的基于导频的 OFDM 系统同步方法。

1. DVB-T 系统中离散导频细同步方法

DVB-T 系统的离散导频的分布形式如图 8-10 所示。每隔 12 个子载波插入一个离散导频，且在下一个符号时这个位置将发生 3 个子载波位置的移位。

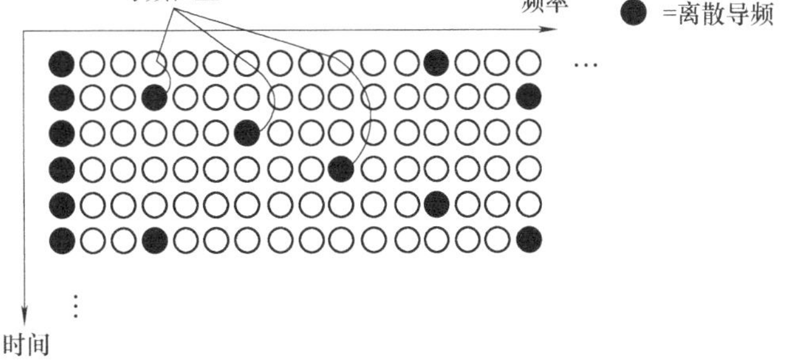

图 8-10　DVB-T 系统离散导频分布示意图

对于不正确的 FFT 窗位置，接收的解调信号可以表示为

$$\hat{X}(k) = \frac{1}{N}\sum_{n=0}^{N-1} x(n) \mathrm{e}^{\mathrm{j}2\pi k\frac{\varepsilon}{N}} \mathrm{e}^{-\mathrm{j}2\pi k\frac{n}{N}} \tag{8-49}$$

式中，ε 是 FFT 窗错位的采样点数。当 k 确定时，$\mathrm{e}^{\mathrm{j}2n\pi k/N}$ 是一个常数，因此这可以看成冲激响应的时间移位。在式（8-49）中，这个 FFT 窗错位不会引起 ISI。最佳 FFT 窗的位置可以通过标明的方向和信道冲激响应（CIR）从已知的理想位置移动的数量来确定。CIR 的位置可以通过检测高于 CIR 门槛值的部分来获得。如果出现了 ISI，错位仍可以出现在 CIR 位置，然而，噪声会升高。符号同步的框图如图 8-11 所示。

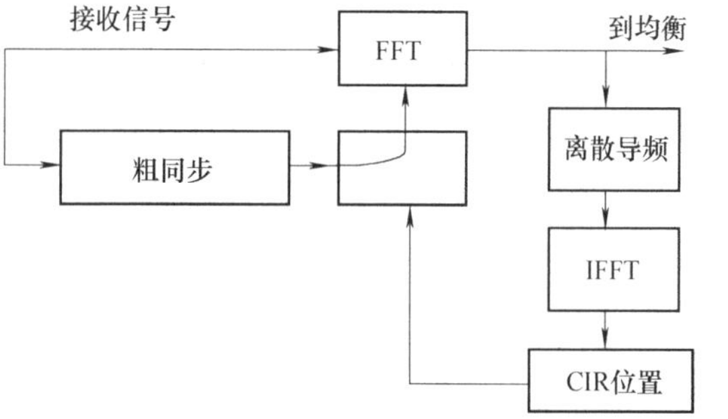

图 8-11　离散导频实现同步框图

2. 连续导频同步算法

如图 8-12 所示，频域导频可以表示为

$$P_l(k) = \begin{cases} A & k = Km \\ 0 & k = Km + i \end{cases} \tag{8-50}$$

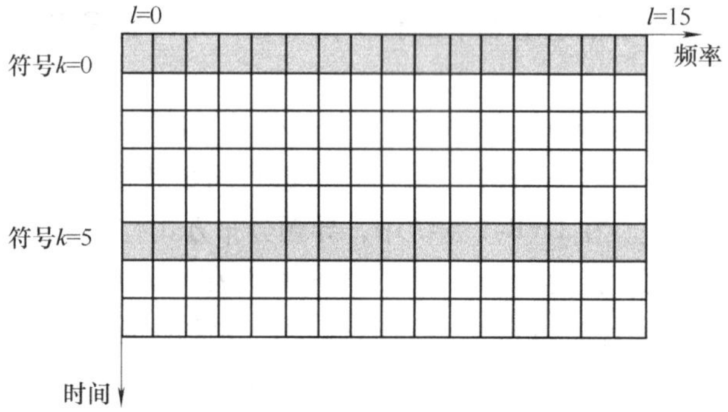

图 8-12　OFDM 帧中导频插入示意图

其相应的时域导频可以表示为

$$\begin{aligned} p_i(n) &= \mathrm{IFFT}[P(k)] = \frac{1}{N}\sum_{k=0}^{N-1} P(k)\mathrm{e}^{\mathrm{j}2\pi kn/N} \\ &= \frac{A}{K}\sum_{k=0}^{K-1} \delta(n - Mr) \end{aligned} \tag{8-51}$$

粗频率同步：在频率中，假设接收信号无 ISI，整数移位时信号可以表示为

$$P_i'(n) = A\sum_{r=0}^{M-1} \delta(n - Kr + \varepsilon_{\mathrm{i}}) \tag{8-52}$$

两个连续 OFDM 导频符号之间的相关可以用于检测整数倍频偏，因为对于式（8-53）而言在非零导频子载波处的信号能量远远大于零导频子载波处的信号能量。

$$C_m = \left| \sum_{r=0}^{M-1} P_{l,\,Mr+m}^{*} (P_{l+1,Mr+m}^{*})^{*} \right| \qquad m = 0,\ \pm 1,\ \pm 2,\ \cdots,\ L \tag{8-53}$$

式中，m 为试算的整数频偏；估计的整数频偏 $\hat{\varepsilon}_{\mathrm{i}}$ 可以通过式（8-54）获得，即

$$\hat{\varepsilon}_{\mathrm{i}} = \max_{m}(C_m) \tag{8-54}$$

估计的整数频偏范围 $\varepsilon_{\mathrm{i}} < K$。

当粗频率同步和时间错误被补偿后，接收的导频信号可以表示为

$$r_l(n) = \alpha_l p_l^*(n)\mathrm{e}^{\mathrm{j}2\pi\varepsilon_{\mathrm{f}}n/(PN)} + v(n) \tag{8-55}$$

相关方程为

$$\begin{aligned} R(\tau) &= E[r_l^*(n) r_l(n+\tau)] \\ &= [p_l(n)]^2 \mathrm{e}^{\mathrm{j}2\pi\varepsilon_{\mathrm{f}}\tau/(PN)} E[\,|a_l|^2\,] + n' \qquad \tau = P,\ 2P,\ \cdots,\ L,\ \cdots,\ (M-1)P \end{aligned} \tag{8-56}$$

当信噪比较大（$SNR > 5\mathrm{dB}$）时，分数频偏可以通过式（8-57）来进行估计，即

$$\hat{\varepsilon}_{\mathrm{f}}(\tau) \approx \frac{PN}{2\pi\tau}\arctan[R(\tau)] \tag{8-57}$$

通过滑动平均可以减少噪声干扰，即

$$\hat{\varepsilon}_{\mathrm{f}} = \frac{1}{K}\sum_{l=0}^{N-1}\hat{\varepsilon}_{\mathrm{f}}(\tau) \tag{8-58}$$

总之，基于导频的同步方法是一种常用的同步方法，尤其是在 DVB-T 等系统中，有专门的导频用于进行同步。采用导频进行同步算法的性能与同步算法和导频的设计有密切的联系。一般而言，采用导频进行同步可以在多径衰落信道中获得较好的同步效果，但是，对于高速移动的接收机，其同步效果是不理想的。

8.4.3 基于 PN 序列的 OFDM 系统同步方法

基于训练序列的同步方法通常是在时域上将已知信息加入待发 OFDM 符号。在接收端，将接收的信号和已知信息进行相关，通过相关峰出现的位置来实现时间同步。一般训练序列置于 OFDM 符号前或者由多个 OFDM 符号构成的帧的前部，并且，训练符号的引入通常可以同时完成 OFDM 系统的同步和信道估计。

通过大量的实践证明：当训练序列采用具有优良相关特性的 PN 序列时，在相同条件下，其性能比采用导频、保护间隔进行同步性能更优。

以下介绍基于训练序列同步方法的代表算法。

1. 利用两个重复的 PN 序列进行的 ML 方法

匹配滤波器的输出将存在相关峰，由该峰值可以获得时间同步和频率同步。

$2N$ 点序列的接收信号可以表示为

$$r_n = \frac{1}{N}\left[\sum_{k=-K}^{K} X_k H_k \mathrm{e}^{\mathrm{j}2\pi n(k+\varepsilon)/N}\right] \qquad n = 0,\ 1,\ \cdots,\ 2N-1 \tag{8-59}$$

接收信号的第一个 N 点的 DFT 变换的第 k 个元素可以表示为

$$R_{1k} = \sum_{n=0}^{N-1} r_n \mathrm{e}^{-\mathrm{j}2\pi nk/N} \qquad k = 0,\ 1,\ 2,\ \cdots,\ N-1 \tag{8-60}$$

接收信号的第二个 N 点的 DFT 变换的第 k 个元素可以表示为

$$R_{2k} = \sum_{n=N}^{2N-1} r_n \mathrm{e}^{-\mathrm{j}2\pi nk/N} = \sum_{n=0}^{N-1} r_{n+N} \mathrm{e}^{-\mathrm{j}2\pi nk/N} \qquad k = 0,\ 1,\ 2,\ \cdots,\ N-1 \tag{8-61}$$

$$r_{n+N} = r_n \mathrm{e}^{\mathrm{j}2\pi\varepsilon} \rightarrow R_{2k} = R_{1k}\mathrm{e}^{\mathrm{j}2\pi\varepsilon} \tag{8-62}$$

当存在 AWGN 时，有

$$Y_{1k}=R_{1k}+W_{1k} \qquad k=0,1,2,\cdots,N-1 \tag{8-63}$$

$$Y_{2k}=R_{1k}e^{j2\pi\varepsilon}+W_{2k} \qquad k=0,1,2,\cdots,N-1 \tag{8-64}$$

观察第一个和第二个的 DFT，ICI 和信号均以相同的方式变化，因此，即使频偏 ε 较大，也可通过其中关系估计出来。对于频偏的最大似然估计可以表示为

$$\hat{\varepsilon}=\frac{1}{2\pi}\arctan\left[\left(\sum_{k=-K}^{K}\mathrm{Im}[Y_{2k}Y_{1k}^{*}]\right)\Big/\left(\sum_{k=-K}^{K}\mathrm{Re}[Y_{2k}Y_{1k}^{*}]\right)\right] \tag{8-65}$$

注意：这是一个频域同步方案，其估计范围为 $|\varepsilon|<0.5$。

2. 在偶数子载波上调制的 3 个训练序列

在时域使用在一个训练符号中前后两个相同部分的训练序列结构进行时间同步。训练序列的这两个半部分在偶数频率上发送，而 0 在奇数频率上传输，这样构成一个导频码。为了使每个码元维持近似恒定的能量，训练码元的频率分量在发射端乘以 $\sqrt{2}$。

第二个训练码元包含两个 PN 序列，一个在奇频率用来测量子信道，另一个在偶频率用来帮助决定频率偏差。对于 PN 序列的选取并没有什么特殊的要求，一般而言，可以选择容易实现或者峰值功率比较小的 PN 序列。

捕获是在两个独立阶段通过使用两个训练序列来获得的，这两个训练序列一般是放在帧起始位置。首先，符号定时通过在时域内搜索第一个符号前半部分与后半部分相同的训练序列来获得，这两部分在通过信道后，除了由于载波频偏会产生相位偏差外，其余是相同的。然后，部分频率偏移被纠正后，第二个符号通过相关来获得载波频率偏移。

定时信号可以定义为

$$M(d)=\frac{|P(d)|^2}{[R(d)]^2} \tag{8-66}$$

其中

$$P(d)=\sum_{m=0}^{L-1}(r_{d+m}^{*}r_{d+m+L}) \tag{8-67}$$

$$R(d)=\sum_{m=0}^{L-1}|r_{d+m+L}|^2 \tag{8-68}$$

载波频率偏移估计可通过两个 PN 序列来获得，即

$$\Delta\hat{f}=\hat{\varphi}/(\pi T) \tag{8-69}$$

其中

$$\hat{\varphi}=\arg[P(d)] \tag{8-70}$$

$$|\hat{\varphi}|<\pi \tag{8-71}$$

3. PN 序列同步方法

将受到频偏和时偏影响后的符号分别表示为以下两式。接收到的前半段训练符号如式(8-72)所示，即

$$r(n)=\frac{1}{\sqrt{N}}\sum_{k=0}^{N-1}X_kH_k e^{j\frac{2\pi}{N}(k+\varepsilon_f+\varepsilon_i)(n+\theta)}+w(n) \tag{8-72}$$

接收到的后半段训练符号如式（8-73）所示，即

$$r\left(n+\frac{N}{2}\right)=\frac{1}{\sqrt{N}}\sum_{k=0}^{N-1}X_kH_k e^{j\frac{2\pi}{N}(k+\varepsilon_f+\varepsilon_i)(n+\theta+\frac{N}{2})}+w(n) \tag{8-73}$$

式中，X_k 为发送的数据；H_k 则是信道冲激响应经过 IFFT 变换后的采样值；$r(n)$代表接收到的数据；ε_f、ε_i 分别代表分数和整数频偏；θ 为定时偏差；$w(n)$为信道引入的加性白高斯噪声。

由于前后两部分传送的数据完全相同，在不考虑噪声影响的条件下，有

$$r(n)=r\left(n+\frac{N}{2}\right)e^{jn\varepsilon_f} \tag{8-74}$$

由式（8-74）可见，可以从接收信号的相位信息中获取分数频偏大小。下面给出针对这种训练符号进行时间频率同步的流程，其框图如图 8-13 所示。

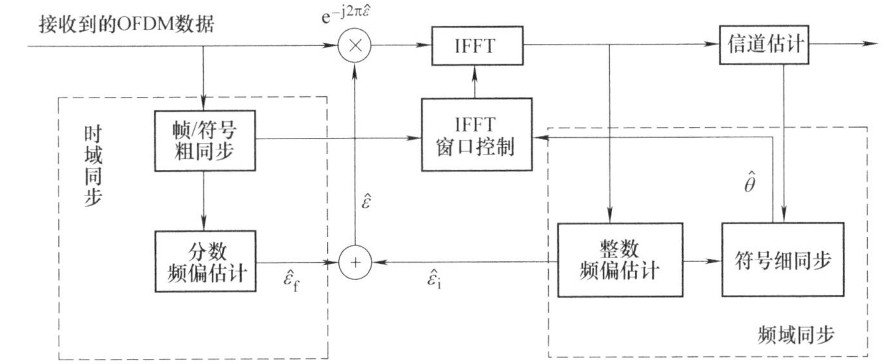

图 8-13　利用训练符号进行同步框图

（1）训练符号的构成。在一个 OFDM 符号时间内，由完全相同两部分构成一个训练符号，如图 8-14 所示。可以采用在偶数子载波处调制 PN 码，而在奇数子载波处置零来实现。

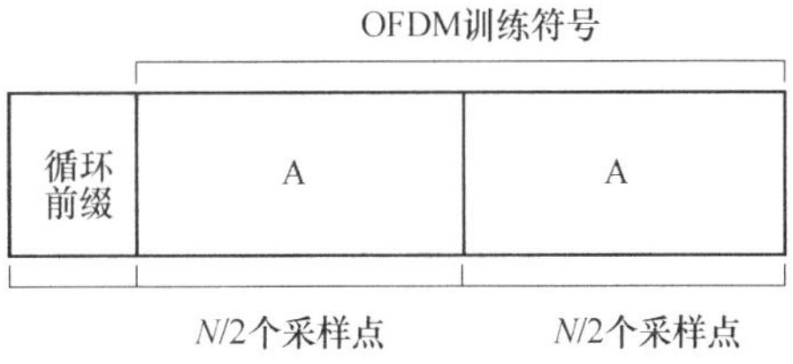

图 8-14　OFDM 训练符号结构图

（2）时域同步处理（见图 8-15）。时域同步处理共分两步进行。

1）符号粗同步。利用相同的两部分之间的时域相关性，可以找到其最大值点对应的位置，即为符号（帧）的粗同步位置。

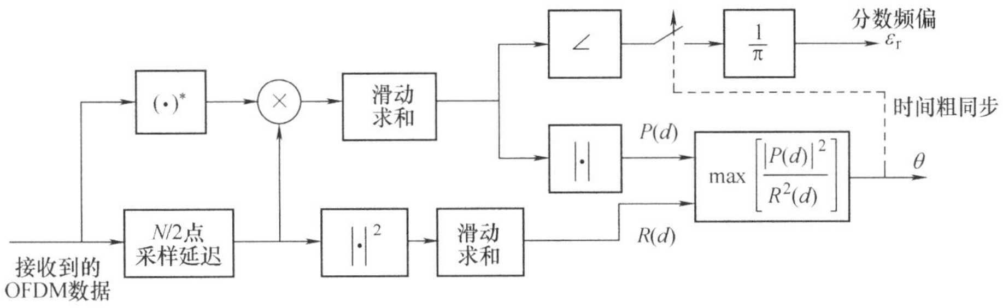

图 8-15　时域同步框图

2）分数频偏估计。利用相同的两部分之间的频偏（反映成相位差异），估计出分数频偏大小。可以对这两部分进行求相关运算。由于对于每一点的乘积而言，频偏造成的相位旋转大致相同，相关运算相当于进行了一个求和平均的过程，能比较好地保证频偏估计的精度。

（3）频域同步处理（见图 8-16）

频域同步处理共分两步进行。

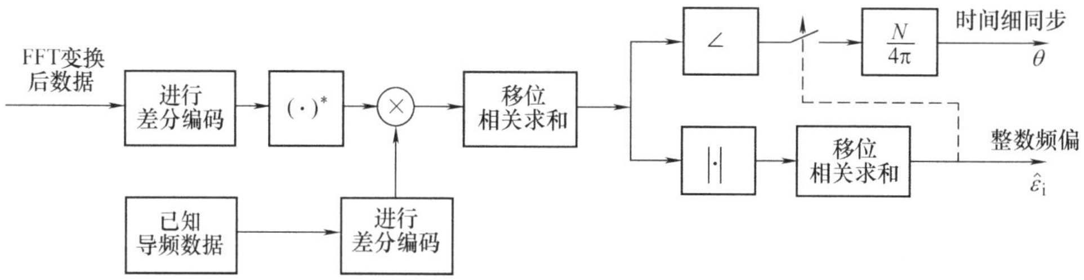

图 8-16　频域同步框图

1）整数频偏估计。进行了分数频偏修正后，频偏的整数部分将会导致 FFT 变换后标号的偏转，所以可以利用标号相同时对应的相关性最大的方法将相同的两个训练符号之间进行差分编码，与接收信号进行差分得到信号间的差异来构成代价函数，进行整数部分的估计。

2）时间细同步。对于已经经过 FFT 变换后的信号，剩余时偏在频域 k 表现为相位旋转。利用这一特性，采用与时域上进行频偏估计算法类似的方法，通过代价函数的相位信息来完成时间细同步。

总之，由于采用 PN 序列进行同步具有良好的性能，故应用较广泛。

8.5　本章小结

同步是 OFDM 系统中非常重要的问题，同步性能直接影响到 OFDM 系统的商用。在 OFDM 系统中存在着载波同步、符号定时同步和样值同步。本章首先讨论了 OFDM 系统同步技术的分类，并讨论了同步算法的基本原理。重点研究了符号定时同步误差、样值间隔偏差、样值定时偏差、载波频率偏移对 OFDM 系统性能的影响。给出了基于保护间隔的 OFDM 系统同步算法、基于导频的 OFDM 系统同步算法、基于 PN 序列的 OFDM 系统同步算法。

思　考　题

1. 什么是符号定时同步？
2. 什么是样值定时同步？
3. 什么是样值频率同步？
4. 什么是载波同步？

习　　题

1. 符号定时同步有几种情形，简单描述各情形，并说明其对同步的影响。
2. 简述符号定时同步误差对 OFDM 系统性能的影响。
3. 简述采样间隔偏差对 OFDM 系统性能的影响。
4. 简述样值定时偏差对 OFDM 系统性能的影响。
5. 简述载波频率偏移对 OFDM 系统性能的影响。
6. 简述基于保护间隔的 OFDM 系统同步方法的原理。
7. 简述基于导频的 OFDM 系统同步方法的原理。
8. 举例简述基于 PN 序列的 OFDM 系统同步方法的原理。

第9章　MIMO-OFDM 系统的编码技术

9.1　引言

OFDM 的基本原则是将高速数据流分解成多路低速数据流，然后在多个子载波上同时进行数据传输。由于数据被分解到多个低速的子载波上进行并行传输，所以符号持续时间变长，降低了由于多径时延扩散所引起的符号间干扰（ISI）。在每个 OFDM 符号中插入保护间隔后，基本上可以完全消除符号间干扰。若在保护间隔内再对 OFDM 符号进行周期扩展即构成循环前缀，就可避免引起信道间干扰（ICI）。

OFDM 系统中插入循环前缀后可以避免 ISI 并减小 ICI，但经过多径衰落信道到达接收端的所有子载波上的信号幅度可能不同。事实上，某些子信道由于深衰落可能会完全被淹没。因此，即使在大多数子载波上都能做到无差错检测，但整个系统的误码特率（BER）却会由于受接收信号幅度很小的个别子信道的影响而很高，甚至高达0.5。为了避免这种现象出现，需要引入前向纠错编码（FEC）。在子载波中引入纠错编码，较差子信道中的部分差错被纠正后可达到一定的性能，这与具体的编码技术和信道本身的特征有关。因此成功的编码就意味着：OFDM 链路的性能应由平均接收功率来确定，而不是由最差子信道的接收功率来确定。在无线衰落系统中，可以通过增加发送功率以提高信噪比来对抗衰落，但这样做同时也加重了对其他无线信道的干扰。因此在无线衰落环境下，如果不采用适当的前向纠错编码技术，要想得到满意的差错性能几乎是不可能的。

纠错编码技术在数字通信中非常重要。在 OFDM 系统中可以从时域和频域两个角度使用 FEC 来对抗频率选择性衰落和时间选择性衰落。为了达到这个目的，通常使用交织编码技术。使用适当的时频交织技术，结合其他的纠错编码技术组成级联码，也可以取得比较令人满意的效果。近几年来，新的并行级联码——Turbo 码，综合考虑纠错编码、调制技术的网格编码调制（TCM）技术，以及综合考虑纠错编码、调制和分集技术的空时编码（STC）技术等也都在 OFDM 系统中得到了较好的应用。

9.2　OFDM 系统的编码技术

9.2.1　OFDM 系统中的分组编码

线性分组码是目前研究相对比较成熟的纠错编码，它的信息码元和监督码元之间可以用一组线性方程来表示，建立在代数学群论的基础之上，故又称之为群码；汉明码和循环码作为两种纠错性能好、传输效率高、编译码设备又都不太复杂的线性分组码，在许多通信系统中都得到了广泛的应用。

分组编码器（n, k）将输入的 k 个信息码元编码成 n（其中 $n>k$）个输出码元。增加的（$n-k$）个冗余码元是为了增加码组的最小汉明距离。如果分组码能纠正 t 个码元错误，最小汉明距离用 $d_{\min}$表示，那么它们之间满足关系式

$$d_{\min} \geqslant 2t+1 \tag{9-1}$$

另一方面，$d_{\min}$又以冗余码元数（$n-k$）为上界，即

$$d_{\min} \leqslant n-k+1 \tag{9-2}$$

对于二进制编码，只有重复码和一位奇偶校验码才能达到这个上界。对于非二进制编码，也只有 Reed Solomon（RS）码才可能达到这个上界。RS 码由于它的距离特征、编码效率以及译码算法而成为应用最普遍的一种分组码。

RS（n、k）码中，输入信号分成 km 比特一组，每个码元由 m 个比特组成，因此一个码组共包括 k 个码元。一个能纠正 t 个码元错误的 RS 码的主要参数如下：

（1）码长 $n=2^m-1$ 个码元，或 $m(2^m-1)$ 个比特；

（2）监督码元数 $n-k=2t$ 个码元，或 $2mt$ 个比特；

（3）最小码距 $d_{\min}=2t+1$ 个码元，或 $m(2t+1)$ 个比特。

对于一个长度为 $n=2^m-1$ 的 RS 码，其中每个码元都可看成是伽罗华域 $GF(2^m)$ 中的一个元素。最小码距为 $d_{\min}$的 RS 码的生成多项式具有如下形式：

$$g(x)=(x+\alpha)(x+\alpha^2)\cdots(x+\alpha^{d_{\min}-1}) \tag{9-3}$$

式中，α 为伽罗华域 $GF(2^m)$的本原元素。

表面上看来，由关系式 $n=2^m-1$ 表示的可用码字的长度可变性似乎很小，然而通过截短置零一定数目的输入比特，并将相同数目的对应输出比特截短置零，RS 码就很容易截短成任意长度的码字。而且，在 RS 码的最后再添加一个校验码元，很容易将其扩展成为 2 的整数次幂码长的码字。

根据式（9-1）和式（9-2），RS 码可以纠正$\lfloor (n-k)/2 \rfloor$个错误码元（这里$\lfloor \cdot \rfloor$表示向下取整运算），每个码元包含 m 个比特，所以它最大可纠正 $m\lfloor (n-k)/2 \rfloor$个错误比特，这种情况也只有在发生错误码元的所有比特都出错时才可能达到。至于具有 m 个比特的码元中究竟有 1 位错误，还是 m 位全错，并不会影响到码元的纠错能力。但要注意到，如果设计 RS 码最多可纠正 2 个码元，每个码元包含 8 个比特，它可能还不能纠正 3 个比特的随机错误的情形，因为这 3 个比特可能分布在 3 个不同的码元中。从这一点来说，RS 码特别适合于纠正突发错误。多径衰落下的 OFDM 链路就是这种信道。在无线多径衰落信道中，由于信道的多径时延导致信号在时间上的扩散，在频域上看就产生了频率选择性衰落。当信道的相干带宽大于 OFDM 系统的子载波间隔时，在子载波之间就会产生相关性错误，可能导致 OFDM 中相邻几个子载波出现突发错误。在无线 OFDM 系统中，如果一个 OFDM 符号正好包含 M 个码元（nm 个比特），那么译码时无需再增加额外的存储设备，各个分组码就可以独立进行译码。

如果将 RS 码与交织技术相结合，纠错能力将会更强。因此，在既存在随机错误又存在突发错误的信道上（如有线电话信道和移动通信系统中），RS 码得到了广泛的应用。

图 9-1 给出了 AWGN 信道中未编码和采用分组编码的 OFDM 系统性能简单图示。由图 9-1 可知，采用分组编码系统的差错性能曲线当信噪比达到一定数值时急剧下降，即在该区域内信噪比的微小变化都会带来性能很大的提高。如果分组码的码长足够长，曲线急剧下降

处的信噪比只比获得同样比特速率的理想信道容量所需的信噪比大一点。当然，差错性能曲线的急剧下降从另一方面说明，采用分组编码提高信噪比到一定程度后，再提高就不会得到明显的好处。

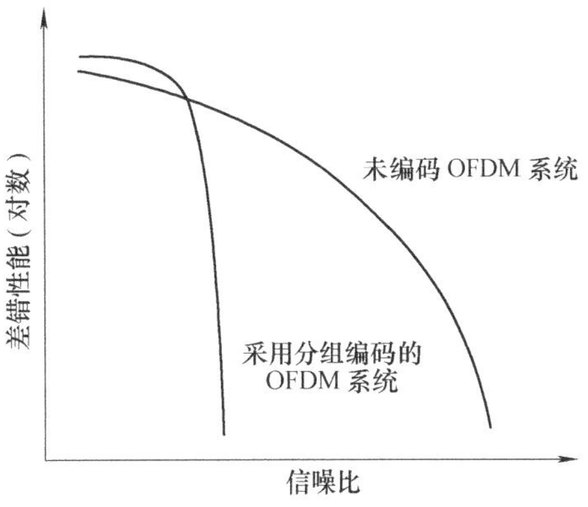

图 9-1　AWGN 信道中采用分组编码的 OFDM 系统性能简单图示

9.2.2　OFDM 系统中的卷积码

卷积码是 1955 年由麻省理工学院的伊利亚斯（P. elias）提出来的，它与前面讨论的分组码不同，属于非分组码。通常，为了达到一定的纠检错能力和编码效率，分组码的码长较大。由于编译码时必须把整个码组存储起来，因此处理产生的时延随码长的增加而线性增长。而卷积码（n，k，N）的信息码元个数 k 和码长 n 通常较小，故时延小，特别适合于以串行形式传输信息的场合。与分组码相比，卷积码在任何一个码组中的监督码元都不仅与本组的 k 个信息码元有关，而且与前面 $N-1$ 组的信息码元有关。定义 N 为约束长度，随着 N 的增加，卷积码的纠错能力随之增强，误码率则呈指数下降。正由于卷积码在编码过程中充分应用了各码组之间的相关性，无论是从理论上还是从实际上均已证明其性能优于分组码，因此在通信领域应用得越来越多。

卷积码将连续输入的 k 个比特映射成 n 个比特输出，该映射是通过对输入比特和二进制冲激响应进行卷积完成的，故称之为卷积码。卷积编码可通过移位寄存器和模 2 加法器来实现，例如图 9-2 给出了一种常用的码率为 1/2 的卷积编码器。该编码器有 1 位数据输入 D_i 和 2 位数据输出 A_i 和 B_i，进行交织后形成输出序列 $\{A_1B_1A_2B_2A_3B_3\cdots\}$。每一对输出比特 $\{A_iB_i\}$ 与 7 个输入比特有关，当前输入比特和前面输入的存储在移位寄存器中的 6 个比特。这个值 7 或移位寄存器长度加 1 称之为约束长度。移位寄存器的系数通常用相应的生成多项式或生成矢量来表示。例如图中编码器的生成矢量为 {1011011，1111001} 或用八进制表示 {133，171}。生成矢量中的“1”对应于移位寄存器的系数。

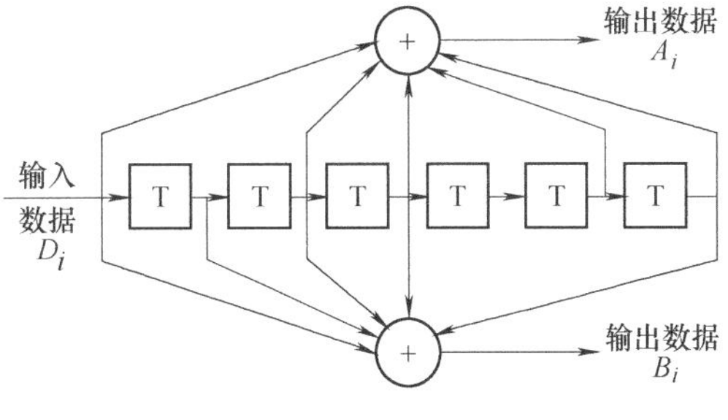

图 9-2　约束长度为 7 的卷积编码器

卷积码可以通过凿孔（Punctured）来提高编码效率。例如，对上述编码效率为 1/2 的卷积码，如果在输出的每 6 个比特中删除 2 个比持，那么就变成编码效率为 3/4 的卷积码，凿孔后的比特输出为 $\{A_1B_1A_2B_3A_4B_4A_5B_6A_7B_7A_8B_9\cdots\}$；如果在输出的每 4 个比特中删除 1 个比特，那么就变成编码效率为 2/3 的卷积码，凿孔后的比特输出为 $\{A_1B_1A_2A_3B_3A_4A_5B_5A_6\cdots\}$。译码时只需在凿孔位置补零就可仍旧使用 1/2 码的译码方法。因此，凿孔使得卷积码的编码灵活得多，使用也就方便得多。

卷积编码的译码算法可分为两大类：代数译码和概率译码。代数译码利用编码本身的代数结构进行译码，并不考虑信道的统计特性，这种译码方法硬件实现简单，但性能差；概率译码通常是建立在最大似然准则基础上的译码。由于概率译码考虑了信道的统计特性，所以提高了性能，但这种性能的提高是以增加硬件的复杂度为代价的。常用译码算法是 Viterbi 译码算法，它属于概率译码类。Viterbi 译码算法的复杂度随约束长度指数增长。因此，实际实现中约束长度一般不超过 10。较大约束长度卷积码的译码可以采用最佳的译码技术，如序贯译码算法。在这里还要强调的是，在理论上，Viterbi 算法要等到全部信息接收完毕之后才能得到译码结果。在发送序列较长时，需要的存储量和译码时延都相当大，这显然不能满足实时通信的要求。所以从实用的角度来看，在 Viterbi 算法的具体实现中，通常都会采取截短译码的方式。即当译码器中存储的路径长度达到某个译码深度 τ 时，就对幸存路径最前面的一级支路作出判决，输出对应的信息码元，然后再计算下一级的幸存路径，依此类推。在 OFDM 系统中，根据卷积码的编译码特征，通常选取卷积码的译码深度 τ 与 OFDM 符号的长度满足一定的关系。

因为卷积码没有固定的长度，所以很难再根据汉明距离和可纠正的错误码元数来描述它的性能。一种量度是使用自由距，卷积码中长度为 nN 的编码后序列之间的最小汉明距离称为最小距，任意长编码后序列之间的最小汉明距称为自由距，例如图 9-2 所示卷积码的自由距为 10。当使用硬判决译码时，它可以纠正在 3 ~5 倍约束长度序列中出现的$\lfloor (10-1)/2 \rfloor =4$ 个比特的错误；当使用软判决译码时，可纠正的比特数不再用来衡量它的纠错能力，而是使用编码增益（Coding Gain）。编码增益就是为了获得一定的比特差错率，编码系统所需要的每比特能量噪声密度比（E_b/N_0）和未编码系统所需要的每比特能量噪声密度比的差值，一般用分贝（dB）来表示。E_b/N_0 增益等于输入信噪比（SNR）与由于引入冗余比特而带来的速率损失之间的差值。举例来说，图 9-3 给出了未编码和使用图 9-2 所示卷积码的编码 QPSK 与 E_b/N_0 的变化曲线。由图 9-3 可知，当误比特率为 10^4 时，编码系统可以带来差不多 5dB 的编码增益。对于更低的误比特率，编码增益可以达到 5. 5dB。

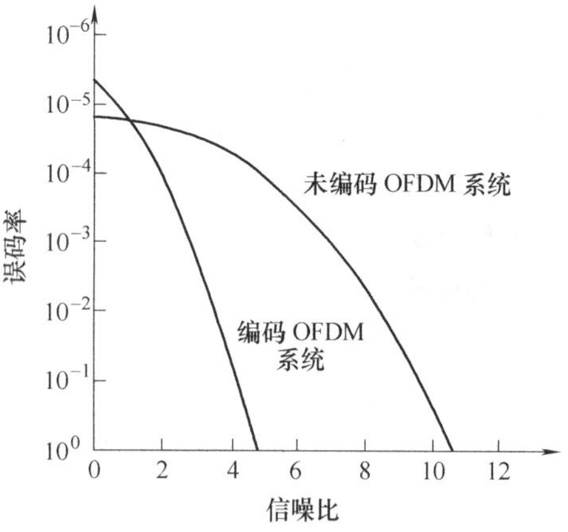

图 9-3　AWGN 信道下采用卷积编码的 OFDM 系统性能

这里所说的每比特能量噪声密度比 E_b/N_0 等于信号功率和在等于比特速率 N_0/T_b（T_b 是比特持续时间）的带宽上的噪声平均功率之比。另一种方法是定义每符号能量密度比 E_s/N_0，它等于信号功率和在等于符号速率 N_0/T_s（T_s 是符号持续时间）的带宽上的噪声平均功率之比。E_s/N_0 等于各子载波的输入 SNR 加上由于插入保护间隔所带来的损失。它们之间满足关系

$$\frac{E_s}{N_0}=\frac{E_b}{N_0}\frac{T_s}{T_b} \tag{9-4}$$

$$SNR=\frac{E_b}{N_0}\frac{1}{BT_b}=\frac{E_b}{N_0}\frac{bN_c r}{BT_s} \tag{9-5}$$

式中，B 定义为输入噪声带宽；b 定义为各子载波的编码比特数；N_c 是子载波数；r 是编码效率。

一般来说，输入信噪比等于 E_b/N_0 乘以比特率和带宽的比值，比特率与带宽的比值恰

好是频谱利用率[(bit/s)/Hz]。频谱利用率与各子载波传输的比特数 b(由采用的星座尺寸决定)、编码效率 r 以及保护时间有关;而子载波数与频谱利用率没有关系,这是因为噪声带宽也随着子载波数增加而线性增加。

9.2.3 OFDM 系统中的交织编码

实际信道(如存在脉冲噪声的信道)产生的错误往往是突发错误或突发错误与随机错误并存。为了纠正比较长的突发错误或者利用码的纠随机错误能力来纠正突发错误,常常使用交织技术。采用交织方法构造出来的码称之为交织码。交织的作用是减小信道中错误的相关性,把长的突发错误离散成短的突发错误或随机错误。交织深度越大,离散程度越高。这一技术在 FEC 方式中得到了普遍应用。

对一个(n,k)分组码进行深度为 m 的交织时,如图 9-4 所示,把 m 个码组按行排列成一个 $m\times n$ 的码阵。该码阵就是(mn,mk)交织码的一个码字,每行称为交织码的行码或子码,并规定以列的次序自左至右,即以$\{a_{1,1},a_{2,1},\cdots,a_{m,1};a_{1,2},a_{2,2},\cdots,a_{m,2};a_{1,n},a_{2,n},\cdots,a_{m,n}\}$的顺序传输。接收端的去交织则执行相反的操作,把收到的码元仍排列成图 9-4 的形式,以行为单位,按(n,k)行码的方式进行译码。

$$
\begin{array}{cccc}
a_{1,1} & a_{1,2} & \cdots & a_{1,n} \\
a_{2,1} & a_{2,2} & \cdots & a_{2,n} \\
\vdots & \vdots & & \vdots \\
a_{m,1} & a_{m,2} & \cdots & a_{m,n}
\end{array}
$$

图 9-4 交织码阵

经过交织后,每个(n,k)码组的相邻码元之间相隔 $m-1$ 个码元。因此当接收端收到交织的码元后,若仍恢复成原来的码阵形式,就把信道中的突发错误分散到 m 个(n,k)中。如果一个(n,k)码可以纠正 t 个错误(随机或突发),交织深度为 m 时形成的(mn,mk)码就能纠正所有长度不大于 mt 的单个突发错误,或者纠正 t 个长度小于 m 的突发错误。显然,m 越大,纠正突发错误的能力就越强;交织次数越大,则离散的长度就越大。因此从这个意义上讲,交织方法是一种时间扩散技术。它把信道错误的相关性减小,当 m 足够大时就把突发错误离散成随机错误,从而可用纠正随机错误码为行码构成交织码来纠正突发错误。

对于瑞利衰落信道,采用足够大约束长度的卷积编码和足够深的交织编码级联,可以将其近似等效为一个高斯信道。在瑞利衰落下采用卷积编码和交织编码的系统性能如图 9-5 所示。图 9-5 中采用编码和交织技术的瑞利衰落信道的差错性能与未编码的高斯信道相等效。在 OFDM 系统中,交织深度一般选取与一个 OFDM 符号的长度相同。

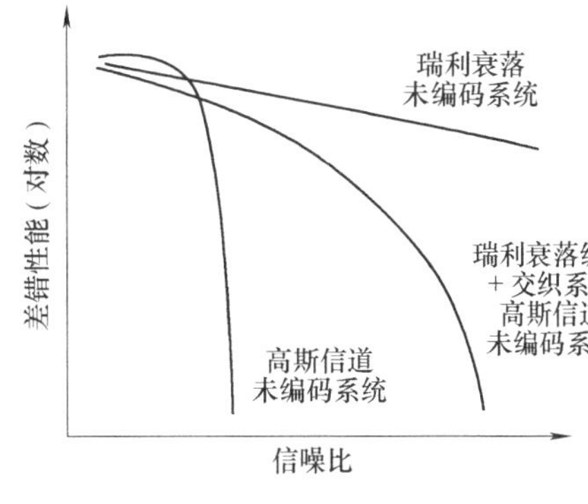

图 9-5 在瑞利衰落信道下的编码、交织系统的差错性能简单图示

需要注意的是,这里只给出了一种简单的交织方法,具体的交织算法还有很多。一般来说,算法效果越好,交织后的离散程度就越大,各差错之间的相关性就越小,算法也更为复杂。

9.2.4 OFDM 系统中的 Turbo 码

最近,Turbo 码在许多通信系统中都得到了广泛的应用。Turbo 码的随机性结构使得它具有很突出的性能，可以在差错率较小的情况下以接近信道容量的信息速率传送，尤其是在信噪比较小时。下面先简要介绍 Turbo 码的基本概念。

Turbo 码由两个或多个串行或并行级联的编码器组成。图 9-6 给出了一种多个递归系统卷积码（Recursive Systematic Code，RSC）并行级联构成 Turbo 码的编码器。

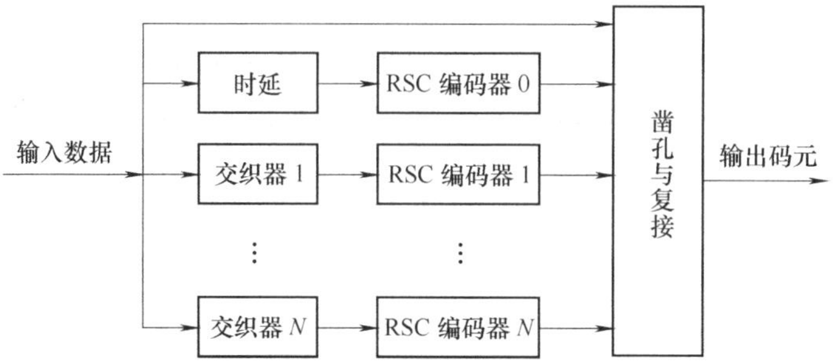

图 9-6　Turbo 码编码器框图

由图 9-6 可以看出，在构成 Turbo 码的各 RSC 编码器之间插入了乱序的交织器，这些交织器的主要作用是重置输入信息序列的比特顺序，使得交织后序列的相关性较小，从而最终改变输出码码重的分布。因此，设计一个好的交织器，在大信噪比情况下尽可能选择最小码重最大的码字；而在小信噪比的情况下（这也是人们感兴趣的），选择最优码重分布的码字比选择最小码重最大的码字更重要。

Turbo 码的译码采用软输入软输出（Soft In Soft Out，SISO）Viterbi（SOVA）译码算法，结构如图 9-7 所示。每个译码器都有 3 种不同类型的软输入：未编码信息比特、信道估计信息和外信息。从图 9-7 中可以看到，在各译码器之间也插入了交织器，这些交织器与相应的多次迭代译码起到随机译码的作用，同时对有突发错误的衰落信道起到转化突发差错为随机差错的作用。由于 Turbo 码的特性，使得它的差错性能极其优良。Berrou 等人的研究表明，在误码率为 10^{-5}时，它与香农界只有大约 0.7dB 的距离，但同时它的译码设备很复杂，而且译码时延较大，不适用于实时通信系统。

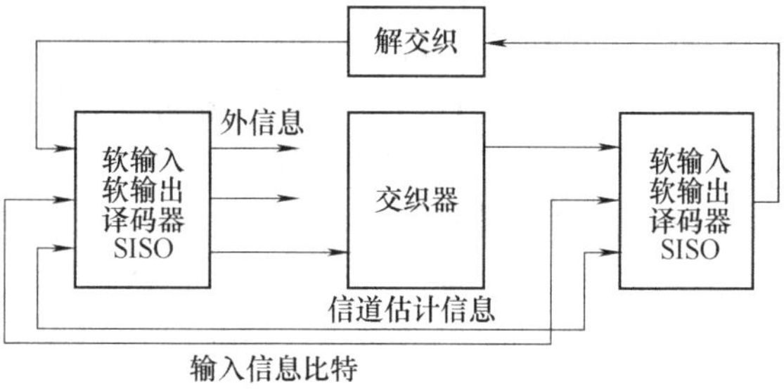

图 9-7　Turbo 码的译码器框图

9.3　空时编码技术

发射分集已成为无线衰落信道中一种非常有效的抗信道衰落方法。由于发射分集相对实现的简单性以及在基站可安置多个天线的灵活性，得到了广泛的应用。一种采用两个发射天线的简单发射分集方案由 Alamouti 提出。后来，Tarokh 等人将发射分集进一步推广到多于两个天线的情况，并提出空时分组码（STBC）的概念。其中，Alamouti 码就是最简单的两天线空时分组码。空时分组码是利用正交设计的原理来分配各类发射天线的发射信号形式，这实质上是一种空域和时域联合的正交分组编码方式。空时分组码可以使译码后获得满分集增益，且保证译码运算仅仅是简单的线性合并，译码复杂度相对于摒弃的空时格码来说要低得多。因此，空时分组码已成为实际应用中非常有吸引力的方案。

9.3.1 空时码概述

空时编码的有效工作需要在发送端和接收端使用多个天线。因为空时编码同时利用时间和空间两维来构造码字，这样才能有效抵消衰落，提高功率效率；并且能够在传输信道中实现并行的多路传送，提高频率效率。需要说明的是，空时编码技术因为属于分集的范畴，所以要求在多散射体的多径下应用，发送机和接收机的天线间距应适当拉开，以保证发射、接收信号的相互独立性，以充分利用多散射体所造成的多径。

空时编码在不同天线所发送的信号中引入时间和空间的相关性，从而不用牺牲带宽就可为接收端提供不编码系统所没有的分集增益和编码增益。空时编码的基本工作原理：从信源给出的信息数据流到达空时编码器后，形成同时从多个发射天线上发射出去的矢量输出，这些调制符号被称为空时符号（STS）或者空时矢量符（STVS）。目前提出的空时编码方式主要有分层空时编码、空时格码和空时分组码。这三种空时编码各有优缺点，可以根据特定的条件选择合适的编码。本节重点对空时分组码进行介绍。

9.3.2 空时分组码的编码

STBC 的编码方法最初由 Alamouti 提出，是适合两个发送天线的编码方法；在此基础上，Tarokh 将其推广至两个以上的发送天线。与 Alamouti 编码方法相同，Tarokh 仍然采用正交设计的编码矩阵，不论是 Alamouti 的编码方式还是 Tarokh 的编码方式均不能获得编码增益，但可以获得最大的分集增益。下面以 Alamouti 提出的空时分组码为例，介绍正交 STBC 的编码方法。图 9-8 显示了 Alamouti STBC 码编码器的原理框图。

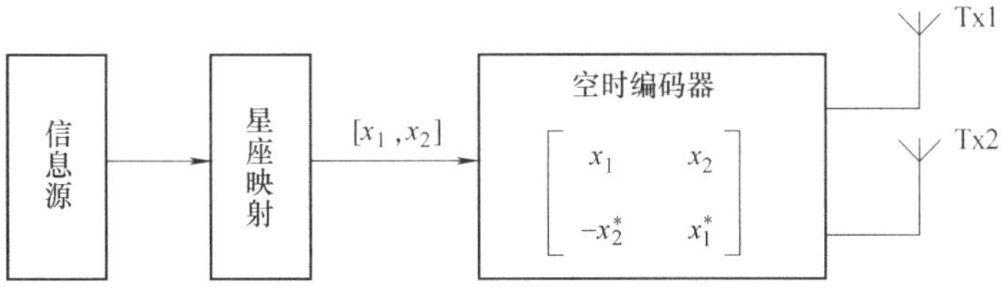

图 9-8 Alamouti STBC 编码器模型的原理框图

假设用有 2^b 个星座点的星座图进行调制，在每一次编码操作中，将一组 $2b$ 个信息比特映射到信号星座，以选择两个调制信号 x_1 和 x_2。用空时编码器对两个调制信号进行编码，根据 Alamouti 空时分组编码矩阵

$$\boldsymbol{G}_2 = \begin{bmatrix} x_1 & x_2 \\ -x_2^* & x_1^* \end{bmatrix} \tag{9-6}$$

生成两个长度为 2 的并列序列。这些序列在两个时间周期内通过 2 个天线发射出去：在第一个符号周期中，信号 x_1 和 x_2 同时从天线 1 和 2 分别发送；在第二个符号周期中，信号 $-x_2^*$ 和 x_1^* 同时从天线 1 和天线 2 分别发送。

一般来讲，STBC 是由一个 $p \times N_T$ 的传输矩阵 $\boldsymbol{G}$ 来定义的，其中 N_T 为发送天线数，p 为

发送一组符号所需的符号周期数。假设用有 2^b 个星座点的星座图进行调制。在每一次编码操作中，将一组 kb（对于 Alamouti 编码，$k=2$）个信息比特映射到信号星座，以选择 k 个调制信号 x_1，x_2，…，x_k。STBC 编码器对 k 个调制信号进行编码，根据传输矩阵 $\boldsymbol{G}$ 生成 N_{T} 个长度为 p 的并行信号序列，这些序列通过 N_{T} 个发射天线，在 p 个符号周期内发射出去。换言之，对于每组 k 个输入符号，每个天线要发送 p 个空时符号。STBC 的码率定义为编码器在输入时提取的符号数与天线发射的空时编码符号数之间的比率，可以表示为

$$R=k/p \tag{9-7}$$

对于 Alamouti 编码，$p=k=2$，故其码率 $R=1$。

编码矩阵 $\boldsymbol{G}_2$ 具有如下的特性：

$$\boldsymbol{G}_2^{\mathrm{H}}\boldsymbol{G}_2=\rho_2\boldsymbol{I}_2 \tag{9-8}$$

其中

$$\rho_2=\sum_{i=1}^{2}|x_i|^2$$

式中，$\boldsymbol{I}_2$ 表示 2×2 单位矩阵。

更一般地，发射编码矩阵中各列相互正交的空时分组编码称为正交空时分组编码。由该定义可得出正交空时分组编码的编码矩阵 $\boldsymbol{G}$ 的设计准则。编码矩阵 $\boldsymbol{G}$ 任意不相同的两列，其内积为零，或表示为

$$\boldsymbol{G}^{\mathrm{H}}\boldsymbol{G}=\rho_p\boldsymbol{I}_{N_{\mathrm{T}}} \tag{9-9}$$

其中

$$\rho_p=\sum_{i=1}^{p}|x_i|^2$$

式中，$\boldsymbol{I}_{N_{\mathrm{T}}}$表示 $N_{\mathrm{T}}\times N_{\mathrm{T}}$ 单位矩阵。

显然，Alamouti 的发射分集方案 $\boldsymbol{G}_2$ 是正交 STBC 码，是发射天线数 $N_{\mathrm{T}}=2$ 时的一个特例。正交 STBC 设计的本质是发射编码矩阵的正交性，这种正交性同时体现在空间域和时间域。利用正交设计，还可以设计出其他正交 STB 码。

9.3.3 空时分组码译码算法

研究纠错码的意义是在保持一定的信息传输速率的条件下，通过编译码来降低误码率，从而实现可靠通信，并要求译码器尽可能简单。在空时分组译码过程中，常用的译码方法有最大似然（ML）译码、迫零检测（ZF）等方法。本节首先介绍最大似然译码算法，在此基础上介绍利用最大似然算法进行空时分组码的译码。

1. 最大似然译码算法

任何复线性 MIMO 模型可以归结为一个等效的实数模型，假设在 MIMO 系统中，采用了 Q-PAM 信号星座（QAM 星座对应的实数模型），对应的字母集为$\chi=\{$奇数$j|-Q+1\leqslant j\leqslant Q-1\}$。这样在接收机端，对应的实数接收矢量$\bar{\boldsymbol{y}}$（$n\times1$ 维矢量）由式（9-10）给出

$$\bar{\boldsymbol{y}}=\boldsymbol{H}\bar{\boldsymbol{s}}+\boldsymbol{n} \tag{9-10}$$

式中，$\boldsymbol{H}_{(n\times m)}$是等效的实数信道矩阵；$\boldsymbol{n}_{n\times1}$是每个元素均值为 0、方差为 σ^2 噪声矢量；$\hat{\boldsymbol{s}}\in\chi^m$ 是传输的信息符号矢量。尽管式（9-10）中的模型对线性空时编码和未编码的 MIMO 系统均适用，这里将集中研究为编码的 MIMO 系统，其中 $\boldsymbol{H}$ 的每个元素都是零均值、方差为 G 的随机变量。不失一般性，这里假设 $m=n$。

通过对接收信号矢量作适当的变换和归一化，ML 解的归一化形式为

$$\hat{s} = \arg\min_{s \in \mathbf{Z}_Q^m} |\boldsymbol{y}' - \boldsymbol{Hs}|^2 \tag{9-11}$$

这里每个元素 $s_i = (\tilde{s}_i + Q - 1)/2$，其取值范围是$\{0, 1, \cdots, Q-1\}$。假设 $\boldsymbol{Q}$ 和 $\boldsymbol{R}$ 分别是对 H 进行 QR 分解后得到的 $m \times n$ 酉矩阵和上三角矩阵，ML 的解可以进一步表示为

$$\begin{aligned}\hat{s} &= \arg\min_{s \in Z_Q^m} |\boldsymbol{Q}^{\mathrm{T}}\boldsymbol{y} - \boldsymbol{Rs}|^2 = \arg\min_{s \in Z_Q^m} |\boldsymbol{y}' - \boldsymbol{Rs}|^2 \\ &= \sum_{i=1}^{m} \left| y_i' - \sum_{j=i}^{m} r_{i,j} s_j \right|^2\end{aligned} \tag{9-12}$$

式中，$r_{i,j}$是矩阵 $\boldsymbol{R}$ 的第 i 行、第 j 列的元素。

在式(9-12)中 $\boldsymbol{R}$ 可以解释为将随机网格 s 映射到 $n \times 1$ 的生成矩阵，而 $\boldsymbol{y}'$是一个对传输网格点 Rs 经过扰动后得到的矢量。ML 检测就是要找到距离接收矢量 $\boldsymbol{y}'$最近的网格点。

一般而言，采用复数信号调制的 STBC 信号模型可以表示为

$$\boldsymbol{X} = \boldsymbol{Hs}^* + \boldsymbol{W} \tag{9-13}$$

式中，$\boldsymbol{X} = [X_1, \cdots, X_p]$，$\boldsymbol{X}_p$ 为 $N_{\mathrm{R}} \times N$ 维矩阵，N_{R} 为接收天线个数，$\boldsymbol{p} = 1, \cdots, P$ 是第 p 个 STBC 块中的接收信号矩阵；$\boldsymbol{s}^* = [s_1^*, \cdots, \boldsymbol{s}_p^*]$，$\boldsymbol{s}_p^*$ 是 $N_{\mathrm{T}} \times N$ 矩阵，表示发送的第 p 个空时编码块，N_{T} 表示发射天线；W 是加性高斯白噪声信号矩阵。

那么，复信号调制的最大似然联合信道估计和信号检测可以等效为

$$\min_{\boldsymbol{H}, \boldsymbol{s}^*} |\boldsymbol{X} - \boldsymbol{Hs}^*|^2 \tag{9-14}$$

2. 利用最大似然算法进行空时分组码的译码

不管编码矩阵是何种形式，空时分组编码的译码都是利用其正交性，一般都采用最大似然译码算法。

接收端采用一个接收天线，Alamouti 方案接收机原理框图如图 9-9 所示。在 t 时刻从天线 1 和 2 到接收天线的信道衰落系数分别用 $h_1(t)$ 和 $h_2(t)$ 表示。假设衰落系数在两个连续符号发射周期之间不变，则可以表示为

$$\begin{cases} h_1(t) = h_1(t+T) = h_1 = |h_1| \mathrm{e}^{\mathrm{j}\theta_1} \\ h_2(t) = h_2(t+T) = h_2 = |h_2| \mathrm{e}^{\mathrm{j}\theta_2} \end{cases} \tag{9-15}$$

式中，$|h_i|$和 $\theta_i(i=1, 2)$分别是发送天线 i 到接收天线的幅度增益和相移；T 为符合周期。

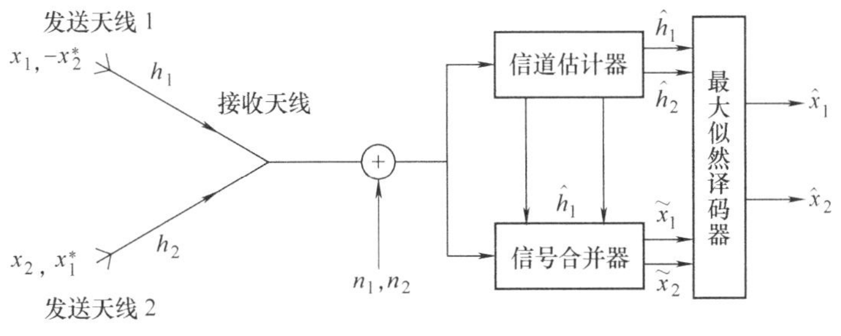

图 9-9　Alamouti 方案接收机原理框图

在接收天线端，则相应的接收信号在 t 和 $t+T$ 时刻可以表示为

$$\begin{cases} r_1 = r(t) = h_1 x_1 + h_2 x_2 + n_1 \\ r_2 = r(t+T) = -h_1 x_2^* + h_2 x_1^* + n_2 \end{cases} \tag{9-16}$$

式中，n_1 和 n_2 分别表示在 t 和 $t+T$ 时刻的接收机上的加性高斯噪声的采样，二者为独立同分布的复随机变量，其均值为零、功率谱密度为 $N_0/2$。

定义接收信号矢量 $\boldsymbol{r}=[r_1, r_2^*]$，编码矢量 $\boldsymbol{x}=[x_1, x_2]^{\mathrm{T}}$，噪声矢量 $\boldsymbol{n}=[n_1, n_2]^{\mathrm{T}}$，则式（9-16）可以改写成式（9-17）所示矩阵形式：

$$\boldsymbol{r}=\boldsymbol{H}\boldsymbol{x}+\boldsymbol{n} \tag{9-17}$$

式中，$\boldsymbol{H}$ 为信道矩阵，即

$$\boldsymbol{H}=\begin{bmatrix} h_1 & h_2 \\ h_2^* & -h_1^* \end{bmatrix} \tag{9-18}$$

容易证明，$\boldsymbol{H}$ 为正交矩阵，即 $\boldsymbol{H}=\sum_{i=1}^{2}|h_i|^2\boldsymbol{I}_2$。由于正交空时分组码编码矩阵的正交性，使得信道矩阵也具有正交性，这是正交空时分组码的一个重要特性，大大简化了其译码过程。

如果能够在接收端完全恢复信道衰落系数 h_1 和 h_2，则译码器将采用它们作为信道状态信息（CSI）。假定调制星座图中所有信号都是等概率的，最大似然译码器对所有可能的 $\hat{x}_1$ 和 $\hat{x}_2$ 值，从信号调制星座图中选择一对信号（$\hat{x}_1$，$\hat{x}_2$）是下面的距离量度最小

$$d^2(r_1, h_1\hat{x}_1+h_2\hat{x}_2)+d^2(r_2, -h_1\hat{x}_2^*+h_2\hat{x}_1^*)=|r_1-h_1\hat{x}_1-h_2\hat{x}_2|^2+|r_2+h_1\hat{x}_2^*-h_2\hat{x}_1^*|^2 \tag{9-19}$$

将式(9-16)代入式(9-19)，最大似然译码可以表示为

$$(\hat{x}_1, \hat{x}_2)=\arg\min_{(\hat{x}_1, \hat{x}_2)\in C}(|h_1|^2+|h_2|^2-1)(|\hat{x}_1|^2+|\hat{x}_2|^2)+d^2(\tilde{x}_1, \hat{x}_1)+d^2(\tilde{x}_2, \hat{x}_2) \tag{9-20}$$

式中，C 为调制符号对（$\hat{x}_1$，$\hat{x}_2$）所有可能的集合；$\tilde{x}_1$ 和 $\tilde{x}_2$ 是通过合并接收信号以及 CSI 构造产生的两个判决统计，即

$$\tilde{x}_1=h_1^* r_1+h_2 r_2^* \tag{9-21}$$

$$\tilde{x}_2=h_2^* r_1+h_1 r_2^* \tag{9-22}$$

令 $\tilde{x}=[\tilde{x}_1, \tilde{x}_2]$，由式（9-21）和式（9-22）有

$$\tilde{\boldsymbol{x}}=\boldsymbol{H}^{\mathrm{H}}\boldsymbol{r} \tag{9-23}$$

将式（9-17）代入式（9-23），有

$$\tilde{\boldsymbol{x}}=\boldsymbol{H}^{\mathrm{H}}(\boldsymbol{H}\boldsymbol{x}+\boldsymbol{n})=\sum_{i=1}^{2}|h_i|^2\boldsymbol{x}+\boldsymbol{H}\boldsymbol{n} \tag{9-24}$$

由式（9-24）可知，对于给定信道 $\boldsymbol{H}$，统计结果 $\tilde{x}_i$（$i=1, 2$）仅仅是 x_i（$i=1, 2$）的函数，因此，可以将最大似然译码准则式（9-20）分为对于 x_1 和 x_2 的两个独立译码算法，即

$$\hat{x}_1=\arg\min_{(\hat{x}_1, \hat{x}_2)\in C}(|h_1|^2+|h_2|^2-1)|\hat{x}_1|^2+d^2(\tilde{x}_1, \hat{x}_1) \tag{9-25}$$

$$\hat{x}_2=\arg\min_{(\hat{x}_1, \hat{x}_2)\in C}(|h_1|^2+|h_2|^2-1)|\hat{x}_2|^2+d^2(\tilde{x}_2, \hat{x}_2) \tag{9-26}$$

可见，由于编码矩阵的正交性，使得接收端有原来的求解二维最大似然译码问题化简为求解两个一维最大似然译码问题，仅仅需要作简单的线性处理即可。

9.4 MIMO-OFDM 系统的编码技术

9.4.1 MIMO-OFDM 系统的空时编码

1. MIMO-OFDM 系统空时编码模型

本节介绍的是将空时编码技术与 OFDM 技术结合，即 STC-OFDM 系统原理。STC-OFDM 系统模型如图 9-10 所示。

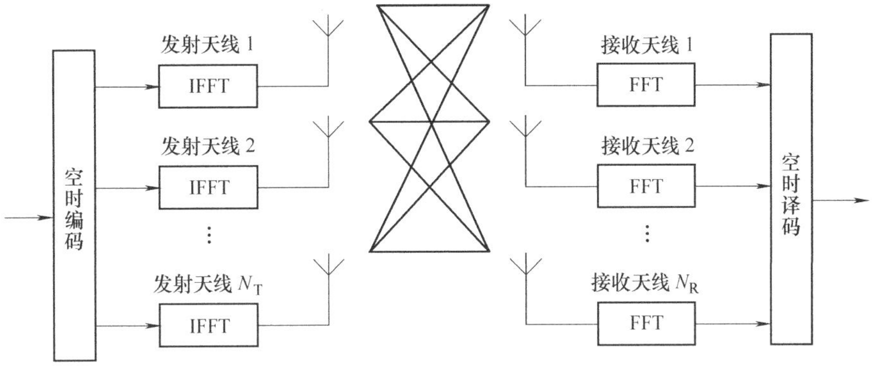

图 9-10　STC-OFDM 系统模型

在图 9-10 中，有 n_T 个发送天线和 N_R 个接收天线，信号经过频率选择性衰落信道，系统总带宽被划分为 N 个相互重叠的子信道。同时假设空时码的码字长度等于 OFDM 的子载波数 N，每个空时码字包含有 N_TN 个码符号，在一个 OFDM 码字持续时间内同时发送，每个码符号用某一 OFDM 的子载波发送。假设衰落是准静态的，即在 OFDM 的一帧内衰落保持不变，而且不同的发送天线和接收天线对之间的衰落是不相关的。

在某时刻 t，空时编码器对输入的信息序列进行编码输出码字，即

$$c^t = c_{10}^t, c_{20}^t, \cdots, c_{N_T0}^t, c_{11}^t, c_{21}^t, \cdots, c_{N_T1}^t, \cdots, c_{1(N-1)}^t, c_{2(N-1)}^t, \cdots, c_{N_T(N-1)}^t \tag{9-27}$$

式中，$c_{n_tk}^t$ 为在时刻 t 在第 n_t 个发射天线的第 k 个子载波上传输的数据，是调制星座中的星座点信号。

然后分别对信号点序列 $c_{n_t0}^t, c_{n_t1}^t, \cdots, c_{n_t(N-1)}^t$ 进行 OFDM 调制，并映射到第 n_t 个发射天线上，最后将这些调制信号由第 n_t 个发射天线在时刻 t 同时发射出去。

为了消除由于信道时延扩展而引起的码间干扰，OFDM 系统中通常引入循环前缀。假定循环前缀长度大于信道最大时延扩展，且系统收发端完全同步。那么接收天线 n_r 上的接收信号经信号速率采样、去循环前缀及 FFT 解调后的输出为

$$r_{n_rk}^t = \sum_{n_t=1}^{N_T} H_{n_rn_tk}^t c_{n_tk}^t + \eta_{n_tk}^t \tag{9-28}$$

式中，$H_{n_rn_tt}^t$ 为 t 时刻从第 n_t 个发射天线到第 n_r 个接收天线之间的信道在第 k 个子载波频率处的频率响应；$\eta_{n_rk}^t$ 为接收端噪声和干扰构成的复高斯随机变量。

假设接收端已知信道状态信息，则接收端译码器运用最大似然检测算法，衡量值为

$$\sum_{n_r=1}^{N_R}\left|r_{n_rk}^t-\sum_{n_t=1}^{N_T}H_{n_rn_tk}^t c_{n_tk}^t\right|^2 \tag{9-29}$$

寻找使衡量值最小的码字 $\hat{c}^t$ 作为译码器的输出：

$$\hat{c}^t=\hat{c}_{10}^t,\hat{c}_{20}^t,\cdots,\hat{c}_{N_T0}^t,\hat{c}_{11}^t,\hat{c}_{21}^t,\cdots,\hat{c}_{N_T1}^t,\cdots,\hat{c}_{1(N-1)}^t,\hat{c}_{2(N-1)}^t,\cdots,\hat{c}_{N_T(N-1)}^t \tag{9-30}$$

下面讨论第 N_T 个发送天线与第 N_R 个接收天线之间的信道响应。将时域中信道脉冲响应模型转化为抽头延时线，即

$$H_{n_rn_t}(t,\tau)=\sum_{l=1}^{L}H_{n_rn_t}^{tl}\delta(\tau-\tau_l) \tag{9-31}$$

式中，L 为路径数；τ_l 为第 l 条路径的时延；$H_{n_rn_t}^{tl}$ 为第 l 条路径的复幅度。

令 T_f 表示每个 OFDM 帧的持续时间，Δf 代表 OFDM 子载波之间的间隔，则有

$$T_f=NT_s$$
$$T_s=\frac{1}{N\Delta f} \tag{9-32}$$

于是，第 l 条路径的延迟可以表示为

$$\tau_l=n_lT_s \tag{9-33}$$

式中，n_l 为整数。

对信道脉冲响应进行傅里叶变换，可以得到 t 时刻的信道频率响应为

$$\boldsymbol{H}_{n_rn_t}^t=\sum_{l=1}^{L}h_{n_rn_t}(t,n_l)\exp(-\mathrm{j}2\pi kn_l/N) \tag{9-34}$$

假设

$$\boldsymbol{h}_{n_rn_tk}^t=[h_{n_rn_t}^{t1},h_{n_rn_t}^{t2},\cdots,h_{n_rn_t}^{tL}]_{1\times L}$$
$$\boldsymbol{w}_k=[\exp(-\mathrm{j}2\pi kn_1/N),\exp(-\mathrm{j}2\pi kn_2/N),\cdots,\exp(-\mathrm{j}2\pi kn_L/N)]_{L\times 1}^{\mathrm{T}} \tag{9-35}$$

重写公式为

$$\boldsymbol{H}_{n_rn_tk}^t=\boldsymbol{h}_{n_rn_t}^t\boldsymbol{w}_k \tag{9-36}$$

由式（9-36）可以看到，信道频率响应 $\boldsymbol{H}_{n_rn_tk}^t$ 是信道脉冲响应 $\boldsymbol{h}_{n_rn_t}^t$ 的傅里叶变换，由 $\boldsymbol{w}_k$ 指定该变换针对第 k 个 OFDM 子载波。

2. 空时编码性能分析

下面讨论 STC-OFDM 最大似然译码。假设接收机可以获得理想的信道状态信息（CSI），则发射码字 c^t 与译码器基于 $\boldsymbol{H}^t$ 将其判决为另一个码字 $\hat{c}^t$ 的成对差错率为

$$P(c^t\rightarrow\hat{c}^t|H^t)\leqslant\exp\left(-d_H^2(c^t,\hat{c}^t)\frac{E_s}{4N_0}\right) \tag{9-37}$$

式中，E_s 为平均信号能量；N_0 为噪声功率谱密度。

$$d_H^2(c^t,\hat{c}^t)=\sum_{n_r=1}^{N_R}\sum_{k=0}^{N-1}\left|\sum_{n_t=1}^{N_T}H_{n_rn_tk}^t(c_{n_tk}^t-\hat{c}_{n_tk}^t)\right|^2=\sum_{n_r=1}^{N_R}\sum_{k=0}^{N-1}\left|\sum_{n_t=1}^{N_T}\boldsymbol{h}_{n_rn_t}^t\boldsymbol{w}_k(c_{n_tk}^t-\hat{c}_{n_tk}^t)\right|^2$$
$$=\sum_{n_r=1}^{N_R}\sum_{k=0}^{N-1}|\boldsymbol{h}_{n_r}^t\boldsymbol{W}_k\boldsymbol{e}_k|^2 \tag{9-38}$$

式中

$$\boldsymbol{h}_{n_r}^t = [h_{n_r1}^t, h_{n_r2}^t, \cdots, h_{n_rN_T}^t]_{1\times LN_T}$$

$$\boldsymbol{W}_k = \begin{pmatrix} \boldsymbol{w}_k & \cdots & 0 \\ \vdots & \ddots & \vdots \\ 0 & \cdots & \boldsymbol{w}_k \end{pmatrix}_{LN_T\times N_T} \tag{9-39}$$

$$\boldsymbol{e}_k^t = \begin{bmatrix} c_{1k}^t - \hat{c}_{1k}^t \\ c_{2k}^t - \hat{c}_{2k}^t \\ \vdots \\ c_{N_Tk}^t - \hat{c}_{N_Tk}^t \end{bmatrix}_{N_T\times 1}$$

可以将 $d_H^2(c^t, \hat{c}^t)$ 重写成

$$\begin{aligned} d_H^2(c^t, \hat{c}^t) &= \sum_{n_r=1}^{N_R}\sum_{k=0}^{N-1} \boldsymbol{h}_{n_r}^t \boldsymbol{W}_k \boldsymbol{e}_k^t [\boldsymbol{e}_k^t]^H \boldsymbol{W}_k^H [\boldsymbol{h}_{n_r}^t]^H \\ &= \sum_{n_r=1}^{N_R} \boldsymbol{h}_{n_r}^t \left[\sum_{k=0}^{N-1} \boldsymbol{W}_k \boldsymbol{e}_k^t [\boldsymbol{e}_k^t]^H \boldsymbol{W}_k^H\right] [\boldsymbol{h}_{n_r}^t]^H \\ &= \sum_{n_r=1}^{N_R} \boldsymbol{h}_{n_r}^t \boldsymbol{D}_H(c^t, \hat{c}^t) [\boldsymbol{h}_{n_r}^t]^H \end{aligned} \tag{9-40}$$

式中，$\boldsymbol{D}_H(c^t, \hat{c}^t)$ 为 $LN_T \times LN_T$ 矩阵。定义为

$$\boldsymbol{D}_H(c^t, \hat{c}^t) = \sum_{k=0}^{N-1} \boldsymbol{W}_k \boldsymbol{e}_k^t [\boldsymbol{e}_k^t]^H \boldsymbol{W}_k^H \tag{9-41}$$

显然，矩阵变量 $\boldsymbol{D}_H(c^t, \hat{c}^t)$ 取决于码字差矩阵和信道延迟分布。r 代表它的秩，由于 $\boldsymbol{D}_H(c^t, \hat{c}^t)$ 为非负定的 Hermitian 矩阵，因此可以将该矩阵的特征值排序为

$$\lambda_1 \geqslant \lambda_2 \geqslant \cdots \geqslant \lambda_r > 0 \tag{9-42}$$

下面讨论矩阵 $\boldsymbol{e}_k^t[\boldsymbol{e}_k^t]^H$。在第 k 个子载波和 n_t 个发送天线的码字 $c_{n_tk}^t$ 和判决码字 $\hat{c}_{n_tk}^t$ 的信号相同的情况下，$c_{1k}^t, c_{2k}^t, \cdots, c_{N_Tk}^t = \hat{c}_{1k}^t, \hat{c}_{2k}^t, \cdots, \hat{c}_{N_Tk}^t$，$\boldsymbol{e}_k^t[\boldsymbol{e}_k^t]^H$ 是全零矩阵。另一方面，如果 $c_{1k}^t, c_{2k}^t, \cdots, c_{N_Tk}^t \neq \hat{c}_{1k}^t, \hat{c}_{2k}^t, \cdots, \hat{c}_{N_Tk}^t$，那么 $\boldsymbol{e}_k^t[\boldsymbol{e}_k^t]^H$ 为秩为 1 的矩阵。令 δ_H 代表 $c_{1k}^t, c_{2k}^t, \cdots, c_{N_Tk}^t \neq \hat{c}_{1k}^t, \hat{c}_{2k}^t, \cdots, \hat{c}_{N_Tk}^t$ 的实例数，则秩 r 可由式(9-43)确定：

$$r \leqslant \min(\delta_H, LN_T) \tag{9-43}$$

式中，δ_H 为逐符号的汉明距离。

通过对式（9-39）的信道矩阵系数 $\boldsymbol{h}_{n_r}^t$ 进行瑞利平均，并代入式（9-37），可以得到 STC-OFDM 系统在频率选择性衰落信道下的成对差错率的上限为

$$P(c^t, \hat{c}^t \mid H_t) \leqslant \left[\frac{1}{\prod_{i=1}^{r} 1 + \frac{E_s}{4N_0}\lambda_i}\right]^{N_R} \leqslant \left[\prod_{i=1}^{r}\lambda_i\right]^{-N_R}\left[\frac{E_s}{4N_0}\right]^{-rN_R} \tag{9-44}$$

由式（9-43）可以看出：空时编码正交频分复用所能提供的最大分集增益为 N_TN_RL，也就是发射天线数 N_T、接收天线数 N_R 以及信道的频率选择分集阶数 L 的乘积。由此可以看

出，空时编码技术与正交频分复用技术相结合后可以获得所有可能的分集增益，不仅具有一般空时码所能获得的发送天线的分集增益和接收天线的分集增益，而且包括信道的频率选择性所带来的分集增益。

为了达到最大可能分集增益，逐符号的汉明距离 δ_H 必须大于等于 LN_T，在这种情况下，空时码能够充分利用发射分集和多径信道时延扩展。当 δ_H 小于 LN_T 时，可能达到的分集增益为 $\delta_H N_R$。此时，多径信道时延扩展实际上使慢衰落信道能够近似为快衰落信道。

9.4.2 MIMO-OFDM 系统的空频编码

近年来，一些学者将 MIMO 与 OFDM 技术相结合后提出来一种适合频率选择性信道的空频编码。空频编码在 OFDM 各个子载波和各发送天线间引入编码技术，从而同时获得空间分集和频率分集，所以比空时编码具有更高的分集增益。空频编码技术和空时编码技术不同的是，空时编码是在时域上对信号进行编码，而空频编码是在频率域上对信号进行编码，其他的原理两者相似。在 MIMO-OFDM 系统中，之所以要引入空频编码是因为 OFDM 系统本身就是一个多载波调制系统，它将信号调制到多个不同的频率上并行传输，所以这里本身就已经引入了频率域。在此将空频编码与 OFDM 相结合称为 SFBC-OFDM。

1. SFBC-OFDM 模型

采用空频分组码的 MIMO-OFDM 系统结构如图 9-11 所示。

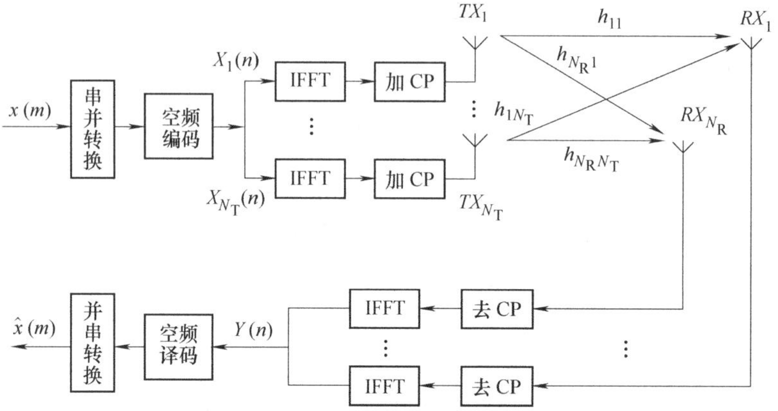

图 9-11 SFBC-OFDM 系统框图

从图 9-11 中可以看出，发送端和接收端个布置了 N_T 个发送天线和 N_R 个接收天线。系统的总带宽为 WHz。令 $x(m)$ 为经过编码和映射变成信号星座集中的信号，再将周期为 T_d 的信号经过串并转换后形成长度为 N 的码元矢量，即

$$\boldsymbol{X}(n) = [x(nk), x(nk+1), \cdots, x(nk+N-1)]^{T} \tag{9-45}$$

其周期为 NT_d。$\boldsymbol{X}(n)$ 就可以进行空频编码，被映射为 N_T 个并行数据流，即

$$\boldsymbol{X}(k) = [x_1(k), x_2(k), \cdots, x_{N_T}(k)] \tag{9-46}$$

若每输入 SFBC 编码器 N_I 个信息字符，编码器输出 N_T 个长度为 NN_I 的并行数据流。编码后的码字被分配到不同的发射天线上，分别进行 OFDM 调制，然后发射出去。用 N 表示 OFDM 中子载波数。经过 OFDM 调制后，在第 n 个 OFDM 字符周期内、第 k 个子载波处，待发送的 $N_T \times 1$ 维信号矢量为

$$\boldsymbol{X}(k,\ n)=[x_1^k(n),\ x_2^k(n),\ \cdots,\ x_{N_T}^k(n)]^{T} \tag{9-47}$$

式中，$x_{n_t}^k(n)$ 为 OFDM 调制后的复数据字符。

在 MIMO-OFDM 系统中，为了避免信道时延扩展产生的 ISI，在保护时间间隔期间内给每个 OFDM 帧增加了循环前缀。循环前缀是 OFDM 帧最后 L 个采样的副本，其中 L 是衰落信道中的多径数。

在性能分析中，发送后的信号到达接收端，假设接收机和发射机之间的理想帧和符号同步。在接收机端，在匹配滤波之后，以 WHz 的速率对每个接收天线上的信号进行采样，并且从每一帧中删除循环前缀。然后将这些采样值输入 OFDM 解调器。第 n_r 个接收天线的第 k 个 OFDM 解调器输出为

$$\boldsymbol{Y}_{n_r}^k(n)=\sum_{n_t=1}^{N_T}\boldsymbol{H}_{n_rn_t}^k(n)x_{n_t}^k(n)+\boldsymbol{Z}_{n_r}^k(n) \tag{9-48}$$

式中，$\boldsymbol{H}_{n_rn_t}^k(n)$为第 k 个 OFDM 子载波上从第 n_t 个发射天线到第 n_r 个接收天线的信道频率响应；$\boldsymbol{Z}_{n_r}^k(n)$为功率谱密度为 N_0 的第 n_r 个接收天线第 k 个子载波的噪声采样的 OFDM 解调输出。

在第 k 个子载波处、第 n 个 OFDM 字符周期内输出的 $N_R\times1$ 维接收信号的矢量同样可以表示为

$$\boldsymbol{Y}^k(n)=\boldsymbol{H}^k(n)\boldsymbol{X}^k(n)+\boldsymbol{Z}^k(n) \tag{9-49}$$

式中，$H^k(n)$为 $N_R\times N_T$ 维 MIMO 信道的瞬时衰落频率响应矩阵。

经过 OFDM 解调，再根据信道估计获得的信道参数进行空频译码，可获得原始数据。空频译码器需要完成两步工作，首先采用最大似然译码估计出发送的空频码序列 $\hat{\boldsymbol{X}}(n)$。假设信道在一个 OFDM 码元上保持不变，并且各个 OFDM 码元上信道互不相关。接收机可以获得理想的信道状态信息，则最大似然译码准则可以表示为

$$\hat{\boldsymbol{X}}(n)=\arg\min_{\hat{X}}\sum_{n_r=1}^{N_R}\sum_{n=1}^{N}\left\|\boldsymbol{Y}_{n_r}^k(n)-\sum_{n_t=1}^{N_T}\boldsymbol{H}_{n_rn_t}^k(n)\boldsymbol{X}_{n_t}^k(n)\right\|^2 \tag{9-50}$$

式中，最小化是在所有可能的空频码字上进行的，空频译码器把 $\hat{\boldsymbol{X}}(n)$按照空频编码的逆过程恢复出 $\hat{x}(m)$；$\|\cdot\|$表示 Frobenius 范数。

将时域中的信道脉冲响应模型简化为抽头延迟线。在 t 时刻，第 n_t 个发射天线到第 n_r 个接收天线间的无线信道脉冲响应为

$$h_{n_rn_t}(t;\ \tau)=\sum_{l=1}^{L}h_{n_rn_t}(t;\ l)\delta(\tau-\tau_l) \tag{9-51}$$

式中，L 为多径数；τ_l 为第 l 条路径的时延；$h_{n_rn_t}(t;\ l)$为第 l 条路径的复幅度。

在移动信道中，对任意的 t 和 l，时变的系数 $h_{n_rn_t}(t;\ l)$可建模为广义静态随机过程，假设该过程具有不相关散射和带限多普勒功率谱的性质，所以在式（9-51）只需要在时隙$[0,T_s]$内考虑时域响应 $h_{n_rn_t}(t;\ l)$，这 T_s 是一个 OFDM 符号长度加上其循环扩展长度所得到的总时间周期。对于特殊的第 l 个抽头，带限和时延随机过程 $h_{n_rn_t}(t;\ l)$的维数，定义为该过程的 Karhunen-Loeve 展开中主要特征值的数目，近似等于 $2f_dT_s+1$。于是如果忽略边界效应，时域响应 $h_{n_rn_t}(t;\ l)$的傅里叶展开描述为

$$\boldsymbol{h}_{n_rn_t}(t;\ l)=\sum_{n=-f_dT_s}^{f_dT_s}\beta(l;\ n)e^{j2\pi nt/T_s} \tag{9-52}$$

式中，$\boldsymbol{h}_{n_r n_t}(t;l)=[h_{n_r n_t}(t;1),h_{n_r n_t}(t;2),\cdots,h_{n_r n_t}(t;L)]^{\mathrm{T}}$；$\beta(l;n)$为以 n 为索引的独立循环对称复高斯随机变量。

令 T_{f} 表示每个 OFDM 帧的持续时间，Δf 代表 OFDM 子载波之间的间隔，则有

$$T_{\mathrm{f}}=NT_{\mathrm{s}}$$
$$T_{\mathrm{s}}=\frac{1}{W}=\frac{1}{N\Delta f} \tag{9-53}$$

于是，第 l 条路径的时延可以表示为

$$\tau_l=n_lT_{\mathrm{s}}=\frac{n_l}{N\Delta f} \tag{9-54}$$

式中，n_l 为整数。

对信道脉冲响应进行傅里叶变换，可以得到 n 时刻的信道频率响应，即

$$\begin{aligned}FH_{n_r n_t}(k,n)&=H_{n_r n_t}(nT_{\mathrm{f}},k\Delta f)=\int_{-\infty}^{\infty}h_{n_r n_t}(nT_{\mathrm{f}},\tau)\mathrm{e}^{-\mathrm{j}2\pi k\Delta f\tau}\mathrm{d}\tau\\&=\sum_{l=1}^{L}h_{n_r n_t}(nT_{\mathrm{f}},n_lT_{\mathrm{s}})\mathrm{e}^{-\mathrm{j}2\pi kn_l/N}=\sum_{l=1}^{L}h_{n_r n_t}(n,n_l)\mathrm{e}^{-\mathrm{j}2\pi kn_l/N}\end{aligned} \tag{9-55}$$

可以重写为

$$\boldsymbol{H}_{n_r n_t}(k,n)=[\boldsymbol{h}_{n_r n_t}(n)]^{H}\boldsymbol{w}(k) \tag{9-56}$$

可以看出，信道频率响应 $\boldsymbol{H}_{n_r n_t}(k,n)$是信道脉冲响应 $\boldsymbol{h}_{n_r n_t}(n)$的离散傅里叶变换，矢量 $\boldsymbol{w}(k)$表示该变换针对第 k 个 OFDM 子载波。

2. SFBC-OFDM 性能分析

设 $\boldsymbol{X}(\boldsymbol{n})=[[\boldsymbol{X}(1,n)]^{\mathrm{T}},[\boldsymbol{X}(2,n)^{\mathrm{T}},\cdots,[\boldsymbol{X}(N,n)]^{\mathrm{T}}]$表示第 n 个 OFDM 字符内的 $N_{\mathrm{T}}N\times1$ 发送码字矢量。假设 $\hat{\boldsymbol{X}}(n)=[[\hat{\boldsymbol{X}}(1,n)]^{\mathrm{T}},[\hat{\boldsymbol{X}}(2,n)]^{\mathrm{T}},\cdots,[\hat{\boldsymbol{X}}(N,n)]^{\mathrm{T}}]$表示空频解调器在第 n 个 OFDM 字符内的译码码字矢量,并假定接收机采用最大似然译码器,在已知信道状态信息时,对 OFDM 解调的输出矢量进行最大似然译码的输出可表示为

$$\hat{\boldsymbol{X}}(n)=\arg\min_{\hat{X}}\sum_{k=1}^{N}\|\boldsymbol{Y}(k,n)-\boldsymbol{H}(k,n)\boldsymbol{X}(k,n)\|^2 \tag{9-57}$$

则发射码字 $\boldsymbol{X}(n)$与译码器基于 $\boldsymbol{H}(n)=[\boldsymbol{H}(1,n),\boldsymbol{H}(2,n),\cdots,\boldsymbol{H}(N,n)]$将其判决为另一个码字 $\hat{\boldsymbol{X}}(n)$的成对差错概率为

$$P(\boldsymbol{X}(n),\hat{\boldsymbol{X}}(n)\,|\,\boldsymbol{H}(n))\leqslant\exp\left[-d_H^2[\boldsymbol{X}(n),\hat{\boldsymbol{X}}(n)]\frac{E_{\mathrm{s}}}{4N_0}\right] \tag{9-58}$$

式中，E_{s} 为平均信号能量；N_0 为噪声功率谱密度；$d_{\mathrm{H}}^2(\boldsymbol{X}(n),\hat{\boldsymbol{X}}(n))$为译码码字矢量与发送码字矢量的欧式距离差值。

令 $\boldsymbol{I}_{N_{\mathrm{T}}}$为 $N_{\mathrm{T}}\times N_{\mathrm{T}}$ 维的单位矩阵，$\boldsymbol{W}_k$ 为 $\boldsymbol{I}_{N_{\mathrm{T}}}$与 $\boldsymbol{w}(k)$的 Kronecker 乘积，即 $\boldsymbol{W}_k=\boldsymbol{I}_{N_{\mathrm{T}}}\otimes\boldsymbol{w}(k)$。当采用均匀间距的多径时延特征描述时变衰落信道时,对应第 n_{r} 个接收天线的信道衰落因子的矢量可表示为 $\boldsymbol{h}_{n_{\mathrm{r}}}=[[\boldsymbol{h}_{n_{\mathrm{r}},1}^{k}]^{\mathrm{H}},[\boldsymbol{h}_{n_{\mathrm{r}},2}^{k}]^{\mathrm{H}},\cdots,[\boldsymbol{h}_{n_{\mathrm{r}},N_{\mathrm{T}}}^{k}]^{\mathrm{H}}]_{1\times LN_{\mathrm{T}}}$。在第 n 个 OFDM 符号周期、第 k 个子载波处，从第 n_{t} 个发射天线到第 n_{r} 个接收天线间的频域信道衰落值 $H_{n_r n_t}(k,n)$可表示为

$$\boldsymbol{H}_{n_r n_t}(k,n)=[\boldsymbol{h}_{n_r n_t}(n)]^{\mathrm{H}}\boldsymbol{w}(k) \tag{9-59}$$

$$\boldsymbol{H}(k,n)=\begin{pmatrix}\boldsymbol{h}_{1,1}(n)^{\mathrm{H}}\boldsymbol{w}(k) & \cdots & \boldsymbol{h}_{1,N_{\mathrm{T}}}(n)^{\mathrm{H}}\boldsymbol{w}(k)\\ \vdots & \ddots & \vdots\\ \boldsymbol{h}_{N_{\mathrm{R}},1}(n)^{\mathrm{H}}\boldsymbol{w}(k) & \cdots & \boldsymbol{h}_{N_{\mathrm{R}},N_{\mathrm{T}}}(n)^{\mathrm{H}}\boldsymbol{w}(k)\end{pmatrix}$$

$$=\begin{pmatrix}\boldsymbol{h}_{1,1}(n)^{\mathrm{H}} & \cdots & \boldsymbol{h}_{1,N_{\mathrm{T}}}(n)^{\mathrm{H}}\\ \vdots & \ddots & \vdots\\ \boldsymbol{h}_{N_{\mathrm{R}},1}(n)^{\mathrm{H}} & \cdots & \boldsymbol{h}_{N_{\mathrm{R}},N_{\mathrm{T}}}(n)^{\mathrm{H}}\end{pmatrix}\begin{pmatrix}\boldsymbol{w}(k) & \cdots & 0\\ \vdots & \ddots & \vdots\\ 0 & \cdots & \boldsymbol{w}(k)\end{pmatrix}$$

$$=\begin{pmatrix}\boldsymbol{h}_{1,1}(n)^{\mathrm{H}} & \cdots & \boldsymbol{h}_{1,N_{\mathrm{T}}}(n)^{\mathrm{H}}\\ \vdots & \ddots & \vdots\\ \boldsymbol{h}_{N_{\mathrm{R}},1}(n)^{\mathrm{H}} & \cdots & \boldsymbol{h}_{N_{\mathrm{R}},N_{\mathrm{T}}}(n)^{\mathrm{H}}\end{pmatrix}\boldsymbol{I}_{N_{\mathrm{T}}}\otimes\boldsymbol{w}(k) \tag{9-60}$$

所以有

$$\begin{aligned}d_{\mathrm{H}}^{2}(\boldsymbol{X}(n),\hat{\boldsymbol{X}}(n)) &= \sum_{n_{\mathrm{r}}=1}^{N_{\mathrm{R}}}\sum_{k=1}^{N}\left\|\sum_{n_{\mathrm{t}}=1}^{N_{\mathrm{T}}}\boldsymbol{H}_{n_{\mathrm{r}}n_{\mathrm{t}}}(k,n)(x_{n_{\mathrm{t}}}(t,n)-\hat{x}_{n_{\mathrm{t}}}(t,n))\right\|^{2}\\ &= \sum_{n_{\mathrm{r}}=1}^{N_{\mathrm{R}}}\sum_{k=1}^{N}\left\|\sum_{n_{\mathrm{t}}=1}^{N_{\mathrm{T}}}\boldsymbol{h}_{n_{\mathrm{r}}n_{\mathrm{t}}}(k,n)^{H}\boldsymbol{w}(k)(x_{n_{\mathrm{t}}}(t,n)-\hat{x}_{n_{\mathrm{t}}}(t,n))\right\|^{2}\\ &= \sum_{n_{\mathrm{r}}=1}^{N_{\mathrm{R}}}\sum_{k=1}^{N}\|\boldsymbol{h}_{n_{\mathrm{r}}}\boldsymbol{W}(k)\boldsymbol{e}(k)\|^{2}\end{aligned} \tag{9-61}$$

式中

$$\boldsymbol{W}(k)=\begin{bmatrix}w(k) & \cdots & 0\\ \vdots & \ddots & \vdots\\ 0 & \cdots & w(k)\end{bmatrix}_{LN_{\mathrm{T}}\times N_{\mathrm{T}}}\qquad \boldsymbol{e}(k)=\begin{bmatrix}x_1(k,n)-\hat{x}_1(k,n)\\ \vdots\\ x_{N_{\mathrm{T}}}(k,n)-\hat{x}_{N_{\mathrm{T}}}(k,n)\end{bmatrix}_{N_{\mathrm{T}}\times 1} \tag{9-62}$$

利用范数定义将 $d_H^2(\boldsymbol{X}(n),\hat{\boldsymbol{X}}(n))$ 可以进一步表示为

$$\begin{aligned}d_{\mathrm{H}}^{2}(\boldsymbol{X}(n),\hat{\boldsymbol{X}}(n)) &= \sum_{n_{\mathrm{r}}=1}^{N_{\mathrm{R}}}\sum_{k=1}^{N}\boldsymbol{h}_{n_{\mathrm{r}}}\boldsymbol{W}(k)\boldsymbol{e}(k)\boldsymbol{e}(k)^{\mathrm{H}}\boldsymbol{W}(k)^{\mathrm{H}}\boldsymbol{h}_{n_{\mathrm{r}}}^{\mathrm{H}}\\ &= \sum_{n_{\mathrm{r}}=1}^{N_{\mathrm{R}}}\boldsymbol{h}_{n_{\mathrm{r}}}\left[\sum_{k=1}^{N}\boldsymbol{W}(k)\boldsymbol{e}(k)\boldsymbol{e}(k)^{\mathrm{H}}\boldsymbol{W}(k)^{\mathrm{H}}\right]\boldsymbol{h}_{n_{\mathrm{r}}}^{\mathrm{H}}\\ &= \sum_{n_{\mathrm{r}}=1}^{N_{\mathrm{R}}}\boldsymbol{h}_{n_{\mathrm{r}}}[\boldsymbol{D}_{H}(\boldsymbol{X}(n),\hat{\boldsymbol{X}}(n))]\boldsymbol{h}_{n_{\mathrm{r}}}^{\mathrm{H}}\end{aligned} \tag{9-63}$$

式中，$\boldsymbol{D}_{\mathrm{H}}(\boldsymbol{X}(n),\hat{\boldsymbol{X}}(n))$ 为 $LN_{\mathrm{T}}\times LN_{\mathrm{T}}$ 矩阵。

定义为

$$\boldsymbol{D}_{\mathrm{H}}(\boldsymbol{X}(n),\hat{\boldsymbol{X}}(\boldsymbol{n})) = \sum_{k=1}^{N}\boldsymbol{W}(k)\boldsymbol{e}(k)\boldsymbol{e}(k)^{\mathrm{H}}\boldsymbol{W}(k)^{\mathrm{H}} \tag{9-64}$$

可见，码的性能主要取决于 $\boldsymbol{D}_{\mathrm{H}}(\boldsymbol{X}(n),\hat{\boldsymbol{X}}(n))$ 的特征。而矩阵 $\boldsymbol{D}_{\mathrm{H}}(\boldsymbol{X}(n),\hat{\boldsymbol{X}}(n))$ 变量取决于码字差距和信道延迟分布，成对错误率可进一步表示为

$$\begin{aligned}P(\boldsymbol{X}(n),\hat{\boldsymbol{X}}(n)\,|\,\boldsymbol{H}(n)) &\leqslant \exp\left[-\frac{E_{\mathrm{s}}}{4N_0}\sum_{n_{\mathrm{r}}=1}^{N_{\mathrm{R}}}\boldsymbol{h}_{n_{\mathrm{r}}}[\boldsymbol{D}_{\mathrm{H}}(\boldsymbol{X}(n),\hat{\boldsymbol{X}}(n))]\boldsymbol{h}_{n_{\mathrm{r}}}^{\mathrm{H}}\right]\\ &\leqslant \prod_{n_{\mathrm{r}}=1}^{N_{\mathrm{R}}}\exp\left[-\frac{E_{\mathrm{s}}}{4N_0}\boldsymbol{h}_{n_{\mathrm{r}}}[\boldsymbol{D}_{\mathrm{H}}(\boldsymbol{X}(n),\hat{\boldsymbol{X}}(n))]\boldsymbol{h}_{n_{\mathrm{r}}}^{\mathrm{H}}\right]\end{aligned} \tag{9-65}$$

由矩阵 $D_H(X(n), \hat{X}(n))$ 的结构可知其为非负定 Hermitian 矩阵，因此存在某个酉矩阵 U 和实对角矩阵 D，使得 $UD_HU^H = D$，设矩阵 D 对角线上的 N_TL 个元素依次为 $\{\lambda_i, i=1, \cdots, N_TL\}$。而需要指出的是，当实际衰落信道的多径延迟特征并不可能表示为等间距指数分布形式，矢量 h_{n_r} 将包含零元素，从而导致矩阵 $D_H(X(n), \hat{X}(n))$ 秩的亏损，因此矩阵 D 仅存在 r 个非零对角线元素，即 $D = \mathrm{diag}\{\lambda_1, \cdots, \lambda_r, 0, \cdots, 0\}$。因此，$r$ 定义为包括了由于多天线引起的空间分集和由于时延扩展引起的频率分集的分集增益。

在第 k 个子载波和 n_t 个发射天线的码字 $X(n)$ 和 $\hat{X}(n)$ 的符号相同的情况下，$x_1(k, n), \cdots, x_{N_T}(k, n) = \hat{x}_1(k, n), \cdots, \hat{x}_{N_T}(k, n)$，$e(k)e(k)^H$ 是全零矩阵。如果两者符号不完全相同，$x_1(k, n), \cdots, x_{N_T}(k, n) \neq \hat{x}_1(k, n), \cdots, \hat{x}_{N_T}(k, n)$，$e(k)e(k)^H$ 为秩为 1 的矩阵。令 δ_H 代表 $x_1(k, n), \cdots, x_{N_T}(k, n) \neq \hat{x}_1(k, n), \cdots, \hat{x}_{N_T}(k, n)$ 的实例数。显然，$D_H(X(n), \hat{X}(n))$ 的秩由 $r \leqslant \min(\delta_H, LN_T)$ 确定。这里，δ_H 称为逐符号的汉明距离。定义矢量 $\bar{h}_{n_r} = U^H h_{n_r} = [\bar{h}_{n_r,1}, \cdots, \bar{h}_{N_r,N_TL}]^T$，成对错误率可表示为

$$P(X(n), \hat{X}(n) \mid H(n)) \leqslant \prod_{n_r=1}^{N_R} \exp\left[-\frac{E_s}{4N_0}\sum_{i=1}^{r}\lambda_i |\bar{h}_{N_r i}|^2\right] \tag{9-66}$$

利用式（9-66）给出的成对错误概念率，对所有可能的信道状态信息进行统计平均，即求期望值。假设信道状态因子服从独立同分布的瑞利衰落分布及不等式关系 $e^x > 1+x$，从而可以得到 SFBC-OFDM 在频率选择性衰落信道上的成对错误概率，其成对错误概率的 Chernoff 上界的解析表达式为

$$P(X(n), \hat{X}(n)) \leqslant \left[\frac{1}{\prod_{i=1}^{r} 1 + \frac{E_s}{4N_0}\lambda_i}\right]^{N_R} \leqslant \left[\prod_{i=1}^{r}\lambda_i\right]^{-N_R}\left[\frac{E_s}{4N_0}\right]^{-rN_R} \tag{9-67}$$

3. 空频码的设计准则

SFBC-OFDM 性能分析表明信噪比是影响空频码成对错误概率的主要因素。在空频系统中，设实际选用的多径维数是 L，频率选择性衰落信道最大可获得的分集秩是 $\min(\delta_H, N_TL)$，而空频分组码能取得的最大分集增益是 $N_TN_RL_p$，它是发射分集 N_T、接收分集 N_R 和信道多径数 L_p 的乘积。这是由于矩阵 $D_H(X(n), \hat{X}(n))$ 的维度是 $L_pN_T \times L_pN_T$。当 $L_p=1$ 时，系统中不存在频率分集。这时无时延扩展空频码的设计准则等同于在平坦衰落中空时码的设计准则。对于最小汉明距离 δ_H 的编码，选取 $\delta_H \geqslant L$，则最大可获得的分集是

$$\Psi_{\max} = N_TN_R(\min(\delta_H, L_p) \cup L) \tag{9-68}$$

分析如下：

（1）当 $L_p \geqslant \delta_H$，可将 $P(X(n), \hat{X}(n) \mid H(n))$ 改写为

$$P(X(n), \hat{X}(n) \mid H(n)) \leqslant \prod_{n_r=1}^{N_R}\prod_{t=1}^{\delta_H} \exp\left[-\frac{E_s}{4N_0} h_{n_r} D_H(X(n), \hat{X}(n)) h_{n_r}^T\right] \tag{9-69}$$

将各径的功率平均化，则式可收敛到

$$P(X(n), \hat{X}(n)) \leqslant \left(\underbrace{\min}_{X(n)\neq\hat{X}(n)} \frac{E_s}{4N_0}\|X(n) - \hat{X}(n)\|^{N_T}\right)^{-N_T\delta_H N_R} \tag{9-70}$$

这说明，此时系统可利用的最大分集维数是 $N_T\delta_H N_R$，此空时系统可获得的最大分集维数要高。

（2）当 $\delta_H \geqslant L > L_p$ 时，SFBC-OFDM 系统在频率选择性衰落信道上的成对错误概率的 Chernoff 上界的解析表达式可以重写为

$$P(\boldsymbol{X}(n),\hat{\boldsymbol{X}}(n)) \leqslant \left[\frac{1}{\prod_{j=1}^{rL}\left(1+\frac{E_s}{4N_0}\lambda_j\right)}\right]^{N_R} \leqslant \left[\prod_{j=1}^{rL}\lambda_j\right]^{-N_R}\left[\frac{E_s}{4N_0}\right]^{-L_pN_R} \tag{9-71}$$

这时，编码获得的最大可利用分集 N_TLN_R。由于 L 在实际频率选择性瑞利衰落信道的不确定性，此时可获得的分集维数能稳定在 $N_TL_pN_R$。

（3）当 $L_p > L$ 时，系统可获得的最大分集维数是 $N_TL_pN_R$。这是因为 SFBC-OFDM 系统没有考虑实际的分集维数带来的好处。由此可知，采用 SFBC 编码的 OFDM 系统要大于采用 STBC 编码的 OFDM 系统的分集增益。

式（9-66）的推导是由对矩阵 $\boldsymbol{D}_H(\boldsymbol{X}(n),\hat{\boldsymbol{X}}(n))$ 进行特征分解而得到的，$\boldsymbol{w}(k)$ 是构成矩阵 $\boldsymbol{W}(k)$ 的关键。实际上，多径时延特性对矩阵 $\boldsymbol{W}(k)$ 有影响，在实际无线衰落信道中，由于多径时延特征可能存在较大的差异，从而导致矩阵 $\boldsymbol{W}(k)$ 的具体形式也存在较大的差别。在相同信道阶数的条件下，具有较长的时延扩展的多径衰落信道将使得矩阵 $\boldsymbol{W}(k)$ 称为稀疏矩阵，导致矩阵 $\boldsymbol{D}_H(\boldsymbol{X}(n),\hat{\boldsymbol{X}}(n))$ 的秩亏损，而具有较短时延的多径衰落信道则使得矩阵 $\boldsymbol{W}(k)$ 能保持较大的秩。因此，在实际的无线通信传输过程中，衰落信道的多径时延特征和多普勒频移会对空频码的性能产生较大的影响。在不同的衰落信道特征下，同一种空频码也会具有不同的性能。

另外，取得最大分集增益 $N_TL_pN_R$ 的一个必要条件是对所有 $l=1$，…，L_p 来说 $r(\boldsymbol{h}_j)=N_R$ 都成立。然而第 l 簇信道的相关矩阵 $\boldsymbol{h}_j$，由当时的传播环境和天线距离所决定。$\boldsymbol{h}_j$ 的秩取决于第 l 散射簇中的信道的角度分布和在基站端的天线之间的距离，它并不能保证对所有的 $l=1$，…，L_p 来说均有 $\boldsymbol{h}_j$ 满秩成立。在大多数情况下，这个条件往往是不能满足的，故最大分集增益 $N_TL_pN_R$ 往往是不可能达到的。

4. 空频码的码字设计

在一般空频码的设计准则下，分析空频分组码的码字设计，以及构造出基本码字。这里采用两路 SFBC-OFDM 发射分集系统，是 OFDM 系统中最简单的正交发射分集方案。由于 OFDM 系统采用加入循环前缀方法，因此可以在频率选择性衰落信道中使用正交发射分集技术。

矢量 $\boldsymbol{X}(n)$ 通过空频分组编码器映射为以下两个字矢量 $\boldsymbol{X}_1(n)$ 和 $\boldsymbol{X}_2(n)$，即

$$\begin{cases}\boldsymbol{X}_1(n)=[X_0(n),\ -X_1^*(n),\ \cdots,\ X_{N-2}(n),\ -X_{N-1}^*(n)]^T\\ \boldsymbol{X}_2(n)=[X_1(n),\ X_0^*(n),\ \cdots,\ X_{N-1}(n),\ -X_{N-2}^*(n)]^T\end{cases} \tag{9-72}$$

在第 n 个时隙，$\boldsymbol{X}_1(n)$ 从第一个发射天线发射出去，$\boldsymbol{X}_2(n)$ 从第二个发射天线发射出去。为了更清楚起见，令 $\boldsymbol{X}_e(n)$ 和 $\boldsymbol{X}_o(n)$ 分别为两个长度为 $N/2$ 的矢量，它们的分量分别对应 $\boldsymbol{X}(n)$ 矢量的偶数和奇数分量，也就是

$$\begin{cases}\boldsymbol{X}_e(n)=[X_0(n),\ X_2(n),\ \cdots,\ X_{N-2}(n)]^T\\ \boldsymbol{X}_o(n)=[X_1(n),\ X_3(n),\ \cdots,\ X_{N-1}(n)]^T\end{cases} \tag{9-73}$$

同样，X_{1e}、X_{1o}，X_{2e}、X_{2o}分别表示$X_1(n)$和$X_2(n)$的偶数分量和奇数分量，分别表示如下：

$$\begin{cases}X_{1e}(n)=X_e(n),\ X_{1o}(n)=-X_o^*(n)\\ X_{2e}(n)=X_o(n),\ X_{2o}(n)=X_e^*(n)\end{cases}\tag{9-74}$$

相应的空频分组码方案可以表示为

$$C=\begin{pmatrix}X_e & X_o\\ -X_o^* & X_e^*\end{pmatrix}\tag{9-75}$$

空频码字的基本形式与空频码是一样的，但含义却不一样，该码字的含义是：两个天线的第一个子载波传输的码字是分别是 X_e 和 X_o，而两个天线的第二个子载波传输的码字分别是 $-X_o^*$ 和 X_e^*。两个信道的冲激响应分别为$h_1(n)$和$h_2(n)$，而$H_1(n)$和$H_2(n)$是$h_1(n)$和$h_2(n)$经过 DFT 后的对角矩阵，则接收端收到的信号可以表示为

$$Y(n)=H_1(n)X_1(n)+H_2(n)X_2(n)+Z(n)\tag{9-76}$$

或者写为

$$\begin{cases}Y_e(n)=H_{1,e}(n)X_{1,e}(n)+H_{2,e}(n)X_{2,e}(n)+Z_e(n)\\ Y_o(n)=H_{1,o}(n)X_{1,o}(n)+H_{2,o}(n)X_{2,o}(n)+Z_o(n)\end{cases}\tag{9-77}$$

假设信道的冲激响应是已知的，或者在接收端是可以很好地估计的，那么空频译码器输出的矢量$\hat{X}(n)$可以表示为

$$\begin{cases}\hat{X}_e(n)=H_{1,e}^*(n)Y_e(n)+H_{2,o}(n)Y_o^*(n)\\ \hat{X}_o(n)=H_{2,e}^*(n)Y_e(n)-H_{1,o}(n)Y_o^*(n)\end{cases}\tag{9-78}$$

此外，根据式（9-73）的对应关系，SFBC-OFDM 发射分集系统的接收信号还可以写成

$$\begin{cases}Y_e(n)=H_{1,e}(n)X_e(n)+H_{2,e}(n)X_e(n)+Z_e(n)\\ Y_o(n)=-H_{1,o}(n)X_o^*(n)+H_{2,o}(n)X_e^*(n)+Z_o(n)\end{cases}\tag{9-79}$$

假设相邻子载波内副信道参数近似为常数，则有 $H_{1,e}(n)\approx H_{1,o}(n)$，$H_{2,e}(n)\approx H_{2,o}(n)$。那么可以得到

$$\begin{cases}\hat{X}_e(n)=|H_{1,e}(n)|^2+|H_{2,e}(n)|^2+H_{1,e}^*(n)Z_e(n)+H_{2,o}(n)Z_o^*(n)\\ \hat{X}_o(n)=|H_{1,o}(n)|^2+|H_{2,o}(n)|^2+H_{2,e}^*(n)Z_e(n)+H_{1,o}(n)Z_o^*(n)\end{cases}\tag{9-80}$$

这样，就利用来 SFBC 的正交特性，分别得到来$X_1(n)$和$X_2(n)$的估计值。而且式（9-80）也对应于 SFBC-OFDM 发射分集方案的最大比合并，在性能上要优于接收分集系统。因此 SFBC-OFDM 发射分集系统与 STBC-OFDM 发射分集系统有同样的分集性能。

5. 空频编码与空时编码的对比分析

通过与传统的 STBC-OFDM 系统进行比较可以总结出如下 3 条结论。

（1）从应用环境方面来看。由于空时编码技术属于空间分集的范畴，所以要求在多散射体的多径情形下应用，天线间距应适当拉开以保证发射、接收信号的相互独立性，以充分利用多散射体所造成的多径。而空频编码技术由于不仅仅利用空间分集，还应用了频率分集，因此比空时编码技术性能更优越。

（2）从衰落信道的相关时间和相干带宽来看。空时编码要求在跨越几个 OFDM 字符的一个码块周期内信道衰落时间相应保持近似不变，及相关时间越大其性能越好，即多普勒频

移越小越好。而空频编码则要求跨越几个子载波的一个码块的信道衰落频率响应保持近似相等，从约束条件上来看，空频编码在快衰落信道中具有较好的特性。

另外，由于频率选择性宽带信道被分成多个正交窄带信道，一个 OFDM 符号持续时间要比在相同信道带宽上传输单载波相同的持续时间明显增大。因此，不能假设在采用空时分组码矩阵的发射系统的瞬时信道参数是不变的。特别是在载波频率为 5GHz 左右，且收发机存在相对移动而导致高多普勒频移的传输环境，更不能这样假设。

（3）从信道衰落特征方面来看。影响 STBC 性能的主要因素为信道阶数和多径时延特征。在参数选择时，OFDM 字符周期均远大于衰落信道的最大相对时延，即衰落信道的相干带宽为几个甚至几十个子载波间隔。在这种情形下，为空频分组码获得最大分集增益提供了保证。

另外，除了在快衰落信道中，SFBC-OFDM 系统分集性能优于其他空间分集系统 STBC-OFDM，在其他方面也有优势。例如 SFBC-OFDM 发射分集系统，在一个 OFDM 码组内，需要相同码组大小的 STBC-OFDM 译码所需存储器的一半。

9.5 本章小结

纠错编码技术在数字通信中非常重要。在 OFDM 系统中，可以从时域和频域两个角度使用前向纠错编码（FEC）来对抗频率选择性衰落和时间选择性衰落。为了达到这个目的，通常使用交织编码技术。使用适当的时/频交织技术，结合其他纠错技术组成级联码，可以取得比较令人满意的效果。近几年来，新的并行级联码——Turbo 码，综合考虑纠错编码、调制技术的网格编码调制（TCM）技术，以及综合考虑纠错编码、调制和分集技术的空时编码（STC）技术等都在 OFDM 系统中得到了较好的应用。本章主要讲述 OFDM 系统中的编码技术与 MIMO－OFDM 系统的编码技术。首先介绍了分组编码、卷积码、交织编码和 Turbo 码在 OFDM 系统中的应用，之后介绍了空时编码，以及空时编码在 MIMO-OFDM 系统中的应用。

思 考 题

1. 分组码的特点是什么？卷积码的特点是什么？
2. 什么是交织编码？采用交织编码的目的是什么？
3. Turbo 码的特点是什么？
4. 空时码的特点是什么？空频码的特点是什么？

习 题

1. 简单介绍分组码在 OFDM 系统中的应用，比较采用分组码 OFDM 系统和未编码 OFDM 系统的性能。
2. 简单介绍交织码在 OFDM 系统中的应用，比较采用交织编码 OFDM 系统和未编码 OFDM 系统的性能。
3. 画出 Alamouti 编码器模型，说明其编码原理。
4. 画出 Alamouti 方案接收机的框图，说明其译码过程。
5. 画出 STC-OFDM 系统模型，说明其工作原理。
6. 画出 SFBC-OFDM 系统框图，说明其工作原理。
7. 简述空频码的设计准则。

第 10 章　MIMO-OFDM 系统的应用

10.1　引言

OFDM 作为先进的调制技术已应用于射频领域，并且逐步成为发展快速、充满生机的研究方向。OFDM 几乎在每个主要的通信标准中都有成功的应用，如无线局域网（IEEE802.11a/g，也被称为 WiFi）、数字视频和音频标准（DAV/DAB）及数字用户环路（DSL）。因此，来自计算机领域的全球互通微波存取（WiMAX 或 IEEE 802.16）和来自电信领域的长期演进（LTE）这两个相互竞争的第四代（4G）移动网络标准，均采用 OFDM 作为其物理接口的核心技术。

10.2　OFDM 在数字音频广播中的应用

10.2.1　数字音频广播介绍

于 1995 年，欧洲电信标准（ETSI）首次提出数字音频广播（DAB）标准，此标准是使用 OFDM 技术的第一个标准。DAB 是在现有的 AM 和 FM 音频广播的基础上发展起来的，与 AM、FM 相比，DAB 能够提供更优质的语音质量、更快的数据业务以及更高的频谱效率。

20 世纪 80 年代以来，由于数字技术的日新月异，无线电广播技术进入了革命性的数字广播技术时代。DAB 为 Digital Audio Broadcasting 的简写，它是继 AM、FM 传统模拟广播之后的第三代广播——数字音频广播，它的出现是广播技术的一场革命。

数字音频广播具有抗噪声、抗干扰、抗电波传播衰落、适合高速移动接收等优点。它提供 CD 级的立体声音质量，信号几乎零失真，可达到“水晶般透明”的发烧级播出音质。而且在一定范围内不受多重路径干扰影响，以保证固定、携带及移动接收的高质量。

表 10-1 显示了数字音频广播与模拟音频广播的比较。

表 10-1　数字音频广播与模拟音频广播的比较

	数字音频广播	模拟音频广播
传输内容	声音、文字、图片等多媒体	声音
行动性	可高速行动接收	高速行动接收容易使信号受到干扰而产生噪声
音质	可确保音质	音质受地形、其他信号干扰而产生噪声
频道负载	通过较佳的压缩技术，一个频道可以传输多个近 CD 的节目	一个频道只能传送一个标准音质的节目
频谱	采用单频网络	采用多频网络

目前的 DAB 是由 12 个成员组成的协会，是由著名的 EUREKA-147 开发起来的，系统最初的名称是数字音频广播（DAB），而且一直被用作区分真正的 DAB 广播与其他音频广播的

标准。1994 年，EUREKA-147 被国标标准采用。目前世界上 DAB 系统的发展大致可分为欧规 EUREKA-147、美国 IBOC（In-Band On-Channel）及法国 DRM（Digital Radio Mondiale），还有部分国际自行发展 DAB 系统，而我国目前试播采用 EUREKA-147 系统。

DAB 标准包含了 4 种传输模式（见表 10-2），每种模式使用了不同组的 OFDM 参数。

表 10-2　4 种模式不同组的 OFDM 参数

类　型	模式 1	模式 2	模式 3	模式 4
子载波数/个	1536	384	192	758
子载波间隔/kHz	1	4	8	2
符号时间长度/μs	1246	311.5	155.8	623
保护间隔/μs	246	61.5	30.8	123
载频频率/MHz	<275	<1500	<3000	<1500
发射机距离/km	<96	<24	<12	<48

其中，模式 1 适用于地面单频网络（SFN），模式 2 适用于常规地面本地广播，模式 3 适用于卫星通信。总的来说，模式 1 ~3 适用于特定频段，模式 4 则可以提供更好的覆盖范围，但较于前三者它更容易受多普勒频移的影响。

10.2.2　DAB 系统使用 OFDM 技术的原因

数字音频广播是使用 OFDM 技术的第一个系统，在频谱方面可以支持单频网络。正是由于采用了 OFDM 技术，才使得 DAB 使用单频网络成为可能，而这就大大提高了系统的频谱效率。

在单频网络中，用户从不同的接收机同时接收相同的信号。由于不同的发射机之间存在传播差异，因此不同的信号之间会存在时延，如图 10-1 所示。

如图所示，时延是由距离 d_1 和 d_2 产生的。两个信号以此时延先后到达，对于用户来说，相当于两径的衰落信道，因此只要两个信号之间的传播差异小于 OFDM 符号的保护间隔，就不会出现 ISI 和 ICI。两个时间移位信号的叠加，使得合成信号处于深度衰落的概率要远远小于一个信号处于深度衰落的概率，因此相当于获得了分集的好处。

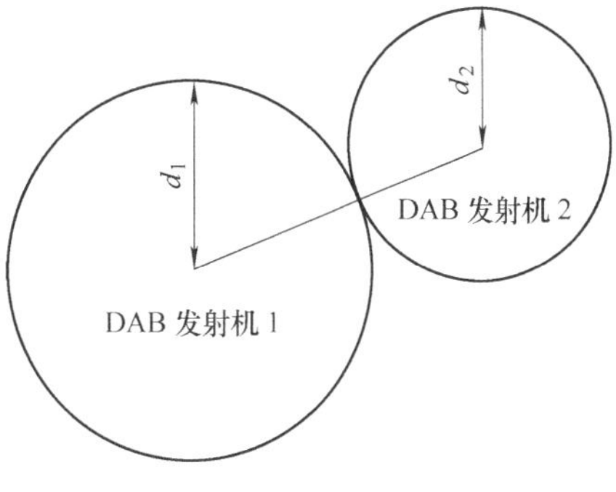

图 10-1　接收两个 DAB 的用户

另外，系统中还存在着多普勒频移和接收机内本地振荡器的频率波动，这就要求在载波之间必须存在最小的频率间隔，也就是说存在最大的符号周期长度的限制。例如对工作于 240MHz 的 DAB 系统来说，如果移动速度为 31m/s，则多普勒频移可以达到 25Hz。为了减少多普勒频移造成的子载波间干扰，子载波间隔必须远远大于多普勒频移。

10.2.3　DAB 信号的形成

图 10-2 为 DAB 的信号形成框图。

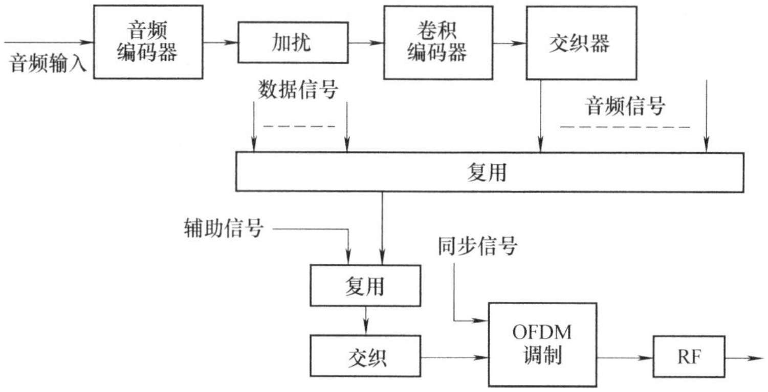

图 10-2　DAB 信号形成框图

DAB 的信号形成过程如下。

（1）音频编码器接收两路的音频输入立体声数字采样值，采样频率为 48kHz，且每个采样值包括 16bit，因此每个信道的总速率为 768kbit/s。

（2）音频编码器的输出与伪随机序列进行模 2 加，实现加扰，其中伪随机序列可以来自 9bit 的反馈一位寄存器。加扰的目的是需要考虑采用额外的加密算法。

（3）卷积编码。首先经过编码速率为 1/4、约束长度为 7 的卷积码进行编码，以达到对抗衰落的能力，然后可以通过打孔，把编码效率提高到 $8/n$，其中 n 可以为 9～32 之间的任何整数。

（4）对编码数据在频域内进行交织，避免深衰落对一组子载波造成不利影响。

（5）将多个音频信道复用，并将包含其他数据的信号组合起来。信号以帧为单位进行组织，帧结构如图 10-3 所示。

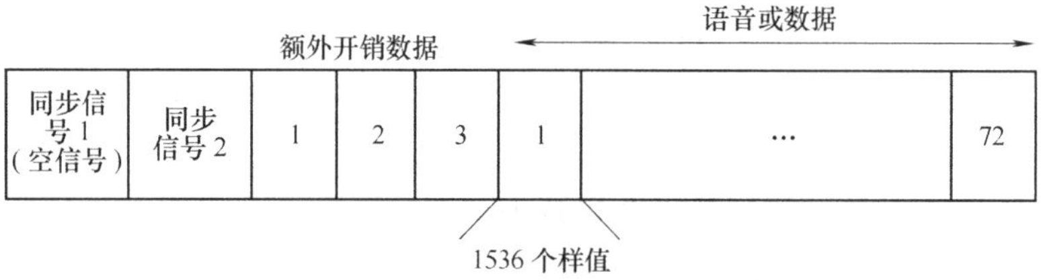

图 10-3　DAB 帧结构

帧内可以包含 2 个同步信号、3 个数字额外开销信号，然后跟随 72 个符号的音频复用信号，这样一帧的长度大约为 $77 \times 1.246\text{ms} = 96\text{ms}$。

第一个同步信号可以是空信号，长度略大于 OFDM 的信号长度，可以实现初步的帧对齐。

第二个同步信号为固定值，用于提供精确同步，并为信号的差分解调提供参考相位。

额外开销比特携带对信息进行译码所必需的参数。

剩余部分为语音或数据的原始信息，原始的比特速率为

$$(72\text{ 个信号} \times 1536\text{ 个子载波/信号} \times 2\text{bit/子载波})/0.096\text{s} = 2.3\text{Mbit/s}$$

为了达到满意的传输效果，OFDM 的信号速率需要大于最大多普勒频移，即 OFDM 信号

周期要小于信道的相干时间。

10.3 OFDM 在数字视频广播中的应用

10.3.1 不同的数字电视地面广播系统

在经历了机械电视时代、黑白电视和彩色电视时代以后，NHK 从 20 世纪 70 年代初期开始研究高清晰度电视，后来有许多国家和国际标准组织也积极开展了这方面的研发。但直到 1990 年之前，它们还都是全模拟的或者模拟数字混合的。在 1990 年 6 月 1 日，美国 GI 公司向美国高级电视顾问委员会（ACATS）提交了全数字地面 HDTV 制式，电视从此进入了一个新时代：数字电视时代。电视向着高清晰度和数字化方向前进，模拟电视在全世界范围内正在逐步消失，电视面临着它问世以来最根本的技术革命。

经历十多年坚持不懈的研究和发展，数字电视地面广播（Digital Television Terrestrial Broadcasting，DTTB）已经取得了很多的成果，达到了可以实用的阶段。从 1998 年 11 月北美和欧洲已经开播 DTTB 节目，许多国家宣布了 DTTB 制式选择和实现计划。

目前，世界上主要有 3 个 DTTB 传输标准：

（1）美国高级电视系统委员会（Advanced Television Systems Committee，ATSC）研发的格形编码的 8 电平残留边带（Trellis-Coded 8-Level Vestigial SideBand，TCM 8-VSB）调制。1996 年 12 月 26 日 FCC 正式公布了“数字电视标准”ATSC。1998 年 11 月首先由 28 家电视台正式开始地面数字电视广播，到 2000 年 1 月已经有 100 多家电视台开展数字电视业务。但美国 Sinclair 广播集团对 ATSC 制式有异议。

ATSC 调制方案采用了具有导频信号的单载波调制，即 8 电平残留边带（8-VSB）调制，它是现有 AM 调制技术的高度发展，其性能高度依赖于自适应均衡器。因此，为了抵抗多径回波和各种干扰，需要非常复杂和昂贵的均衡器。

加拿大、韩国、阿根廷和我国的台湾在 1997 年和 1998 年先后宣布采用美国的 ATSC 标准。

（2）欧洲数字视频地面广播（Digital Video Terrestrial Broadcasting-Terrestrial，DVB-T）标准采样的编码正交频域复用（Coded Orthogonal Frequency Dlvision Multiplexing，COFDM）调制。

欧洲 ETSI 在 1994 年和 1996 年先后公布了 DVB-S（卫星广播）、DVB-C（有线电视广播）和 DVB-T（地面广播）的标准等，欧洲的数字电视有了完整的标准系列。欧洲各国自 1996 年以来先后在卫星直播、有线电视广播和地面广播等方面开展了 SDTV 业务，考虑到市场需求的原因，目前尚未开展 HDTV 业务。

在地面传输方面，它采用多载波 OFDM 调制（ADSL 中相似的技术称为 DMT）。DVB-T 使用了 1705 个（2k 个）或 6817 个（8k 个）子载波。而且它有更多的选项，以适应不同的应用需求，例如可变的载波调制类型。和美国的 8-VSB 调制技术相比，COFDM 技术属于正在不断发展和提高的新技术。

除了欧洲国家以外，澳大利亚、新加坡、印度、巴西先后在 1998 年和 1999 年宣布采用欧洲的 DVB 标准。

（3）日本地面综合业务数字广播（Integrated Service Digital Broadcasting-Terrestrial，ISDB-T）采用的频带分段传输正交频分复用（Bandwidth Segmented Transmission OFDM，BST-OFDM）。

日本1998年11月公布了用于地面数字电视广播的ISDB-T标准。系统采用的调制方法称为频带分段传输BST-OFDM。由一组共同称为BST段的基本频率块组成。

日本的ISDB-T是基于本国国情，在欧洲COFDM基础上的一种改进，特别是针对多媒体广播和移动接收的需求。

3种标准的视频编码和码流复接基本均采用MPEG2标准，最大的差别是调制方式的不同，ATSC采用单载波调制方式，而其他两种采用多载波调制技术。因为3个标准推出的时间有先后，所以，采用的技术水平越来越高，对地面广播需求的理解也越来越深。但它们毕竟是基于20世纪90年代中期或之前的情况。几年来，技术在飞速发展，应用需求也在不断变化。

在此背景下，人们对上述3个地面数字电视系统进行了深入研究，借鉴和吸收了美国ATSC、欧洲DVB、日本ISDB-T和国内HDTV研究的经验和教训，结合数字地面电视广播技术和通信技术的最新发展和需求，提出了创新的“地面数字多媒体电视广播（Terrestrial Digital Multimedia-Television Broadcasting，DMB-T）传输协议”。系统的核心采用了mQAM/QPSK的时域同步正交频分复用（Time Domain Synchronous-Orghogonal Frequency Division Muliplexing，TDS-OFDM）调制技术；系统使用更加先进的前向纠错编码（FEC）来抵抗突发误码率和各种干扰，如Turbo码等；实现了分级调制和编码，可以提供分级服务；同时可以实现快速同步，适于数据业务。

10.3.2 数字视频广播

数字视频广播（DVB）通过两种模式利用OFDM，这两种模式的子载波格式分别为1705和6817，根据这两种不同的子载波数量选择所需要的FFT/IFFT的规模，因此这两种模式也分别称为2k模式和8k模式。

2k系统的子载波数仅是8k的1/4，被称为8k的简化版本。由于保护间隔也缩小到8k的1/4，因此在单频网络内，2k系统处理时延扩展以及发射机之间的传输能力要下降。8k系统的FFT长度为896μs，而保护间隔可以介于28～224μs之间。而2k系统的取值只为前者的1/4。图10-4和图10-5分别为DVB系统的发射机和接收机框图。

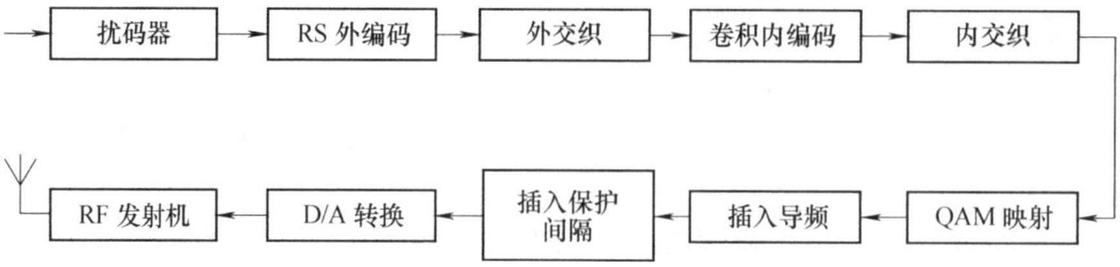

图10-4 DVB系统的发射机框图

在发射端，首先数据被分为若干组，每组内包含188B，它们通过加扰码和外码RS编码，能够在204B帧内纠正8个错误字节。接着，对经过编码的比特由交织器在12B深度内进行交织。然后，按编码效率为1/2、约束长度为7、生成多项式为（171，133）的卷积码进行编码。通过打孔，编码效率可以提高到 2/3、3/4、5/6 以及 7/8。最后，经卷积编码的比特再经过内交织器的交织，被映射为 QPSK、16QAM 或 64QAM。

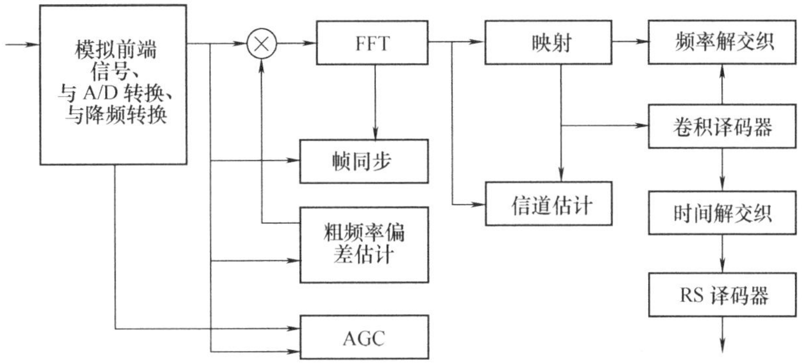

图 10-5　DVB 系统的接收机框图

在接收端，要执行相干 QAM 解调，就必须得到参考幅度、相位，这就要求发送导频子载波。对于 8k 模式来说，每个 OFDM 符号内包含 768 个导频，剩余 6048 个子载波用于数据传输，对于 2k 模式来说，每个 OFDM 符号内包含 192 个导频，剩余 1512 个子载波提供数据使用。导频位置图样在每 4 个 OFDM 符号中重复一次，但是符号和符号之间是不同的。

具体的解调过程如下。

（1）模拟前端信号经过降频转换之后，数字 AGC 被用于调整模拟前端电路中的可变增益放大器（VGA）的增益。

（2）粗频率偏差纠正用于降低子信道间的干扰。

（3）频率偏差估计利用固定导频信号进行初始估计，并且利用均匀分布的导频信号进行随后的精确估计，并且还利用时域和频域的内插，获得所有信号位置的信道估计。

10.3.3　地面数字多媒体电视广播

对于数字电视地面广播（DMB-T）来讲，首先要求有足够的传输码率，以便在单个信道中提供高质量 HDTB 节目。其次要在现有分配的电视频道中传输 DTV 节目，实现和模拟电视节目的同播；更重要的特性是要支持移动接收。

其他的要求包括：抵抗各种干扰/失真；易于其他媒介或服务器的接口；支持多节目/业务；高度灵活的操作模式，通过选择不同的调制方案，系统能够支持固定、便携、步行或移动接收；能够通过分级调制得到分级服务；具有交互性；高度灵活的频率规划和覆盖区域，能够使用单频网和同频道覆盖扩展/缝隙填充；需要先进的信道编码（如级联码、平行级联系统卷积/网格码或网格编码）和信道估计方案，以便降低系统 C/N 门限，以此降低发射功率，从而减少对现有模拟电视节目的干扰；对于便携终端，优先支持低功耗模式；等等。

数字电视系统信号结构通常由压缩层、传送层和传输层三大部分组成，其系统结构如图 10-6 所示。传输层的具体构成是由传输信道（或者叫传输媒介）决定的。传输媒介有有线媒介（包括光纤、同轴和两者的混合网）、无线媒介（包括卫星、微波、MMDS 等）、地面波传输的无线媒介。对于每种传输媒介，目前 DTTB 系统的压缩层和传送层基本上都是一样的，区别就在传输层上。

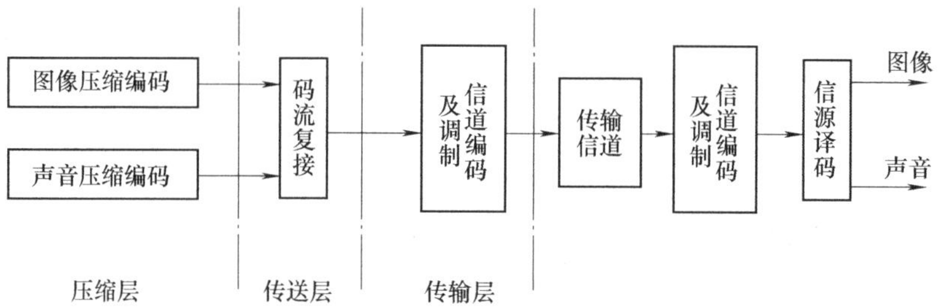

图 10-6　系统的信号构成

信道编码和信道译码属于传输层，根据不同的信道情况和不同的应用需求，数字电视系统采用了不同的纠错编码和调制技术方案，其构成如图 10-7 所示。

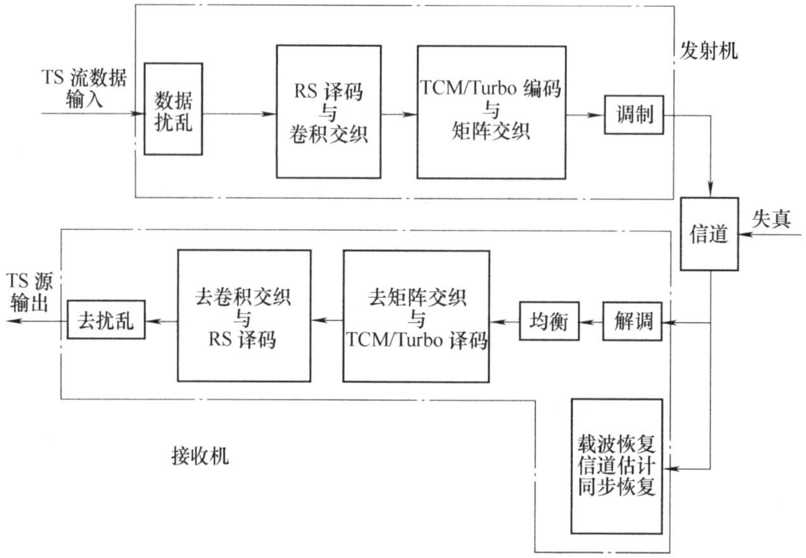

图 10-7　地面数字电视传输层

数字电视地面广播（DTTB）中的纠错部分，基本上都采用了外码纠错（Reed Solomen 码）、交织Ⅰ、内码纠错（卷积码/Turbo 码）、交织Ⅱ，而调制技术目前主要有两种方案：单载波调制和多载波调制。属于单载波调制的有美国的 ATSC 8-VSB 调制，而多载波调制的有欧洲国家的 DVB-TCOFDM、日本的 ISDB-TBST OFDM，本系统所采用的调制技术 IDS-OFDM 属于多载波技术。

由于在技术方案和具体实现的参数上的不同，导致了不同系统之间性能的差异。

地面数字多媒体电视广播（DMB-T）传输协议基于 TDS-OFDM 技术，帧结构是分级的，一个基本帧结构称为一个信号帧。帧群定义为 255 个信号帧，其第一帧定义为帧群头。帧群中的信号帧有唯一的帧号，标号为 0 ~ 254，信号帧号（FN）被编码到当前信号帧的帧同步 PN 序列中。

超帧定义为一组帧群，帧结构的顶层称为超帧群。超帧被编号，从 0 到最大帧群号。超帧号（SFN）与超帧群号（SFGN）一起被编码到超帧的第一个帧群头中。

超帧群号（SFGN）被定义为超帧群发送的日历日期，超帧群以一个自然日为周期进行周期性重复，它被编码为下行线路超帧群中一个超帧的第一个帧群头中的前两个字节。在太平洋标准时间（PST）或北京时间，物理信道帧结构被复位并开始一个新的超帧群。

因此，DMB-T 协议的物理信道是周期性的，并且和绝对时间同步，这样可使接收机能在需要的时候才开机，这意味着接收机可以设计成只有在接收所需要的信息时，才进入接收状态，以达到省电的目的。

一个信号帧由两部分组成：帧同步和帧体。帧同步信号采用沃尔什编码的随机序列，以实现多基站识别。帧同步包含前同步、PN 序列和后同步。对于一个信号帧群中的不同信号帧，有不同的帧同步信号。所以，帧同步能作为一个特殊信号帧的帧同步特性而用于识别。帧同步采用 BPSK 调制以得到稳定的同步。帧体的基带信号是一个正交频分复用（OFDM）块。一个 OFDM 块可进一步分成保护间隔和一个 DFT 块。

和传统广播技术不同，DMB-T 协议结合了传统和现代的通信技术，是一种新型信息广播技术。它不仅适用于传统的电视节目（视频码流）广播，也适用于提供其他多媒体的信息传输服务。此协议具有以下特性：

（1）与现有电视广播的传输频率兼容。这是地面数字电视广播的一个基本需求。

DMB-T 传输协议考虑了我国模拟电视接收机的持有量，是根据我国现行的电视广播频率规范所设计的，因此完全兼容现行的电视广播及接收系统。

（2）高数据码率。DMB-T 传输协议在 8MHz 电视频道中，最大净荷码率高达 33Mbit/s，能够充分满足 HDTV 广播要求。同时使 DMB-T 传输协议既能用于 DTV 广播，也可用于数据通信。

（3）支持蜂窝单频网。和欧洲 DTV 标准相似，DMB-T 传输协议支持单频网，这意味着临近的电视台可以使用相同的频率广播相同的内容。与现有的单载波多频网广播系统相比，单频网有利于频率规划，增加频谱利用率，可使国家有限的频率资源得到充分地利用。

可以进一步在广播协议中引进通信技术，使 DMB-T 传输协议支持蜂窝单频网络。

（4）卓越的移动接收能力。和有线相比，地面数字电视广播的移动接收是一个最重要和突出的特性之一。同时，移动接收也是无线“最后一公里”接入方案的特性之一，特别是对于便携设备和手持终端，它是非常重要的。

DMB-T 传输协议采用基于 OFDM 的调制方案 TDS-OFDM，这将使得人们在乘坐汽车和火车时能得到可靠、即时的多媒体信息服务。

（5）快速同步。这是 DMB-T 传输协议区别于其他所有数字电视传输协议的重要特性之一。电视节目是连续的视频数据码流，对于单纯的视频广播协议来讲，同步时间不是一个至关重要的问题，但是，数据通信需要非常快速的同步时间，以便处理突发数据和短消息。考虑到数据通信的这种要求，人们开发了时域同步方案，以便获得非常快速的同步时间。DMB-T 传输协议的同步时间约为 5ms，而其他数字电视标准在 100ms 以上。

对于手持设备，一个重要的要求是省电。DMB-T 传输协议和绝对时间保持同步，在需要的时候才开机，达到省电的目的。

（6）在各种条件和环境下接收能力强。DMB-T 传输协议采用了最先进的误码纠错技术和信号调制技术，使接收机能够在各种各样的条件和环境中可靠地接收信号。与其他 DVB 标准相比，抵抗室内电器产生的脉冲干扰和汽车移动过程中的动态干扰的性能尤为显著。

（7）低建网成本和运营成本。不同于传统无线通信网络，大区域的蜂窝网建成后才能支持服务，支持漫游更需要跨区域的网络建设。DMB-T 传输协议基于现有的电视广播体系结构，一旦电视台从模拟传输转到数字传输，业务提供者就可开始数据广播业务运营。当随着用户和传输内容的增加而容量成为问题时，可以通过逐渐地建设蜂窝网提高网络容量。

DMB-T 传输协议的应用模式是一种广播和点对点服务的混合模式。公共信息以非常低的成本传送给各个消费者，这使得 DMB-T 传输协议解决方案的运行成本较低。

因为 DMB-T 传输协议基于现有的电视广播体系结构，所以它能够很快速地开展起来。这对于新技术市场启动是非常重要的。

（8）和其他 DTV 标准的比较。目前，国际电联（ITU）已经批准了 3 种地面数字电视传输标准。它们是美国的 ATSC 标准、欧洲的 DVB-T 标准和日本的 ISDB-T 标准。ATSC 标准基于 8-VSB 技术，而 DVB-T 和 ISDB-T 基于 COFDM 调制技术。表 10-3 是 DMB-T 传输协议和其他标准的比较。

表 10-3　DMB-T 传输协议和其他 DTV 标准的比较

	DMB-T	ATSC	DVB-T/ISDB-T
移动接收	最好	坏	好
室内接收	好	坏	好
支持突发数据	是	否	否
支持蜂窝网	是	否	否
支持省电功能	是	否	否
支持双速率传输	是	否	是

表 10-3 说明 DMB-T 传输协议技术有更好的优越性，特别是对于数据通信。支持“移动接收”使它成为理想的无线解决方案；支持“突发数据”使它能够处理短数据或消息；“省电”设计是手持设备的需要；而支持“蜂窝网”使它能够扩展，满足未来更大的容量需求。

10.4　OFDM 在 IEEE 802.11 中的应用

与现有的有线局域网相比，无线接入方式由于具有便捷灵活的接入方式，并且支持移动性等优点，20 世纪 90 年代以来，无线局域网（WLAN）技术得到了人们的广泛关注。1997 年 6 月，美国电气与电子工程师（IEEE）通过了 IEEE802.11 WLAN 标准。该标准定义了媒体接入控制（MAC）和 3 种不同的物理层（PHY）接口，其中的两种 PHY 工作在 2.4GHz 频段，另一种工作在红外频段。该标准支持 1 ~ 2Mbit/s 的数据传输速率。为了进一步提高数据传输速率，IEEE 于 1999 年 9 月通过了两种新的无线局域网 PHY 接口，分别是 IEEE 802.11a 和 IEEE 802.11b。IEEE 802.11a 标准工作在 5GHz 频段，可提供 6 ~ 54Mbit/s 的数据传输速率；IEEE 802.11b 标准仍然工作在 2.4GHz 频段，最大可提供 10Mibt/s 数据传输速率。IEEE 802.11a 是第一个把 OFDM 用于分组业务的通信标准，而在此之前，OFDM 仅仅局限于类似 DAB 和 DVB 的连续业务传输系统中。同时工作在 5GHz 频段的无线局域网标准还有欧洲电信标准机构（ETSI）定义的 HIPERLAN-2 标准。IEEE 802.11a 与 HIPERLAN-2 具有类似的物理层结构，两者的主要区别在于 MAC 层协议：IEEE 802.11a 使用了基于载波侦听冲突避免（CSMA/CA）的分布式 MAC 协议，而 HIPERLAN-2 则使用了基于 TDD/TDMA 方式的集中式 MAC 层协议。

10.4.1 协议与网络结构

包括 802.11a 在内的所有 IEEE 802.11 系列无线局域网均使用相同的 MAC 层协议，但具有不同的 PHY 层。图 10-8 给出的是完整的 IEEE 802.11 标准的协议结构，该结构对应于开放系统互联（OSI）7 层协议模型的低两层，定义了物理层和 MAC 层的规范。IEEE 802.11 的物理层分为 3 个子层：PLCP（物理层汇聚协议）、PMD 协议（物理介质相关协议）和物理层管理子层。PLCP 子层用于识别相关介质传输信号所使用的调制与编码技术。物理层管理子层为不同的物理层进行信道选择和调谐。MAC 层分为 MAC 子层与 MAC 管理子层。MAC 子层主要负责访问机制的实现和分组的拆分和重组。MAC 管理子层主要负责越区切换、功率管理，还有登记过程中的关联等，这一层的操作机制是在移动环境下所需要的。除此之外，IEEE 802.11 还定义了一个站管理子层，它的主要任务是协调物理层和 MAC 层之间的交互作用。

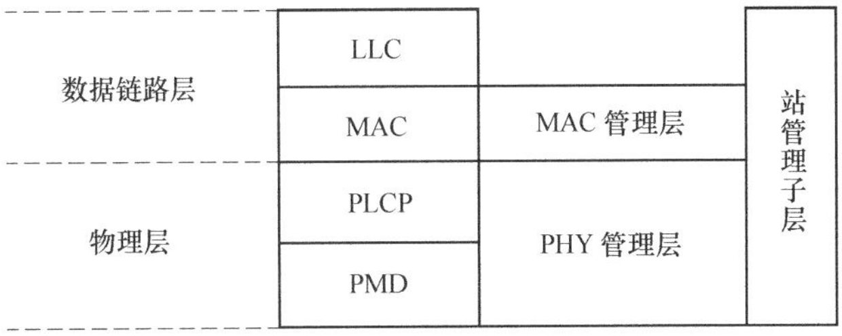

图 10-8 IEEE 802.11 的协议体系结构

在网络拓扑上，IEEE 802.11 支持无中心站和有中心站两种网络结构。无中心站的网络结构如图 10-9a 所示，两个或多个无线终端（称为 STAR）构成一个基本服务集（BSS）。这些 STA 可以彼此识别，在对等的基础上建立直接的无线连接，从而在一定区域内形成一个独立的覆盖区域。这种网络结构通常是临时形成的，某些终端进入该区域，与其他终端建立通信连接，过一段时间，某些终端可能会退出该服务区域，从而退出网络连接，这种网络结构称为 ad hoc 网络。有中心站的网络结构如图 10-9b 所示，在此情况下，每个 BSS 中包括一

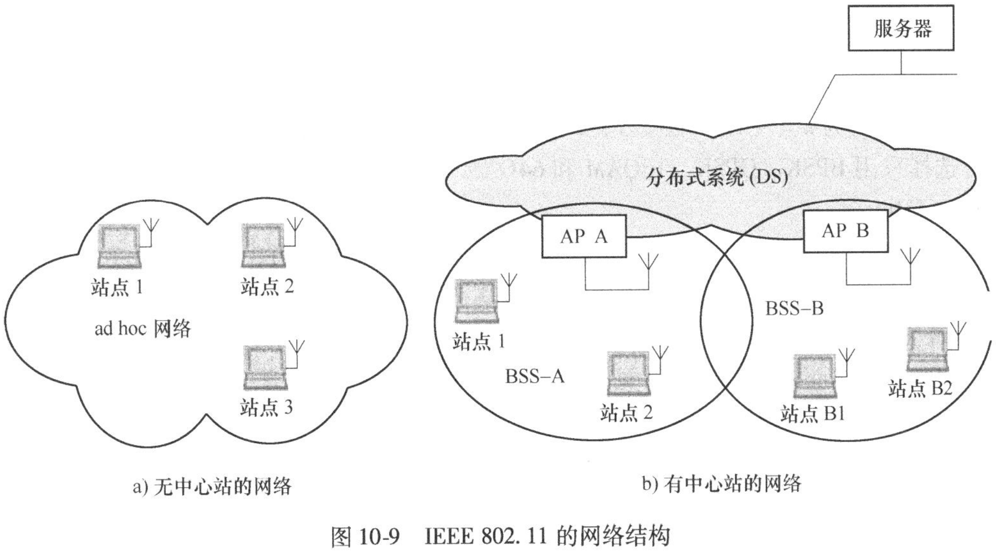

a) 无中心站的网络　　b) 有中心站的网络

图 10-9 IEEE 802.11 的网络结构

个接入点（AP）。AP 类似于蜂窝电话网络中的基站，用于实现 WLAN 和有线局域网（LAN）之间的连接。在每个 BSS 内，所有无线终端之间的通信以及无线终端与有线网络之间的通信都必须通过 AP 来实现，AP 是有线网络结构的延伸，是非移动性的。多个 BSS 互相重叠，并且通过分布式网络连接在一起，用这种方式可以实现一个较大区域的 WLAN 覆盖，无线终端在多个 AP 之间可以自由切换，用这种方式实现 WLAN 覆盖称为扩展服务集（ESS）。

10.4.2 物理层参数

表 10-4 中给出了 IEEE 802.11a 中使用的 OFDM 调制的主要参数。IEEE 802.11a 中使用 52 个子载波（应为 53 个，其中 $k=0$ 处，即直流子载波上不传送符号，为空符号 0），其中 4 个用于传送导频符号，在实际实现时考虑到 IFFT/FFT 的计算需要采用 2 的整数次幂次，因此采用 64 点的 IFFT/FFT 运算。把 53 路数据映射到 64 个子载波上，编号低端和编号高端分别有 6 个（$k=-32, -31, \cdots, -27$）和 5 个空符号（$k=27, 28, \cdots, 31$）。这样映射可以保证系统的子载波频谱集中，使得系统占用的频谱带宽尽可能窄，节约频谱资源，也可以避免 IEEE 802.11a 的信号对其他无线系统的干扰。每个 OFDM 符号的总长度为 4μs，其中包括保护间隔的长度 0.84μs。根据实际测量，5GHz 室内无线信道的时延扩展在 30～270ns，上述保护间隔的选取，可以保证 IEEE 802.11a 无线局域网可靠地工作在各种室内环境，如普通家庭、办公室和大商场，采用定向天线也可以工作在室外环境。OFDM 符号的有效长度为 3.2μs，系统的采用间隔为 3.2/64μs＝0.05μs，采用速率为 20 符号/秒。每个 OFDM 符号中的 4 个导频符号（映射到 IFFT 块中的编码为 $k=-21, -7, 7, 21$）用于实现信道跟踪和同步。OFDM 符号的每个子载波可选择采用 BPSK、QPSK、16QAM 和 64QAM 4 种调制方式，经过编码之后的数据速率可达 6～54Mbit/s。

表 10-4 IEEE 802.11a 中的 OFDM 主要参数

数据速率/(Mbit/s)	6、9、12、18、24、36、48、54
调制方式	BPSK、QPSK、16QAM、64QAM
编码效率	1/2、2/3、3/4
子载波数量	52
导频数量	4
OFDM 符号长度/μs	4
保护间隔/ns	800
子载波间隔/kHz	31.25
-3dB 带宽/MHz	16.56
信道间隔/MHz	20

IEEE 802.11a 的工作频段在 5GHz，具体的频率范围取决于各个国家无线电管理部分的频率分配。在美国，IEEE 802.11a 的工作频段称为 UNII（Unlicensed National Information Infrastructure）频段，共有两组连续的频率范围，分别是 UNII 低中段（5150～5350MHz）和 UNII 高段（5725～5825MHz），带宽共计 300MHz。在 UNII 低中段的带宽范围为 200MHz，可容纳 8 种不同的工作频率点，如图 10-10a 所示。在该频段的两种各有 30MHz 的保护频带，用于防止信号频率泄漏造成对其他无线设备的干扰。在 UNII 高段的带宽范围为 100MHz，可容纳 4 种不同的工作频率点，如图 10-10b 所示。在该频段两端的保护频带各为 20MHz，这是因为高频段对带外辐射的要求比低中段的信号要弱。

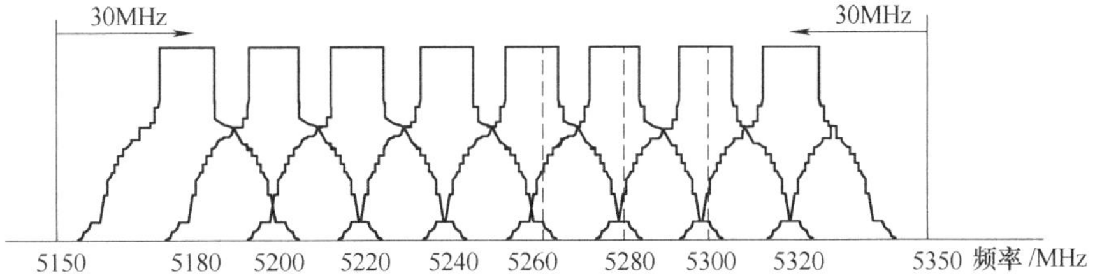

a)UNII 低中段

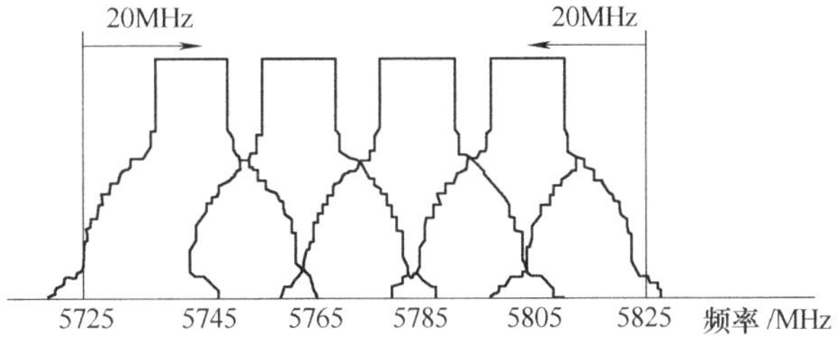

b)UNII 高段

图 10-10　IEEE 802.11a 的工作频率

为了限制信号的带外辐射，IEEE 802.11a 标准规定了对 OFDM 传送信号功率谱的要求。如图 10-11 所示，OFDM 发射信号的功率谱密度为 0dBr（相对于信号功率谱密度最大值的 dB 值）的频带范围应不超过 18MHz，在频率偏移 11MHz 位置处的功率谱密度值应在 -20dBr以下，在频率偏移为 20MHz 和 30MHz 位置处的功率谱密度值应分别低于 -28dBr 和 -40dBr。

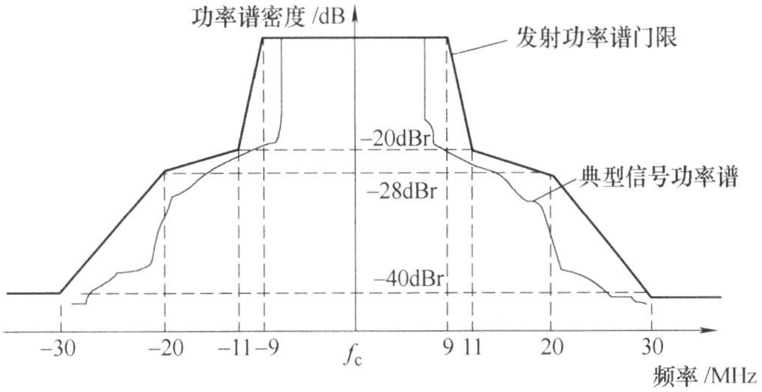

图 10-11　IEEE 802.11a 对 OFDM 信号功率谱要求

图中用粗实线表示 IEEE 802.11a 标准所允许的最高功率谱密度值，用细实线表示典型 OFDM 信号的功率谱密度值。

10.4.3　系统结构

图 10-12 给出了 IEEE 802.11a 中 OFDM 发射机的信号处理框图。二进制输入数据经过约束长度为 7、码率为 1/2 的卷积编码器进行卷积编码。通过对编码器输出数据进行凿孔，

卷积编码的码率可以提高到2/3或3/4。经过交织之后，二进制数据进行QAM调制。为了便于相干检测，在48个数据符号中还要插入4个导频符号，这样在每个OFDM符号内就可以得到52个QAM复数值，然后经过IFFT，把这些符号调制到52个子信道中。为了使系统能够对抗多径衰落，需要在符号之间插入保护间隔。而且为了得到较小的带外辐射，还需要对符号进行加窗吹。最后，数字输出信号被转换为模拟信号，然后上变频转换到5GHz频段，经过射频放大，通过天线进行发送。

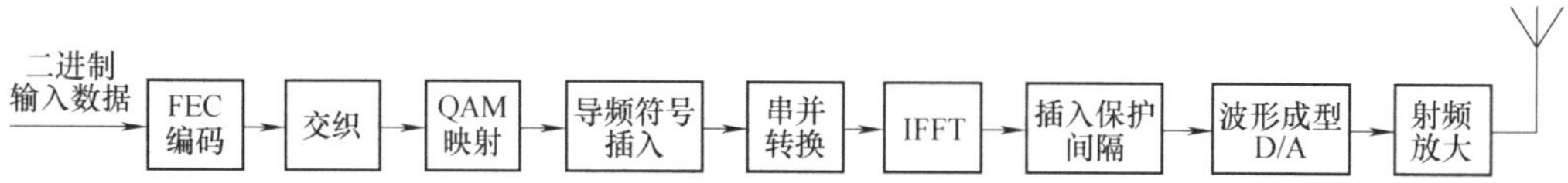

图 10-12　IEEE802.11a 发射机的信号处理框图

OFDM接收机执行发射机的逆操作，同时需要执行附加的训练过程，其信号处理框图如图10-13所示。首先，接收机必须利用前同步域中的特殊训练符号去估计频率偏差与符号定时。接着，实施FFT解调，恢复所有子信道中的52个QAM复数值。导频符号被用于纠正信道影响，以及剩余的相位漂移。然后，把QAM复数值逆映射为对应的二进制比特值。最后，对这些比特信息进行Viterbi译码，以恢复发送的二进制数据。

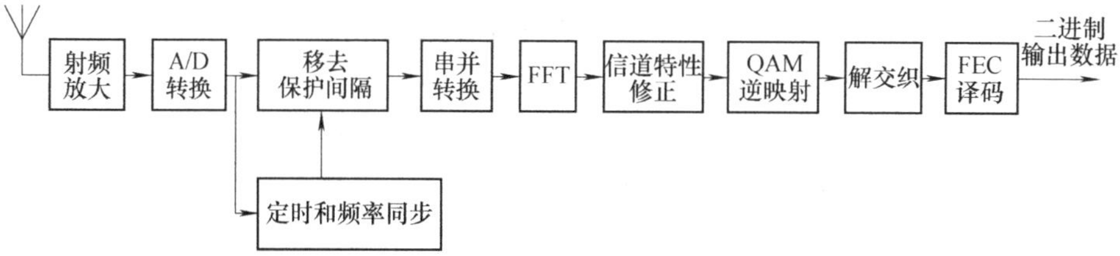

图 10-13　IEEE 802.11a 接收机的信号处理框图

10.4.4　帧结构与相关信号处理

IEEE 802.11a标准是第一个使用OFDM进行分组数据传输的标准。考虑到分组数据传输的突发性特点，IEEE 802.11a的帧结构与DAB和DVB等连续传输系统的帧结构有很大不同。如图10-14所示，IEEE 802.11a的帧长不固定，这一点与传统以太网的帧类似。其中，IEEE 802.11a的帧分为3个部分：物理层汇聚协议（PLCP）前导（preamble）部分、信号（signal）部分以及长度可变的数据（data）部分。其中前导部分由12个OFDM符号组成，包括10个长度为800ns的短训练符号和2个长度各位4μs（实际上是一个长度为8μs的OFDM符号，在时间上可等价于两个普通的OFDM符号）的长训练符号。

PLCP 前导 12 个符号	信号 1 个 OFDM 符号	数据 可变数量的 OFDM 符号

图 10-14　IEEE 802.11a 的帧结构

前导的主要作用是识别帧的开始、自动增益控制（AGC）、载波和符号同步以及信道估计。信号部分的主要作用是通知接收机有关数据部分的调制类型、编码速率以及数据长度信息。数据部分包含要传送的数据以及用于同步接收机扰码器的信令信息。

由于前导部分对IEEE 802.11a系统的性能影响至关重要，下面详细介绍其组成和作用。

图 10-15 详细地示出了 IEEE 802.11a 中前导部分的组成。前导的第一部分是 10 个长度为 800ns 的短训练符号 $t_1 \sim t_{10}$，每个符号的长度为正常 OFDM 符号时间长度的 1/4。这 10 个短训练符号波形相同，由 12 个子载波（载波间隔为正常符号子载波间隔的 4 倍）组成。在所有可能的 -26 ~ 26 的子载波中，短训练符号占据序号为 {-24、-20、-16、-12、-8、-4、4、8、12、16、20、24} 的子载波。短训练符号主要用于信号检测、自动增益控制、符号定时和粗频率偏差估计。选择这种短训练符号的原因有两个。第一，短训练符号可以在较大的范围内实现粗频率偏差估计。对于周期为 T 的重复信号来说，最大可估计的频率偏差为 $1/(2T)$。因此，通过测量连续两个长度为 800ns 的短训练符号间的相位差，可以估计的频率偏差可以达到 625kHz。如果训练符号的长度等于 OFDM 符号的有效长度，即 3.2μs，那么可以估计到的频率偏差只能到达 156kHz，在 5.8GHz 工作频率情况下，这相当于 26×10^{-6}的频率偏差。而 IEEE 802.11 标准中规定每个用户所允许的最大频率偏差为 20×10^{-6}，如果同时考虑发射机和接收机，则接收机一方所看到的频率偏差可达 40×10^{-6}（发射机和接收机的频率偏差之和）。第二，在训练开始阶段采样短训练符号可以简单地实现 AGC 和帧检测。通过计算短训练符号与其下一相同符号的相关，并且校验该相关值是否超出某一门限值，就可以检测到是否有分组数据包出现。在每两个短符号周期之后，可以调整接收机增益，然后继续进行检测和增益的检测。当然，这种 AGC 算法也可以使用长训练符号实现，但是使用短训练符号的好处是，在相同时间长度内，可以得到更多个重复符号，这样就更加容易在训练期间内，做出各种测量并且调整增益。

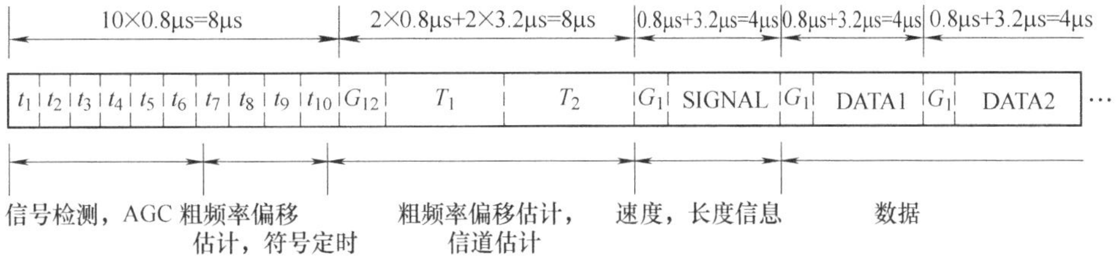

图 10-15　IEEE802.11a 中的前导符号

紧跟在短训练符号之后是一个长度上等于两个正常 OFDM 符号的长训练符号（T_1），其长度为 8μs（其中保护间隔的长度为 1.6μs）。长训练符号由 53 个子载波（包括直流处的一个空符号，去“0”值）组成，分别占据从 -26 ~ 26 的非零子信道。其中传输已知的 BPSK 符号（这是为了简化接收端的信道估计运算），它主要用于精确的频率偏差估计和信道估计。选择 T_1 符号的长度为正常 OFDM 符号长度的 2 倍主要有两个原因。第一，在长符号周期内可以实施精确的频率估计。通过把 IFFT 输出符号进行循环扩展，构成长度为 8μs 的长训练符号。其中最前面 1.6μs 是保护间隔，同时也是 IFFT 输出符号最后 1.6μs 的副本。通过测量长训练符号内相距为 3.2μs 的样值之间的相位漂移，可精确地估计频率偏差。第二，为了更精确地获得相干解调所使用的参考幅值与相位。通过对长训练符号中相同的两个部分进行平均，可以使得获得相关解调参数时的噪声功率电平比数据符号中的噪声功率电平低 3dB。

上述短训练符号与长训练符号的设计都考虑到 OFDM 系统中的 PAPR 问题。通过合理设计训练符号，得到 PAPR 的值在 3dB 左右，这大大低于随机数据进行 OFDM 调制的 PAPR

值，确保非线性放大器对训练符号引起的畸变小于对数据符号引起的畸变。

接收机经过训练之后还会存在一定的剩余频率偏差，它会造成所有子载波的相位偏移，因此在前导符号之后，还需要对剩余的相位偏移进行跟踪和补偿。为了对这种相位偏移进行跟踪，IEEE 802.11a 在 52 个子载波中插入 4 个已知的导频符号。图 10-16 中给出了 OFDM 分组数据传输的时间-频率分布图，其中灰色部分表示训练符号和导频符号。从图中可以清楚地看出，分组数据包首先从只占用 12 个子信道的短训练符号开始，然后占用 52 个子信道的长训练符号和数据符号，在数据符号中还存在 4 个已知的导频子载波。

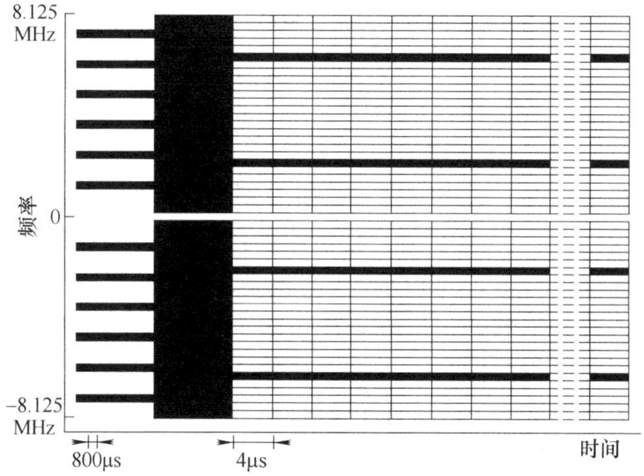

图 10-16　OFDM 分组数据传输的时间-频率分布图

10.5　MB OFDM 系统在 UWB 中的应用

开发一个开放的标准对于一种新的无线通信技术来说至关重要，标准的确定有利于支持技术的各种应用开发工作，并且提供了相应的技术审核规范。UWB 技术自诞生以来，一直重视标准化工作。

2003 年 1 月，IEEE 组成研究小组开始 UWB 标准调研工作。2004 年 2 月 14 日美国联邦通信委员会（FCC）发布了新的超宽带频谱规范，并由新的 IEEE 802.15.3a 委员会开始征集相关标准草案。在 IEEE802.12.3a 任务小组工作的后期，经过整理、综合各公司提交的 21 个草案，物理层方案最终形成两个标准草案：DS-UWB 物理层草案和 MB-OFDM 物理层草案。由于各方面的分歧，物理层标准最终也未确定。但是 IEEE 802.15.3a 任务小组对超宽带的 MAC 层方案达成了一致，形成了 IEEE 802.15.3a MAC 层标准。本节将介绍 MB-OFDM 物理层草案、MB-OFDM UWB 发送原理和 MB-OFDM UWB 接收机原理。

10.5.1　MB-OFDM 物理层草案

MB-OFDM UWB 方案是由德州仪器提出的多带正交频分复用方案。该方案把可用的频带划分为多个子频带，每个子频带的带宽大于 500MHz；系统可以根据数据速率、干扰、当地频率规定等因素选择部分或者全部子频带进行传输，还能以合适的调制方式灵活使用多个子频带。

1. 频带划分

MB-OFDM 系统工作在 3.1 ~ 10.6GHz 频段。每频段按照 528MHz 带宽划分，其中 f_c 为中心频率，n_b 为子频带编号，如式（10-1）所示：

$$f_c(n_b) = \begin{cases} 2904 + 528 \times n_b & n_b = 1, \cdots, 4 \\ 3168 + 528 \times n_b & n_b = 5, \cdots, 13 \end{cases} \tag{10-1}$$

7.5GHz 的频段被分成 13 个子频带，具体的频段相关的参数如表 10-5 所示。目前 MB-OFDM 采用两种频段模式：Mode1 和 Mode2，分别如图 10-17 和图 10-18 所示。

表 10-5　MB-OFDM 的频段划分

子频带号	低端频率/MHz	中心频率/MHz	高端频率/MHz
1	3168	3432	3696
2	3696	3960	4224
3	4224	4488	4752
4	4752	5016	5280
5	5544	5808	6072
6	6072	6336	6600
7	6600	6864	7128
8	7128	7392	7656
9	7656	7920	8184
10	8184	8448	8712
11	8712	8976	9240
12	9240	9504	9768
13	9768	10032	10296

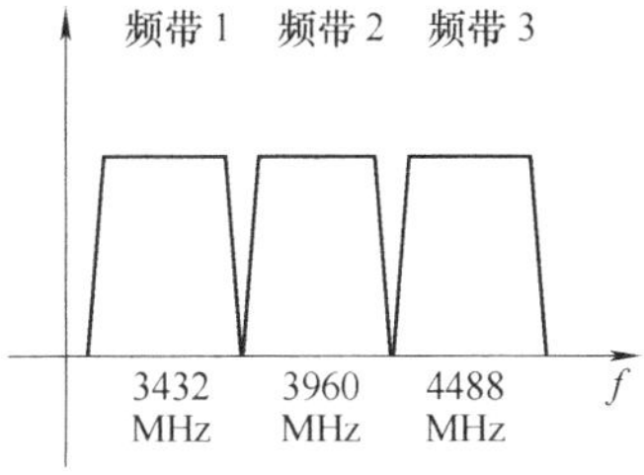

图 10-17　Mode1 的频带划分

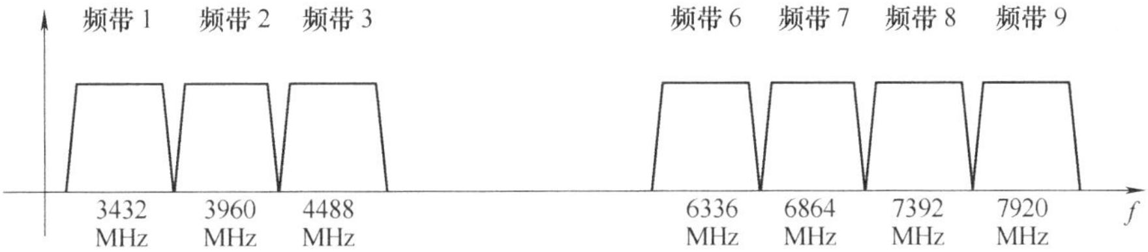

图 10-18　Mode2 的频带划分

2. 信道划分

MB-OFDM 系统采用时频编码（TFC）划分信道，对于不同的微微网使用不同的时频编码，并且不同的时频编码对应于不同的前导图案。在 Mode1 中，TFC 的长度为 3；在 Mode2 中，TFC 的长度为 7。在一个微微网内，不同的用户设备（DEV）采用 TDMA 进行信道划分。

3. 发射信号

MB-OFDM 系统采用了 OFDM 技术，实际的射频（RF）发射信号可以用复基带信号表示为

$$r_{RF}(t) = \mathrm{Re}\left\{ \sum_{k=0}^{N-1} r_k(t - kT_{SYM}) \exp(\mathrm{j}2\pi f_k t) \right\} \tag{10-2}$$

式中，$Re\{\ \}$表示复数变量的实部；$r_k(t)$是第 k 个 OFDM 符号的复数基带信号；N 是 OFDM 符号数目；T_{SYM}是 OFDM 符号间隔；f_k 是第 k 个子载波的中心频率。

$r_k(t)$的结构由它在分组中的位置决定，表达式为

$$r_k(t)=\begin{cases} r_{\text{preamble},\,k}(t) & 0\leqslant k\leqslant N_{\text{preamble}} \\ r_{\text{header},\,k-N_{\text{preamble}}}(t) & N_{\text{preamble}}\leqslant k\leqslant N_{\text{header}} \\ r_{\text{data},\,k-N_{\text{preamble}}}(t), & N_{\text{header}}\leqslant k\leqslant N_{\text{data}} \end{cases} \tag{10-3}$$

式中，N_{preamble}是前导的 OFDM 符号数目；N_{header}是 MAC 头的 OFDM 符号数目；N_{data}是数据的 OFDM 符号数目。

所有的 OFDM 符号 $r_k(t)$通过一系列系数进行傅里叶变换得到，而系数是由具体代表的传输数据、导频或训练序列所决定的。

4. 物理层帧结构

MB-OFDM 系统方案的物理层分组的帧结构包括前导（Preamble）、物理头（PHY Header）、MAC 头（MAC Header）、头校验序列（HCS）、尾比特（Tail Bits）、帧体（Frame Payload）、帧校验序列（FCS）、补充比特（Pad Bits）。帧结构如图 10-19 所示。在这里加入 6 比特的尾比特是为了让卷积编码器能够返回零状态。当一个分组帧长不是 OFDM 符号长度的整数倍时，需要在帧末尾补足足够长度的 Pad Bits，使得帧的长度为一个 OFDM 符号长度的整数倍。

正如图 10-19 所示，在 MB-OFDM 系统中，前导、物理头、MAC 头和头校验序列采用 55Mbit/s 的传输速率，其他的部分根据实际传输数据速率的要求选择 55Mbit/s、80Mbit/s、110Mbit/s、160Mbit/s、200Mbit/s、320Mbit/s 或 480Mbit/s 的传输速率。在物理层帧结构中，标准长度的前导序列由 30 个 OFDM 符号组成。

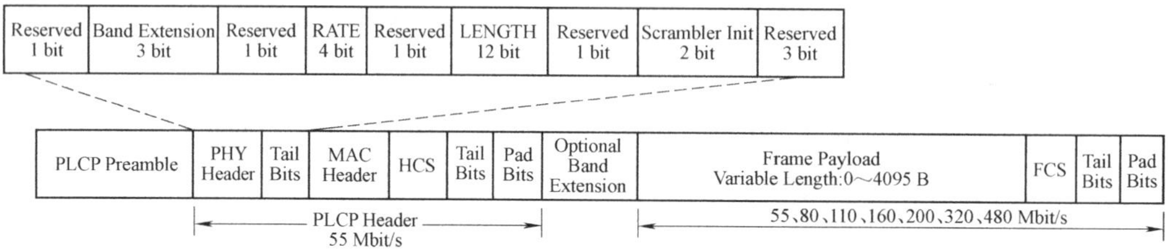

图 10-19　MB-OFDM 物理层帧结构

10.5.2　MB-OFDM UWB 发送原理

MB-OFDM UWB 方案采用了时频交织（Time Frequency Interleaving，TFI）技术，即信息比特在不同的子带之间进行交织。图 10-20 为 MB-OFDM UWB 时频交织示意图。

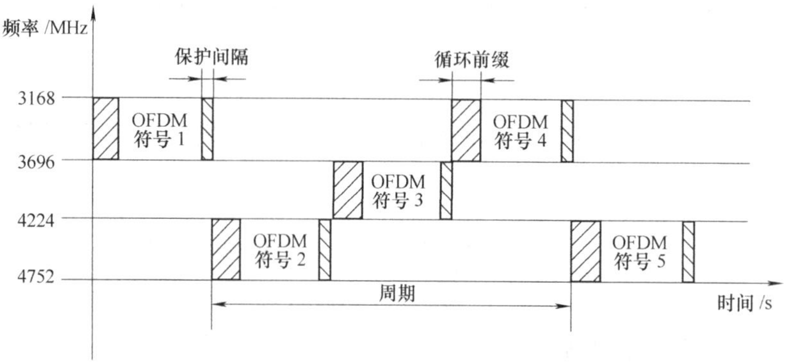

图 10-20　MB-OFDM UWB 时频交织示意图

在图 10-20 中可以看出，在子带 1 上传输第一个 OFDM 符号，在子带 3 上传输第二个 OFDM 符号，在子带 2 上传输第三个 OFDM 符号，第四个 OFDM 符号重新在子带 1 上进行传输，依此类推。图中假定只在 3 个 OFDM 符号间进行时频交织（TFI）。实际上，TFI 周期可能长得多。

MB-OFDM UWB 系统的发射机结构如图 10-21 所示，图中 OFDM 符号的合成方法与传统的 OFDM 系统类似，只是符号长度、子载波间隔、循环前缀等具体参数有较大的差别。

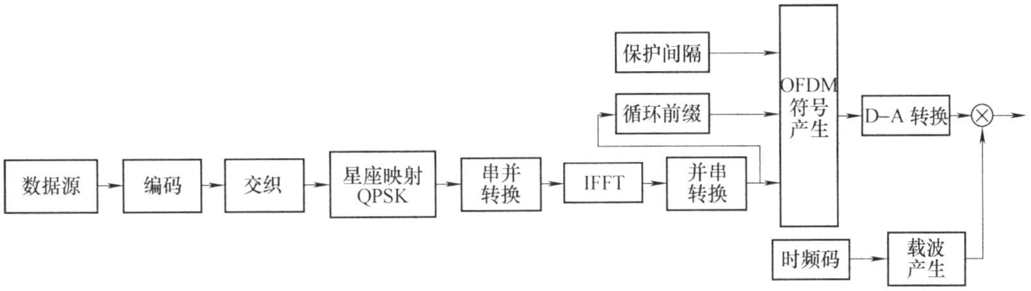

图 10-21　MB-OFDM UWB 系统的发射机结构

下面介绍各部分的原理。

1. 编码

该系统使用的编码为卷积码。卷积码是一种应用广泛的纠错编码，它与分组码最大的区别就是卷积编码后的第 n 个码元不但与本码组的 k 个信息码元有关，而且与前面的 $N-1$ 段信息有关，N 称为卷积码的约束长度。卷积码的纠错性能随 N 的增加而增大，差错率随 N 的增加而下降，代价是计算复杂，编码效率低。

卷积码可以通过打孔（Punctured）来提高编码效率。所谓打孔，简单地说，就是把卷积码的长度缩短，即在发射端编码后信息按照某种规律删去一些码元，在接收端按照相同的规律在删去码元的位置插零。对于同一个卷积码采用不同的打孔方案可以得到不同的编码速率。

2. 交织

在实际信道中，随机错误和突发错误往往是并存的，卷积码只能纠正一定长度的随机错误，而对连续突发错误却无能为力。为了纠正突发错误，常常使用交织技术。交织的作用是减小信道的相关性，把长的突发错误离散成短的随机错误。

3. 信号映射

MB-OFDM UWB 系统的信号映射采用 QPSK 调制，QPSK 调制又称为四相绝对相移键控，利用 4 种不同的相位来表征数字信息。由于每一种载波相位代表两个比特信息，故每个四进制码元又被称为双比特码元。把组成双比特码元的前一信息比特用 a 代表，后一个信息比特用 b 代表，双比特码元中两个信息比特 a、b 通常是按格雷码排列的，它与载波相位的关系如表 10-6 所示，其矢量关系图如图 10-22 所示。

（4）OFDM 调制

OFDM 调制是由 IFFT、并串转换和插入保护间隔几部分组成的。

表 10-6 双比特与载波相位的关系

双比特信息		载波相位
a	b	格雷码映射
0	0	45°
0	1	135°
1	1	225°
1	0	315°

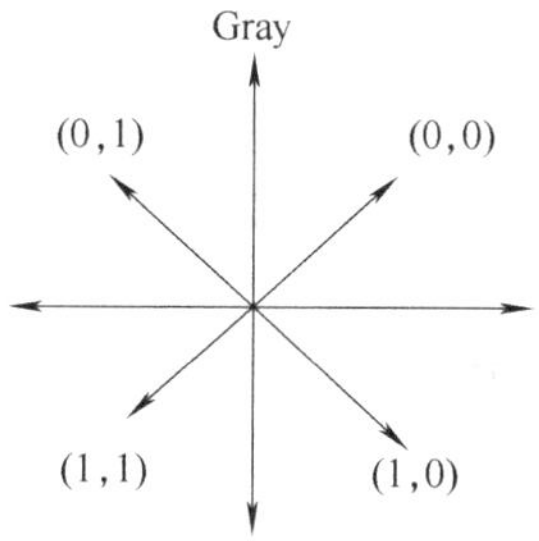

图 10-22 QPSK 信号矢量图

10.5.3 MB-OFDM UWB 接收原理

UWB 系统的传输信道是一个典型的多径信道，信道冲激响应可建模为

$$h(t) = \sum_{l=0}^{L} \sum_{k=0}^{K} \alpha_{k,l} \delta(t - T_l - \tau_{k,l}) \tag{10-4}$$

式中，$\alpha_{k,l}$为多径的衰减系数；T_l 为第 l 簇的时延；$\tau_{k,l}$表示以 T_l 为基准，第 l 簇的第 k 个多径分量的时延。

在多径模型中，衰减系数 $\alpha_{k,l}$可以是复数或实数。如果是实数，定义 $\alpha_{k,l}=p_{k,l}\beta_{k,l}$，$p_{k,l}$ 取值为 ±1，用于描述因信号反射引起的随机脉冲倒相，$\beta_{k,l}$为对数阴影衰落效应。在这种情况下，超宽带的实数表示的发送波形可以与其直接进行卷积。当 $\alpha_{k,l}$为复数时，容易出现相位模糊。由于实数的简单性，为避免超宽带波形的相位描述模糊，建议采用 $\alpha_{k,l}=p_{k,l}\beta_{k,l}$。

考虑到 UWB 信道的复杂性，在接收方案中采用频域均衡来补偿信道的各种失真。整个接收机的原理如图 10-23 所示。

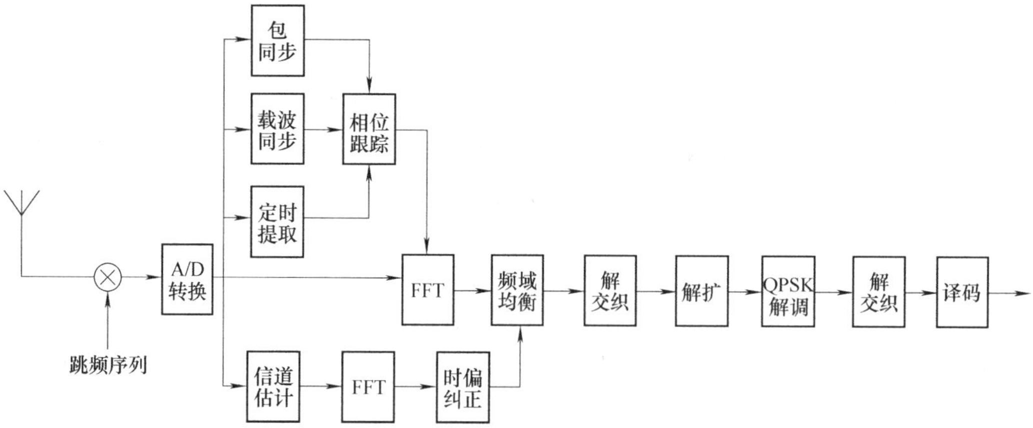

图 10-23 MB-OFDM UWB 系统接收机原理图

天线接收到的射频信号经带通滤波器和低噪声放大器，解调输出的基带信号滤波后 A/D 转换转换成数据基带 OFDM 符号。接收机从这些数据包中一方面获取包同步、载波同步和定时信息，进行载波同步和符号相位跟踪；另一方面获取信道的有关信息进行信道估计，得到信道的时域冲激响应和最佳信号处理时间。接收到的 OFDM 符号在去除循环前缀、保护间隔后进行傅里叶变换（FFT），在经过解交织、解扩送至 QPSK 解调器解调。最后，由 Viterbi 译码输出相应的数据。

事实上由图 10-23 可以看出，MB-OFDM UWB 接收机原理与普通的 OFDM 通信系统并没有本质上的区别。对于多带 OFDM 超宽带而言，其本质就是子带带宽符合 FCC 规定的多带 OFDM 通信系统，因此读者可以参考 OFDM 相关数据深入了解 MB-OFDM 原理。

10.6 MIMO-OFDM 在多模光纤中的应用

MMF（多模光纤）广泛用于 LAN（局域网）和光的互连。许多已经安装的骨干以太网都是以 MMF 为基础且能支持大约 1Gbit/s 的数据速率。许多研究都致力于把 1Gbit/s 的骨干以太网提到 10Gbit/s。因为 OFDM 在各种各样的无线信道都表现出很好的稳健性，它已经被很多通信标准，如无线 LAN（WiFi）、数字电视、音频广播标准、数字用户线（DSL）和全球微波互连接入（WiMAX 或者 IEEE802.16）等所采用。OFDM 可以将高速的数据流分解成许多低速子数据流，利用相互正交且重叠的多个子载波同时传播，因此，利用 OFDM 技术可以有效地补偿长距离光通信中的色度色散和偏振模色。对于克服不同类型的色散影响，包括 MMF 链路中的多模色散具有很好的稳健性，这一点在很多公开发表的文章中已得到证明。

10.6.1 MMF 链路中的光 OFDM

带宽密集应用（如 HDTV、IPTV、医学应用领域的数据处理）的增长对 LAN 骨干网的容量和服务器互连提出了更高要求。有关 10Gbit/s 的传输和 MMF 链路之外的研究目前已有很多相关成果。然而，所有这些方法都需要使用高速器件、外部调制和单模器件。

另一方面，通过使用多载波传输，可将需传送的比特流分成许多不同的子流（一般情况下它们都彼此正交），然后再沿着不同的子信道进行传输，从而避免了对高速器件的需求。在选择子流数目时，应使每个子流中的码元时间比信道时延扩展大很多，以便减小码间干扰（ISI）。尤其值得注意的是，OFDM 技术善于通过自适应调制和编码处理像 MMF 链路这样的时变信道。作为一个特殊方案，基于塑料光纤的高速传输系统被提出。为了减小系统成本，该系统采用直接检测。然而，它仍然要求使用 RF 上、下转换器。为了进一步降低系统成本（这一点对 LAN 应用来说很重要），Lee 等人主张使用 DMT（离散多音调制）调制，它是 OFDM 的一个版本。另一方面，同一序列被传输两次，将会导致数据速率降低。除了系统成本之外，与传统方法相比较，DMT 有以下两个优势。

（1）根据信道实际情况，通过优化设计穿过信道的承载信息分布可使信息速率达到最大化。

（2）可根据时变信道的不同情况进行自适应调整，而这一点则是通过将数据流分成多个子载波，并利用自适应调制消除信道对子载波的影响来实现的。

图 10-24 给出了基于 MMF 链路传输的 DMT 系统框图。解复用器将输入的信息数据流转换成并行的形式。星座映射器利用正交幅度调制（QAM）将并行数据映射到 N 个子载波中。这个调制过程通过使用快速傅里叶反变换（IFFT）实现，从而将频域并行数据转换成时域并行数据。在 OFDM 中，基于 IFFT 的时域序列，对应频域 QAM 序列 $C_k(k=0, 1, \cdots, N-1)$，其具体形式为

$$s_k = \frac{1}{\sqrt{N}}\sum_{n=0}^{N-1} C_n \exp\left(\mathrm{j}2\pi k\frac{n}{N}\right) \qquad k = 0, 1, \cdots, N-1 \tag{10-5}$$

式中，s_k 是复值时域的长度为 L 的序列。

在 DMT 中，时域序列是实值，它通过使用 $2N$ IFFT 得到，而它的输入值则满足埃尔米特对称性质，表示为

$$C_{2N-2}=C_n^* \quad (n=1, 2, \cdots, N-1) \qquad \mathrm{Im}\{C_0\}=\mathrm{Im}\{C_N\}=0 \tag{10-6}$$

意思是输入序列的后半部分（对于 IFFT 分组）是前半部分的复共轭。另外，第 0 个和第 N 个子载波必须是式（10-6）中给定的实值。因此，在 DMT 中的 $2N$ 点 IFFT 可通过下面的公式得到

$$s_k=\frac{1}{\sqrt{2N}}\sum_{n=0}^{2N-1}C_n\exp\left(\mathrm{j}2\pi k\frac{n}{2N}\right) \qquad k=0, 1, \cdots, 2N-1 \tag{10-7}$$

式中，s_k 是一个长度为 $2N$ 的实值序列。相应的通过并串转换的离散时间信号则可以写成

$$s\left(k\frac{T}{2N}\right)=\frac{1}{\sqrt{2N}}\sum_{n=0}^{2N-1}C_n\exp\left(\mathrm{j}2\pi n\frac{kT}{2N}\right) \qquad k=0, 1, \cdots, 2N-1 \tag{10-8}$$

式中，T 是 DMT 帧的持续时间。在并串模块（见图 10-24）中，循环扩展的实现方法与前面章节中介绍的相类似，其值应该比多模色散引起的脉冲展宽还要大。D/A 转换器可实现数字到模拟的转换。一般情况下，D/A 转换器应该包含一个发射滤波器。如图 10-24 所示，为了减少系统成本，使用激光二极管的直接调制方式来传送 DMT 信号。因为负信号不能通过带有直接检测的强度调制进行直接传输，为此需要利用偏置电压将 DMT 信号的负值部分转变为正值。因为这种方法功效低，所以需要使用限幅技术。

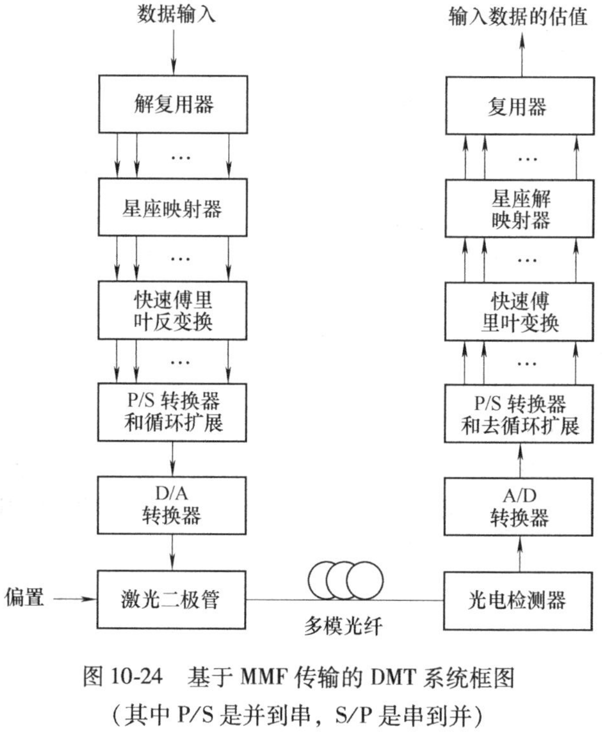

图 10-24　基于 MMF 传输的 DMT 系统框图（其中 P/S 是并到串，S/P 是串到并）

在接收端，解调是通过光电转换（利用光电检测器）、直流偏振模块、A/D 转换、去循环扩展、串并转换和 $2N$ 点 FFT 等环节实现的，表示为

$$\hat{C}_n=\frac{1}{\sqrt{2N}}\sum_{k=0}^{2N-1}c_k\exp\left(-\mathrm{j}2\pi k\frac{n}{2N}\right) \qquad n=0, 1, \cdots, 2N-1 \tag{10-9}$$

式中，$\hat{C}_n(n=0, 1, \cdots, N-1)$代表传输序列的估计。

循环扩展除了可以用来处理多模色散，还可以用于同步（见图 10-25）和纠正由于公共相位误差而产生的频偏。当循环扩展通过重复有效 FFT 部分的后 $N_G/2$ 样本作为前缀、前 $N_G/2$ 样本作为后缀的方式实现的，那么在接收端（忽略失真影响），有效 DMT 帧的前 $N_G/2$ 样本与后缀是完全相同的，且与后半部分相隔 T_{FFT}（FFT 部分的持续时间）。通过计算这两部分的自相关度，能够估算出由公共相位误差引起的频偏并去除掉。与此同时，在每一个

DMT 符号后得到的相关峰可以被用于定时。一旦粗略地估计出 DMT 帧的起始位置，那么利用周期性发送的前同步信号就可以完成精确定时和频率同步。

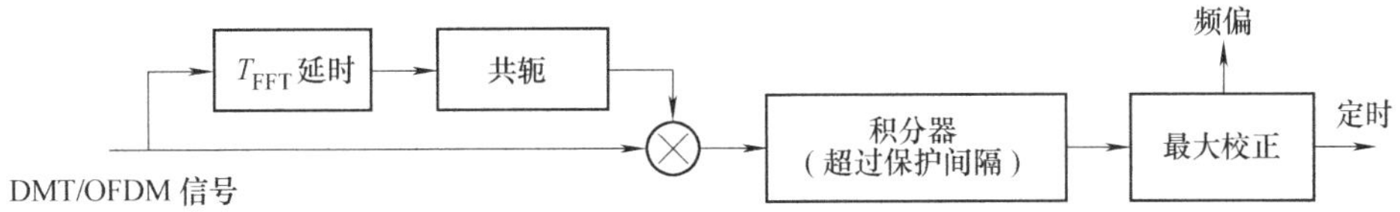

图 10-25　频偏校正和使用循环前缀的定时

因为在 DMT/OFDM 中不同的子载波都是被独立调制的，所以会导致某些子载波叠加，继而导致高的峰值平均功率比（PAPR），而 PAPR 的定义为

$$PAPR = 10\lg\left(\frac{\max\limits_{0\leq t<T_{DMT}} |s_{DMT}(t)|^2}{E[\,|s_{DMT}(t)|^2\,]}\right)\text{dB} \tag{10-10}$$

式中，$s_{DMT}(t)$代表持续时间为 T_{DMT}帧；$E[\cdot]$是求平均数算子。

高的 PAPR 会在驱动放大器、D/A 转换器和 A/D 转换器中引入非线性。尽管 DMT 帧具有高的 PAPR 值，但是它们都是以某一特定概率发生的，可以用互补累积分布函数 $P_r(PAPR>PAPR_{ref})$进行表征，这里的 $PAPR_{ref}$是参考 PAPR（经常用 dB 表示）。当使用 512 个子载波时，$P(PAPR>15\text{dB})$是 10^{-4}；当所有子载波都进行叠加时，$P(PAPR>27\text{dB})$会更小。因此，完全没有必要适应所有的动态范围。通过将 D/A 转换器和 A/D 转换器的动态范围限制在一个合适范围内，从而得到最佳性能，这一点已经被 Jin 等人所证明。使用不同数量的子载波可以生成不同的 PAPR 概率密度函数。Lee 等人已研究试用大量的子载波可使劣质信道具有较好的稳健性，而信道变差则是因为允许相同的开销有较长的保护间隔。利用限幅可以很容易地实现 D/A 转换器和 A/D 转换器动态范围的调整，表示为

$$s_{限幅}(t)=\begin{cases}s_{DMT}(t) & |s_{DMT}(t)|\leq A\\ A & 其他\end{cases} \tag{10-11}$$

式中，$s_{限幅}(t)$是指被限幅的 DMT 信号；A 是指限幅之前可容忍的最大振幅。通过测量误码率（BER）对限幅电平 C_L 的相对值，可以确定使 BER 最小化的最佳限幅电平。其中 C_L 定义为

$$C_L = 10\lg\left(\frac{A^2}{E[\,|s_{DMT}(t)|^2\,]}\right)\text{dB} \tag{10-12}$$

例如，对于 256 个子载波、64QAM 和不同的 A/D（或 D/A）转换器分辨率，最佳限幅比在 8.5 ~9.5dB 之间。

10.6.2　应用于中长 MMF 链路的光 OFDM

通常，MMF 一般被看作短距离传输应用的媒介。直到最近，以 10Gbit/s 的速率进行传输的最长距离才达到 5km。然而，值得注意的是，MMF 与单模光纤（SMF）相比具有多项优势：一是安装、维修和操作容易，使得成本较低；二是 MMF 的有效横截面积比 SMF 大很多，从而使 MMF 对光纤的非线性具有很好的容忍性；三是从信息论的观点来看，MMF 中存在的多种模式可利用无线通信广泛使用的 MIMO 方式加以开发利用，从而提高了频谱效率。在这一节里，将介绍 Shieh 课题组的实验，在实验中，偏振复用相关 OFDM 信号能以

21.4Gbit/s 的速率在 MMF 上传输超过 200km。

图 10-26 给出了一个利用 MMF 的再循环回路搭建的实验环境，它适于研究基于 MMF 链路的相干 OFDM，该方案已被 Shieh 等人使用。OFDM 信号可以通过 MATLAB 方式产生，然后传到任意波形发生器（AWG），用以产生 10GS/s 的模拟信号。可使用的 OFDM 子载波总数是 128，保护间隔设置为观察窗的 1/8。在 128 个子载波中，只有 82 个携带数据，其中 4 个用于相位估计。利用均衡 4QAM 技术可使总数据速率高达 10.7Gbit/s。OFDM 信号的实部和虚部都被上传到 AWG，由 AWG 完成 D/A 转换，然后再将这两部分分别传送给光 I/Q 调制器的 I 和 Q 端口，光 I/Q 调制器由两个相差 π/2 相位的马赫-曾德尔调制器组成，可实现将 OFDM 基带信号转换成光域信号。

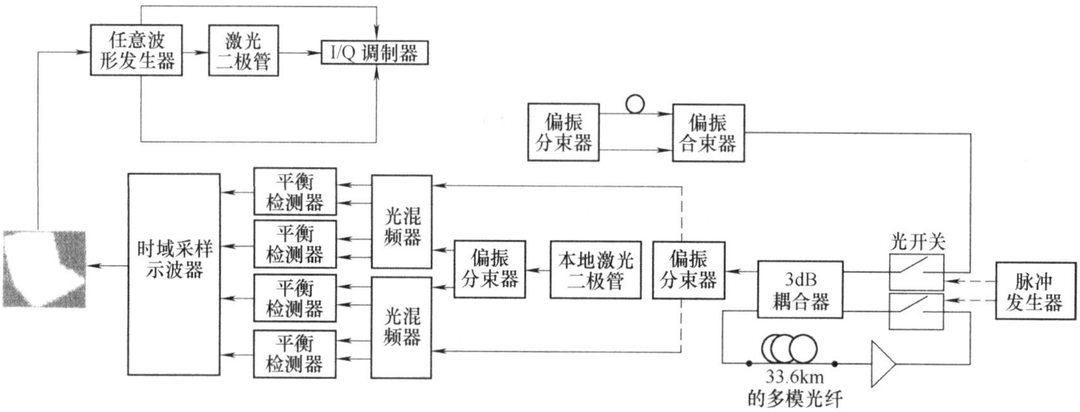

图 10-26 基于 MMF 再循环回路的偏振多路复用相干 OFDM 的研究实验装置

来自光 I/Q 调制器的光 OFDM 信号利用偏振分束器（PBS）进行拆分，在一个 OFDM 符号周期（持续 14.4ns）内，该输出是不相关的，然后再通过偏振光合束器（PBC）重新组合。因此，两个偏振分量彼此是完全独立的。这样操作的目的是为了仿真总速率为 21.4Gbit/s 的偏振复用发射机。信号进一步输入到再循环回路中，该回路由长为 33.6km、芯径为 50/125μm 的 MMF 和可补偿 MM 16 dB 损耗的掺铒光纤放大器组成。光信号从芯径为 9μm 的 SMF 发射到长度为 33.6km、芯径为 50/125μm 的梯度型 MMF 中。从 SMF 到 MMF 的光发射用来完成空间模式滤波效应，从而实现在 MMF 链路中仅使一小部分低次模式处于受激状态。长度为 33.6km 的 MMF 链路由两段中间通过单模光纤（SMF）连接起来的 16.8km 光纤卷组成，而且每一个回路的终点都与 SMF 直接相连。这种方法可实现光中心入射到 MMF，从而带来两个好处：一是在光纤回路的起始端，入射到 MMF 的大部分光集中在中轴区域，从而使高次模式较少；二是在 MMF 的末端，利用 SMF 梳状光电检测器接收光信号，所用的模式滤波器可进一步减少高次模式。利用基于相干光 OFDM 的信号处理技术能减小残留的由多模色散引起的高次模式符号间串扰。然后，OFDM 信号从再循环回路耦合出去，进入由一个本地激光器、一个 PBS、两个混频器和四个平衡检测器组成的偏振复用相干接收机。本地激光器调谐到信号中心，来自四个平衡检测器的射频信号输入到 Tekronix 时域采样示波器，然后再利用 2×2MIMO-OFDM 模型，通过 MATLAB 程序进一步处理。2×2MIMO-OFDM 信号的处理过程为：一是利用基于 Schmidl 格式的 FFT 窗口同步识别 OFDM 信号的起始位置；二是通过软件完成估算的频偏补偿；三是利用琼斯矩阵 $\boldsymbol{H}$ 实现信道估计；四是对每一个 OFDM 符号进行相位估计；五是构建每一个载波的星座图和计算 BER。采用交替偏振的方式每次发送 30 个 OFDM 码元，总共发送 500 个，从而实现对信道矩阵 $\boldsymbol{H}$ 的估算。

10.6.3 基于 MMF 链路的广播 MIMO 光 OFDM

在高速传输系统中，多模色散引起的 ISI 是系统性能的主要限制因素。也就是说，在 MMF 中以各种模式传播的光，其传播常数和群速度都不一样。模式受激取决于发射条件和 MMF 内的模式耦合。因为在 MMF 中激发光脉冲的多种模式在光纤输出端是以多脉冲形式到达的，多模色散与无线通信中的多径效应相类似。因此，已经应用于无线通信的各种方法在这里也是适用的，包括均衡（电域或光域）、多载波调制、OFDM、频谱扩展、分集和 MIMO。许多有可能应用于点到点链路和广播领域的方法已经得到充分研究。例如，作为电均衡替代方案的自适应光补偿已经得到广泛应用。自适应补偿是在 MMF 输入端使用电域的空间整形，比如利用一个空间光调制（一个二维图像），使得仅有理想基模（PM）得到激发，形成正交模式完备集。MMF 输入端的 PM 发射脉冲在 MMF 输出端将以单脉冲甚至耦合的形式出现。基于 PM 的基本原理，Panicker 等人介绍了几种利用自适应光学方法实现 ISI 均衡的算法。这类算法需要一个低速率的自适应反馈信道，而且已应用于点到点链路中的单信道传输。为此，下一步的重点就是以 MIMO 的方式在 MMF 上实现广播应用。基于 MMF 以 MIMO 方式传送信号的方案大体可以分为相干检测和直接检测两大类。

图 10-27 给出了一个在 MMF 上使用相干检测实现 MIMO-OFDM 信号发送的例子，该例子使用了双偏振。在图 10-27a 中，一个 2×2MIMO 系统采用双模式传播路径，它们分别占用光纤芯的不同横截面从而沿着光纤形成两条相差无几的路径。在图 10-27b 中，给出了一个配有 M_{T} 发射机和 M_{R} 接收机的 MMO 系统的例子。为了介绍简单，可以假设 $M_{\mathrm{T}}=M_{\mathrm{R}}=N$。因为系统采用双偏振，所以能携带两个 M_{T} 独立数据流。激光二极管输出的连续波信号分成 M_{R} 个光束，每一个光束都配有一个发射机，其结构如图 10-27c 所示。两个独立的数据流作为输入传送到 OFDM 发射机 x（其信号沿 x 偏振方向传输）和 OFDM 发射机 y（其信号沿 y 偏振方向传输）。为了转换光域中的 OFDM 信号，使用了 I/Q 调制器。来自两个偏振方向的光 OFDM 信号利用一个 PBC 进行组合。在接收端，N 个来自 MMF 的输出作为输入传送到 N 个相干接收机中，其结构框图如图 10-27d 所示。图中的接收机是典型的相干光 OFDM 系统。对于所有相干光接收机使用同一个本地激光器是为了减少系统成本。来自两个偏振方向的同相（I）和正交（Q）信道输出作为输入传送到 MIMO-OFDM 信号处理模块。使用 OFDM 技术有利于多模色散补偿，图 10-27 给出的方案同样适用于广播和多播应用领域。

对于一个基于 MMF、配有 M_{T} 发射机和 M_{R} 接收机的 MIMO 系统，其相应的输入输出关系为

$$y_i(t) = \sum_{j=1}^{M_{\mathrm{T}}} \sum_{k=1}^{P} h_{ji}(k)\mathrm{e}^{\mathrm{j}\omega_{\mathrm{c}}(t-\tau_{p,k})} x_j(t-\tau_{g,k}) + w_i(t) \tag{10-13}$$

式中，$y_i(t)$是第 i 个接收机($i=1, 2, \cdots, M_{\mathrm{R}}$)接收到的信号；$h_{ji}(k)$是第 j 个发射机第 k 个模式的信道增益；$\tau_{p,k}$和 $\tau_{g,k}$分别是与第 k 个模式相关的相位和群时延；ω_{c} 是载波频率；w_i 是噪声信号；$x_j(t)$是来自第 j 个发射机的发送信号；P 是模数。

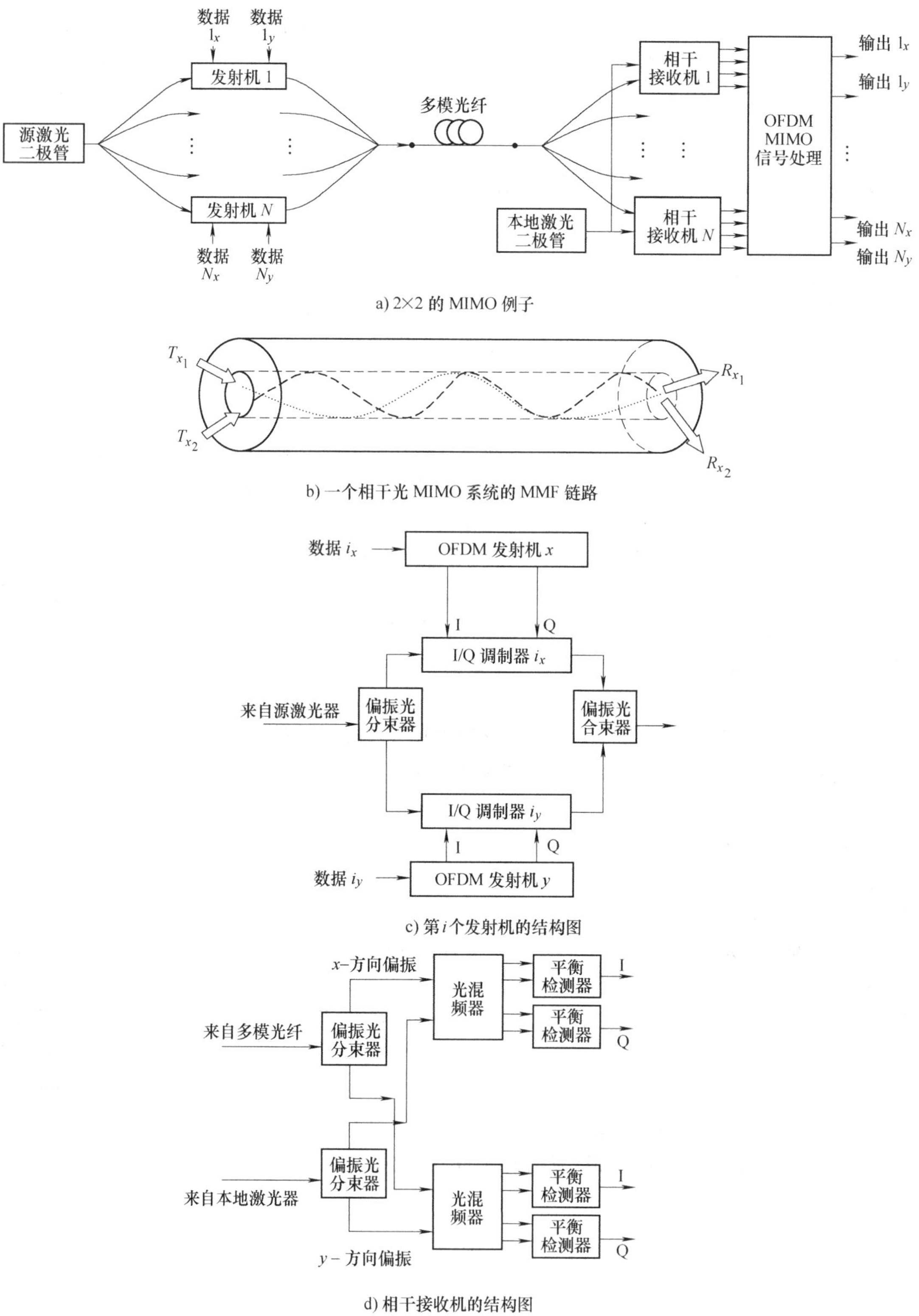

图 10-27　基于 MMF 的相干光 MIMO-OFDM

需要注意的是，式(10-13)涉及一个偏振方向。当群时延扩展$\Delta\tau_g=\tau_{p,k}-\tau_{g,k}$与码元(符号)持续时间相比较小时，$x(t-\tau_{g,k})\approx x(t-\tau_g)$成立。这意味着对于特定的 MMF 长度，所有路径到达时间基本相同。式(10-13)的等价基带采样以矩阵的形式表示为

$$\boldsymbol{y}(n)=\boldsymbol{H}\boldsymbol{x}(n)+\boldsymbol{w}(n) \tag{10-14}$$

式中

$$\boldsymbol{y}(n)=\begin{bmatrix} y_1(nT_s) \\ \vdots \\ y_{M_R}(nT_s) \end{bmatrix},\ \boldsymbol{H}_{ij}=\sum_{k=1}^{P}h_{ij}(k)\mathrm{e}^{-\mathrm{j}\omega_c\tau_{p,k}},\ \boldsymbol{x}(n)=\begin{bmatrix} x_1(nT_s) \\ \vdots \\ x_{M_T}(nT_s) \end{bmatrix},\ \boldsymbol{w}(n)=\begin{bmatrix} w_1(nT_s) \\ \vdots \\ w_{M_R}(nT_s) \end{bmatrix} \tag{10-15}$$

当模数很大时，每一个 Tx 和 Rx 发射和采样都来自相差明显的模式群，而且当载波频率和相位时延扩展的乘积$\omega_c\tau_{p,k}>>2\pi$时，则可以将$\boldsymbol{H}$的每一个元素都看作是均匀分布的，这样，$\boldsymbol{H}$的每一个元素对振幅具有瑞利和高斯联合分布特性。Hsu 等人完成的仿真实验证实了这个假设的有效性。

图 10-28a 给出了一个使用直接检测的 MIMO-OFDM 系统实现方案，其相应的发射机结构如图 10-28b 所示。为了使所得的 OFDM 信号为实值，采用一个在 10.6.1 节介绍过的特殊 OFDM 版本。这种方案假定 MIMO 的信道矩阵估计在发射端是可知的。预编码器完成以下操作：

$$\boldsymbol{s}=\xi^{1/2}\boldsymbol{H}^{-1}\boldsymbol{s}_{\mathrm{DMT}}^{1/2} \tag{10-16}$$

式中，$\boldsymbol{H}$是信道矩阵；$\boldsymbol{s}_{\mathrm{DMT}}=[s_1,\cdots,s_{N_T}]^{\mathrm{T}}$是来自不同发射机的 DMT 符号序列；$\xi$是能提供合适传送功率的常数。上述方法在无线电波文献中也被称为信道逆转或波束成型，同样也适用于基于 MMF 的相干 MIMO-OFDM 系统。

在几个关于预编码（CI）的问题：信道矩阵的可逆性；如果信道矩阵不是方阵，那么必须用虚拟反矩阵来代替；通过 CI，大部分功率被分配到最弱的信道本征模。为了解决这些问题，可以使用截尾信道逆转或者正规化信道逆转（RCI）。RCI 的主要观点就是以迭代的方式完成 CI，$\boldsymbol{s}=\boldsymbol{G}_{\mathrm{RCI}}\boldsymbol{s}_{\mathrm{DMT}}^{1/2}$，所以总的数据速率是最大的。然而，这种方式不能抗干扰传输。也就是说，对于每一个接收机的总传输功率P和单位方差噪声而言，第m个用户的相应有效信干比可以由以下公式确定，即

$$\rho_m=\frac{|\boldsymbol{h}^{(m)}\boldsymbol{g}_{\mathrm{RCI},m}|^2}{Tr(\boldsymbol{G}_{\mathrm{RCI}}\boldsymbol{G}_{\mathrm{RCI}}^{\mathrm{H}})/P+\sum_{k\neq m}|\boldsymbol{h}^{(k)}\boldsymbol{g}_{\mathrm{RCI},k}|^2} \tag{10-17}$$

式中，$\boldsymbol{g}_{\mathrm{RCI},m}$是$\boldsymbol{g}_{\mathrm{RCI}}$的第$m$列。

线性发射预编码（波束成型）的巧妙实现需要 MMF 信道矩阵$\boldsymbol{H}$的知识。单载波调制系统和 OFDM 的传统训练方法需要相干检测。然而，在直接检测中感光电流和光检测器的输入电场之间的相关性具有二次特性，表示为

$$\boldsymbol{i}=|\boldsymbol{H}\boldsymbol{s}|^2+\boldsymbol{w} \tag{10-18}$$

式中，$\boldsymbol{i}=[i_1,\cdots,i_{N_R}]$是接收到的电流矢量；$\boldsymbol{w}$是相应的噪声矢量（为了阐述简单，忽略了光电二极管响应率的影响）。

为了确定在直接检测方式下的信道矩阵，需要寻找新的训练方法。下面对 Bikhazi 等人提出的方法进行介绍。

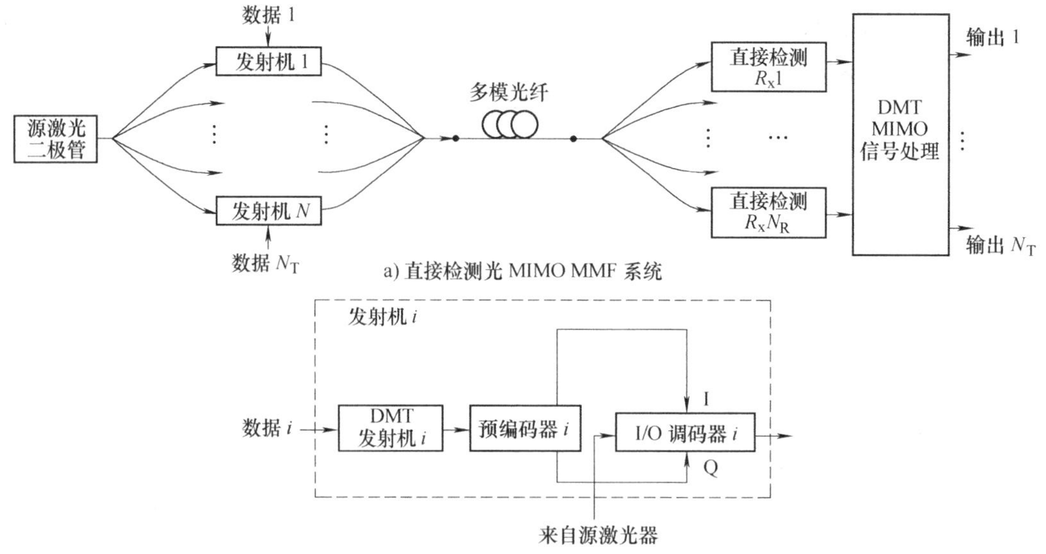

a) 直接检测光 MIMO MMF 系统

b) 第 i 个发射机结构图

图 10-28　基于 MMF 的直接检测光 DMT-MIMO

考虑到 $\boldsymbol{N}_S$ 发射矢量序列可表示成 $N_R \times N_S$ 矩阵 $\boldsymbol{S}=[s^{(1)}\cdots s^{(N_S)}]$ 的形式，为此相应的接收矩阵可以写成

$$\boldsymbol{Y}=|\boldsymbol{HS}|^2+\boldsymbol{W} \tag{10-19}$$

式中，$\boldsymbol{Y}$ 是接收电流的 $N_R \times N_S$ 矩阵；$\boldsymbol{W}$ 代表相应的噪声矩阵。

通过传输 N_b 个独立信息分组，信道矩阵的大小可以比较容易地估算出来，每一个信息分组分别激发一个发射机 $S=\alpha^{1/2}[\boldsymbol{II}\cdots\boldsymbol{I}]$，其中 $\boldsymbol{I}$ 是单位矩阵，α 是相应的激光二极管强度。$|\boldsymbol{H}_{mn}|^2$ 的最大似然(ML)估计可以通过式(10-20)来确定：

$$|\boldsymbol{H}_{mn}|^2=\frac{1}{\alpha N_b}\sum_{l=1}^{N_b}\boldsymbol{Y}_{mn}(l) \tag{10-20}$$

式中，$\boldsymbol{Y}(l)$代表式（10-19）给出的第 l 个信息分组的接收电流矩阵。

由于平方率光电检测过程，所以第 m 个光电流输出可以写成

$$\boldsymbol{i}_m=|\boldsymbol{h}^{(m)}\boldsymbol{s}|^2+\boldsymbol{w}_m=|e^{j\phi_m}\boldsymbol{h}^{(m)}\boldsymbol{s}|^2+\boldsymbol{w}_m \tag{10-21}$$

式（10-21）意味着为了实现合适的预编码，必须知道沿着 $\boldsymbol{H}$ 的每一行相对相位，而这种信息则可以通过两个同时与训练分组的偶下标项同相、与奇下标项正交的激励源获得。分组 N_b 的偶数训练序列可由式（10-22）给出

$$\boldsymbol{S}=\alpha^{1/2}[D_0D_1\cdots D_{N_b}] \tag{10-22}$$

式中

$$\boldsymbol{D}_l=\begin{bmatrix}1 & 1 & \cdots & 1\\ e^{j\phi_l} & 0 & \cdots & 0\\ 0 & e^{j\phi_l} & \cdots & 0\\ \cdots & \cdots & \cdots & \vdots\\ 0 & 0 & \cdots & e^{j\phi_l}\end{bmatrix} \tag{10-23}$$

当 l 为奇数或偶数时，ϕ_l 分别对应 0 或 $\pi/2$。$\boldsymbol{H}_{m1}$ 和 $\boldsymbol{H}_{mn}$ 之间的相位差可以通过式（10-24）求得

$$\theta_{mn} = \underset{\theta_d}{\operatorname{argmin}} \frac{1}{\alpha} \sum_{l=f_1}^{N_b} Y_{mn}(l) - \left| \mid H_{m1} \mid + \mid H_{mn} \mid \mathrm{e}^{\mathrm{j}(\theta_d + \phi_l)} \right| \qquad n = 2, \cdots, N_T \tag{10-24}$$

相位估计的准确度与 SNR 和训练序列的长度是呈反比的，然而幅度平方估计的准确度是由 $\sigma^2/\alpha N_b$ 的 Cramer-Rao 范围确定的，这里的 σ^2 是式（10-19）中噪声元素的方差。值得注意的是，这种方法对于所有模式在大约相同时间内到达的 MMF 距离是有效的。对于长距离的 MMF，必须使用类似于 10.6.2 节所描述的相干检测。

因为相干 MIMO MMF 信道的输入输出关系为 $\boldsymbol{y} = \boldsymbol{Hx} + \boldsymbol{w}$，所以在每个码元间隔内基于 MMF 信道传输的码元是一个矢量而不是一个标量。当信号设计在空间坐标（通过 MMF 中的多模）和时间坐标（通过多码元间隔）上扩展时，由于多模色散和无线通信中的多径衰落相类似，可以称为时空码。为无线通信设计的大多数时空码都可以直接在这里应用。在 N_S 码元的持续时间内可以假设 MMF 信道是静态的，MMF 信道的输入和输出可以用矩阵表示，该矩阵的维数与空间坐标（MMF 模式）和时间坐标（码元间隔）相对应，且由式（10-25）确定：

$$\boldsymbol{Y} = \boldsymbol{HX} + \boldsymbol{W} \tag{10-25}$$

式中

$$\begin{cases} \boldsymbol{Y} = [y_1, y_2, \cdots, y_{N_S}] = (Y_{ij})_{M_R \times N_S} \\ \boldsymbol{X} = [x_1, x_2, \cdots, x_{N_S}] = (X_{ij})_{M_T \times N_S} \\ \boldsymbol{W} = [w_1, w_2, \cdots, w_{N_S}] = (W_{ij})_{M_R \times N_S} \end{cases} \tag{10-26}$$

式中，M_T 是发射机的数量，M_R 是接收机的数量。

下面来观察一个接收机中已知信道矩阵 $\boldsymbol{H}$ 的时空码。在 ML 检测下，最优传输矩阵即为式（10-27）的最小值

$$\hat{\boldsymbol{X}} = \arg \min_{X \in X^{M_T \times N_S}} \sum_{i=1}^{N_s} \| y_i - Hx_i \|^2 \tag{10-27}$$

这里的最小化可以通过所有可能的时空输入矩阵实现。例如，Alamouti 码的矩阵可以由式（10-28）得到

$$\boldsymbol{X} = \begin{bmatrix} x_1 & -x_2^* \\ x_2 & x_1^* \end{bmatrix} \tag{10-28}$$

式中，在第一个时间间隔内，码元 x_1 用传播模式 1 来发送，而码元 x_2 则用模式 2 来传输；在第二个时间间隔内，码元 $-x_2^*$ 用传播模式 1 来传输，而码元 x_1^* 则用模式 2 来传送。

图 10-26a 给出了 2×2MIMO 系统对应的 MMF 信道矩阵，其形式为

$$\boldsymbol{H} = \begin{bmatrix} h_{11} & h_{12} \\ h_{21} & h_{22} \end{bmatrix} \tag{10-29}$$

而接收电流的矩阵表示形式则可写成

$$\begin{bmatrix} y_{11} & y_{12} \\ y_{21} & y_{22} \end{bmatrix} = \begin{bmatrix} h_{11} & h_{12} \\ h_{21} & h_{22} \end{bmatrix} \begin{bmatrix} x_1 & -x_2^* \\ x_2 & x_1^* \end{bmatrix} + \begin{bmatrix} w_{11} & w_{12} \\ w_{21} & w_{22} \end{bmatrix}$$

$$= \begin{bmatrix} h_{11}x_1 + h_{12}x_2 + w_{11} & -h_{11}x_2^* + h_{12}x_1^* + w_{12} \\ h_{21}x_1 + h_{22}x_2 + w_{21} & h_{21}x_2^* + h_{22}x_1^* + w_{22} \end{bmatrix} \tag{10-30}$$

Alamouti 描述的合成输出可以由式(10-31)得到

$$\begin{cases} \tilde{x}_1 = h_{11}^* y_{11} + h_{12} y_{12}^* + h_{21}^* y_{21} + h_{22} y_{22}^* = (|h_{11}|^2 + |h_{12}|^2 + |h_{21}|^2 + |h_{22}|^2) x_1 + \text{噪声} \\ \tilde{x}_2 = h_{12}^* y_{11} - h_{11} y_{12}^* + h_{22}^* y_{21} - h_{21} y_{22}^* = (|h_{11}|^2 + |h_{12}|^2 + |h_{21}|^2 + |h_{22}|^2) x_2 + \text{噪声} \end{cases} \tag{10-31}$$

Alamouti 码隶属于线性空时分组码类别。对于线性码 L，码元 x_1，x_2，…，x_L 在 T 时间间隔内利用 M_T 个发射机进行传送，它们的编码矩阵具有下列形式：

$$\boldsymbol{X} = \sum_{l=1}^{L} (\alpha_l \boldsymbol{A}_l + \mathrm{j}\beta_l \boldsymbol{B}_l) \qquad \alpha_l = \mathrm{Re}\{x_l\},\ \beta_l = \mathrm{Im}\{x_l\} \tag{10-32}$$

式中，$\boldsymbol{A}_l$ 和 $\boldsymbol{B}_l$ 是维数为 $M_T \times T$ 的复数矩阵。例如，Alamouti 码可以写成

$$\boldsymbol{X} = \begin{bmatrix} x_1 & -x_2^* \\ x_2 & x_1^* \end{bmatrix} = \begin{bmatrix} \alpha_1 + \mathrm{j}\beta_1 & -\alpha_2 + \mathrm{j}\beta_2 \\ \alpha_2 + \mathrm{j}\beta_2 & \alpha_1 - \mathrm{j}\beta_1 \end{bmatrix}$$

$$= \alpha_1 \begin{bmatrix} 1 & 0 \\ 0 & 1 \end{bmatrix} + \mathrm{j}\beta_1 \begin{bmatrix} 1 & 0 \\ 0 & -1 \end{bmatrix} + \alpha_2 \begin{bmatrix} 0 & -1 \\ 1 & 0 \end{bmatrix} + \mathrm{j}\beta_2 \begin{bmatrix} 0 & 1 \\ 1 & 0 \end{bmatrix} \tag{10-33}$$

另外，还有一种时空码，被称为网格时空码。网格时空码采用网格编码调制方案，而该方案则是通过 M_T 个与发射机一一对应的信号标记的多个状态（用网格分支描述）之间的转移实现的。在每个 t 时间（取决于编码器的状态和输入位）内，有一个转移分支被选择。如果此分支的标记是 $q_t^1 q_t^2 \cdots q_t^{M_T}$，那么发射机 i 将被用于发射星座码元 q_t^i，而且所有的传输都是同时进行的。图 10-29 给出了一个 $M_T = 2$ 的 QPSK 网格时空编码方案。

对于理想的 CSI，假定在 t 时刻第 j 个接收机接收到的信号是 r_t^j，且检测器知道路径增益为 h_{ij}($I = 1$，…，N_T；$J = 1$，…，N_R)，一个标记为 $q_t^1 q_t^2 \cdots q_t^{N_T}$ 的转移分支量度可以由式(10-34)得到

$$\sum_{j=1}^{M_R} \left| r_t^j - \sum_{i=1}^{M_T} h_{ij} q_t^i \right|^2 \tag{10-34}$$

Viterbi 算法可进一步使用最低累积量度来计算路径。

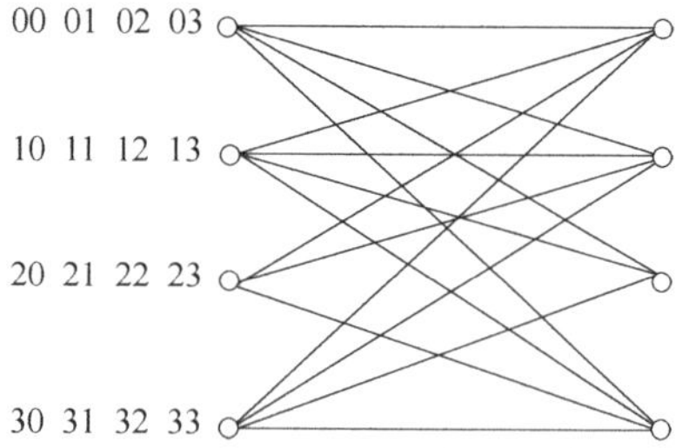

图 10-29　QPSK 网格时空码

目前，在 MIMO 无线通信中使用的另一种方法可以适用于基于 MMF 的相干 MIMO 系统。该系统具有线性接口（零强制和最小均方误差）和非线性接口两种形式，如贝尔实验室的分层时空体系结构。

附录 缩 略 词

3G	The Third Generation	第三代移动通信系统
3GPP	Third Generation Partnership Project	第三代伙伴计划
4G	The Fourth Generation	第四代移动通信系统
ADSL	Asymmetrical digital Subscriber Line	非对称数字用户环路
AMPS	Advanced Mobile Phone Service	高级移动电话系统
AWGN	Additive White Gaussion Noise	加性高斯白噪声
BER	Bit Error Rate	误码率
BS	Base Station	基站
CCDF	Complementary Cumulative Distribution Function	互补累积分布函数
CDF	Cumulative Distribution Function	累积分布函数
CDMA	Code Division Multiple Access	码分多址
CP	Cyclic Prefix	循环前缀
CSI	Channel State Information	信道状态信息
DAB	Digital Audio Broadcasting	数字音频广播
DFT	Discrete Fourier Transform	离散傅里叶变换
DMT	Discrete Multitone	离散多音频
DVB	Digital Video Broadcasting	数字视频广播
FDM	Frequency Division Multiplexing	频分复用
FDMA	Frequency Division Multiplexing Access	频分多址
FFT	Fast Fourier Transform	快速傅里叶变换
FWGN	Filtered White Gaussian Noise	滤波高斯白噪声
GSM	Global System for Mobile	全球移动通信系统
IDFT	Inverse Discrete Fourier Transform	离散傅里叶变换
IFFT	Inverse Fast Fourier Transform	快速傅里叶逆变换
ICI	Inter-Carrier Interference	载波间干扰
IID	Independent Identically Distributed	独立同分布
ISI	Inter-Symbol Interference	符号间干扰
LoS	Line of Sight	直视环境
LTE	Long-Term Evolution	长期演进
LS	Least Square	最小二乘法
MCM	Multicarrier Modulation	多载波调制
MIMO	Multiple Input Multiple Output	多输入多输出
MISO	Multiple Input Single Output	多输入单输出
MMSE	Minimum Mean Square Error	最小均方误差

MSE	Mean Square Error	均方误差
NLoS	Non Line of Sight	非直视环境
NMT	Nordic Mobile Telephone System	北欧移动电话系统
NTT	Nippon Telegraph and Telephone	日本电报与电话
OFDM	Orthogonal Frequency Division Multiplexing	正交频分复用
OFDMA	Orthogonal Frequency Division Multiple Access	正交频分多址
PAPR	Peak to Average Power Ratio	峰值平均功率比
PAS	Power Azimuth Spectrum	功率方位谱
P/S	Parallel to Series convertor	并串转换
PDP	Power Delay Profile	功率延迟分布
PTS	Partial Transmit Sequence	部分传输序列
QAM	Quadrature Amplitude Modulation	正交幅度调制
QPSK	Quadrature Phase Shift Key	正交相移键控（四进制相移键控）
SIMO	Single Input Multiple Output	单输入多输出
SINR	Singal to Interference Noise Ratio	信干噪比
SISO	Single Input Single Output	单输入单输出
SLM	Selected Mapping	选择性映射
SNR	Signal to Noise Ratio	信噪比
S/P	Series Parallel convertor	串并转换
TACS	Total Access Communication System	完全接入通信系统
TDD	Time Division Duplex	时分双工
TDL	Tapped Delay Line	抽头延迟线
TDMA	Time Division Multiple Access	时分多址
TD-SCDMA	Time Division Synchronous Code Division Multiple Access	十分同步码分多址技术
UWB	Ultra Wideband	超宽带
WCDMA	Wideband Code Division Multiple Access	宽带码分多址
WiMAX	Wouldwide Interoperability for Microwave Access	微波存取全球互通
WLAN	Wireless Local Area Network	无线本地局域网
ZF	Zero Forcing	迫零

参 考 文 献

[1] 黄韬，袁超伟，杨睿哲，等. MIMO 相关技术与应用［M］. 北京：机械工业出版社，2007.

[2] 周恩，张兴，吕招彪，等. 下一代宽带无线通信 OFDM 与 MIMO 技术［M］. 北京：人民邮电出版社，2008.

[3] 张贤达，保铮. 通信信号处理［M］. 北京：国防工业出版社，2000.

[4] MIMO 无线通信［M］. 赵晓晖译. 北京：机械工业出版社，2010.

[5] 杨大成. 现代移动通信中的先进技术［M］. 北京：机械工业出版社，2005.

[6] 肖扬. MIMO 多天线无线通信系统［M］. 北京：人民邮电出版社，2009.

[7] 王文博，郑侃. 宽带无线通信 OFDM 技术［M］. 北京：人民邮电出版社，2003.

[8] 康桂华. MIMO 无线通信原理及应用［M］. 北京：电子工业出版社，2009.

[9] 艾渤，王劲涛，钟章队. 宽带无线通信 OFDM 系统同步技术［M］. 北京：人民邮电出版社，2011.

[10] 朱世华，任品毅，王磊，等译. 空-时无线信道［M］. 西安：西安交通大学出版社，2004.

[11] 多载波通信［M］. 张有光，潘鹏，孙玉泉，译. 北京：电子工业出版社，2010.

[12] 苟彦新. 无线电抗干扰通信原理及应用［M］. 西安：西安电子科技大学出版社，2005.

[13] 基于 OFDM 的无线宽带网络设计与优化［M］. 任品毅，译. 西安：西安交通大学出版社，2008.

[14] 移动衰落信道［M］. 陈伟，译. 北京：电子工业出版社，2009.

[15] 罗涛，乐光新. 多天线无线通信原理与应用［M］. 北京：北京邮电大学出版社，2005.

[16] 白成林，冯敏，罗青龙. 光通信中的 OFDM［M］. 北京：电子工业出版社，2011.

[17] 尹长川，罗涛，乐光新. 多载波宽带无线通信技术［M］. 北京：北京邮电大学出版社，2004.

[18] 罗仁泽. 新一代无线移动通信系统关键技术［M］. 北京：北京邮电大学出版社，2007.

[19] 吴伟陵. 移动通信中的关键技术［M］. 北京：北京邮电大学出版社，2001.

[20] 李立华. 移动通信中的先进信号处理技术［M］. 北京：北京邮电大学出版社，2005.

[21] 佟学俭，罗涛. OFDM 移动通信技术原理与应用［M］. 北京：人民邮电出版社，2003.

[22] 汪裕民. OFDM 关键技术与应用［M］. 北京：机械工业出版社，2007.

[23] 张志涌. 精通 MATLAB 6.5 版［M］. 北京：北京航空航天大学出版社，2003.

[24] 孙屹. MATLAB 通信仿真开发手册［M］. 北京：国防工业出版社，2005.

[25] 邵佳，董辰辉. MATLAB/Simulink 通信系统建模仿真实例精讲［M］. 北京：电子工业出版社，2009.

[26] Yong Soo Cho，Jaekwon Kim，Won Young Yang，etal. MIMO-OFDM Wireless Communications with MATLAB［M］. Wiley，2010.

[27] Mohinder Jankiraman. Space-Time Codes and MIMO Systems［M］. Artech House，2004.

[28] Bolcskei. H，Gesbert. D，Paulraj A J. On the Capacity of OFDM-Based Spatial Multiplexing Systems［J］. IEEE Transactions on Communication. 2002，50（2）：225-234.

[29] Ozarow L H，Shamai S，Wyner A D. Information theoretic considerations for cellular mobile radio［J］. IEEE Transactions on Vehicular Technology. 1994，43（2）：359-378.

[30] 谭泽富，聂祥飞，王海宝. OFDM 的关键技术及应用［M］. 成都：西南交通大学出版社，2005.

[31] 洪善艳. MIMO-OFDM 系统中峰均功率比降低算法的研究［D］. 浙江大学硕士论文，2006.

[32] 朱刚. 超宽带（UWB）原理与干扰［M］. 北京：清华大学出版社，北京交通大学出版社，2009.

[33] 尼库加. 超宽带通信原理及应用［M］. 任品毅，等译. 西安：西安交通大学出版社，2007.

[34] 贝尼迪特. 超宽带无线电基础［M］. 葛利嘉，等译. 北京：电子工业出版社，2006.

[35] Edfors O., Sandell M., Beek J. J. V. D., et al. Analysis of DFT-Based Channel Estimators for OFDM [J]. Wireless Personal communications. 2000, 12 (1): 55-70.

[36] Neuyen V. D., Pazole M. Least Square Channel Estimaion Using Special Training Sequences for MIMO-OFDM Systems in the Presence of Intersymbol Interference [C]. Nordic Radio Symposiumi. 2004: 16-18.